水利安全生产"五体系"建设

《水利安全生产"五体系"建设》编委会 编著

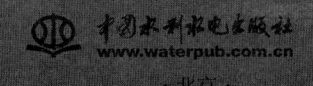

图书在版编目（CIP）数据

水利安全生产"五体系"建设 /《水利安全生产"五体系"建设》编委会编著. -- 北京：中国水利水电出版社，2023.8
 ISBN 978-7-5226-1569-1

Ⅰ．①水… Ⅱ．①水… Ⅲ．①水利工程－安全生产 Ⅳ．①TV513

中国国家版本馆CIP数据核字(2023)第111929号

书　　名	**水利安全生产"五体系"建设** SHUILI ANQUAN SHENGCHAN "WU TIXI" JIANSHE
作　　者	《水利安全生产"五体系"建设》编委会　编著
出版发行	中国水利水电出版社 （北京市海淀区玉渊潭南路1号D座　100038） 网址：www.waterpub.com.cn E-mail：sales@mwr.gov.cn 电话：(010) 68545888（营销中心）
经　　售	北京科水图书销售有限公司 电话：(010) 68545874、63202643 全国各地新华书店和相关出版物销售网点
排　　版	中国水利水电出版社微机排版中心
印　　刷	清淞永业（天津）印刷有限公司
规　　格	184mm×260mm　16开本　20.25印张　493千字
版　　次	2023年8月第1版　2023年8月第1次印刷
印　　数	0001—1500册
定　　价	**98.00元**

凡购买我社图书，如有缺页、倒页、脱页的，本社营销中心负责调换
版权所有·侵权必究

《水利安全生产"五体系"建设》
编委会

主　　任	王祖利
副 主 任	郭　忠　王明森
委　　员	刘雅芬　高印军　宋晓旭　张立新 韩仲凯
主　　编	郭　忠　刘雅芬　高印军
副 主 编	宋晓旭　张立新　韩仲凯
编写人员	刘雅芬　宋晓旭　张立新　韩仲凯 张　钊　崔　魁　牛景涛　张维杰 周春蕾　李福仲　安凯军　孙钰雯 宋　涛　李　坤　薛昱洁　李　金

序

安全生产，重于泰山。习近平总书记在党的二十大报告中对"推进国家安全体系和能力现代化，坚决维护国家安全和社会稳定"作出专门部署，鲜明提出"以新安全格局保障新发展格局"的重要指导要求，充分体现了统筹发展和安全、协调推进构建新发展格局和新安全格局、实现高质量发展和高水平安全动态平衡的重大战略考量。山东省委、省政府认真贯彻落实习近平总书记重要论述精神，从抓安全就是抓发展、抓安全就是惠民生、抓安全就是保大局的高度，推动落实"八抓20条"创新措施，以实际行动坚定拥护"两个确立"、坚决做到"两个维护"。

水利安全生产，是安全生产工作的重要组成部分，也是推动高质量发展的必然要求。按照山东省委、省政府安排部署和水利部关于安全生产工作的工作要求，全省水利系统以"时时放心不下"的责任感，严格执行安全生产法等法律法规，坚持人民至上、生命至上，牢固树立底线思维、极限思维，坚持风险预控、关口前移，分级管控、分类处置，源头防范、系统治理，加快构建水利安全生产风险管控"六项机制"，持续推进水利安全生产治理体系、治理能力建设，为水利高质量发展提供了坚实保障。

当前及今后一段时期，我省现代化水网建设全面推开，黄河流域生态保护和高质量发展持续推进，水利基础设施建设将持续保持大规模、高强度、快进度的总体态势，水利工程运行管理领域安全风险依然存在，水利安全生产工作面临着更加严峻的挑战。因此，必须始终保持高度警惕，以守土有责、守土尽责的强烈责任感和如履薄冰、如临深渊的历史使命感，狠抓理论研究、技术研发、风险管控、隐患治理、全员培训等安全生产各项任务落实，全面提高水利从业人员的安全意识和应急能力，以更实的举措、更硬的措施，全力确保安全生产形势平稳向好。

近年来，山东省水利厅始终坚持以习近平新时代中国特色社会主义思想为指导，坚决贯彻党中央、国务院决策部署，认真落实省委、省政府工作要求，颁布实施了水利安全生产"十四五"规划，创新提出了加强水利安全生产"五体系"建设，并在实践中取得了积极成效，积累了丰富经验。本书凝聚了山东水利安全生产领域近年来的经验做法和相关成果，系统介绍了水利安全生产的概念和工作依据，详细论述了水利安全生产"五体系"基础理论，并以实际案例说明各个体系的建设与实施，为进一步健全完善水利安全生产治理体系、提升治理能力、加强日常监督管理提供了有力的理论支持和实践指导。本书的出版对于提升水利安全生产监督管理工作水平具有积极意义。

在此，我要向所有为本书的编写和出版付出努力的人员表示衷心感谢。衷心祝愿您在阅读本书的过程中能有所收获，也希望您能够成为水利安全生产事业的坚定支持者和有力推动者。

黄红光
2023年8月3日

前 言

安全生产是关系人民群众生命财产安全的大事,是经济社会协调健康发展的标志,是党和政府对人民利益高度负责的要求。党中央、国务院始终高度重视安全生产工作,特别是党的十八大以来,习近平总书记把安全发展摆在治国理政的高度进行整体谋划推进,提出了一系列安全生产工作的新思想新观点新思路。2018年,习近平总书记强调要加强党对国家安全工作的集中统一领导,正确把握当前国家安全形势,全面贯彻落实总体国家安全观,努力开创新时代国家安全工作新局面。近年来,全国安全生产事故总量、较大事故和重特大事故实现"三个继续下降",安全形势进一步好转,但风险隐患仍然很多,有大量工作要做。

水利既面临水旱灾害、工程失事等直接风险,又事关经济安全、粮食安全、能源安全、生态安全等重点领域安全。随着水利工程建设和管理规模日益增大,水利生产经营单位各类事故隐患和安全风险交织叠加,安全生产基础薄弱、监管体制机制和法律制度不完善、生产经营单位主体责任落实不力、应急救援能力不强等问题依然存在,生产安全事故易发多发,水利安全生产形势依然不容乐观。因此,开展水利安全生产管理体系探索研究具有重要的科学意义和重大的现实意义。

2016年,《中共中央 国务院关于推进安全生产领域改革发展的意见》正式颁布实施,这是中华人民共和国成立以来第一个以党中央、国务院名义出台的安全生产工作的纲领性文件。也正是从这一刻开始,无数水利人更加深入地思考,"什么是水利安全生产""怎样干好水利安全生产监督管理工作"。为了更加具体地回答好这个问题,编者苦心孤诣、上下求索,在秉承既有理论和实践的基础上,对水利安全生产工作进行深入破题,对水利安全生产领域管理创新进行积极探索,开创性地提出了水利安全生产"五体系"的建设理论并进行了实践。对于全面落实水利生产经营单位主体责任,提高水利安全生产监督管理能力,推动我国水利安全生产工作迈向一个新的更高的台阶具有重大现实意义。

由于作者水平有限,书中难免出现疏漏,恳请读者批评指正。

作者
2023 年 4 月

目 录

序
前言

第一章 安全生产概论 ... 1
第一节 安全生产概念的内涵及外延 ... 1
第二节 安全生产的发展 ... 9

第二章 安全生产基础理论 ... 15
第一节 国内外安全生产理论发展沿革 ... 15
第二节 安全生产管理的基本原理 ... 19
第三节 事故致因理论 ... 26

第三章 安全生产监督管理 ... 35
第一节 概述 ... 35
第二节 安全生产监督管理体制 ... 38
第三节 水利安全生产监督管理部门与职责 ... 50
第四节 水利安全生产基本原则 ... 54

第四章 水利安全生产"五体系" ... 58
第一节 水利安全生产现状 ... 58
第二节 构建新时期水利安全生产"五体系"的法治依据 ... 63
第三节 构建新时期水利安全生产"五体系"的重大现实意义 ... 69
第四节 水利安全生产"五体系"内涵 ... 71
第五节 水利安全生产"五体系"建设的探索研究 ... 84

第五章 责任体系建设 ... 97
第一节 基本概念 ... 97
第二节 依据及充分性必要性 ... 101
第三节 责任体系创建 ... 105
第四节 实践中的具体应用 ... 126

第六章 安全风险分级管控体系建设 ... 139
第一节 基本概念 ... 139
第二节 依据及充分性必要性 ... 141
第三节 安全风险分级管控体系创建 ... 147

  第四节 实践中的具体应用 …………………………………………… 165
第七章 隐患排查治理体系建设 ……………………………………………… 172
  第一节 基本概念 ………………………………………………………… 172
  第二节 依据及充分性必要性 …………………………………………… 174
  第三节 隐患排查治理体系创建 ………………………………………… 181
  第四节 实践中的具体应用 ……………………………………………… 200
第八章 标准化体系建设 ……………………………………………………… 211
  第一节 基本概念 ………………………………………………………… 211
  第二节 依据及充分性必要性 …………………………………………… 215
  第三节 安全生产标准化体系建设 ……………………………………… 222
  第四节 实践中的具体应用 ……………………………………………… 230
第九章 应急管理体系建设 ……………………………………………………… 235
  第一节 基本概念 ………………………………………………………… 235
  第二节 依据及充分性必要性 …………………………………………… 239
  第三节 应急管理体系建设 ……………………………………………… 243
  第四节 实践中的具体应用 ……………………………………………… 264

第一章 安全生产概论

安全生产事关人民福祉，事关经济社会发展大局。党中央、国务院始终高度重视安全生产工作，特别是党的十八大以来，习近平总书记把安全发展摆在治国理政的高度进行整体谋划推进，提出了一系列安全生产工作的新思想新观点新思路。在党中央、国务院的坚强领导和各地区、各部门的共同努力下，全国安全生产水平稳步提高，实现了事故总量、较大事故、重特大事故持续下降。但也必须清醒地认识到，当前我国安全生产工作正处于爬坡过坎、着力突破瓶颈制约的关键时期。安全发展基础依然薄弱，安全生产工作在不同地区、行业和生产经营单位之间进展不平衡，各类事故隐患仍然突出，存量风险尚未完全化解，增量风险仍在不断涌现，传统风险与新兴风险交织叠加，安全风险更加集聚，不确定性明显增加。

"十四五"时期是我国在全面建成小康社会、实现第一个百年奋斗目标之后，乘势而上开启全面建设社会主义现代化国家新征程、向第二个百年奋斗目标进军的第一个五年。党中央、国务院对安全生产的重视提升到一个新的高度，要求坚持人民至上、生命至上，统筹好发展和安全两件大事，把新发展理念贯穿国家发展全过程和各领域，构建新发展格局，实现更高质量、更有效率、更加公平、更可持续、更为安全的发展。党的二十大报告指出："提高公共安全治理水平。坚持安全第一、预防为主，建立大安全大应急框架，完善公共安全体系，推动公共安全治理模式向事前预防转型。推进安全生产风险专项整治，加强重点行业、重点领域安全监管。提高防灾减灾救灾和重大突发公共事件处置保障能力，加强国家区域应急力量建设。"该重要论述，为新时代水利安全生产工作指明了方向。

鉴于安全生产工作的长期性、艰巨性和复杂性，迫切需要全国上下一条心，紧紧抓住安全生产工作的突出问题，在党中央、国务院领导下，下好安全生产工作这盘棋，持续强化水利安全生产"五体系"建设，健全完善责任体系，严格落实"党政同责、一岗双责、齐抓共管、失职追责"，"三管三必须"安全生产责任制，督促水利生产经营单位落实主体责任，进一步推动属地监管与分级监管相结合、以属地监管为主的监督管理体制落实；健全完善风险分级管控体系和隐患排查治理体系，推动安全生产关口前移；健全完善应急预案管理体系，强化预案的制修订、备案、宣教和演练，提高应急处置能力；健全完善标准化体系，强化动态管理，全面提升水利安全生产治理能力。

第一节 安全生产概念的内涵及外延

一、安全生产基本概念
（一）安全

安全，顾名思义，"无危则安，无缺则全"，即意味着没有危险且尽善尽美，这与人们传统的安全观念是相吻合的。安全指人的身体与精神免受危险、不利因素危害、威胁的存在状态（即健康状况）及其保障条件。安全是最早进入人类大脑的意念之一，是人类最重要和最基本的需求，通常理解为没有伤害、没有损失、没有威胁、没有事故发生。安全的内涵，一是预知、预测、分析危险、危害因素；二是限制、控制、消除危险、危害因素，使人的生命、健康、精神状态均处于人们在当时社会发展条件下普遍可接受的"安全"状态，其本质是"人""物""环境"三大要素及其相互关系和谐并达到预定的安全目标。在生产领域，安全常被定义为人们在生产活动中免遭不可接受的风险和伤害的存在状态，这种状态消除了可能导致人员伤亡、职业危害、设备及财产损失或危及环境的潜在因素（条件）。

不能预知、掌握、控制或消除危险的所谓平安无事，是虚假的安全，不可靠的安全；仅凭人们自我感觉的安全，是危险的"安全"。宏观上讲，人类的社会经济、生产科研活动不存在绝对安全。安全具有严格的时间、空间界限，具有确切的对象。危险是普遍存在的一种物变趋势。就重要性讲，安全问题在人类生存、活动时间、空间中永远是处于第一位的问题。安全问题之所以存在，一方面，因为人类在探索自然、改造自然的过程中有盲区、有无知、有冒险；另一方面，因为人的智力、知识的贫乏而引起的种种失误，以及社会的、心理的、教育的等因素影响会不自觉地制造各种危险。安全问题不仅对生命个体非常重要，而且对社会稳定和经济发展产生重要影响。随着人类社会的发展，安全已经成为人类生存和发展的最基本条件，已为整个人类所共识。

"安全"作为一个科学概念（名词/术语），由于安全学科尚在发展阶段，到目前为止尚未形成一个被学界普遍认可的定义。目前，多数学者赞同上文对"安全"的定义与解释，但也有学者给出如下的定义："安全是具有特定功能或属性的事物，在内部和外部因素及其相互作用下，足以保持其正常的、完好的状态，而免遭非期望损害的现象。"该定义中所指的"事物"是广义的，既可以是实体事物，如设备等，也可以是抽象事物，如信息等。所有这些事物都具有"既可遭受损害，也可保持正常或完好状态"的本质属性。事物的"特定功能"主要指具有实现目标、满足要求、提供价值等作用和能力。事物的"特定属性"指事物的归属性、持续性、增值性、和谐性、私密性等。"内部和外部因素及其相互作用"指非期望损害发生的条件。"损害"指由一定行为或事件造成的人身或财产上的不利、不良后果或不良状态，包括人身伤害、经济损失、权利丧失、归属缺失、知识贬值、过程破坏等。

"安全"是一个开放的、发展的复杂系统，受人、物、环境（广义的）、经济、法制（治）教育、科技、管理等因素（条件）的制约，很难用一个数学表达式来描述其运动规律，只能不断地对与安全相关的各类事件的影响因素进行深入研究，以明晰各因素间相互影响或耦合效应，才能逐步把握安全的本质。

（二）安全生产

"安全生产"与"安全"相同，到目前为止也没有形成一个被普遍认可的定义，即使2021年修订的《中华人民共和国安全生产法》（以下简称《安全生产法》）也没有明确给出"安全生产"的法律界定。《辞海》对"安全生产"的解释是，"为预防生产过程中发生人身、设备事故，形成良好劳动环境和工作秩序而采取的一系列措施和活动"。按照这个解释，"安全生产"就是生产经营单位在生产过程所采取的一系列措施和活动。《中国大百科全书》对"安全生产"的解释是，"旨在保障劳动者在生产过程中安全的一项方针，也是生产经营单位管理必须遵循的一项原则，要求最大限度地减少劳动者的工伤和职业病，保障劳动者在生产过程中的生命安全和身体健康"。按照这个解释，"安全生产"就是生产经营单位生产的一项方针、原则和要求。显然，《辞海》和《中国大百科全书》对"安全生产"的解释都是不够全面的，后者将安全生产解释为生产经营单位生产的一项方针、原则和要求，前者则解释为生产经营单位生产的一系列措施和活动。根据现代系统安全工程的观点，上述解释只表述了一个方面，都不全面。《现代科技知识词典》对"安全生产"的解释是，安全生产指采取行政的、法律的、经济的、科学技术的多方面措施，预知、预测和避免、消除、控制社会生产过程中的危险、危害，减少和防止事故、职业病的发生，保障作业人员和相关人员的生命安全、身体健康以及作业场所的设备、财产安全。安全生产是个广义的概念，不仅指生产经营单位在生产过程中的安全，还指全社会范围内的生产安全。安全生产是人们生产、科研活动中的理想状态，是经济组织获得最佳经济效益、操作人员和作业者保护自身生命安全和健康的必需条件。安全生产是社会文明与进步的重要标志，是经济社会发展的综合反映，是落实以人为本的科学发展观的重要实践，是构建和谐社会的有力保障，是全面建设小康社会、统筹经济社会全面发展的重要内容，是实施可持续发展战略的组成部分，是各级人民政府履行市场监管和社会管理职能的基本任务，是生产经营单位生存、发展的基本要求。国内外实践证明，安全生产具有全局性、社会性、长期性、复杂性、科学性和规律性的特点，随着社会的不断进步和工业化进程的加快，安全生产工作的内涵发生了重大变化，它突破了时间和空间的限制，存在于人们日常生活和生产活动的全过程中，成为一个复杂多变的社会问题在安全领域的集中反映。人们对安全生产的认识和理解，随着社会经济的发展也越加深刻。党的十六届五中全会首次提出"安全发展"的重要战略理念，安全发展是科学发展观理论体系的重要组成部分。

尽管"安全生产"作为一个固定词汇被广泛使用，但在安全管理学科中还一直没有给出一个正式的定义。追根溯源，安全生产是我国率先提出的，在安全生产方针制定，法规建设及安全生产监督管理实践中，发挥了重要作用。但是，由于"安全生产"的提法在国外没有对应的词，在国内也一直没有公认的定义，成为至今在学术界一直悬而未决的课题。鉴于"安全生产"作为专有名词在我国的普遍应用，安全生产理念、技术、法治机制体制等建设不断深化，与安全生产相关的社会安全、公共安全等大安全格局也已经形成，对"安全生产"赋予系统认识和明确定位成为必须。从我国生产实践来看，安全生产的内涵和外延明显有别于国内外现有的相关专业术语，例如，劳动保护、职业健康安全以及事故预防等概念。

概括讲，所谓"安全生产"，指在生产经营活动中，为了避免造成人员伤害和财产损失的事故而采取相应的事故预防和控制措施，使生产过程在符合规定的条件下进行，以保证从业人员的人身安全与健康，设备和设施免受损坏，环境免遭破坏，保证生产经营活动得以顺利进行的相关活动。"安全生产"一般意义讲，是指在社会生产活动中，通过人、机、物料、环境、方法的和谐运作，使生产过程中潜在的各种事故风险和伤害因素始终处于有效控制状态，切实保护劳动者的生命安全和身体健康。也就是，安全生产是指为了使劳动过程在符合安全要求的物质条件和工作秩序下进行的，防止人身伤亡、财产损失等生产事故，消除或控制危险有害因素，保障劳动者的安全健康和设备设施免受损坏、环境免受破坏的一切行为。安全生产是安全与生产的统一，其宗旨是安全促进生产，生产必须安全。搞好安全工作，改善劳动条件，可以调动职工的生产积极性；减少职工伤亡，可以减少劳动力的损失；减少财产损失，可以增加生产经营单位效益，无疑会促进生产的发展。生产必须安全，是因为安全是生产的前提条件，没有安全就无法生产。

（三）本质安全

狭义的本质安全指机器、设备本身所具有的安全性能，通过设计等手段使生产设备或生产系统本身具有安全性，即使在失误操作或发生故障的情况下也不会造成事故。具体包括两方面的内容：

（1）失误——安全功能。指操作者即使操作失误，也不会发生事故或伤害，或者设备、设施和技术工艺本身具有自动防止人的不安全行为的功能。

（2）故障——安全功能。指设备、设施或技术工艺发生故障或损坏时，还能暂时维持正常工作或自动转变为安全状态。

上述两种安全功能应该是设备、设施和技术工艺本身固有的，即在它们的规划设计阶段就被纳入其中，而不是事后补偿的。

广义的本质安全（生产经营单位本质安全）指生产经营单位以本质安全为目标，科学控制物的不安全因素、人的不安全行为，从而达到预防事故的目的，主要包括"人、机、环、管"四个方面的本质安全。

本质安全是安全生产管理预防为主的根本体现，也是安全生产管理的最高境界。随着科学技术的进步和安全理论的不断发展，本质安全的概念也得到了扩展，逐步被广泛接受。实际上，受技术、资金和人们对事故的认识等因素的制约，目前还很难做到本质安全，只能作为追求的目标。

二、安全生产概念外延

（一）安全生产管理

安全生产管理，指针对在生产过程中的安全问题，运用人力、物力和财力等有效资源，发挥人们的智慧，通过人们的努力，利用决策、计划、组织、指挥、协调、控制等措施，控制物的不安全因素和人的不安全行为，实现生产过程中人与机械设备、物料环境的和谐，达到安全生产的目标。

安全生产管理的最终目的是减少和控制危害和事故，尽量避免生产过程中发生人身伤害、财产损失、环境污染以及其他损失。安全生产管理包括对人的安全管理和对物的安全管理两个主要方面，具体来讲，包括安全生产法制管理、行政管理、工艺技术管理、设备设施管理、作业环境和作业条件管理等。安全生产管理的内容包括：①安全生产管理机构和安全生产管理人员；②安全生产责任制；③安全生产管理规章制度；④安全生产策划；⑤安全培训教育；⑥安全生产档案。

（二）安全生产责任制

安全生产责任制是对按照以人为本，坚持人民至上、生命至上，把保护人民生命安全摆在首位，树牢安全发展理念，坚持"安全第一、预防为主、综合治理"的安全生产方针，以及安全生产法规建立的生产经营单位的各级负责人员、各职能部门及其工作人员、各岗位人员在安全生产方面应做的事情和应负的责任加以明确规定的一种制度。安全生产责任制是生产经营单位岗位责任制的一个组成部分，是生产经营单位中最基本的一项安全管理制度，也是生产经营单位安全生产管理制度的核心。

安全生产责任制的核心是清晰界定安全生产管理的责任，解决"谁来管、管什么、怎么管、承担什么责任"的问题。安全生产责任制是生产经营单位安全生产规章制度建立的基础，是生产经营单位最基本的规章制度。实践证明，建立健全了安全生产责任制的生产经营单位，各级领导能够重视安全生产、劳动保护工作，切实贯彻执行党的安全生产、劳动保护方针、政策和国家的安全生产、劳动保护法规，在认真负责地组织生产的同时，积极采取措施，改善劳动条件，工伤事故和职业性疾病就会减少。反之，就会职责不清，相互推诿，而使安全生产、劳动保护工作无人负责，无法进行，工伤事故与职业病就会不断发生。

安全生产责任制是经长期的安全生产、劳动保护管理实践证明的成功制度与措施。这一制度与措施最早见于国务院 1963 年 3 月 30 日颁布的《关于加强企业生产中安全工作的几项规定》（即"五项规定"）。"五项规定"中要求，生产经营单位的各级领导、职能部门、有关工程技术人员和生产工人，各自在生产过程中应负的安全责任，必须加以明确的规定。"五项规定"还要求，生产经营单位的各级领导人员在管理生产的同时，必须负责管理安全工作，认真贯彻执行国家有关劳动保护的法令和制度，在计划、布置、检查、总结、评比生产的同时，计划、布置、检查、总结、评比安全工作（即"五同时"制度）；生产经营单位中的生产、技术、设计、供销、运输、财务等各有关专职机构，都应在各自的企业业务范围内，对实现安全生产的要求负责；生产经营单位都应根据实际情况加强劳动保护机构或专职人员的工作；生产经营单位各生产小组都应设置不脱产的安全生产管理员；生产经营单位职工应自觉遵守安全生产规章制度。

安全生产责任制是生产经营单位岗位责任制的一个组成部分，根据"管行业必须管安全、管业务必须管安全、管生产经营必须管安全"的原则，安全生产责任制综合各种安全生产管理、安全操作制度，对生产经营单位各级领导、各职能部门、有关工程技术人员和生产工人在生产中应负的安全责任加以明确规定，《安全生产法》把建立和健全安全生产责任制作为生产经营单位安全管理必须实行的一项基本制度，在第一章总则第四条作了明确规定，要求生产经营单位必须"建立健全全员安全生产责任制和安全生产规章制度"；同时在第二章"生产经营单位的安全生产保障"第二十一条第一项规定，生产经营单位的主要负责人要"建立健全并落实本单位全员安全生产责任制，加强安全生产标准化建设"。生产经营单位安全生产责任制的主要内容是：生产经营单位的主要负责人是本单位安全生产第一责任人，对本单位的安全生产工作全面负责，其他负责人对职责范围内的安全生产工作负责；生产经营单位的各级领导和生产管理人员，在管理生产的同时，必须负责管理安全工作，在计划、布置、检查、总结、评比生产的时候，必须同时计划、布置、检查、总结、评比安全生产工作；有关的职能机构和人员，必须在自己的业务工作范围内，对实现安全生产负责；职工必须遵守以岗位责任制为主的安全生产制度，严格遵守安全生产法规、制度，不违章作业，并有权拒绝违章指挥，险情严重时有权停止作业，采取紧急防范措施。

（三）安全生产目标管理

安全生产目标管理是安全生产科学管理的一种方法。就是在一定的时期内（通常为一年），根据生产经营单位的管理目标，在分析外部环境和内部条件的基础上，从上到下地确定安全生产所要达到的目标，并为达到这一目标制定一系列对策、措施，开展一系列的计划、组织、协调、指导、激励和控制活动，努力实现该目标。

安全生产目标管理是一种高层次的、综合的科学管理方法。安全生产目标管理的任务是制定奋斗目标，明确责任，落实措施，实行严格的考核与奖励，以激励广大职工积极参加全面、全员、全过程的安全生产管理。主动按照安全生产的奋斗目标和安全生产责任制的要求，落实安全措施。它能有效地调动各级组织、各个部门、各级领导和全体人员搞好安全生产的积极性；能充分发挥一切现代安全管理方法的积极作用；能充分体现全员、全面、全过程的现代管理思想。它的实行可以全面推进安全管理水平的提高，有效地促进安全生产状况的改善。

（四）安全生产标准化

安全生产标准化指通过建立安全生产责任制，制定安全管理制度和操作规程，排查治理隐患和监控重大危险源，建立预防机制，规范生产行为，使各生产环节符合有关安全生产法律法规和标准规范的要求，人、机、物料、环境处于良好的生产状态，并持续改进，不断加强生产经营单位安全生产规范化建设。

安全生产标准化体现了"安全第一、预防为主、综合治理"的方针和"以人为本"的科学发展观，强调生产经营单位安全生产工作的规范化、科学化、系统化和法制化，强化风险管理和过程控制，注重绩效管理和持续改进，符合安全管理的基本规律，代表了现代安全管理的发展方向，是先进安全管理思想与我国传统安全管理方法、生产经营单位具体实际的有机结合，有效提高了生产经营单位安全生产水平，从而推动我国安全生产状况的根本好转。安全生产标准化主要包含目标职责、制度化管理、教育培训、现场管理、安全风险管控及隐患排查治理、应急管理、事故管理、持续改进8个方面。

（五）安全文化

安全文化的概念最先由国际核安全咨询组（INSAG）提出，1986年针对切尔诺贝利事故，在INSAG-1（后更新为INSAG-7）报告中提到"苏联核安全体制存在重大的安全文化的问题"。1991年出版的INSAG-4报告给出了安全文化的定义：安全文化是存在于单位和个人中的种种素质和态度的总和。文化是人类精神财富和物质财富的总称，安全文化和其他文化相同，是人类文明的产物，生产经营单位的安全文化是为生产经营单位在生产、生活、生存活动提供安全生产的保证。

安全文化就是安全理念、安全意识以及在其指导下的各项行为的总称，主要包括安全观念、行为安全、系统安全、工艺安全等。安全文化的核心是以人为本，需要将安全责任落实到生产经营单位全员的具体工作中，通过培育员工共同认可的安全价值观和安全行为规范，在生产经营单位内部营造自我约束、自主管理和团队管理的安全文化氛围，最终实现持续改善安全业绩、建立安全生产长效机制的目标。

安全文化是在人类生存、繁衍和发展的历程中，在其从事生产、生活乃至实践的一切领域内，为保障人类身心安全（含健康）并使其能安全、舒适、高效地从事一切活动，预防、避免、控制和消除意外事故和灾害（自然的、人为的或天灾人祸的）；为建立起安全、可靠、和谐、协调的环境和匹配运行的安全体系；为使人类变得更加安全、康乐、长寿，使世界变得友爱、和平、繁荣而创造的安全物质财富和精神财富的总和。安全文化是人类文化的组成部分，既是社会文化的一部分，也是生产经营单位文化的一部分，属于观念、知识及软件建设的范畴。

安全文化有广义和狭义之分，但从其产生和发展的历程来看，安全文化的深层次内涵，仍属于"安全教养""安全修养"或"安全素质"的范畴。也就是，安全文化主要是通过"文之教化"的作用，将人培养成具有现代社会所要求的安全情感、安全价值观和安全行为表现的人。倡导安全文化的目的是在现有的技术和管理条件下，使人类生活、工作地更加安全和健康。而安全和健康的实现离不开人们对安全健康的珍惜与重视，并使自己的一举一动符合安全健康的行为规范要求。人们通过生产、生活实践中的安全文化的教养和熏陶，不断提高自身的安全素质，预防事故发生、保障生活质量，被一部分人认为这就是安全文化的本质。

在安全生产的实践中，对于预防事故的发生，仅有安全技术手段和安全管理手段是不够的。当前的科技手段还达不到物的本质安全化，设施设备的危险不能根本避免，因此需要用安全文化手段予以补充。安全管理虽然有一定的作用，但是安全管理的有效性依赖于对被管理者的监督和反馈。由管理者无论在何时、何事、何处都密切监督每一位职工或公民遵章守纪，就人力物力来讲，几乎是一件不可能的事，必然带来安全管理上的疏漏。被管理者为了某些利益或好处，例如省时、省力、多挣钱等，会在缺乏管理监督的情况下，无视安全规章制度，"冒险"采取不安全行为。然而并不是每一次不安全行为都会导致事故的发生，但会进一步强化这种不安全行为，并可能"传染"给其他人。不安全行为是事故发生的重要原因，大量不安全行为的结果必然是发生事故。安全文化手段的运用，正是为了弥补安全管理手段不能彻底改变人的不安全行为的先天不足。

安全文化的作用是通过对人的观念、道德、伦理、态度、情感、品行等深层次的人文因素的强化，利用领导、教育、宣传、奖惩、创建群体氛围等手段，不断提高人的安全素质，改进其安全意识和行为，从而使人们从被动地服从安全管理制度，转变成自觉主动地按安全要求采取行动，即从"要我遵章守法"转变成"我要遵章守法"。

（六）安全生产监督管理

监督管理，其概念源于经济学、政治学等领域，主要是为了应对市场失灵的状况，维持市场的秩序，现在一般指某管理主体为获得某种程度的管理效果，对各项具体活动实行检查、审核和监督，促进改进的一系列管理活动。安全生产监督管理，指政府相关职能部门代表国家所实施的，为了维护劳动者和消费者的生命财产安全和身心健康，运用经济、政治和法律手段，对生产经营单位的安全生产活动进行监督管理、检查指导的一系列管理活动。

水利安全生产监督是水行政主管部门或流域管理机构，根据国家水利安全生产有关法律、法规、规章和技术标准等，行使政府职能，在其管辖范围内，对水利生产经营单位贯彻执行法律法规情况及安全生产条件、设施设备安全及作业场所职业健康情况等进行监督、检查的活动。

安全生产监督管理涉及社会生产生活中的众多领域，具有"稳定社会、调节市场、纠正不当行为等重要作用"，是政府监管中不可或缺的重要组成部分，是政府治理社会、保障人民生命财产安全的重要手段。

(七) 职业健康

职业健康是对工作场所内产生或存在的职业性有害因素及其健康损害进行识别、评估、预测和控制的一门科学，其目的是预防和保护劳动者免受职业性有害因素所致的健康影响和危险，使工作适应劳动者，促进和保障劳动者在职业活动中的身心健康和社会福利。

职业健康研究的是预防因工作导致的疾病，并防止原有疾病的恶化。主要表现为工作中因环境及接触有害因素引起人体生理机能的变化。职业健康的定义有很多种，最权威的是1950年由国际劳工组织和世界卫生组织的联合职业委员会给出的定义：职业健康应以促进并维持各行业职工的生理、心理及社交处在最好状态为目的；并防止职工的健康受工作环境影响；保护职工不受健康危害因素伤害；并将职工安排在适合他们的生理和心理的工作环境中。

(八) 生产经营单位

根据《安全生产法》第二条的规定，生产经营单位指"在中华人民共和国领域内从事生产经营活动的单位"。

《安全生产法》的上述规定，也引发了国内大量学者对其限定范围的讨论。例如，刘园园（2017）在其文章中提到的，"生产经营单位的内涵与外延不清晰、生产经营单位这一概念作为对人的效力范围的总括不够周延、仅调整职业安全保护方面的社会关系存在局限性、除外适用规定赘述"。滕炜、刘左军（2014）认为，"将一切以合法或者非法形式从事生产经营活动的企业、事业单位和个体经济组织以及其他组织都纳入该法适用的主体范围"。再如，石永国（2017）在探讨安全生产主体责任时，直接使用"企业"一词，认为对于《安全生产法》第二条规定的调整范围的内容，视为生产经营单位与企业具有同样的意义。由此可以看出，代表了国内理论界的一些现状，目前在国内的研究探讨中，有部分学者是认可两个词语的一致性的，在使用方面也是相互转换。也有学者认为法条规定的包含范围过小，其中范伟（2014）认为，"目前法律、法规中所涉及的生产经营单位具有很强的营利目的，不能包括所有的有员工的单位，因此其范围过小，不能包含全部涉及安全生产的单位"。代表了部分学者的观点，认为目前法律所规定的涵盖范围过小。

事实上，从《安全生产法》第二条中可以看出，生产经营单位的范畴实质上是以"生产经营活动"这一行为作为划分标准进行归纳、分类的。因为在现实的生活与实践的实际操作当中，有关单位因为从事的生产经营活动的性质、种类及规模等方面存在差异，往往会导致危险性因素的形成和安全防范、隐患治理工作的区别从而具有多样性，因此，其造成的危险因子产生的概率和对于安全事故的防范以及对于事故的应急处理的工作也千差万别。如此，各行各业涉及安全的也比较多，无法根据其性质、大小等进行一个严格的划分，根据《安全生产法》也无法涵盖所有的对象。故此，通过"从事生产经营活动"这一行为来确定是否包含在生产经营单位的范围内，这种判断标准更加具有准确性以及合理性。这也就同时传达了一个讯息，即一切无论是合法地还是非法地从事生产经营活动的企业、事业单位和个体经济组织以及其他组织等，无论其经营范围如何、其本身具有怎样的实力规模、又或者是具有怎样的市场分布等，只要是从事了生产经营这一活动的，都应视其为生产经营单位。

第二节 安全生产的发展

一、国外研究概况

随着工业革命和科学技术的不断发展，各行各业对安全的重视程度越来越高。国外对安全管理研究起步比较早，许多学者和专家在安全领域的理论成果为推动生产经营单位安全管理的发展发挥了重要作用。1919年，英国的M. Greenwood（格林伍德）和H. H. Woods（伍兹）提出了"事故原因理论"，他们通过对工厂里的伤亡事故进行统计分析，找出事故发生的相关规律性因素，认为由于员工心理和身体的差异，个别员工有一定的事故倾向。1931年，美国安全工程师海因里希提出著名的海因里希定律（Heinrich's Law）以及事故致因理论，该理论成果在安全管理领域广为人知，也为生产经营单位安全发展做出了重要理论贡献。1936年，亚当斯（Edward Adams）等一批安全管理的学者和专家们提出了许多安全管理的研究成果，从人员、设备、管理等方面的危险或失误入手，研究事故因果关系。20世纪60年代以后，随着系统理论的发展，许多学者和专家开始从系统论的角度研究安全事故，系统安全管理的理念得到进一步发展，如美国在研制洲际导弹的过程中首次提出系统安全概念。Abdelhamid等（2007）通过研究，认为安全事故是由人、环境、机、物料、管理五个因素连锁反应造成的，五个关键因素存在内在的联系，它们相互影响、相互关联和相互制约。Johnson等（2017）考虑安全生产系统的复杂性，认为生产经营单位只要在进行生产经营活动，都可能会存在影响安全的危险源和危险因素，主要概括为人的不安全行为、设备的故障和一些不良安全环境等因素。

从生产经营单位安全管理模式上看，国外的大型企业有着自身独特的特点和差异，企业对安全管理重视程度非常高，内部构建了完善的安全管理体系，在制度、文化和人员等安全管理方面均出台了许多具体的措施。

综合国外研究现状看，一起安全事故的发生，多是由一些关键因素的连锁反应造成的，这些关键因素主要指的是人员、设备、管理、环境等方面，生产经营单位要抓好安全生产管理工作，需要围绕这些关键因素，从制度、文化和管理等方面出台具体的管理举措，夯实安全管理根基。

二、国外安全生产发展历程

（一）工业革命前

生产力和自然科学都处于自然和发散发展的状态，人类对自身的安全问题还未能自觉去认识和主动采取安全技术措施。

在生产活动的初期，生产主要是以个体或作坊进行的手工业劳动，劳动人民在实践中逐步总结出一些安全防护的方法和技术。由于生产规模小，安全问题不突出，防止事故的技术和方法比较简单。

（二）工业革命后

生产中使用大型动力机械和能源，如汽车导致交通事故，采矿业发展导致矿业灾害事故等，迫使人们对这些局部人为危害问题深入认识并采取专门的安全技术措施。

18世纪中叶，蒸汽机的发明引起了工业革命。传统的手工业劳动逐渐为大规模的机器生产所代替。机器使生产率空前提高，但同时也大大地增加了伤害的可能，加之资本主义初期，资本家为了榨取最大利润，采用提高劳动强度，延长工作时间，滥用女工、童工等手段残酷剥削工人，致使工人的劳动条件十分恶劣，伤亡事故频繁发生，这就迫使工人起来反抗，为维护自身的安全和健康，用种种办法和资本家进行斗争，如罢工，甚至破坏机器等。由于工人的斗争，资本家不得不做出让步，一方面，适当改善劳动条件，甚至制定颁布了一些安全法规；另一方面，由于事故所造成的巨大经济损失以及在事故诉讼中所支付的巨额费用，超过了资本家所能允许的利益损失，资本家出于自身的利益，被迫地也要考虑安全问题，如在机器上安装防护装置，要求研究防止事故和职业危害的方法等。所有这些都促进了安全科学和技术的发展，出现了一些论著和成果，例如19世纪英国化学家戴维发明了著名的矿坑安全灯。

（三）社会化大生产的发展过程中

由于形成军事工业、航空工业，特别是原子能和航天技术等复杂的大生产系统和机器系统，局部的安全认识和单一的安全技术措施已无法解决其安全问题，因此需系统地认识安全。

在社会化大生产的发展过程中，产品种类和生产规模不断扩大，技术不断更新，新设备、新工艺、新材料不断被采用。这些一方面提高了生产效率，但另一方面也不断地增加了新的危害和危险。众所周知，1984年12月3日，在印度发生了一起震惊世界的大惨案，美国联合碳化物公司在印度博帕尔市的农药厂所发生的毒气泄漏事件，造成了难以估量的损失。

在社会化大生产的情况下，如果仅靠劳动者个人凭着经验和直觉就想保证生产中的安全是不可能的。必须发展安全科学及技术到相应的程度才有可能不断提高安全生产水平，尽可能减少事故伤害和职业危害。随着现代科技特别是高科技的发展，必须更深入地采取动态的安全系统工程技术措施进行安全生产管理。

三、我国研究概况

我国在安全管理理论方面的研究要晚于国外，但通过学者和专家的延伸和改进，以及生产经营单位安全管理实践和积累，国内对安全管理领域的研究呈现出百花齐放的态势。

宋锐（2021）聚焦安全管理关键因素，研究提出了"人、机、料、法、环、测"六个方面的安全管理策略建议。李子恒等（2021）从安全标准化的角度，提出了岗位安全标准化、部门安全标准化、班组安全标准化等方面的安全标准化建设策略与方案。崔建华（2021）从管理规范化、健全制度和提升员工能力等方面提出了加强安全生产标准化管理的策略。宋春才（2020）提出生产经营单位安全生产管理要与安全文化紧密结合，内生动力相互促进。叶明（2019）提出要在安全生产工作中加强风险控制，从生产经营单位实际出发构建科学合理的风险控制体系。卢欣（2019）根据电力应急现状及存在的问题，提出了具体的加强应急管理措施。王铭民等（2018）认为设备、人、环境和管理是本质安全的关键，设备是基础，人是主导，环境是支持，管理是保障。朱彬（2018）认为制度、管理及应急是安全生产管理体系的重要组成部分。范业松（2014）在对电力企业安全生产管理现状深入分析的基础上，提出了加强安全生产管理的措施。

综合国内研究现状，目前仍然认为人员、设备、管理、环境、文化等是安全管理的关键因素，安全管理的举措主要包括安全教育、标准化建设、风险控制体系建设、应急管理等方面。应综合考虑国内研究成果，从安全管理的关键因素入手，结合研究对象的实际情况，开展深入研究，从标准化管理、风险管控和应急管理等多个方面提出具体管理举措。

四、我国安全生产的发展历程

我国历来重视安全问题，将安全问题置于重中之重的位置。中华人民共和国成立以来，我国的安全生产监督管理体制经历了曲折的发展变化，安全生产监察制度从无到有，在摸索中不断发展完善，至今基本形成了较系统的安全生产监督管理体制。我国安全生产分四个时期。

（一）安全生产方针和管理体制初创时期（1949—1965年）

1949年9月21—30日，在北平举行的第一届中国人民政治协商会议通过的《共同纲领》中就提出了"公私企业一般实行8小时至10小时工作制""保护女工的特殊利益"和"实行工矿检查制度，以改进工矿的安全和卫生设备"。

1949年10月1日，中央人民政府设立劳动部；在同年11月2日，中央人民政府劳动部正式成立，并在劳动部下设劳动保护司，地方各级人民政府劳动部门也相继设立了劳动保护处、科、股。在政府产业主管部门也相继设立了专管劳动保护和安全生产工作的机构。

1949年11月，召开的第一次全国煤矿工作会议提出"煤矿生产，安全第一"。

1950年10月，政务院批准的《中央人民政府劳动部试行组织条例》和《省、市劳动局暂行组织通则》要求："各级劳动部门自建立伊始，即担负起监督、指导各产业部门和工矿企业劳动保护工作的任务"，对工矿企业的劳动保护和安全生产工作实施监督管理。

1952年，第二次全国劳动保护工作会议明确要坚持"安全第一"方针和"管生产必须管安全"的原则。

1954年，中华人民共和国制定的第一部宪法，把加强劳动保护、改善劳动条件作为国家的基本政策确定下来。中央人民政府先后颁布了《工厂安全卫生规程》《建筑安装工程安全技术规程》等行政法规建立了由劳动部门综合监管、行业部门具体管理的安全生产工作体制，劳动者的安全状况从根本上得到了改善。

1955年6月，国务院批准在劳动部建立国家锅炉检查总局，于1956年1月开始工作。1963年，国务院决定恢复各级锅炉安全监察机构。

1956年9月，国务院批准的《中华人民共和国劳动部组织简则》规定，劳动部在自己的权限内，有权发布有关劳动工作的命令、指示和规章，各级劳动部门和企业、事业单位必须遵守和执行。同时规定，劳动部负责"管理劳动保护工作，监督检查国民经济各部门的劳动保护、安全技术和工业卫生工作，领导劳动保护监督机构的工作，检查企业中的重大事故并且提出结论性的处理意见"。

1963年，国务院颁布了《关于加强企业生产中安全工作的几项规定》，恢复重建安全生产秩序，生产安全事故明显下降。

（二）受"文化大革命"冲击时期（1966—1977年）

"文化大革命"期间，国民经济遭受到严重的挫折，安全工作也受到了严重的破坏，出现了又一次大倒退。

1970年，劳动部并入国家计委，其安全生产综合管理职能也相应转移，国计委成立劳动局，恢复了劳动保护工作。

1975年9月，成立国家劳动总局，内设劳动保护局、锅炉压力容器安全监察局等安全工作机构，同时开展对矿山安全生产的监督检查工作。

1976年10月，国家经济开始恢复，生产得到了较快的发展。但是一些部门与企业的领导人只抓生产，不顾安全，以致在1976—1978年安全工作的局面继续恶化。

（三）恢复和创新发展时期（1978—2012年）

安全生产开始向好的方向发展。随着思想上政治上的拨乱反正，安全工作进入了全面整顿恢复和发展提高的崭新阶段。又可分为以下三个阶段。

1. 恢复和整顿提高阶段（1978—1991年）

该阶段治理经济环境和整顿经济秩序，为加强安全生产创造了较好的宏观环境。相继出台实施了《矿山安全监察条例》和《职工伤亡事故报告和处理规定》等法规，成立了全国安全生产委员会，工矿企业事故死亡人数下降。

1978年9月，国家劳动总局成立锅炉压力容器安全监察局，各地劳动部门也相应成立了锅炉压力容器安全监察处（科）。

1979年5月，国家劳动总局召开全国劳动保护座谈会，重新肯定加强安全生产立法和建立安全生产监察制度的重要性和迫切性。

1981年1月，国家劳动总局正式成立矿山安全监察局，对矿山安全卫生行使国家监察。

1982年2月，国务院发布《矿山安全条例》《矿山安全监察条例》和《锅炉压力容器安全监察暂行条例》，宣布在各级劳动部门设立矿山、职业安全卫生和锅炉压力容器安全监察机构。

1983年5月，国务院常务会议批准成立劳动人事部。下设劳动保护监察局、锅炉压力容器安全监察局、矿山安全监察局。

1985年1月3日，由国务院各部委及全国总工会领导人成立全国安全生产委员会。全国安委会办公室设在劳动人事部。

1988年，国家为了协调各部门和更有利于开展全国安全生产监督管理工作，劳动人事部分开设立劳动部和人事部，国务院批准的劳动部"三定"方案中规定：新组建的劳动部是国务院领导下，综合管理全国劳动工作的职能部门，综合管理职业安全卫生、矿山安全、锅炉压力容器安全工作，实行国家监察。劳动部将劳动保护局更名为职业安全卫生监察局，仍保持矿山安全监察局和锅炉压力容器安全监察局。

1982—1995年，我国各省、自治区、直辖市和一些城市通过地方立法，规定劳动厅（局）是主管安全生产监察工作的机关，在本地区实行安全生产监察工作。同时，下级劳动安全卫生监察机构在业务上接受上级安全生产监察机构的指导，形成了中央统一领导，属地管理，分级负责的安全生产监察体制。

2.适应建立社会主义市场经济体制阶段（1992—2002年）

1992年，七届全国人大常委会通过了《中华人民共和国矿山安全法》（以下简称《矿山安全法》），劳动部职能机构相应调整为职业安全卫生监察局、矿山安全卫生监察局、锅炉压力容器安全监察局。

1993年，为发挥企业的市场经济主体作用，国务院相继颁布了工伤保险、重特大伤亡事故报告调查、重特大事故隐患管理等多项法规。同年，劳动部对劳动安全卫生监察工作职能机构重新予以调整。新设安全生产管理局、取代原全国安全生产委员会办公室；将职业安全卫生监察局与锅炉压力容器安全监察局合并成立职业安全卫生与锅炉压力容器监察局；保留矿山安全卫生监察局；国务院下发了《关于加强安全生产工作的通知》，在明确规定原劳动部负责综合管理全国安全生产工作，对安全生产实行国家监察的同时，也明确要求各级综合管理生产的部门和行业主管部门，在管生产的同时必须管安全，提出一个建立社会主义市场经济过程中的新安全生产管理体制，即实行"企业负责、行业管理、国家监察、群众监督"的安全生产管理体制。随后，在实践中又增加了劳动者遵章守纪的内容，形成了"企业负责、行业管理、国家监察、群众监督、劳动者遵章守纪"的安全管理体制。

1994年，八届人大常委会通过了《中华人民共和国劳动法》（以下简称《劳动法》）。

1998年6月，在国务院机构改革中，新成立劳动和社会保障部，将原劳动部承担的安全生产综合管理、职业安全卫生监察、矿山安全卫生监察的职能，交由国家经济贸易委员会（简称"国家经贸委"）新成立的安全生产局承担；原劳动部承担的职业卫生监察职能，交由卫生部承担；锅炉压力容器监察职能，交由国家质量技术监督局承担；劳动保护工作中的女职工和未成年工作特殊保护、工作时间和休息时间，以及工伤保险、劳动保护争议与劳动关系仲裁等职能，仍由劳动和社会保障部承担。国家经贸委成立安全生产局后，综合管理全国安全生产工作，对安全生产行使国家监督监察管理职权；拟订全国安全生产综合法律、法规、政策、标准；组织协调全国重大安全事故的处理。

1999年12月，根据煤矿安全生产的实际情况，国务院又增设国家煤矿安全监察局，与国家煤炭工业局一个机构、两块牌子。国家煤矿安全监察局是国家经贸委管理的负责煤矿安全监察的行政执法机构，承担国家经贸委负责的煤矿安全监察职能，在重点产煤省和地区建立煤矿安全监察局及办事处，省级煤矿安全监察局实行以国家煤矿安全监察局为主，国家煤矿安全监察局和所在省政府双重领导的管理体制。国家煤炭工业局的有关内设机构，加挂国家煤矿安全监察局内设机构的牌子。

2000年初，国家煤矿安全监察局成立了20个省级监察局和71个地区办事处，实行统一垂直管理。2018年3月，根据第十三届全国人民代表大会第一次会议审议通过的《国务院机构改革方案》，组建应急管理部。考虑到国家煤矿安全监察局与防灾救灾联系紧密，由应急管理部管理。2020年10月，按照党中央决策部署，国家煤矿安全监察局更名为国家矿山安全监察局。

2001年初，组建了国家安全生产监督管理局，与国家煤矿安全监察局"一个机构、两块牌子"，原国家经贸委安全生产局职能和人员一并划入新组建的国家安全生产监督管理局。

2002年11月出台了《安全生产法》，安全生产开始纳入比较健全的法制轨道。但这一阶段由于经济体制转轨、工业化进程加快，特别是民营小企业的迅速发展等，使安全生产面临一系列新情况、新问题，安全状况出现较大反复。

3. 创新发展阶段（2003—2012年）

党的十六大以来，我国以科学发展观统领经济社会发展全局，坚持"以人为本"，在法制、体制、机制和投入等方面采取一系列措施加强安全生产工作。2003年国家安全生产监督管理局、国家煤矿、安全监察局成为国务院直属机构，成立了国务院安全生产委员会；2004年国务院做出《关于进一步加强安全生产工作的决定》；2005年初国家安全生产监督管理局升格为总局；2006年初成立了国家安全生产应急救援指挥中心。

2003年3月，依据十届全国人大一次会议第三次全体会议批准的《国务院机构改革方案》，国家安全生产监督管理局列为国务院直属机构。

2003年8月27日，为加强对安全生产工作的领导，国务院常务会议决定成立国务院安全生产委员会。由国家经贸委、公安部、监察部、全国总工会等部门的主要负责人组成。安全委员会办公室设在国家安全生产监督管理局。

2004年1月，国务院做出了《关于进一步加强安全生产工作的决定》。

2005年2月，经国务院批准将国家安全生产监督管理局调整为国家安全生产监督管理总局，下设国家煤矿安全监察局。

2005年10月，十六届五中全会《建议》指出，要坚持节约发展，清洁发展，安全发展，实现可持续发展。胡锦涛总书记在中央政治局第30次集体学习会上强调指出，把"安全发展"作为一个重要理念纳入我国社会主义现代化建设的总体战略。

2006年初，国家安全生产应急救援指挥中心成立。

2009年8月，根据第十一届全国人民代表大会常务委员会第十次会议《关于修改部分法律的决定》，《安全生产法》第一次修正，2009年8月27日实施。

（四）党的十八大以来安全生产发展期

安全生产、重如泰山。党的十八大以来，党和国家高度重视安全生产，把安全生产作为民生大事，纳入全面建成小康社会的重要内容之中。习近平总书记对安全生产工作做出了一系列重要指示批示，形成了习近平总书记关于安全生产重要论述。随着我国安全生产事业的不断发展，严守安全底线、严格依法监管、保障人民权益、生命安全至上已成为全社会共识。

第二章 安全生产基础理论

安全生产是关系人民群众生命财产安全的大事，是经济社会协调健康发展的标志，是党和政府对人民利益高度负责的要求。党中央、国务院历来高度重视安全生产工作，提出建立"党政同责、一岗双责、齐抓共管"安全生产责任体系，进一步明确提出了安全发展战略，为安全生产理论研究和安全发展战略研究指明了方向。党的十八大以来，以习近平同志为核心的党中央作出一系列重大决策部署，推动全国安全生产工作取得积极进展。同时也要看到，当前我国正处在工业化、城镇化持续推进过程中，生产经营规模不断扩大，传统和新型生产经营方式并存，各类事故隐患和安全风险交织叠加，安全生产基础薄弱、监管体制机制不完善、生产经营单位主体责任落实不到位等问题依然突出。生产安全事故易发多发，尤其是重特大安全事故频发势头尚未得到有效遏制，一些事故发生呈现由高危行业领域向其他行业领域蔓延趋势，直接危及生产安全和公共安全。

加快安全生产理论的研究和创新，加强安全生产理论体系建设，是一项十分重要、十分紧迫的任务。搞好安全生产理论研究和创新工作，既是形势的要求、时代的呼唤，也是人类文明、社会进步的重要标志，更是开创我国安全生产工作新局面的迫切需要。辩证唯物主义的认识论认为，理论是实践的旗帜，是实践的先导，搞好安全生产，同样需要理论做指南。在全面建设社会主义现代化国家的新形势下，特别需要不断创新的安全生产理论指导安全生产的各项工作。研究和发展安全生产理论，不断推进安全生产理论创新，对于指导安全生产实践具有重要的导向作用，对于建立安全生产长效机制，促进安全生产技术、安全生产文化的发展，推动经济建设，具有重大的现实意义和深远的历史意义。

第一节 国内外安全生产理论发展沿革

一、国外安全生产理论发展沿革

不同国家生产力水平和生产方式不同，安全生产问题和工作重点各不相同，安全生产理论也不尽相同。发达国家的安全生产理论集中体现在以下五个方面。

(一)"安全第一"理论方针

1901年在美国的钢铁工业受经济萧条的影响时，提出"安全第一"的经营方针，不但减少了事故，同时钢铁质量和效益都有所提高。"安全第一"已从口号变为安全生产基本方针，成为人类生产活动的基本准则。

(二)"安全就是效益"理论

英国雇主们普遍认为，安全好，效益就好，雇主们在安全与健康方面肯投入。美国杜邦公司自成立以来逐渐形成了一种独特的企业文化：安全是企业一切工作的首要条件，安全是公司的核心利益，把安全投入放在与业务发展同样重要的位置考虑，认为安全投入能够为生产经营单位带来经济效益。该公司的管理理念是安全具有经济效益，是有价值的。"安全就是效益"理论中安全与生产经营单位的管理绩效密切相关，强调人在事故中的作用，并且明确划分各层级的人员在生产经营单位安全生产中的职责。安全是习惯化和制度化的行为。

（三）"预防为主"理论

最著名的是海因里希法则。1931年美国的海因里希统计了55万件机械事故，死亡、重伤、轻伤和无伤害事故的比例为1∶29∶300。事故"冰山原理"进一步说明，一个已经发生的严重事故，就像浮在水面的冰山一角，而隐藏在水面下的部分却庞大得多，即大量的事故隐患。要预防事故，首先必须排查治理隐患。

（四）"职业健康"理论与 HSE 体系

国际劳工组织的目标是促使工作条件尽可能完全适应工人的体力和脑力、生理与心理所能承受的负荷，创造一种安全和有益于健康的工作环境。在发达国家，安全事故很少发生，职业健康成为工作重点。职业健康安全管理的基本原理是系统化的"PDCA 模型"见图 2-1。管理体系通过持续不断的开展"计划、执行、反馈、审查"活动，使得建立体系的组织单位能够不断完善，不断提升。该体系的建立目的是防范风险，保护职工职业健康，实现安全生产。健康、安全和环境管理体系同样适用 PDCA 闭环管理模式，因此形成了 HSE 安健环管理体系。美国、英国、日本等发达国家生产经营单位普遍建立了 HSE 体系，生产经营单位安全生产工作重点和政府监管重点在改善劳动条件，减少和消除作业场所职业危害。

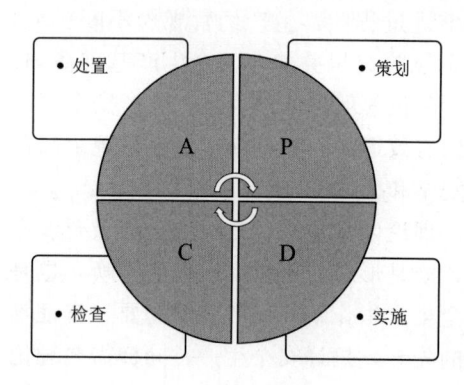

图 2-1 PDCA 模型示意图

（五）安全成功三角理论

美国从安全生产实践中总结出安全成功三角理论，即预防、监管和培训三大要素，把坚持监管执法和安全培训放在突出位置。欧洲国家和澳大利亚安全成功三角则为预防、监察和工伤保险三个体系，利用工伤保险的经济杠杆推动生产经营单位主动预防事故。

二、我国安全生产理论发展沿革

我国早在先秦时期，《周易》一书中就有"水火相济""水在火上，既济"的记载，说明了用水灭火的道理。

我国安全生产理论发展过程总体上经历了初步创建、改革发展、新时期三个时期，各个时期安全生产理论的提出均具有明显的时代特征。

（一）初步创建时期安全生产理论（1949—1978 年）

20 世纪 50 年代，现代安全生产管理理论、方法、模式进入我国，20 世纪 60—70 年代，开始吸收并研究事故致因理论、事故预防理论和现代安全生产管理思想。该时期理论主要有三个：安全为了生产，生产必须安全；管生产必须管安全；安全第一。该时期理论主要特征有两点：一是经济总量不大，但事故较多，提出重视安全生产工作，更多地强调安全生产为政治工作服务；二是就安全谈安全，措施与方法不多。

（二）改革发展时期安全生产理论（1979—2002年）

20世纪末，我国几乎与工业化国家同步研究并推出了职业健康安全管理体系。该时期理论主要有四个：安全第一、预防为主；隐患险于明火，防范胜于救灾，责任重于泰山；安全也是生产力；本质安全。该时期理论的主要特征有两点：一是以经济建设为中心，安全工作侧重于为经济发展工作服务；二是初步提出了预防为主的措施，但又局限于技术条件。

（三）新时期安全生产理论（2003年至今）

进入21世纪以来，我国学者提出了系统化的生产经营单位安全生产风险管理理论，即安全系统理论。认为生产经营单位安全生产管理是风险管理，管理的内容包括：危险源辨识、风险评价、危险预警和监测管理等。2010年，《国务院关于进一步加强企业安全生产工作的通知》（国发〔2010〕23号）中明确提出标准达标的具体要求指标，将生产经营单位的安全标准化与生产经营单位信用评级挂钩，并作为重要参考依据。政府强化了对生产经营的单位的监管，管理趋向标准化。2016年，面对国内安全生产严峻形势，国务院办公室印发了《标本兼治遏制重特大事故工作指南》（安委办〔2016〕3号）和《实施遏制重特大事故工作指南，构建双重预防机制的意见》（安委办〔2016〕11号），提出了"把安全风险管控挺在隐患前面，把隐患排查治理挺在事故前面"，通过风险管控和隐患排查所谓"双控机制"提升安全管理效果。2016年，AQ/T 9006—2010《企业安全生产标准化规范》由行业标准升级为国家标准GB/T 33000—2016，增加了危险辨识和风险管控内容。

该时期理论主要有5个：安全生产发展阶段理论，建立安全生产考核指标体系和安全生产阶段发展目标；安全第一、预防为主、综合治理；强化责任追究，多部门联合执法和协调机制；树立安全意识，欢迎舆论监督，直面媒体，全社会关注安全；提出安全发展战略，安全生产红线，"党政同责"等安全生产责任体系。该时期理论的主要特征有三点：一是总书记明确提出坚持安全发展战略，并写入党中央、国务院文件；二是将安全生产工作纳入社会公共治理范畴，把保障人民群众生命安全放在首位；三是提出采用法律、行政、经济等手段综合治理安全生产问题，强化安全生产事故责任追究。2021年9月1日起施行的《安全生产法》明文规定，我国安全生产工作应当以人为本，坚持人民至上、生命至上，把保护人民生命安全摆在首位，树立安全发展理念，坚持"安全第一、预防为主、综合治理"的方针，从源头上防范化解重大安全风险。

以上三个时期形成的安全生产理论和安全发展战略理念，反映了各个时期安全生产工作特点，尤其是安全发展战略理念的提出和确立，是安全生产工作的重大理论创新和实践跨越，具有鲜明的中国特色和时代特征，占领着安全生产理论研究的制高点，将在今后的安全生产理论研究和实践中不断丰富与发展。

三、基于生产力和生产关系的三种安全管理类型

现代安全理论体系的发展经历了具有代表性的三个阶段。

第一阶段，从工业社会到20世纪50年代逐步建立了较完善的安全教育、管理、技术体系,初具现代安全生产管理雏形。

第二阶段,20世纪50—80年代产生了一些安全生产管理原理、事故致因理论和事故预防原理等风险管理理论,以系统安全理论为核心的现代安全管理方法、模式、思想、理论基本形成。

第三阶段,自20世纪90年代以来,"持续改进""以人为本"的健康安全管理理念逐步被生产经营单位管理者所接受,生产经营单位安全生产风险管理思想开始形成。

安全生产是社会生产力发展到一定阶段的产物。机器的发明促进了工业革命,机器伤人、剩余价值榨取以及生产中积累爆发的劳动劳资矛盾等,推动了工业文明发展和社会进步,其核心是反映了生产力及生产关系的变化。生产关系决定社会形态,生产力在生产关系中起着决定性作用,而劳动者在生产力三要素中又是最活跃的因素。基于生产力和生产关系的变化,可以把生产安全管理归为三种类型。

(一) 以资本利益最大化的安全生产管理

由于资本主义初期生产力水平落后,机械设备简陋,生产工艺、生产力及管理水平不高,资本家为了追求利润和剩余价值,只能靠严格苛刻的管理避免设备损坏、生产受阻或业务中断,实现生产安全。把人变成机器或机器的附属物,让人去适应机器,研究用劳动定额、保健因素等提高劳动效率,是当时管理学关注的重点。很明显,资本主义社会初期安全生产管理的目的不是为了保护劳动者,而是通过减少或避免事故,实现经济利益。所以,当时的经济学家、管理学家通过研究建立了一些理论或模型,让资本家明白了很多安全与效益的道理。例如,事故都会中断产品生产,延迟交付产品或生产不合格品遭客户索赔;员工受到伤害需进行救治、抚恤赔偿,以及接替因工伤缺岗员工带来的额外费用;因事故赔偿,不仅有害生产经营单位声誉信誉,也增加了生产经营单位保险费用的支出,都会使资本受损。同时,劳动者因事故造成伤害和损失,也被迫组织起来与资本家进行斗争。经过反复斗争和利益博弈,在工人组织(工会)呼声、社会道义及法律建设等推动下,资本家也不得不强化生产安全管理。

(二) 以保护劳动者人身安全和集体财产利益的安全生产管理

1952年12月,在北京召开的第二次全国劳动保护会议上,基于对劳动者的保护和维护集体财产安全,我国首次提出了"安全为了生产,生产必须安全"的安全生产方针,并在法律中对职业禁忌、妇女儿童劳动保护和职业防护等进行了明确。当时提出这一安全生产方针的用意,是在社会主义制度下体现人民当家作主,保护劳动者的生命安全、职业健康和集体财产免受损失。这种以保护劳动者和集体利益为目的的安全生产管理,在我国工业落后的基础条件下进行社会主义建设,发挥了非常重要的作用。但是,由于安全生产管理长期受到事故预防思维定式的影响,"安全生产"与"生产安全"通常混用,概念不清,甚至还出现过"安全为了生产""生产必须安全"等安全与生产关系的辩论,这种争论在很长时期没有什么结果。当然,在这一关系的反复辩论中,对安全生产的认识也得到了不断深化,并伴随生产力的不断提升和社会财富的积累,安全生产的内涵也更加丰富。

(三) 以人为本和以人民为中心的安全生产管理

随着我国的改革开放和生产力的迅速提升,人民生活水平得到了极大改善,人的安全特别是生命安全和职业健康得到了党和国家的高度重视。改革开放初期，煤矿事故高发，工矿商贸事故频发，国家在有关工业部委精简后及时成立国家安全生产监管部门，出台《安全生产法》并不断升级安全监督管理和事故问责。安全生产工作实行管行业必须管安全、管业务必须管安全、管生产经营必须管安全，强化和落实生产经营单位主体责任与政府监管责任，建立生产经营单位负责、职工参与、政府监管、行业自律和社会监督的机制。由考核生产经营单位事故伤亡指标到提出"零伤亡"目标，通过一系列手段、措施的实施，生产安全事故特别是工业伤亡事故明显减少。同时，借鉴国外一流跨国生产经营单位的安全管理惯例，健康、安全与环境管理体系等有益做法，结合我国管理实践，推行安全生产标准化，开启了中国特色社会主义安全生产管理体系建设实践。

在新时代以人民为中心，树立安全发展理念，弘扬生命至上、安全第一的思想指引下，发展绝不能以牺牲人的生命为代价，民生为本、安全发展、红线意识、底线思维等"大安全"观念的认识，对安全生产的理解得到全面升华。安全生产关系经济安全，安全生产影响政治安全，安全生产属于社会安全，坚持总体国家安全观，统筹发展和安全，一系列举措实践，极大丰富了安全生产的内涵。在总体国家安全观和安全发展理念下，对安全生产的研究也必须站在"坚持系统思维构建大安全格局，为建设社会主义现代化国家提供坚强保障"的高度，拓展安全生产的外延。

第二节　安全生产管理的基本原理

安全生产管理作为管理的主要组成部分，既服从管理的基本原理和原则，又有其特殊的原理和原则。

安全生产管理原理是从生产管理的共性出发，对生产管理中安全工作的实质内容进行科学分析、综合、抽象概括所得出的安全生产管理规律。安全生产管理的基本原理主要包括系统原理、人本原理、强制原理、预防原理和责任原理五个基本原理。安全生产原则是在生产管理原理的基础上，指导安全生产活动的通用规则。原理和原则的内涵是一致的，一般来说原理更基本，更具普遍意义；原则更具体，对行动更有指导性。

一、系统原理

（一）系统原理定义

系统原理指人们在从事管理工作时，运用系统的理论、观点和方法，对管理活动进行充分的分析，以达到管理的优化目的，即用系统的理论观点和方法来认识和处理管理中出现的问题。

系统指由若干个相互联系、相互作用的要素组成的具有特定结构和功能的有机整体。一个系统可分为若干个子系统和要素，如安全生产管理系统是生产经营单位管理的一个子系统，安全生产管理系统又包括各级安全管理人员、安全防护设施设备、安全管理制度、安全操作规程以及各类安全管理信息等。坚持系统治理，严密层级治理和行业治理、政府治理、社会治理相结合的安全生产治理体系，组织动员各方面力量实施社会共治。综合运用法律、行政、经济、市场等手段，落实人防、技防、物防措施，提升全社会安全生产治理能力。

（二）系统原理的运用原则

运用系统原理时应遵循整分合原则、反馈原则、封闭原则和动态相关性原则。

1. 整分合原则

整分合原则指为了实现高效的管理，必须在整体规划下明确分工，在分工基础上进行有效的综合。

在整分合原则中，整体把握是前提，科学分工是关键，组织综合是保证。没有整体目标的指导，分工就会盲目而混乱，离开分工，整体目标就难以高效地实现，如果只有分工，没有综合与协作，就会出现分工各环节脱节等问题。因此，高效的管理必须遵循整分合原则。

安全生产责任制就是整分合原则在实际工作中的应用。各级领导、职能部门、工程技术人员、岗位操作人员在生产的同时，对安全生产层层负责，层层落实，全面协调，最终实现全面的安全管理。整分合原则在安全管理中的意义主要包括如下三个方面：

（1）整，生产经营单位管理者在制定整体目标和进行宏观决策时，必须将安全生产纳入其中，作为整体规划的一项重要内容加以考虑。在考虑资金、人员和体系时，都必须将安全生产作为一项重要内容考虑。

（2）分，安全管理必须做到明确分工，层层落实，要建立健全安全组织体系和安全生产责任制度，使每个人员都明确目标和责任。

（3）合，要强化安全生产管理部门的职能，树立其权威，以保证强有力的协调控制，实现有效综合。

2. 反馈原则

反馈指被控制过程对控制机构的反作用，即由控制系统把信息输送出去，又把其作用结果返送回来，并对信息的再输出发生影响，起到控制作用，以达到预定的目的。管理中的反馈原则指为了实现系统目标，把行为结果传回决策机构，使因果关系相互作用，实行动态控制的行为准则。

反馈原则在水利安全生产监督管理工作中的应用有：在水利水电工程建设过程中，施工现场会存在一些不安全的因素，如油库存在工作人员在进行加油作业时吸烟、使用明火照明等不安全行为。现场安全检查人员应及时捕捉并将这些信息反馈至安全管理人员。安全管理人员根据反馈信息，采取完善安全管理制度、加强作业人员安全教育培训等措施，控制这些不安全因素，最终实现工程建设安全、顺利进行。

水利工程本身就是一项复杂的系统工程，其内部条件和外部环境都在不断变化。成功、高效的安全生产管理，必须通过灵活、准确、快速的反馈，及时捕获各种信息，快速采取行动。反馈普遍存在于各种系统之中，是管理中的一种普遍现象，是管理系统达到预期目标的主要条件，其最终目标就是要求决策管理者对客观变化作出应有的反应。

3. 封闭原则

在任何一个管理系统内部，管理手段、管理过程等必须构成一个连续封闭的回路，才能形成有效的管理活动，这就是封闭原则。

一个管理系统的管理手段、管理过程等环节既相对独立，充分发挥自己的功能，又互相衔接，互相制约，并且首尾相连，形成一条封闭的管理链。如水电站防汛管理工作其工作流程如图2-2所示，即为一个封闭的管理回路。

在水利安全生产监督管理工作中，各安全生产管理机构、制度和方法之间，必须具有紧密的联系，形成相互制约的回路，才能实现有效的安全管理。

4. 动态相关性原则

动态相关性原则指任何安全管理系统的正常运转，不仅受到系统自身条件和因素的制约，还受到其他有关系统的影响，并随着时间、地点以及人们的不同努力程度而发生变化。

在生产经营单位的安全生产管理中，动态相关性原则可从下列两个角度考虑：

（1）系统内各要素之间的动态相关性是事故发生的根本原因。构成管理系统的各要素之间相互联系，彼此制约，才使事故有可能发生。

（2）搞好安全生产管理，必须能够随时随地掌握生产经营单位安全生产的动态情况，且处理各种问题时要考虑各种事物之间的动态联系性。

图2-2 水电站防汛管理工作流程图

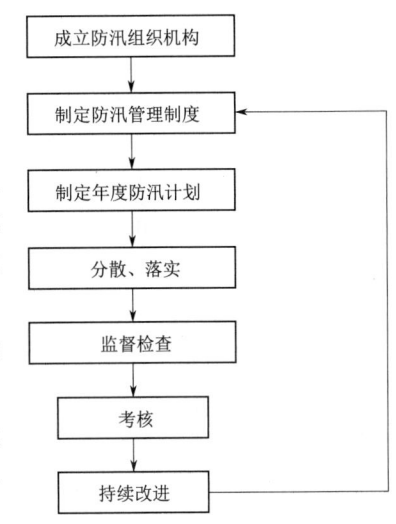

显然，如果管理系统的各要素都处于静止状态，就不会发生事故。必须掌握与安全有关的所有对象要素之间的动态相关特征，充分利用相关因素的作用。例如：掌握人与设备之间、人与作业环境之间、人与人之间、资金与设施设备改造之间、安全信息与使用者之间等的动态相关性，是实现有效安全管理的前提。根据动态相关性原则，处理员工违章作业时，管理者不应只考虑员工的自身问题，还应考虑物与环境的状态、劳动作业安排、安全管理制度、安全教育培训等问题，甚至考虑员工的家庭和社会生活的影响，全面考虑各因素，有针对性地解决员工违章问题。

二、人本原理

（一）人本原理定义

人本原理，就是在管理活动中必须把人的因素放在首位，体现以人为本的指导思想。以人为本有两层概念：

（1）一切管理活动均是以人为本展开的。人既是管理的主体（管理者），又是管理的客体（被管理者），每个人都处在一定的管理层次上，离开人，就无所谓管理。因此，人是管理活动的主要对象和重要资源。

（2）在管理活动中，作为管理对象的诸要素（资金、物资、时间、信息等）和管理系统的诸环节（组织机构、规章制度等），都是需要人去掌管、运作、推动和实施。因此，应该根据人的思想和行为规律，运用各种激励手段，充分发挥人的积极性和创造性，挖掘人的内在潜力。

现代安全管理要求在安全生产管理活动中把人的因素放在第一位，使全体成员明确组织目标和自身职责，尽量发挥人的自觉性和自我实现精神，强调人的主动性和创造性，充分发挥人的主观能动性。搞好生产经营单位安全管理，避免工伤事故与职业病的发生，充分保护生产经营单位职工的安全与健康，是人本原理的直接体现。

（二）人本原理的运用原则

1. 能级原则

现代管理学中的能级指组织中的单位和个人都具有一定的能量，并且可按能量大小的顺序排列，即现代管理中的能级。能级原则指在管理系统中建立一套合理的能级，即根据单位和个人能量的大小安排其职位和工作，做到才职相称，这样才能发挥不同能级的能量，保证结构的稳定性和管理的有效性。

现代管理的任务就是建立一个合理的能级，使管理的内容动态地处于相应的能级中。管理系统能级的划分不是随意的，其组合不随机。稳定的管理能级结构一般分为 4 个层次，如图 2-3 所示。4 个层次能级不同，使命各异，必须划分清楚，不可混淆。

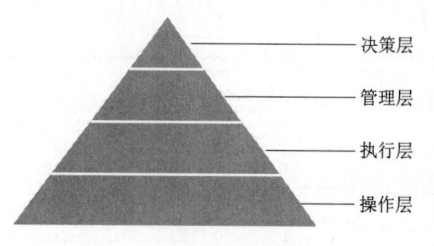

图 2-3 稳定的管理能级 4 个层次结构图

运用能级原则时，应该做到三点：一是能级的确定必须保证管理结构具有最大的稳定性；二是人才的配备必须对应，根据单位和个人能量的大小安排其工作，使人各尽其才，各尽所能；三是责、权、利应做到能级对等，在赋予责任的同时授予权力和给予利益，才能使其能量得到相应能级的发挥。

2. 动力原则

动力原则，是指推动管理活动的基本力量是人，管理必须有能够激发人的工作能力的动力，才能使管理活动持续、有效地进行下去。对于管理系统而言，基本动力主要有 3 类：物质动力、精神动力和信息动力。

（1）物质动力，是以适当的物质利益刺激人的行为动机。物质动力是根本动力，不仅是物质刺激，更重要的是经济效益。

（2）精神动力，是运用理想、信念、鼓励等精神力量刺激人的行为动机。精神动力可以补偿物质动力的缺陷，并且在特定的情况下，它也可以成为决定性动力。当物质越来越丰富的时候，越要给人精神鼓励。

（3）信息动力，是通过信息的获取与交流产生奋起直追或领先他人的动机。

科学地按劳分配，根据每个人贡献大小而给予相应的工资收入、奖金、生活待遇，为员工提供良好的物质工作环境和生活条件，这些都是动力原则在实际工作中的应用。

运用动力原则时，首先要注意综合协调运用三种动力；其次要正确认识和处理个体动力与集体动力的辩证关系；第三要处理好暂时动力与持久动力之间的关系；最后则应掌握好各种刺激量的阈值。

3. 激励原则

激励原则就是利用某种外部诱因的刺激调动人的积极性和创造性。以科学的手段，激发人的内在潜力，使其充分发挥出积极性、主动性和创造性。

人发挥其积极性的动力来源于内在动力、外部压力和工作吸引力。内在动力指人本身具有的奋斗精神；外部压力指外部施加于人的某种力量，如加薪、降级、表扬、批评、信息等；工作吸引力指那些能够使人产生兴趣和爱好的某种力量。

主要的激励方法有目标激励、榜样激励、理想激励、赏罚激励等。运用激励原则时，要采用符合人的心理活动和行为活动规律的各种有效的激励措施和手段，并且要因人而异，科学合理地采用各种激励方法和激励强度，从而最大限度地激发人的内在潜力。

三、强制原理

(一) 强制原理定义

强制原理是指采取强制管理的手段控制人的意愿和行动，使个人的活动、行为等受到安全生产管理要求的约束，从而实现有效的安全生产管理。

一般来讲，管理均带有一定的强制性。管理是管理者对被管理者施加作用和影响，并要求被管理者服从其意志，满足其要求，完成其规定的任务和活动，带有强制性。所谓强制，就是无须做很多的思想工作来统一认识，讲清道理，被管理者必须绝对服从，不必经被管理者同意便可采取控制行动。强制可以有效地控制被管理者的行为，将其调动到符合整体管理利益和目的的轨道。

安全生产管理更需要具有强制性，这是基于以下三个原因：

(1) 事故损失的偶然性。由于事故的发生及其造成的损失具有偶然性，并不一定马上会产生灾害性的后果，会使人忽视安全生产工作，使得不安全行为和不安全状态持续存在，直至发生事故，悔之已晚。

(2) 人的"冒险"心理。"冒险"指某些人为了获得某种利益而甘愿冒受到伤害的风险。持有这种心理的人不恰当地估计了事故潜在的可能性，心存侥幸，冒险心理往往会使人产生有意识的不安全行为。

(3) 事故损失的不可挽回性。是安全生产管理需要强制性的根本原因。事故损失一旦发生，往往会造成永久性的损害，尤其是人的生命和健康，更是无法弥补。

安全生产管理强制性的实现，离不开严格、合理的安全生产法律法规、标准规范和规章制度。同时，还要有强有力的安全生产管理和监督体系，以保证被管理者始终按照行为规范进行活动，一旦其行为超出规范的约束，就要有严厉的惩处措施。

(二) 强制原理的运用原则

1. 安全第一原则

安全第一原则就是要求在进行生产和其他活动时，把安全工作放在一切工作的首要位置。当生产和其他工作与安全发生矛盾时，要以安全为主，生产和其他工作要服从安全。

作为强制原理范畴中的一个原则，安全第一应该成为生产经营单位的统一认识和行动准则，各级领导和全体员工在从事各项工作中都要以安全为根本，把安全生产作为衡量生产经营单位工作好坏的一项基本内容，作为一项有"否决权"的指标，不安全不得进行生产。

生产经营单位安全生产管理工作坚持安全第一原则，就要建立和健全各级安全生产责任制，从组织上、思想上、制度上切实把安全生产工作摆在首位，常抓不懈，形成"标准化、制度化、长效化"的安全生产工作体系。

2. 监督原则

监督原则是指在安全生产工作中，为了使安全生产法律法规得到落实，必须明确安全生产监督职责，对生产经营单位生产过程中的守法和执法情况进行监督。

只要求执行系统自动贯彻实施安全生产法律法规，而缺乏强有力的监督系统去监督执行，法律法规的强制威力是难以发挥的。在这种情况下，必须建立专门的安全生产管理机构，配备合格的安全生产管理人员，赋予必要的强制威力，以保证其履行监督职责，最终保证安全管理工作落到实处。《水利部关于印发水利安全生产监督管理办法（试行）的通知》（水监督〔2021〕412号）中提出各级水行政主管部门、流域管理机构应当建立健全安全风险分级管控和隐患排查治理制度标准体系，建立安全风险数据库，实行差异化监管，督促指导水利生产经营单位开展危险源辨识和风险评价，加强对重大危险源和风险等级为重大的一般危险源的管控。

监督原则的应用在实际安全生产管理中具有重要的作用。例如，某水利水电工程建设施工现场，张某在高台进行拆除作业，未戴安全帽，也未采取其他任何安全防护措施。安全检查人员发现后，立即向其发出警告，并要求他立刻停工，采取安全防护措施后才可继续作业。张某听从指示，佩戴好安全帽、安全带，继续作业，即将完工时，张某突然站立不稳，从平台上坠落，因其佩戴了安全带和安全帽，身上只有轻微擦伤，并无大碍。如果当时没有安全检查人员的及时制止，后果将不堪设想。

四、预防原理

(一) 预防原理定义

预防原理是指安全生产管理工作应当以预防为主，即通过有效的管理和技术手段，防止人的不安全行为或物的不安全状态出现，从而使事故发生的概率降到最低。在可能发生人身伤害、设备或设施损坏和环境破坏的场合，事先采取措施，防止事故发生。《水利部关于印发水利安全生产监督管理办法（试行）的通知》（水监督〔2021〕412号）中明确提出水利生产经营单位应当建立安全风险分级管控制度，落实安全风险查找、研判、预警、防范、处置、责任等环节的全链条管控机制，定期开展危险源辨识，评定危险源风险等级，实施安全风险预警，落实监测、控制和防范措施。采取科学有效措施进行差异化处置，明确和落实各级各岗位的管控责任，并根据实际情况动态更新，按规定报告和备案。

为了使预防工作真正起到作用，水利工程建设施工单位一方面要重视经验的积累，对既成事故和大量的未遂事故（涉险事故）进行统计分析，从中发现规律，做到有的放矢；另一方面要采用科学的安全分析、评价方法，对生产中人或物的不安全情况及其后果作出准确的判断，从而实施有效的对策，预防事故的发生。

(二) 预防原理的运用原则

1. 偶然损失原则

偶然损失原则指事故所产生的后果（人员伤亡、健康损害、物质损失等）以及后果的严重程度都是随机的，是难以准确预测的。反复发生的同类事故，并不一定产生相同的后果。

没有造成职业病、伤害、财产损失或其他损失的事件称为险肇事故或未遂事故。但若再次发生完全类似的事故，会造成多大的损失，只能由偶然性决定而无法预测。

前面所述的美国学者海因里希根据跌倒人身事故调查统计得到海因里希法则指出了事故与伤害后果之间存在着偶然性的概率原则。

根据事故损失的偶然性，可得到安全生产管理上的偶然损失原则：无论事故是否造成了损失，为了防止事故损失的发生，必须采取措施防止事故再次发生。偶然损失原则强调，在安全生产管理实践中，必须重视包括险肇事故的各类事故，才能真正防止事故发生。

2. 因果关系原则

因果关系原则指事故的发生是许多因素互为因果连续发生的最终结果，只要诱发事故的因素存在，发生事故是必然的，只是时间或早或迟而已。

一个因素是前一因素的结果，而又是后一因素的原因，环环相扣，导致事故的发生。事故的因果关系决定了事故发生的必然性，即事故因素及其因果关系的存在决定了事故或早或迟，但必然要发生。例如在水利水电工程建设施工现场，有些员工长期不戴安全帽违章作业，一直没出过事故。但是一旦出现意外情况，例如高处有落物、边坡出现落石等，没有安全帽的保护，后果将不堪设想。

为更好地预防、控制事故，要从事故的因果关系中认识必然性，发现事故发生的规律性，变不安全条件为安全条件，把事故消灭在早期起因阶段。

3. 3E原则

偶然损失原则是无论事故损失的大小，都必须做好预防工作，采取三种防止对策，即工程技术对策、教育对策和法制对策。这三种对策首字母都为E，称为3E原则。3E原则是针对造成人的不安全行为和物的不安全状态所采取的三种防止对策。

工程技术对策是运用工程技术手段消除生产设施设备的不安全因素，改善作业环境条件，完善防护与报警装置，实现生产条件的安全和卫生，如消除危险源、限制能量或危险物质等。

教育对策是提供各种层次的、各种形式和内容的教育和训练，使职工牢固树立"安全第一"的思想，掌握安全生产所必需的知识和技能，如安全态度教育、安全知识教育和技能教育。

法制对策是利用安全生产法律法规、标准规范以及规章制度等必要的强制性手段约束人们的行为，从而达到消除不重视安全、违章作业等现象的目的，如安全检查、安全审查等。

在应用3E原则时，应该针对造成人的不安全行为或物的不安全状态的原因，综合、灵活地运用这三种对策，不可片面强调其中某一个对策。具体改进的顺序是：首先是工程技术措施，然后是教育训练，最后才是法制。

4. 本质安全化原则

本质安全化原则指从一开始和本质上实现了安全化，可从根本上消除事故发生的可能性，从而达到预防事故发生的目的。

以双手操作式安全装置为例，双手操作式安全装置是将滑块的下行程运动与对双手的限制联系起来，强制操作者必须双手同时推按操纵器时滑块才向下运动。此间，如果操纵者哪怕有一只手离开或双手都离开操纵器，在手伸入危险区之前，滑块停止下行程或超过下死点，使双手没有机会进入危险区域，从而避免受到伤害。

本质安全化的概念不仅可应用于设备、设施的本质安全化，还可以扩展到诸如新建工程项目、新技术、新工艺、新材料的应用，甚至包括人们的日常生活等各个领域中。

五、责任原理

安全生产管理的责任原理是指在安全生产管理活动中，为实现管理过程的有效性，管理工作需要在合理分工的基础上，明确规定各级部门和个人必须完成的工作任务和必须承担的相应责任。责任原理与整分合原则相辅相成，有分工就必须有各自的责任，否则所谓的分工就是"分"而无"工"。2020年9月新修订的《安全生产法》明确了"三管三必须"原则，同时明确规定"主要负责人对本单位的安全生产工作全面负责，其他负责人对职责范围内的安全工作负责"，这是做好安全生产工作的有力抓手。无论是部门（单位），还是各层、各级的主要负责人及分管负责人，对安全生产都是有责任的，都必须以高度负责的态度，把安全生产责任牢牢扛在肩上、抓在手中，坚持安全生产工作与业务工作同谋划、同部署、同检查、同落实。秉承"安全责任不清是最大安全隐患"的理念，细化安全生产防控责任，充分压实全员安全生产责任制，形成资源共享、尽职履责的安全生产工作格局。

责任通常可以从以下两个层面来理解：一是责任就是责任主体方对客体方承担必须承担的任务，完成必须完成的使命，做好必须做好的工作；二是责任主体没有完成分内的工作而应承担的后果或强制性义务，如担负责任、承担后果。

责任既包含个人的责任，又包含单位（集体）的责任。在安全生产管理实践中，通常所说的"一岗双责""权责对等"都反映了安全生产管理的责任原理，安全生产责任制、事故责任问责制等都是责任原理的具体化。

此外，国际社会推行的SA8000社会责任标准，也是责任原理的具体体现。SA8000是全球首个道德规范国际标准，是以保护劳动环境和条件、保障劳工权利等为主要内容的管理标准体系，其主要内容包括对童工、强迫性劳工、健康与安全、组织工会的自由与集体谈判权、歧视、惩戒性措施、工作时间、工资报酬、管理系统等方面的要求。其中与安全生产相关的内容有三点：一是生产经营单位不应使用或者支持使用童工，不得将其置于不安全或不健康的工作环境或条件下；二是生产经营单位应具备避免各种工业与特定危害的知识，为员工提供健康、安全的工作环境，采取足够的措施，最大限度地降低工作中的危害隐患，尽量防止意外或伤害的发生，为所有员工提供安全卫生的生活环境，包括干净的浴室、厕所、可饮用的洁净水、洁净安全的宿舍、卫生的食品存储设备等；三是生产经营单位支付给员工的工资不应低于法律或行业的最低标准，必须足以满足员工基本需求，对工资的扣除不能是惩罚性的。

SA8000规定了生产经营单位必须承担的对社会和利益相关者的责任，其中有许多与安全生产紧密相关。目前，我国的许多生产经营单位均发布了年度社会责任报告。

在安全生产管理活动中，运用责任原理，应建立健全安全生产责任制，在责、权、利、能四者相匹配的前提下，构建落实安全生产责任的保障机制，促使安全生产责任落实到位，并强制性地实施安全问责，做到奖罚分明，激发和引导员工的责任心。

第三节 事故致因理论

事故致因理论是从大量典型事故的本质原因中分析、提炼出的事故机理和事故模型。

这些机理和模型反映了事故发生的规律性，能够为事故原因的定性、定量分析及事故的预防，提供科学依据。在此主要介绍以下几种事故致因理论。

一、事故因果连锁理论

（一）海因里希事故因果连锁理论

在20世纪初，资本主义工业化生产飞速发展，机械化的生产方式迫使工人适应机器，包括操作要求和工作节奏，这一时期的工伤事故频发。1936年，美国学者海因里希曾经调查研究了75000件工伤事故，发现其中的98%是可以预防的。在这些可以预防的事故中，以人的不安全行为为主要原因的事故占89.8%，而以设备和物质不安全状态为主要原因的事故只占10.2%。从而得出一个重要结论，即在机械事故中，死亡或重伤、轻伤或故障以及无伤害事故的比例为1∶29∶300，国际上称为事故法则。

这个法则说明，在机械生产过程中，每发生330起意外事件，有300件未产生人员伤害，29件造成人员轻伤，1件导致重伤或死亡。要防止重大事故的发生必须减少和消除无伤害事故，要重视事故的苗头和未遂事故，否则终会酿成大祸。

例如，某水电站运行班长企图用手把皮带挂到正在旋转的皮带轮上，因未使用拨皮带的杆，且站在摇晃的梯板上，又穿了一件宽大长袖的工作服，结果被皮带轮绞入。事故调查结果表明，他这种上皮带的方法使用已有数年之久。查阅四年病志（急救上药记录），发现他有33次手臂擦伤后治疗处理记录，他手下工人均佩服他手段高明，结果还是导致死亡。这一事例说明，重伤和死亡事故虽有偶然性，但是不安全因素或动作在事故发生之前已暴露过许多次，如果在事故发生之前，抓住时机，及时消除不安全因素，许多重大伤亡事故是完全可以避免的。

事故因果连锁理论最早由海因里希提出，该理论阐明了导致伤亡事故的各种因素之间，以及这些因素与伤害之间的关系。该理论的核心思想是：伤亡事故的发生不是一个孤立的事件，尽管伤害可能在某瞬间突然发生，却是一系列原因事件相继发生的结果，即伤害与各原因相互之间具有连锁关系。海因里希把工业伤害事故的发生、发展过程描述为具有一定因果关系的事件的连锁发生过程，即：

（1）人员伤亡的发生是事故的结果。
（2）事故的发生是由于人的不安全行为、物的不安全状态。
（3）人的不安全行为或物的不安全状态是由于人的缺点造成的。
（4）人的缺点是由不良环境诱发的，或者是由先天的遗传因素造成的。

在该理论中，海因里希借助于多米诺骨牌形象地描述了事故的因果连锁关系，即事故的发生是一连串事件按一定顺序互为因果依次发生的结果。如一块骨牌倒下，则将发生连锁反应，使后面的骨牌依次倒下。海因里希提出的事故因果连锁过程包括以下五个因素。

1. 遗传及社会环境（M）

遗传因素及社会环境是造成人的缺点的原因。遗传因素可能使人具有鲁莽、固执、粗心等对于安全来说属于不良的性格；社会环境可能妨碍人的安全素质培养，助长不良性格的发展。这是因果链上最基本的因素。

2. 人的缺点（P）

人的缺点是由于遗传和社会环境因素所造成的，是使人产生不安全行为或造成物的不安全状态的原因。这些缺点既包括诸如鲁莽、固执、易过激、神经质、轻率等性格上的先天缺陷，也包括诸如缺乏安全生产知识和技能等的后天不足。

3. 人的不安全行为或物的不安全状态（H）

所谓人的不安全行为或物的不安全状态指那些曾经引起过事故，或可能引起事故的人的行为，或机械、物质的状态，它们是造成事故的直接原因。例如，在起重机的吊臂下停留、不发信号就启动机器、工作时间打闹或拆除安全防护装置等都属于人的不安全行为。没有防护的传动齿轮、裸露的带电体或照明不良等属于物的不安全状态。海因里希认为，人的不安全行为是由于人的缺点而产生的，是造成事故的主要原因。

4. 事故（D）

事故指由物体、物质或放射线等对人体发生作用造成伤害的、出乎意料的、失去控制的事件。例如，坠落、物体打击等使人员受到伤害的事件是典型的事故。

5. 伤害（A）

伤害指直接由事故产生的人身伤害。

人们用多米诺骨牌来形象地描述这种事故因果连锁关系，上述事故因果连锁关系，可以用5块多米诺骨牌来形象地描述，如图2-4所示。

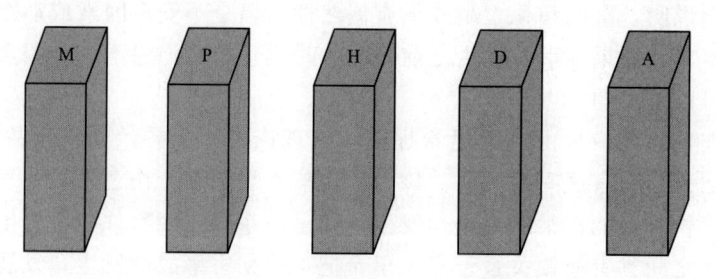

图2-4 海因里希事故因果连锁关系图

该理论积极的意义在于，如果移去因果连锁中的任意一块骨牌，则连锁被破坏，事故过程将被中止。海因里希认为，生产经营单位安全工作的中心就是要移去中间的骨牌——防止人的不安全行为或消除物的不安全状态，从而中断事故连锁的进程，避免伤害的发生。海因里希事故连锁过程中断。如图2-5所示。

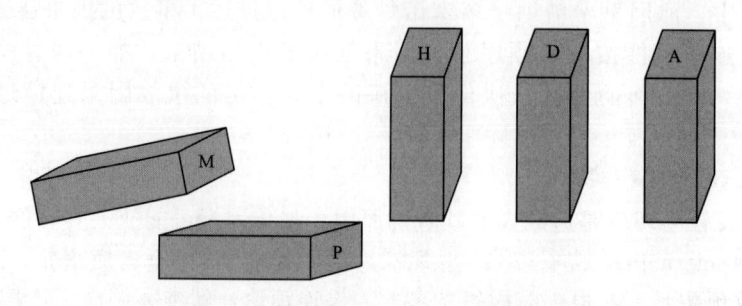

图2-5 海因里希事故连锁过程中断图

海因里希法则是安全管理的基本法则,它揭示了安全管理的两个共性规律:第一,安全事故的发生会经历多个环节,环环相扣,任何一个中间环节起到了预防作用,事故就能避免;第二,只有重视消除轻微事故,才能防止轻伤和重伤事故,否则大的事故发生只是时间问题。但海因里希的理论也有明显的不足,它对事故致因连锁关系的描述过于绝对化、简单化,也过多地考虑了人的因素。事实上,各个骨牌(因素)之间的连锁关系是复杂的、随机的。前面的牌倒下,后面的牌不一定倒下。事故并不一定造成伤害,人的不安全行为或物的不安全状态也并不一定造成事故。尽管如此,由于其在事故致因研究中的先导作用,使其有着重要的历史地位,海因里希的理论促进了事故致因理论的发展,成为事故研究科学化的先导,具有重要的历史地位。后来,博德、亚当斯等都在此基础上进行了进一步的修改和完善,使因果连锁的思想得以进一步发扬光大,得到了较好的效果。例如以下情况。

(1) 案例描述:一天上午,某水利工程建筑公司1名瓦工和其他3人站在办公楼6层两平台中间搭设的脚手架上浇筑混凝土,由于没有专门搭设卸料平台,吊运的混凝土只好卸在该脚手架上临时铺设的钢模板上。8时49分左右,当第三斗混凝土卸在钢模上,这名瓦工上前清理料斗时,脚手架右侧内立杆突然断裂钢模板滑落,瓦工也随之坠落到地面,脑部和内脏严重摔伤,经抢救无效死亡。

(2) 事故原因分析:

1) 直接原因。根据海因里希事故因果连锁论,我们认为,人的安全知识、安全意识、安全习惯是后天的培养形成的,包括由其所在单位的安全环境的影响,而并非遗传因素和社会环境所决定。在本案例中,人的缺点是事故发生的间接原因,即受害者瓦工的安全知识不足、安全意识欠缺、安全习惯不佳。人的不安全行为或物的不安全状态是事故发生的直接原因。针对人的不安全行为或物的不安全状态,下面进行详细的分析:

a. 物的不安全状态。根据GB 3608—2008《高处作业分级》,该案例的作业高度高达20m,属于三级高处作业。该作业卸料平台属随意搭建,用脚手架代替专门的高空作业设施,未达到高处作业的安全要求,严重违反了JGJ 80—2016《建筑施工高处作业安全技术规范》,存在重大的安全隐患。本案例从物的方面(卸料台)存在着危险,就是物的不安全状态。

b. 人的不安全行为分析。高处作业属于特种作业,应该由专门的人员同时配备专门的设施才能进行作业。本案例在20m高的卸料台上作业本身就是一种不安全行为。加之操作人员安全意识低、安全知识缺乏,这种危险表面上"看不到、摸不着",与可见的危险有所不同。

2) 间接原因。该水利工程建筑公司安排1名瓦工和其他3人,随意搭设脚手架就进行作业,可见该公司对安全的重视程度不够,安全生产管理机制不健全,安全生产管理制度不完善。未能落实全员安全生产责任制、三级安全生产教育制度、现场安全操作规程、给员工配备合格的安全防护用品等。同时该施工单位存在对作业现场的安全监督管理不力以及在此案例中不是由经过培训的专业施工人员进行施工等问题。

(3) 事故预防对策:根据海因里希事故因果连锁论,就本案例而言,其对策措施从三个方面进行考虑。

1）技术方面：应完善预防高处坠落事故的安全技术措施，所有高处作业开始前应依据有关规定进行专门的逐级安全技术交底。

2）管理方面：提高对安全生产重要性的认识，认真落实安全生产责任制，确保和加大对安全生产的投入，配备满足施工安全要求的安全管理人员，切实做到照章指挥，以人为本，关爱生命。切实加强安全检查，对特殊高处作业应实行跟踪检查或旁站监督。确保安全防护用品合格等。

3）教育方面：广泛开展安全学习和教育。如学习 JGJ 80—2016《建筑施工高处作业安全技术规范》等，加强对安全管理人员安全知识教育和责任心教育。

（二）博德事故因果连锁理论

在海因里希事故因果连锁理论中，把遗传和社会环境看作事故的根本原因，表现出了它的时代局限性。与早期的海因里希因果连锁等理论强调人的性格、遗传特征等不同，第二次世界大战后，人们逐渐认识到管理因素作为背后原因在事故致因中的重要作用。人的不安全行为或物的不安全状态是工业事故的直接原因，必须加以追究。但是，尽管遗传因素和人成长的社会环境对人员的行为有一定的影响，却不是影响人员行为的主要因素，它们只不过是其背后的深层原因的征兆和管理缺陷的反映。只有找出深层的、背后的原因，改进生产经营单位管理，才能有效地防止事故。在生产经营单位中，若管理者能充分发挥管理作用，则可以有效控制人的不安全行为、物的不安全状态。

博德在海因里希事故因果连锁理论的基础上，提出了与现代安全观点更加吻合的事故因果连锁理论：博德事故因果连锁理论。博德事故因果连锁过程同样为5个因素，但每个因素的概念与海因里希的有所不同。

1. 管理失误

对于大多数生产经营单位来说，由于各种原因，完全依靠工程技术措施预防事故既不经济也不现实，需要具备完善的安全管理工作，才能防止事故的发生。生产经营单位管理者必须认识到，只要生产没有实现本质安全化，就有发生事故及伤害的可能性，因此，安全生产管理是生产经营单位管理的重要一环。安全生产管理系统要随着生产的发展变化而不断调整完善，十全十美的管理系统不可能存在。由于安全管理上的缺陷，致使能够造成事故的其他原因出现。

2. 个人原因及工作条件

为了从根本上预防事故，必须查明事故的基本原因，并针对查明的基本原因采取对策。个人原因及工作条件是事故的基本原因。个人原因包括缺乏安全知识或技能、行为动机不正确、生理或心理有问题等；工作条件原因包括安全操作规程不健全，设备、材料不合适，以及存在有害作业环境等。关键是在于找出问题的基本的、背后的原因，而不仅是停留在表面的现象上。只有找出并控制这些原因，才能有效地防止后续原因的发生，从而防止事故的发生。

3. 人的不安全行为或物的不安全状态

人的不安全行为或物的不安全状态是事故的直接原因。这种原因是最重要的，在安全管理中必须重点加以追究。但是，直接原因只是一种表面现象，是深层次原因的表征。在实际工作中，不能停留在这种表面现象上，而要追究其背后隐藏的管理上的缺陷，并采取有效的控制措施,从根本上杜绝事故的发生。

4. 事故

从实用的目的出发,往往把事故定义为最终导致人员肉体损伤、死亡、财物损失等不希望的事件。但是,越来越多的安全专业人员从能量的观点把事故看作是人的身体或构筑物、设备与超过其限值的能量的接触,或人体与妨碍正常施工生产活动的物质的接触。因此,防止事故就是防止接触。可以通过对装置、材料、工艺等的改进来防止能量的释放,或者提高工人识别和回避危险的能力,佩戴劳动防护用品等来防止接触。

5. 损失

人员伤害及财物损坏统称为损失。人员伤害包括工伤、职业病、精神创伤等。在许多情况下,可以采取恰当的措施,最大限度地减小事故造成的损失。例如,对受伤者进行迅速正确的抢救,对设备进行抢修以及平时对有关人员进行应急训练等。

(三) 亚当斯事故因果连锁理论

亚当斯提出了一种与博德事故因果连锁理论类似的因果连锁模型。在该理论中,把人的不安全行为或物的不安全状态称作现场失误,其目的在于提醒人们注意人的不安全行为或物的不安全状态。

亚当斯理论的核心在于对现场失误的背后原因进行了深入的研究。操作者的不安全行为及生产作业中的不安全状态等现场失误,是由于生产经营单位负责人和安全管理人员的管理失误造成的。管理人员在管理工作中的差错或疏忽,生产经营单位负责人的决策失误,对生产经营单位经营管理及安全工作具有决定性的影响。管理失误又由生产经营单位管理体系中的问题所导致,这些问题包括:如何有组织地进行管理工作,确定怎样的管理目标,如何计划、如何实施等。管理体系反映了作为决策中心的领导人的信念、目标及规范,它决定各级管理人员安排工作的轻重缓急、工作基准及方针等重大问题。

二、能量意外释放理论

(一) 能量意外释放理论基础

能量意外释放理论认为,正常情况下,能量和危险物质是在有效的屏蔽中作有序的流动,事故是由于能量和危险物质的无控制释放和转移造成人员、设备和环境的破坏。

该理论最早由吉布森于1961年提出,认为事故是一种不正常的或不希望的能量释放,各种形式的能量是构成伤害的直接原因。能量意外释放理论从事故发生的物理本质出发,阐述了事故的连锁过程:由于管理失误引发的人的不安全行为或物的不安全状态及其相互作用,使不正常的或不希望的能量释放,并转移于人体、设施,造成人员伤亡和(或)财产损失,事故可以通过减少能量和加强屏蔽来预防。人类在生产、生活中不可缺少的各种能量,如因某种原因失去控制,就会发生能量违背人的意愿而意外释放或逸出,使进行中的活动中止而发生事故,导致人员受伤或财产损失。

1966年由哈登进一步完善了能量意外释放理论,他认为:"生物体(人)受伤害的原因只能是某种能量的转移。"此外,他还提出伤害分为两类:第一类伤害是由于施加了超过局部或全身性损伤阈值的能量引起的;第二类伤害是由于影响了局部的或全身性能量交换引起的,主要指中毒窒息和冻伤。

哈登认为，在一定条件下某种形式的能量能否产生伤害，造成人员伤亡事故，取决于能量大小、接触能量时间长短和频率以及力的集中程度。根据能量意外释放理论，可以利用各种屏蔽来防止意外的能量转移，从而防止事故的发生。

（二）预防事故发生的基本措施

从能量意外释放理论出发，预防伤害事故就是防止能量或危险物质的意外释放，防止人体与过量的能量或危险物质接触。

1. 用安全的能源代替不安全的能源

如在容易发生触电的作业场所，用压缩空气代替电力，可以防止触电事故的发生。

2. 限制能量

限制能量的大小和速度。如利用低压设备防止电击，限制设备运转速度以防止机械伤害。

3. 防止能量的蓄积

如通过良好的接地消除静电蓄积，利用避雷针放电保护重要设施等。

4. 控制能量释放

如建立水闸墙，防止高势能地下水突然涌出等。

5. 延缓释放能量

如采用各种减振装置吸收冲击能量，防止人员受到伤害等。

6. 开辟释放能量的渠道

如安全接地可以防止触电等。

7. 设置屏蔽设施

如安全围栏等。

8. 提高防护标准

如用耐高温、耐高寒、高强度材料制作的劳动防护用品等。

9. 改变工作方式

如搬运作业中以机械代替人工搬运，防止伤脚、伤手等。

三、轨迹交叉理论

（一）轨迹交叉理论基础

轨迹交叉理论的基本思想是：伤害事故是许多相互联系的事件顺序发展的结果。这些事件概括起来不外乎人和物（包括环境）两大发展系列。当人的不安全行为、物的不安全状态在各自发展过程（轨迹）中，在一定时间、空间上发生了接触（交叉），能量转移于人体时，伤害事故就会发生，或能量转移于物体时，物品产生损坏。而人的不安全行为、物的不安全状态之所以产生和发展，又是受多种因素作用的结果。

轨迹交叉理论事故模型如图 2-6 所示。图中，起因物与致害物可能是不同的物体，也可能是同一个物体；同样，肇事者和受害者可能是不同的人，也可能是同一个人。

轨迹交叉理论反映了绝大多数事故的情况。在实际生产过程中，只有少量的事故仅仅由人的不安全行为或物的不安全状态引起，绝大多数的事故是与二者同时相关的。例如：原日本劳动省通过对 50 万起工伤事故调查发现，只有约 4% 的事故与人的不安全行为无关，而只有约 9% 的事故与物的不安全状态无关。

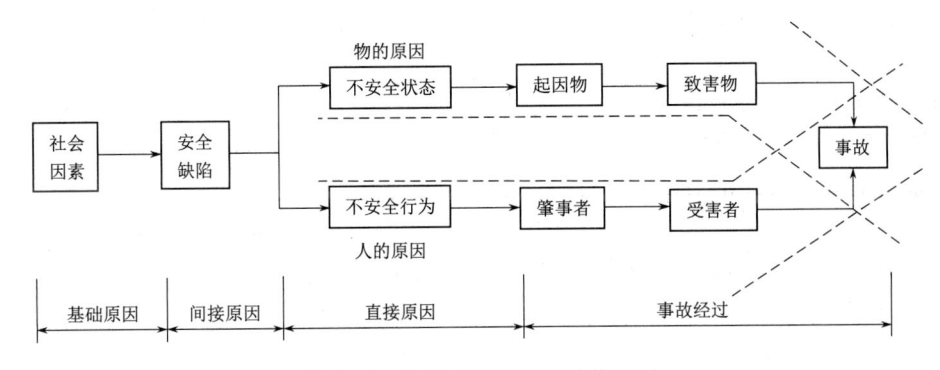

图 2-6　轨迹交叉理论事故模型图

值得注意的是，在人和物两大系列的运动中，两者往往是相互关联、互为因果、相互转化的。有时人的不安全行为促进了物的不安全状态的发展，或导致新的不安全状态的出现；而物的不安全状态可以诱发人的不安全行为。因此，事故的发生可能并不是如图 2-7 所示按照人、物两条运动轨迹独立地运行，而是呈现较为复杂的因果关系。

按照轨迹交叉论的观点，构成事故的要素为：人的不安全行为，物的不安全状态和人与物的运动轨迹交叉。根据此理念，可以通过避免人与物两种因素运动轨迹交叉，预防事故的发生。

（二）预防事故发生的措施

根据轨迹交叉理论，可以从如下几个方面预防事故的发生。

1. 防止人、物发生时空交叉

不安全行为的人和不安全状态的物的时空交叉点就是事故点。因此，防止事故的根本出路就是避免两者的轨迹交叉。如隔离、屏蔽、尽量避免交叉作业以及危险设备的连锁保险装置等。

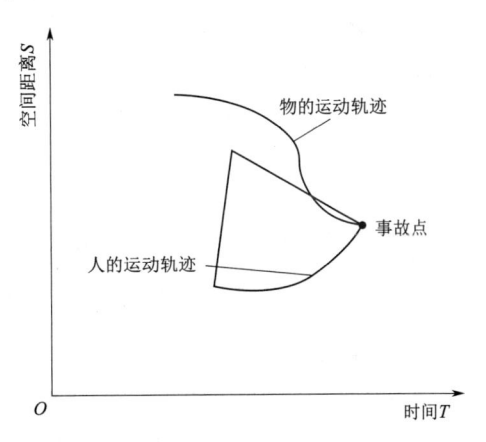

图 2-7　轨迹交叉事故模型

2. 控制人的不安全行为

控制人的不安全行为的目的是切断人的不安全行为的形成系列。人的不安全行为在事故形成的原因中占重要位置。控制人的不安全行为的措施主要有：

（1）职业适应性选择。由于工作的类型不同，对职工素质的要求亦不同。尤其是职业禁忌症应加倍注意，避免因生理、心理素质的欠缺而发生工作失误。

（2）创造良好的工作环境。消除工作环境中的有害因素，使机械、设备、环境适合人的工作，使人适应工作环境。这就要按照人机工程学的设计原则进行机械、设备、环境以及劳动负荷、劳动姿势、劳动方法的设计。

（3）加强教育与培训，提高职工的安全素质。实践证明，事故的发生与职工的文化素质、专业技能和安全知识密切相关。加强职工的教育与培训，提高广大职工安全素质，减少不安全行为是一项根本性措施。

（4）健全管理体制，严格管理制度。加强安全管理必须有健全的组织，完善的制度并严格贯彻执行。

3. 控制物的不安全状态

主要从设计、制（建）造、使用、维修等方面消除不安全因素，控制物的不安全状态，创造本质安全条件。

第三章　安全生产监督管理

　　安全生产工作及有关事项的监管，关系人民群众生命和财产安全，是保障社会稳定的重大事项，做好安全生产工作体现了党中央和国家立党为公、执政为民的根本宗旨，体现了对人民群众生命财产安全和幸福感、安全感的高度负责。当前，以习近平同志为核心的党中央及各级地方党委和政府高度关心和重视安全生产工作，近年来中央单就安全生产工作多次召开会议。党的十九届五中全会后，国家把安全生产摆在了更加重要的位置，强调要把安全发展的理念贯穿我国改革发展事业的各领域和全过程，统筹发展和安全两件大事。在论述保障国家水安全问题时，习近平总书记从战略高度定义了科学治水在实现民族复兴和国家强盛的进程中发挥着无与伦比的作用，阐述了目前水安全面临的严峻问题，明确提出了新时期科学治水的新理念和新方法，为国家加强水治理和有效保障水安全等方面指明了正确的方向。这一系列有关安全生产的重要理论，深刻阐明安全战略的理论实践过程，充分表明党中央始终把人民放在中心位置，施行从严治安、依法治安的新时代安全管理思想，为我国的安全生产监管工作实现稳定发展提供政治理论依据和根本指南。

第一节　概　　述

一、我国安全生产方针

　　安全生产方针是指政府对安全生产工作总的要求，它是安全生产工作的方向。

　　2002年6月29日第九届全国人民代表大会常务委员会第二十八次会议通过，2002年11月1日实施的《安全生产法》，将"安全第一、预防为主"规定为我国安全生产工作的基本方针。2006年1月，全国安全生产会议指出坚持以科学发展观为统领，从经济和社会发展的全局出发，提出了"安全第一、预防为主、综合治理"的安全生产方针。"安全第一、预防为主、综合治理"的方针高度概括了安全生产管理工作的目的和任务，是安全生产工作的方向和指针，必须坚决贯彻和执行。自2021年9月1日起施行的《安全生产法》第三条规定："安全生产工作坚持安全第一、预防为主、综合治理的方针。"

　　"安全第一"，就是在生产经营活动过程中，始终把安全放在首要位置，优先考虑从业人员和其他人员的人身安全，实行"安全优先"原则。在生产经营活动中，在处理保证安全与实现生产经营活动的其他各项目标的关系上，要始终把安全特别是从业人员、其他人员的人身安全放在首要位置，实行"安全优先"的原则。在确保安全的前提下，努力实现生产经营的其他目标。当安全工作与其他活动发生冲突与矛盾时，其他活动要服从安全，绝不能以牺牲人的生命、健康为代价换取发展和效益。安全第一，体现了以人民为中心的发展思想，是预防为主、综合治理的统帅，没有安全第一的思想，预防为主就失去了思想支撑，综合治理就失去了整治依据。

"预防为主"指安全生产工作的重点应放在预防事故的发生上。安全生产活动中，应当运用系统化、科学化的管理思想，按照事故发生的规律和特点，事先就充分考虑事故发生的可能性，并自始至终采取有效的措施以防止和减少事故。预防为主，是安全生产工作的重要任务和价值所在，是实现安全生产的根本途径。所谓预防为主，就是要把预防生产安全事故的发生放在安全生产工作的首位。对安全生产的管理，主要不是在发生事故后去组织抢救，进行事故调查，找原因、追责任、堵漏洞，而是要谋事在先，尊重科学，探索规律，采取有效的事前控制措施，千方百计预防事故的发生，做到防患于未然，将事故消灭在萌芽状态。只要思想重视，预防措施得当，绝大部分事故特别是重大事故是可以避免的。坚持预防为主，就要坚持培训教育为主，在提高生产经营单位主要负责人、安全管理人员和从业人员的安全素质上下功夫，最大限度地减少违章指挥、违章作业、违反劳动纪律的现象，努力做到"不伤害自己，不伤害他人，不被他人伤害，保护他人不受伤害"。只有把安全生产的重点放在建立事故隐患预防体系上，超前防范，才能有效避免和减少事故，实现安全第一。

"综合治理"，就是标本兼治、重在治本，具体指自觉遵循安全生产规律，抓住安全生产工作中的主要矛盾和关键环节。综合运用科技、经济、法律和必要的行政手段，并充分发挥社会、职工、舆论的监督作用，有效解决安全生产领域的问题，做到思想认识上警钟长鸣，制度保证上严密有效，技术支撑上坚强有力，监督检查上严格细致，事故处理上严肃认真。"预防为主"是实现"安全第一"的基础，"综合治理"是安全生产方针的基石。将综合治理纳入安全生产工作方针，标志着对安全生产的认识上升到一个新的高度，是贯彻落实新发展理念的具体体现。所谓综合治理，就是要综合运用法律、经济、行政等手段，从发展规划、行业管理、安全投入、科技进步、经济政策、教育培训、安全文化以及责任追究等方面着手，建立安全生产长效机制。综合治理，秉承"安全发展"的理念，从遵循和适应安全生产的规律出发，运用法律、经济、行政等手段，多管齐下，并充分发挥社会、职工、舆论的监督作用，形成标本兼治、齐抓共管的格局。综合治理，是一种新的安全管理模式，它是保证"安全第一、预防为主"的安全管理目标实现的重要手段和方法，只有不断健全和完善综合治理工作机制，才能有效贯彻安全生产方针。

2019年11月29日，习近平总书记在主持中央政治局第十九次集体学习时讲话指出，要健全风险防范化解机制，坚持从源头上防范化解重大安全风险，真正把问题解决在萌芽之时、成灾之前。这一重要论述是对安全生产基本方针的进一步提炼和升华，对安全生产具有很强的指导意义。实践一再表明，许多事故的发生，都经历了从无到有、从小到大、从量变到质变的动态发展过程。因此，从以事故处置为主的被动反应模式向以风险预防为主的主动管控模式转变，是一种更经济、更安全、更有效的应急管理策略。具体讲，是要严格安全生产市场准入，经济社会发展要以安全为前提，严防风险演变、隐患升级导致生产安全事故发生。例如，地方各级政府、有关生产经营单位应当建立完善安全风险评估与论证机制，科学合理确定企业选址和基础设施建设、居民生活区空间布局；高危项目审批必须把安全生产作为前置条件，国土空间规划布局、设计、建设、管理等各项工作必须以安全为前提，建立和实施超前防范的制度措施，实行重大安全风险"一票否决"，通过这些防范措施，最大限度地降低事故发生。

二、安全生产监督管理的原则及特征

（一）安全生产监督管理体制的含义

安全生产监督管理是行政机关代表国家所实施的行政管理活动，安全生产监督管理体制是指国家行政机关管理安全生产行政事务的行政组织体制，而行政组织体制是行政组织内部职能、职权划分，各要素配置的结构而形成纵横交错的各种类型的行政机构。

安全生产监督管理体系指政府安全监督管理职责权利的配置格局、组织制度和运作方式，包括谁来代表政府对全国或本行政区域内的安全生产活动实施监督管理，以及如何界定中央政府与地方政府、综合监管部门与专业监管部门的职责权限，如何协调监管机关与相关机构、监管主体与监管对象之间的关系，监管系统内容如何运转等。建立责权分明、协调一致、高效运转的监管体制，是搞好安全生产的基础。中华人民共和国成立以来，随着经济体制、政府机构改革和安全生产形势的发展变化，我国安全生产监督管理体制也不断进行改革和调整，逐步趋于完善。

政府监管责任是与生产经营单位主体责任联系十分紧密的责任。按照"三管三必须"和"谁主管、谁负责"的原则，政府有关部门对安全生产负有监督管理的职责。应急管理部门负责安全生产法规标准和政策规划制定修订、执法监督、事故调查处理、应急救援管理、统计分析、宣传教育培训等综合性工作，承担职责范围内行业领域安全生产监管执法职责。负有安全生产监督管理职责的有关部门依法依规履行相关行业领域安全生产监管职责，强化监管执法，严厉查处违法违规行为。其他行业领域主管部门负有安全生产管理责任，要将安全生产工作作为行业领域管理的重要内容，从行业规划、产业政策、法规标准、行政许可等方面加强行业安全生产工作，指导督促企事业单位加强安全管理。

（二）安全生产监督管理的基本原则

安全生产监督管理部门和其他负有安全生产监督管理职责的部门对生产经营单位实施监督管理职责时，遵循以下几个基本原则：

(1) "党政同责、一岗双责、齐抓共管、失职追责"的原则。

(2) "管行业必须管安全，管业务必须管安全，管生产经营必须管安全"的原则。

(3) 属地管理、分级负责和行业指导的原则。

(4) 依法依规、职责法定的原则。

(5) 坚持预防为主的原则。

(6) 坚持行为监督与技术监督相结合的原则。

(7) 坚持监督与服务相结合的原则。

(8) 坚持教育与惩罚相结合的原则。

（三）安全生产监督管理基本特征

国家机关为安全生产监督管理的实施主体，其职权是由法律法规所规定的，对生产经营单位履行安全生产职责和执行安全生产法规、政策和标准的情况，依法进行监督、监察、纠正和惩戒。我国的安全生产监督管理具有以下三个基本特征。

1. 权威性

法律确定国务院和地方人民政府有关部门及负责安全生产的监督管理部门，依法对生产经营单位的安全生产工作进行监督管理。这些部门代表国家行使监督职权,执行国家意志,具有法的权威性。

2. 强制性

安全生产监督管理部门对监督对象的违法或者违规行为,可以依照法定程序作出相应处罚,或依法提交或建议司法、纪检等机关依法惩办。这种监督是法定的,是以国家强制力为保障的,被监督的生产经营单位是否愿意不影响其效力。

3. 普遍约束性

在安全生产监督管理机关管辖领域的范围内,在固定场所从事生产、经营的单位,都必须接受安全生产监督管理,不存在例外。

第二节　安全生产监督管理体制

一、我国安全生产监督管理体制简介

中华人民共和国成立70多年来,我国的安全生产监督管理体制经历了一系列变迁,安全生产监察制度从无到有,在摸索中不断发展完善。现行体制可以概括为国务院安委会统一领导下的综合监管、行业管理、属地监管"三位一体"的安全生产监督管理体制。即国务院安委会按照党中央、国务院的要求作出决策部署,国家安监总局实施综合监督管理,行业主管部门负责专业监管,地方各级政府对管辖范围内各类企业的安全生产实施分级属地监管。现行体制既体现了全国安全生产工作"一盘棋",维护了国家安全生产政策法令的统一性;也强化了相关部门和地方各级政府的安全生产工作职责。我国安全生产监督管理体制改革、调整和完善过程大致可分为以下几个阶段。

(一) 工业经济部门负责行业监管,劳动部门履行综合监管和行政监察职责(1949年10月—1998年6月)

改革开放之前我国的经济成分比较单一,工业生产活动集中在公有制企业。全民所有制企业(即国有企业)分别隶属于不同的工业经济部门,直接接受中央和地方政府有关部门的生产指令和监督管理。集体所有制企业尽管隶属于乡镇、街道等集体组织,但也要接受工业经济部门的计划约束和业务指导。与之相适应,工矿企业安全生产的监督管理,一向由工业经济部门负责实施。煤炭、冶金、石油、化工、机械、纺织等部门在安排部署生产任务的同时,也对本行业领域的安全生产提出具体要求。各部门都设立了承担安全生产监督管理职能的内部机构,负责研究制定本行业领域安全生产政策、法规和标准,组织开展监督检查,协调进行重特大事故抢险救援和调查处理。

计划经济时期国家安全生产综合监管和行政监察职责,由劳动管理部门负责履行。1949年11月,根据中国人民政治协商会议第一次全体会议通过的《中央人民政府组织法》,劳动部正式成立。政务院批准的《中央人民政府劳动部暂行组织条例》,规定劳动部的主要职责任务:"监督一切公营企业、合作社企业、私营企业及公私合营企业遵守有关劳动问题之法律法令","检查各种企业、工厂、矿场之安全卫生设备状况"。政务院批准的《省、市劳动局暂行组织通则》规定了省、市劳动局的主要职责任务:"检查工矿安全卫生并监督劳保实施事宜","监督与指导公私营企业中女工、童工的保护事宜"。劳动部

内设劳动保护司，地方各级劳动部门内设劳动保护处、科、股，负责对全国和区域劳动保护工作实施综合性监督管理。1954年依照《中华人民共和国宪法》成立国务院，原中央人民政府劳动部改称中华人民共和国劳动部。国务院批准的《中华人民共和国劳动部组织简则》规定：劳动部负责"管理劳动保护工作，监督检查国民经济各部门的劳动保护、安全技术和工业卫生工作，领导劳动保护监督机构的工作，检查企业中的重大事故并且提出结论性的处理意见"。1955年4月25日天津国棉一厂发生锅炉爆炸事故。为吸取事故教训，加强锅炉安全监督管理，国务院当年6月批准在劳动部设立锅炉安全检查总局，随后地方各级劳动部门也相继建立了锅炉和压力容器安全监管机构。1970年劳动部并入国家计划经济委员会，其安全生产综合管理职能也相应转移。1975年9月国务院发布《关于调整国务院直属机构的通知》，在国家计委劳动局基础上组建国家劳动总局，内设劳动保护局；1978年8月国家劳动总局向国务院提出《关于统一归口，建立、加强锅炉压力容器监督检查机构的请示》，1979年国务院批准国家劳动总局建立锅炉压力容器安全监察局。1981年1月国家劳动总局成立矿山安全监察局，各省（自治区、直辖市）劳动部门设立矿山安全监察处，矿山企业比较集中的地（市）设立矿山安全监察室。随后国务院又颁布施行《矿山安全条例》和《矿山安全监察条例》，建立健全了矿山安全监察法律制度。1982年5月国家劳动总局、国家人事局、国务院科技干部局和国家编制委员会合并为劳动人事部，内设劳动保护局、矿山安全监察局、锅炉压力容器安全监察局，负责相关安全生产工作。1988年3月劳动和人事两部分设，安全生产工作职能归劳动部，内设职业安全卫生监察局、矿山安全监察局和锅炉压力容器安全监察局。1993年7月国务院在撤销全国安全生产委员会的同时，规定由劳动部负责"管理全国安全生产工作，对安全生产行使国家监察职权"。劳动部据此将内设机构作出调整，成立安全生产局以承担原全国安全生产委员会办公室的工作，将职业安全卫生监察局与锅炉压力容器安全监察局合并为职业安全卫生与锅炉压力容器监察局，保留矿山安全卫生监察局。

在对安全生产实行行政监察的同时，还实行了工会监察和企业内部监察等。各级工会组织建立了安全监督工作制度和群众监督网络。安全生产工作任务较重的大中型企业普遍在其内部设立了专门机构，配备专职人员，负责监督检查所属单位的安全生产。

有的研究机构和学者综合上述情形，并依据1993年10月《国务院关于控制重大、特大恶性事故的紧急通知》中安全生产工作要实行"企业负责，行业管理，国家监察和群众监督"的表述，以及1994年3月邹家华副总理在全国安全生产工作电话会议上，就安全生产工作要坚持"企业负责、行业管理、国家监察、群众监督"的阐述，将这一时期我国安全生产工作体制总结和归纳为"国家监察、行业管理、企业负责、群众监督、劳动者遵章守纪"。劳动部门代表国家履行安全生产综合监管和行政监察职责，维护了国家安全生产大政方针的统一性。工业经济部门对安全生产实施行业管理，有效地防止了生产、安全"两张皮"现象的发生。工会、共青团以及企业的女工、家属委员会等群众团体积极参与监督，使安全生产获得了较扎实的群众基础。产业工人所具有的主人翁责任感、较高的思想素质和较为严格的组织纪律观念，使安全生产各项规章制度得到比较认真的贯彻落实，基本上适应了计划经济时期安全生产的需要。

（二）国家综合经济部门及其所属机构对安全生产实施监管监察（1998年6月—2003年3月）

1998年6月国务院机构改革，将煤炭、冶金、化工、机械等工业经济部门改组为国家经贸委管理的国家局（副部级机构），并明确了以三年为过渡期，最终完全撤销工业经济部门，加快建立社会主义市场经济体制的改革目标。为适应工业经济部门缩编和撤销后，对各个行业领域安全生产实施统一监管的需要，国务院决定将劳动部承担的安全生产综合监管、职业卫生监察、矿山安全监察职能转移至国家经济贸易委员会。原来各个工业部门所承担的安全生产行业管理职能，也一并移交国家经贸委。在国家经贸委内成立安全生产局（内设综合处、监督一处、监督二处、政策法规处），负责综合管理全国安全生产工作，代表国家行使安全生产监督职权。同时将原劳动部承担的职业卫生监察（包括矿山卫生监察）职能，转移至卫生部；锅炉压力容器安全监察职能，转移至国家质量技术监督局；属于劳动保护工作的女职工和未成年工特殊保护、工作时间和休息休假等，仍保留在劳动部门，由新组建的劳动和社会保障部管理。

1999年12月国务院批准在国家煤炭工业局加挂"国家煤矿安全监察局"牌子。2001年2月国家经贸委管理的9个国家局（即国家煤炭工业局、国家冶金工业局、国家石油和化学工业局、国家机械工业局、国家轻工业局、国家建筑材料工业局、国家有色金属工业局、国家纺织工业局、国家国内贸易局）全部撤销，同时以国家经贸委安全生产局和被撤销9个国家局的专业管理干部为基础，成立副部级的国家安全生产监督管理局。国家安监局与国家煤矿安监局实行"一个机构、两块牌子"，仍由国家经贸委管理，依据国务院下达的机构，职能和人员编制的"三定"方案，国家安监局（国家煤矿安监局）这一时期的职责，概括起来就是"起草法规、综合管理、监督检查、查处事故、资格认证、指导协调"。

在国家经贸委及其所属机构对全国安全生产实施监督管理的这段时间里，安全生产法治建设、重点行业安全专项整治、煤矿安全技术改造等重点工作取得了积极进展。出台了《安全生产法》等法律法规，初步建立了安全生产监管部门与地矿、环保、工商等部门之间的协调配合、联合执法机制，关闭整顿了一批不具备安全生产条件和破坏资源、污染环境的小矿小厂，运用国债资金对煤矿重大隐患进行了治理，并建立了中央财政对煤矿安全技术改造予以扶持的政策和制度。这些成绩的取得，与国家经贸委作为综合经济部门所具有的多种调控手段、较强协调能力是分不开的，正是国家综合经济部门管理安全生产这一体制的长处所在。

同时也要看到综合经济部门管理安全生产的弊端和不足。尤其是在经济建设与安全生产发生矛盾，保煤、保电、保增长等成为"压倒性任务"时，安全标准和要求难免会降低，日常性安全生产监督检查等也会有所放松。再由于综合经济部门管理面很宽，相关负责同志的精力有限，难以深入研究、集中精力抓好安全生产。这一时期全国安全生产某些方面的工作，常常失之于一般化、表面化，既缺乏针对性、可操作性较强的对策措施，也缺乏抓住不放、一抓到底的坚韧不拔、深入细致的工作作风。同时由于多了一个管理层次，决策效率受到影响，各地发生的安全生产重大问题和紧急情况，要通过国家局、经贸委才能反映到国务院。国家安监局作为"委管局"，监督管理全国安全生产的权威性和执行力显得不足。公开发表的国家经贸委关于1998年、1999年全国安全生产工作的总结材料指出:原劳动部安全生产工作职能被"一分为四"(分别移交给国家经贸委、劳动和社会保障部、卫生部、国家质检总局)后,不仅造成"职能交叉、政出多门",而且一些地方"安全监管队伍离散,大批富有专业经验的管理人才将流失、一些安全管理机构被削弱,安全生产监督管理工作出现断档,多年来积累的基础资料被遗弃,重点行业和部分国有企业安全管理工作出现滑坡"。20世纪90年代末期我国事故总量开始节节攀升,2002年达到历史峰值。全国安全生产这一被动局面的出现和加剧,固然有工业化快速发展和事故易发期来临等客观因素,但国家和地方各级安全生产监管体制不健全、不完善,所造成的影响也不能忽视。

(三) 国务院设立专门机构履行安全生产综合监管职能(2003年3月—2018年3月)

2003年3月第十届全国人大第一次会议批准了国务院改革方案,国家安全生产监督管理局(国家煤矿安全监察局)由国家经贸委管理,调整为国务院直属机构,代表国务院履行对全国安全生产的综合监管职能。随后又经中央编制委员会办公室批准,将原卫生部承担的作业场所职业卫生监督检查职责转移到国家安监局(国家煤矿安监局)。从此在国家层面上有了独立履行职责的安全生产综合监管机构,当年首次实现了全国事故总量下降。

2004年10月—2005年2月,相继发生了河南省郑州煤炭工业公司大平煤矿瓦斯爆炸、东方航空公司云南分公司包头飞往上海的飞机坠落、陕西省铜川矿务局陈家山矿瓦斯爆炸、辽宁省阜新矿业集团公司孙家湾矿瓦斯爆炸等多起特别重大事故,全国安全生产形势陡然严峻。2005年2月国务院下发《关于国家安全生产监督管理局(国家煤矿安全监察局)机构调整的通知》,决定将国家安监局调整为国家安全生产监督管理总局,规格为正部级;国家煤矿安全监察局单设,为国家安监总局管理的国家局。2005年3月国务院办公厅印发了国家安监总局和国家煤矿安监局主要职责、内设机构和人员编制的规定,明确国家安监总局是国务院主管安全生产综合监督管理的直属机构,也是国务院安全生产委员会的办事机构。随后国务院办公厅、中编办又依据实际需要,对国家安监总局的职能做出调整和规范。其主要职责是:承担国务院安委会办公室的工作,研究提出安全生产重大方针政策和主要措施建议,指导协调国务院有关部门和各省(自治区、直辖市)政府的安全生产工作;组织以国务院名义开展的安全生产大检查和专项检查,组织协调特别重大事故应急救援,承担国务院特别重大事故调查组的事故查处工作;组织起草安全生产综合性法律法规,制定发布工矿商贸领域和综合性安全生产规章,指导全国安全生产行政执法,制定全国安全生产发展规划;监督管理矿山、危险化学品、烟花爆竹以及冶金、机械、有色、纺织等无主管部门工业行业安全生产,监督管理中央企业中工矿商贸单位的安全生产;按照分级、属地原则,对地方安全生产监管部门进行业务指导,综合管理全国伤亡事故调度统计和安全生产行政执法分析、指导、组织、协调安全生产检测检验、宣传教育、规划科技、国际交流合作工作等。

2005年以来我国安全生产监管体制渐趋完善和稳定。按照《安全生产法》和有关文件规定,国家安监总局对全国安全生产工作实施综合监管,并负责对工矿商贸和中央企业安全生产实行直接监管;由国家安监总局管理的国家煤矿安全监察局,负责煤矿安全监察执法;其他行业领域如消防、道路交通、水上交通、铁路、民航、建筑施工、电力、水利、国防工业、核工业、特种设备、旅游、学校等方面的安全监管,分别由公安、交通等行业主管部门负责，煤矿安全实行国家监察与地方监管相结合，水上交通安全监管和特种设备安全监察实行省以下垂直管理。这种监管体制和模式，较好地适应了市场经济条件下加强安全生产的需要。

（四）整合安全生产监督管理职能，构建具有中国特色应急管理部（2018年3月至今）

我国是灾害多发频发的国家，为防范化解重特大安全风险，健全公共安全体系，整合优化应急管理利用和资源，推动形成统一指挥、专常兼备、反应灵敏、上下联动、平战结合的中国特色应急管理体制，提高防灾减灾救灾能力，确保人民群众生命财产安全和社会稳定。2018年，十三届全国人大一次会议召开第四次全体会议，国务院进行了机构改革。会议决定组建应急管理部，不再保留国家安全生产监督管理总局。拟建的应急管理部，将在国家安全生产监督管理总局职责的基础上，整合多个部委的相关职责。具体是将国务院办公厅的应急管理职责，公安部的消防管理职责，民政部的救灾职责，国土资源部的地质灾害防治、水利部的水旱灾害防治、农业部的草原防火、国家林业局的森林防火相关职责，中国地震局的震灾应急救援职责以及国家防汛抗旱总指挥部、国家减灾委员会、国务院抗震救灾指挥部、国家森林防火指挥部的职责整合，组建应急管理部。此外，中国地震局、国家煤矿安全监察局也由应急管理部管理。公安消防部队、武警森林部队转制后，与安全生产等应急救援队伍并为综合性常备应急骨干力量，由应急管理部管理。国家安全生产监督管理总局不再保留。

应急管理部将分散在国家安全生产监督管理总局、国务院办公厅、公安部（消防）、民政部、国土资源部、水利部、农业部、林业局、地震局以及防汛抗旱指挥部、国家减灾委、抗震救灾指挥部、森林防火指挥部等的应急管理相关职能进行整合，在很大程度上可以实现对全灾种的全流程和全方位的管理，有利于提升公共安全保障能力。从实践来看，应急管理部的成立至少有三项重要意义。

一是有利于部门协同。应急管理在本质上是集体协作。应急管理部的成立整合了多个政府部门，有利于减少这些部门之间进行相互协作的难度，提升应急管理的协同绩效。此外，随着社会力量的发展和国家对社会力量参与社会治理的支持，以各类社会组织和志愿者为代表的社会力量其实成为应急管理的重要组成部分。应急管理部的成立也有利于社会组织与政府的对接，提升政府与社会组织的协同绩效。

二是有利于流程优化。一般公众通常不区分"应急管理"和"应急响应"这两个概念，将应急管理主要理解为事后的应急响应。事实上，在现代社会，风险无处不在，应急管理不但包括灾难发生之后的应急响应，也包括日常的预防和准备，以及灾后恢复。应急管理部的成立将应急响应与日常管理统筹起来，有利于提升日常的预防与准备，推动风险的源头治理，从根本上保障人民群众的生命财产安全。

三是有利于标准统一。按照现有的机构设置，应急管理的不同内容在不同政府部门的叫法也略有不同，例如，应急办系统通常将应急管理的流程区分为预防与准备、预警与监测、救援与处置和善后与恢复；在民政系统和减灾委系统，则叫作减灾、防灾、备灾、救灾和灾后重建等流程。这些概念和术语的差异体现了行为标准的差异。应急管理部的成立有利于行为标准的统一，提升应急管理的科学性与规范性。

应急管理部的成立为探索中国的综合应急管理模式提供了推动力。

（五）全国安全生产委员会和国务院安全生产委员会

1984年11月"全国安全月活动"领导小组向国务院上报了《关于今年安全月活动的情况和今后意见的报告》，就加强安全生产工作提出以下建议：成立全国安全生产委员会，由国家经委、国家计委、劳动人事部、卫生部、公安部、财政部、广播电视部、煤炭部、冶金部、化工部、铁道部、交通部、机械部、农牧渔业部、国防科工委、国家核安全局和全国总工会等部门有关负责人组成，主要研究、协调和指导关系全局的安全生产重大问题。安全生产委员会办公室设在劳动人事部，具体工作仍由各部门负责，不增加机构编制；11月26日国务院批准、转发了这个报告，同意成立全国安全生产委员会。国务委员张劲夫任首届全国安委会主任，其后各届安委会主任也分别由国务院领导兼任。

1985年1月3日全国安全生产委员会召开第一次会议。张劲夫国务委员在讲话中强调："十一届三中全会后工业生产大幅度增长，但安全情况不好，这是一个相当突出的矛盾。"1984年12月2日印度博帕尔市郊联合碳化物公司农药厂发生的震动世界的毒气泄漏事故，也给我们敲了警钟；安委会成立后要把劳动保护、安全工作切实抓起来，努力做到有所改善；要认真实行国家监察，行政管理和群众监督相结合的制度，在体制机构改革时，劳动保护、安全生产工作机构不应削弱。在4月11日召开的安委会第2次全体会议上，增补轻工业部、核工业部、石油工业部、兵器工业部、城乡建设环境保护部、水利电力部、地质矿产部、国家建材局、民航局、有色金属工业总公司、中国人民保险公司有关负责人为成员。

1985年1月—1993年7月，全国安全生产委员会先后召开14次全体会议，对安全生产方针政策，事故查处和责任追究等重大问题进行了研究，安排部署了全国安全生产阶段性工作任务。1985年7月在辽宁鞍山召开现场会，总结推广鞍山钢铁公司强化安全第一、预防为主，落实"一把手"安全责任，实行目标管理的经验。1987年4月在天津现场会，总结推广道路和内河交通安全经验。组织开展了1986年3—5月的全国安全生产大检查，1987年的全国工业生产安全知识竞赛等活动。1989年7月召开了全国安委会主任会议，分析形势，研究确定下一阶段安全生产工作任务。1991年6月国务院办公厅通知调整全国安全生产委员会组成人员，增设人民日报、光明日报、经济日报社的相关负责人为委员。

1993年7月国务院在《关于加强安全生产工作的通知》中，明确"劳动部负责综合管理全国安全生产工作""安全生产重大问题由劳动部请示国务院决定"，全国安全生产委员会据此撤销。

为应对第3次事故高峰到来后日益严峻的安全生产形势，迫切需要建立全国统一的安全生产工作领导和协调机构。2001年3月17日国务院办公厅下发《关于成立国务院安全生产委员会的通知》，规定其主要职责为"定期分析全国安全生产形势，部署和组织国务院有关部门贯彻落实党中央、国务院关于安全生产的方针政策；研究、协调和解决安全生产中的重大问题；协调解放军总参谋部和武警总部迅速调集部队参加特别重大事故应急救援工作"等。2001年7月23日印发的《国务院安全生产委员会工作规则》，将安委会定位为国务院的非常设机构，其主要任务是在国务院领导下，指导全国安全生产工作，研究安全生产工作的重大政策和措施，协调解决安全生产工作中的重大问题，并将安委会的主要职责规范表述为：在国务院领导下，研究、部署和指导协调全国安全生产工作；定期分析安全生产形势，研究、协调和解决安全生产工作中的重大问题；协调安委会各成员单位的安全生产工作，并对各有关部门、各地区的安全生产工作进行督促检查。之后历届政府在安全生产委员会成立之后，都会在维持上述职责任务基本框架的基础上，做出一些必要的调整。陆续增加了"审定和下达年度安全生产控制考核指标"等方面的内容。

首届国务院国务院安委会成员单位有国家经贸委、公安部、监察部、国家安监局（国家煤矿安监局）、全国总工会（以上为副主任单位）和国家计委、教育部、科技部、国防科工委、财政部、劳动保障部、建设部、铁道部、交通部、卫生部、环保总局、民航总局、工商局、质量技术监督局、旅游局、中宣部、解放军总参谋部作战部、中央机构编制委员会办公室、国务院法制办和国务院新闻办，随后又有所增加。2010年新一届政府安委会成员单位增加到31个。2015年9月国务院安委会下发通知，对成员单位的工作职责作出调整和规范，强调要落实"管行业必须管安全、管业务必须管安全、管生产经营必须管安全"的要求，负有行业管理职责的部门要切实承担起责任，制定实施有利于安全生产的政策措施，推进产业结构调整升级，严格行业准入条件，提高行业安全生产水平；其他部门也要为安全生产提供支持和保障，国务院安委会办公室设在国家安监局（总局）、国家安监局（总局）局长、副局长为国务院安委办主任、副主任，其主要职责是研究提出安全生产重大方针政策和重要措施建议，监督检查、指导协调各部门和各地区的安全生产工作，组织安全生产大检查和专项督查，参与研究有关部门涉及安全生产的相关工作，研究拟订年度安全生产控制考核指标，负责组织国务院特别重大事故调查处理和办理结案工作，组织协调特别重大事故应急救援工作，承办安委会的会议和重要活动，督促、检查安委会会议决定事项的贯彻落实情况。

国务院安委会除了在年初、年中分别召开一次全体会议，分析全国安全生产形势、安排部署年度及半年工作之外，还根据需要不定期地召开会议，及时研究解决工作中出现的紧急情况、特殊问题；多次召开全国安全生产电视电话会议、视频会议和现场会等，部署阶段性工作和重点行业领域安全生产专项整治，总结推广基层创造的好经验、好做法。每年都要以国务院安委会名义，组织开展一两次全国安全生产大检查和多次专项督查。历任安委会主要负责人经常深入基层调查研究、督促指导，推动安全生产工作。

（六）地方政府安全生产监管机构建设和大型企业安全生产分级负责、属地监管原则

2003年3月国务院安委会重新成立、国家安监局调整为国务院直属机构之后，着力推进安全生产监管机构和体系建设。2003年6月国务院办公厅在关于进一步加强煤矿安全生产工作的通知中要求"县级以上地方人民政府要依照《安全生产法》的规定，建立健全安全生产监管机构，充实必要的人员，加强安全生产监管队伍建设，提高安全生产监管工作的权威，切实履行安全生产综合监督管理职能"。2003年10月党的十六届三中全会通过的《中共中央关于完善社会主义市场经济体制若干问题的决定》明确要求"完善安全生产监管体系"。2004年1月国务院《关于进一步加强安全生产工作的决定》和随后下发了会议纪要等文件，对建立健全地方政府安全生产监管机构、做好地方政府安委会的工作等提出了具体要求。

到 2005 年底，绝大部分省（自治区、直辖市）和新疆生产建设兵团建立了专门的安全生产监管机构。先前撤销了政府安全生产委员会及其办公室的地方，也都逐步予以恢复；其职责权限规定与国务院安委会及其办公室不一致的，也都进行了必要的修改完善。到 2010 年底，省级、市级、县级、乡镇（街道）均成立了安全生产委员会，负责协调指导本地区安全生产工作；所有省（自治区、直辖市）、市（地）和 95% 的县级政府设立了独立履行职责的安全生产监管机构（不再由地方经贸委等综合经济部门代管）；厂矿企业较多、监督管理任务较重的乡镇（街道）建立了安全生产监管站，形成了较为健全的安全生产监管体系和覆盖全国的监管网络。

为强化地方政府安全监管职责，切实加强对各类企业的安全监管，2010 年 7 月国务院下发的《关于进一步加强企业安全生产工作的通知》明确了对企业安全生产实行分级、属地管理的原则。要求地方安全生产监管部门和行业管理部门要按职责分工，"对当地企业包括中央、省属企业实行严格的安全生产监督检查和管理"。2011 年 5 月国家安监总局和国资委下发了《关于进一步加强中央企业安全生产分级属地监管的指导意见》，要求地方各级政府"要按照分级负责、属地监管的原则，明确相关行业或领域主管部门对本行政区域内中央企业所属各级企业安全生产的监管权限和责任"。之后所有企业包括中央企业在各地的子公司、分公司的安全生产，都依照分级分类，开始接受所在地人民政府的监管。

为加强对全国安全生产工作的领导，加强综合监管与行业监管间协调配合，国务院成立安全生产委员会，办公室设在应急管理部，负责研究全国安全生产形势，制定安全生产对策和重要措施，指导协调监督检查国务院有关部门和各省、自治区、直辖市人民政府的安全生产工作。各省、自治区、直辖市人民政府，以及市、县、区也建立了相应的安全生产委员会，对安全生产的监督管理起到了相互协调、相互配合的作用。

按照分级负责的原则，一般性灾害由地方各级政府负责，应急管理部代表中央统一响应支援，协助中央指定的负责同志组织应急处置工作，保证政令畅通、指挥有效。应急管理部要处理好防灾和救灾的关系，明确与相关部门和地方各自职责分工，建立协调配合机制。

《安全生产法》第九条也对安全生产监督管理体制作了规定：国务院安全生产监督管理的部门依法对全国安全生产工作实施综合监督管理；县级以上地方各级人民政府安全生产监督管理部门对本行政区域内的安全生产工作实施综合监督管理；国务院有关部门依法在各自的职责范围内对有关行业、领域的安全生产工作实施监督管理；县级以上地方各级人民政府有关部门依法在各自的职责范围内对有关行业领域的安全生产工作实施监督管理。上述规定，实现了我国安全生产监督管理综合监管与行业监管相结合的监督管理体制的法律化、制度化。

国务院负责安全生产监督管理的部门是指应急管理部，它是国务院负责安全生产监督管理的正部级直属机构，依照法律和国务院批准的新"三定"方案确定的职责，对全国安全生产工作实施综合监督管理。同时，按照国务院明确的部门分工，应急管理部负责工矿商贸行业的安全生产监督管理，行业监督管理部门负责本行业或制定产品、领域的安全生产监督管理。

县级以上地方各级人民政府负责安全生产监督管理的部门主要是指地方政府依法设立或者授权负责本行政区域内安全生产综合监督管理的部门，履行综合监管和行业监管的职能，行业监管是指对消防、道路交通、水上交通、水利、建设、质检、旅游、民爆等专项安全生产活动实施监督管理。

国务院有关部门主要是指水利部、公安部、交通运输部、国家安全部、住房和城乡建设部、环境保护部等国务院的部、委和其他有关机构，依照法律、行政法规和国务院批准的新"三定"方案规定负责有关行业、领域的专项安全生产监督管理工作。

总体讲，我国安全生产的监督管理体制实行的是政府负责，综合监管和部门专项监管有效结合的制度。政府负责制定安全生产方面的宏观政策，对安全生产监督管理进行领导、支持和督促；综合监管负责解决各行业安全生产工作中的普遍性、共性问题；部门专项监管负责解决某一方面或者行业安全生产工作中的特殊性、个性问题。安全生产综合监督管理部门对安全生产专项监督管理部门的工作进行协调、指导和监督。

安全生产除政府监督外，还要充分发挥其他方面的监督作用，如工会监督、社会公众监督、新闻媒体监督、安全中介监督、居民委员会和村民委员会等社区组织监督等。发挥社会各界和各方面力量，关心安全生产，监督安全生产，是我国安全生产监督管理体制的重要组成部分。

二、我国的安全生产工作格局

安全生产工作格局是指安全生产工作的总体布局。监管体制是工作格局的组成部分，对于工作格局的形成有着决定性作用。事实上也正是在国家安全生产监管体制基本确立、国家安监局和国家煤矿安监局组建之后，《国务院关于进一步加强安全生产工作的决定》才提出要构建"政府统一领导、部门依法监管、企业全面负责、群众参与监督、全社会广泛支持"的安全生产工作格局；《国务院办公厅关于完善煤矿安全监察体制的意见》才构建出"国家监察、地方监管、企业负责"的煤矿安全工作格局。此外在消防安全、道路交通安全等方面，也都提出和建立了相应的工作格局。安全生产工作格局的建立健全，不仅使安全监管职责更加清晰，而且明确了被监管对象以及相关各方在安全生产工作上应当承担的责任，有助于调动各方面积极性，形成齐抓共管的合力。

我国的安全生产工作格局随着社会经济发展，经历了三个阶段。

1983年，国务院在转批《关于加强安全生产和劳动安全监察》（国发〔1983〕85号）的通知中，明确提出了实行国家劳动安全监察制度。随之，我国逐渐形成了"国家监察、企业管理、群众监督"的劳动安全卫生监督管理体制。

1993年，国务院下发了《关于加强安全生产工作的通知》（国发〔1993〕50号），提出了在建立社会主义市场经济过程中，实行"企业负责、行业管理、国家监察、群众监督"的安全生产管理体制。该体制也称为四结合体制，1994年有些专家认为把"安全生产管理体制"改称为"安全生产工作体制"，这也是一种改革的思路。1996年1月22日召开的全国安全生产工作电视电话会议"确立了安全生产工作体制"，使"企业负责、行业管理、国家监察、群众监督、劳动者遵章守纪"的体制得以完善。因我国正处在经济体制改革时期，安全生产工作作为经济建设和社会发展的一个组成部分，将随着经济的发展，社会的进步，不断推陈出新，最终建立适应社会主义市场经济发展的体制。

2004年,《国务院关于进一步加强安全生产工作的决定》(国发〔2004〕2号)第22条提出,构建全社会齐抓共管的安全生产工作格局,努力构建"政府统一领导、部门依法监管、企业全面负责、群众参与监督、社会广泛支持"的安全生产工作格局。

(1) 政府统一领导。政府统一领导指安全生产工作必须在国务院和地方各级人民政府的领导下,依据国家安全生产法律法规,做到统一的要求。政府对任何生产经营单位的安全生产要求都是相同的,都必须保障安全生产的物质和技术条件符合安全生产的要求。政府应该建立健全安全生产监督管理体系和安全生产法律法规体系,把安全生产纳入经济发展规划和指标考核体系,形成强有力的安全生产工作、组织领导和协调管理机制。

(2) 部门依法监管。部门依法监管指各级安全生产监督管理部门和相关部门,要依法履行综合监督管理和专项监督管理的职责。依法加大行政执法力度,加强执法监督。政府有关部门要在各自的职责范围内,对有关安全生产工作依法实施监督管理。

(3) 企业全面负责。企业全面负责指生产经营单位要依法做好方方面面的工作,切实保证本单位的安全生产。各类企业(包括生产经营单位)要建立健全安全生产责任制和各项规章制度,依法保障所需的安全投入,加强管理,做好基础工作,形成自我约束、不断完善的安全生产工作机制。

(4) 群众参与监督。群众参与监督指工会组织和全社会形成"关爱生命、关注安全"的社会舆论氛围,形成社会舆论监督、工会群众监督的机制。

(5) 社会广泛支持。社会广泛支持指发挥社会中介组织的作用,为安全生产提供技术支持和服务。目前,我国的安全生产中介服务业还处于初级阶段,多数安全生产中介服务机构仍然不同程度地负有一定的行政职能,并没有完全实现真正意义上的安全生产中介服务。但是中介服务已经逐步走向社会化、市场化,这个方向是不可逆转的。

2021年6月发布的新《安全生产法》第三条规定:"安全生产工作实行管行业必须管安全、管业务必须管安全、管生产经营必须管安全,强化和落实生产经营单位主体责任与政府监管责任,建立生产经营单位负责、职工参与、政府监管、行业自律和社会监督的机制。"构建基于这个机制的监管模式,既是《安全生产法》明文确定的发展目标,也是现实中各级政府着力追求的迫切需要,更是基于国发〔2004〕2号文件所构建的监管模式在新时代发展的进一步延续和优化。上述五个方面的安全生产监管机制缺一不可,不能互相替代,各有各的职责,各有各的特点。它们是相互联系、相互促进、相辅相成的,是统一的、有机的整体,必须统筹协调,形成合力,总体推进,形成市场经济条件下安全生产工作的监督体系,使安全生产的监督管理更加规范。

三、我国安全生产监督管理机构的设置与职责

(一) 安全生产监督管理机构设置

目前,我国安全生产监督管理机构在中央和地方都有设置。在中央,应急管理部是国务院主管安全生产综合监督管理的直属机构,也是国务院安全生产委员会的办事机构。在省级、地级、市级分别设置应急管理部门,由各级地方人民政府分级管理。同时,在一些重点行业设有专门的安全监督体系,如在矿山行业中设有国家矿山安全监察局。除专门的安全生产监督管理机关外,县级以上地方各级人民政府有关部门,在其职责范围内,对有关安全生产工作实施监督管理。

（二）安全生产监督管理机构的职责

行政机构的职责是法律规定其必须履行的义务。职责明确是依法行政的前提条件，每一个国家行政机关在其成立设置时，其职责权限都有明确的界定，职责明确才能各司其职、各行其权，有效地防止各管理机关之间相互推诿、相互冲突，这既有利于对公民权益的保护，也有利于提高行政效率。

1. 国务院安全生产委员会

国务院安全生产委员会一般由国务院副总理任主任，各个相关部门分管安全生产的领导作为成员，下设国务院安全生产委员会办公室作为国务院安全生产委员会的办事机构。国务院安全生产委员会主要职责包括：

（1）负责研究部署、指导协商全国安全生产工作。

（2）研究提出全国安全生产工作的重大方针政策。

（3）分析全国安全生产形势，研究解决安全生产工作中的重大问题。

（4）审定和下达年度安全生产控制考核指标。

（5）协调解决相关问题。必要时，协调总参谋部、公安部和武警总部调集军队和武警参加特大安全事故应急救援工作。

（6）完成国务院交办的其他安全生产工作。

2. 应急管理部

党的十九届三中全会审议通过了《中共中央关于深化党和国家机构改革的决定》《深化党和国家机构改革方案》和第十三届全国人民代表大会第一次会议批准的《国务院机构改革方案》，对深化党和国家机构改革作出重要部署。2020年12月28日，国务院安全生产委员会全体会议审议通过《国务院安全生产委员会成员单位安全生产工作任务分工》（以下简称《安全生产工作分工》），并于2021年1月8日在《国务院安全生产委员会成员单位安全生产工作任务分工的通知》（安委〔2020〕10号）中予以公布。《安全生产工作分工》中明确规定，应急管理部门的职责为：

（1）拟订安全生产方针政策，组织编制国家安全生产规划，起草安全生产法律法规草案，指导协调全国安全生产工作，综合管理全国安全生产统计工作，分析和预测全国安全生产形势，发布全国安全生产信息，协调解决安全生产中的重大问题。

（2）负责安全生产综合监督管理工作，依法行使国家安全生产综合监督管理职权，指导协调、监督检查国务院有关部门和各省（自治区、直辖市）政府安全生产工作，组织开展安全生产和消防工作考核、巡查。

（3）负责工贸行业安全生产监督管理工作，按照分级、属地原则，依法监督检查工贸生产经营单位贯彻执行安全生产法律法规情况及其安全生产条件和有关设备（特种设备除外）、材料、劳动防护用品的安全生产管理工作。负责监督管理工贸行业中央企业安全生产工作。承担海洋石油安全生产综合监督管理工作。

（4）依法组织并指导监督实施安全生产准入制度，负责危险化学品安全生产监管工作和危险化学品安全监管综合工作，负责烟花爆竹生产、经营的安全生产监督管理工作。

（5）负责对全国的消防工作实施监督管理，指导地方消防监督、火灾预防、火灾扑救等工作。

(6) 组织制定相关行业安全生产规章、规程和标准并监督实施，指导监督相关行业企业安全生产标准化、安全预防控制体系建设工作。会同有关部门推进安全生产责任保险实施工作。

(7) 组织协调全国性安全生产检查以及专项督查、专项整治等工作，依法组织指导生产安全事故调查处理，监督事故查处和责任追究落实情况。按照职责分工对工贸行业事故发生单位落实防范和整改措施的情况进行监督检查。

(8) 指导应急预案体系建设，建立完善事故灾难分级应对制度，组织编制国家生产安全事故应急预案和安全生产类专项应急预案，综合协调应急预案衔接工作，组织开展预案演练。

(9) 指导各地区各部门应对安全生产类突发事件，组织指导协调安全生产应急救援工作，负责生产安全事故救援等专业应急救援力量建设，健全完善全国安全生产应急救援体系。

(10) 指导监督职责范围内建设项目安全设施"三同时"工作。

(11) 负责安全生产宣传教育和培训工作［矿山（含地质勘探）除外，下同］，组织指导并监督特种作业人员的操作资格考核工作和危险化学品、烟花爆竹、金属冶炼等生产经营单位主要负责人、安全生产管理人员的安全生产知识和管理能力考核工作，监督检查工贸生产经营单位安全生产培训工作。

(12) 指导全国安全评价检测检验机构管理工作，拟订注册安全工程师制度并组织实施。

(13) 指导协调和监督全国安全生产行政执法工作。

(14) 组织拟订安全生产科技规划并组织实施，指导安全生产科学技术研究、推广应用和信息化建设工作。

(15) 组织开展安全生产方面的国际交流与合作，组织参与安全生产类等突发事件的国际救援工作。

(16) 承担国务院安全生产委员会的日常工作和国务院安全生产委员会办公室的主要职责。

3. 县级以上地方各级人民政府

县级以上地方各级人民政府是安全生产监督管理的主体，主要是组织落实安全生产检查工作。一般来讲，对生产经营单位的安全生产检查由政府有关部门依法在各自的职责范围内分别进行或联合进行。政府的职责包括：

(1) 加强对安全生产工作的领导。

(2) 支持和监督各有关部门依法履行安全生产监督管理职责。

(3) 对安全生产监督中存在的问题及时予以协调、解决。

(4) 根据本行政区内的安全生产专科，组织有关部门对容易发生重大安全生产事故的生产经营单位进行严格检查，并及时处理发现的事故隐患。

4. 其他部门

(1) 工矿商贸生产经营单位的安全生产监督管理实行分级、属地管理。应急管理部负责中央管理的工矿商贸生产经营单位总公司（总厂、集团公司）的安全生产监督管理工作。

（2）除工矿商贸行业外，交通、民航、水利、电力、建筑、国防工业、电信、旅游、消防、核安全等有专门的安全生产主管部门的行业和领域的安全监督管理工作分别由交通运输部、民用航空局、水利部、能源局、住房和城乡建设部、科学技术部、工业和信息化部、文化和旅游部、公安部、生态环境部等国务院部门负责，应急管理部从综合监督管理全国安全生产工作的角度，指导、协调和监督上述部门的安全生产监督管理工作，不取代这些部门具体的安全生产监督管理工作。

（3）国家矿山安全监察局负责煤矿作业场所职业卫生的监督检查工作，组织查处职业危害事故和有关违法行为；卫生部负责拟订职业卫生法律法规、标准，规范职业病的预防、保健、检查和救治，负责职业卫生技术服务机构资质认定和职业卫生评价及化学品毒性鉴定工作。

第三节　水利安全生产监督管理部门与职责

一、水利安全生产监督管理的依据

水利安全生产监督管理的主要依据是有关安全生产的法律、法规、规章和技术标准、规程等，具体包括：

（1）国家安全生产法律，行政法规。

（2）国务院安全生产委员会、应急管理部、水利部、住房和城乡建设部、能源局（或原电监会）等机构颁布实施的有关安全生产规章、办法等。

（3）水利部职能部门制定的相关水利安全生产规范性文件和技术标准。

水行政主管部门、流域管理机构或其委托的安全生产监督管理部门应当严格按照有关安全生产的法律、法规、规章、规范性文件和技术标准，对水利安全生产活动实施监督管理。

二、水利安全生产监督管理部门的职责

我国水利安全生产监督实行分级管理。国务院负责安全生产监督管理的部门指导、协调和监督全国水利安全生产工作的综合管理工作；水利部负责水利行业安全生产工作，组织、指导水利工程建设和水利生产运行的安全监督管理，结合行业特点制定相关的规章制度和标准，并对水利生产各项活动实施行政监督；流域管理机构负责所管辖的水利工程建设项目的安全生产监督工作。

2008年水利部党组从深入落实科学发展观的要求和水利发展客观需求出发，在新的"三定"方案中增设了安全监督司，进一步增强了水利安全生产监管职能。水利部安全生产领导小组于2022年6月发布了《水利部安全生产领导小组关于印发〈水利部安全生产领导小组工作规则〉的通知》（水安〔2022〕3号），明确了水利部安全生产领导小组的工作职责、水利部安全生产领导小组办公室的工作职责、水利部安全生产领导小组各成员单位的职责分工。长江、黄河、淮河、海河、珠江、松辽水利委员会和太湖流域管理局7个流域管理机构，负责对其所管辖的水利工程项目和单位的安全生产活动实行监督管理。截至目前，各流域机构和31个省（自治区、直辖市）水利（务）厅（局）陆续设立了专门

的安全监督部门，其余都明确了承担安全生产监督职责的科室，充实了人员，初步形成了水利安全生产监管工作体系，使水利安全生产监管工作逐步纳入常态化、专业化、规范化管理轨道。

（一）水利部安全生产工作职责

根据国务院批准的部门新"三定"规定和有关法律、行政法规及规范性文件规定，2020年12月国务院安全生产委员会印发了《国务院安全生产委员会成员单位安全生产工作任务分工》，明确了国家安全生产监督管理总局、卫生部、住房和城乡建设部等37个成员单位的安全生产工作职责。其中，水利部安全生产工作职责主要有以下几个方面：

（1）负责水利行业安全生产工作，组织实施水利工程质量和安全监督，组织指导水库、水电站大坝、农村水电站及其配套电网的安全监督管理。

（2）组织实施水利工程建设安全生产监督管理工作，按规定制定水利工程建设有关政策、制度、技术标准和重大事故应急预案并监督实施。

（3）负责组织、协调和指导长江宜宾以下干流河道采砂活动的统一管理和监督检查；监督管理河道采砂工作，并对采砂影响防洪安全、河势稳定、堤防安全负责。

（4）组织提出并协调落实三峡工程运行、南水北调工程运行和后续工程建设的有关政策措施，指导监督工程安全运行，组织工程验收有关工作，督促指导地方配套工程建设。

（5）组织指导水利工程蓄水安全鉴定和验收，指导大江大河干堤、重要病险水库、重要水闸的除险加固。

（6）指导、监督水利行业从业人员的安全生产教育培训考核工作。

（7）负责水利行业安全生产统计分析，依法参加有关事故的调查处理，按照职责分工对事故发生单位落实防范和整改措施的情况进行监督检查。

（二）水利部监督司职责

水利部监督司的安全生产工作职责包括以下几个方面：

（1）督促检查水利重大政策、决策部署和重点工作的贯彻落实。

（2）组织开展节约用水、水资源管理、水利建设与管理等相关业务领域的督查。

（3）组织实施水利工程质量监督，指导水利行业安全生产工作，组织或参与重大水利质量、安全事故的调查处理。

（4）组织指导中央水利投资项目稽查。

（5）指导水库、水电站大坝安全监管。

（6）组织指导水利工程运行安全管理的监督检查。

（7）指导协调水利行业监督检查体系建设。

（8）承办水利部领导交办的其他事项。

（三）各级水行政主管部门的安全职责

水行政主管部门根据各自职能，依法对水利安全实施监督管理。主要包括以下几方面的安全职责：

（1）制定水利安全生产目标责任制，与下级机关和所属水利生产经营单位签订安全生产目标责任书。

（2）采取多种形式，加强对有关水利安全生产法律、法规的宣传，提高全社会水利安全意识。

（3）加强全员安全培训和教育，保证其具备必要的安全知识及管理能力。

（4）鼓励和支持水利安全科学技术研究和先进技术的推广应用，不断提高安全保障水平。

（5）组织开展安全质量标准化活动，制定和颁布水利安全生产技术规范和安全生产质量工作标准，强化安全生产基础工作。

（6）定期召开安全生产例会，认真落实会议决定，定期组织安全检查，加强重点地区、特殊时段的安全管理。

（7）建立水利安全生产事故应急救援体系，组织制定水利生产安全事故应急救援预案。

（8）接到水利生产安全事故报告后，应立即赶到事故现场组织事故抢救，做好善后处理工作。

（9）加强对水利工程、水电工程的安全管理，采取措施，保障水利工程、水电工程安全，限期消除险情。

（10）加强防洪工程安全设施建设，做好重要河流、湖泊的防洪规划，防御、减轻洪涝灾害，提高防御洪水能力，保证汛期防洪安全。

（11）加强水库大坝安全管理，开展水库大坝的安全风险评价工作，对水库大坝安全进行定期检查，特别是汛期、暴风、暴雨、特大洪水或者强烈地震发生后的安全检查。对未达到设计洪水标准、抗震设防要求或者有严重质量缺陷的险坝，组织有关单位采取除险加固措施，限期消除危险。

三、水利安全生产监督检查人员的职责

水利安全生产监督检查人员是在各级水利安全生产监督管理机构中，代表机关履行职责，实施安全生产各项具体监督检查活动的工作人员。水利安全生产监督检查人员的职责主要体现在以下几个方面：

（1）监督检查生产经营单位执行安全生产法律、法规的情况。

（2）在履行监督管理职责时，发现违法行为，有权制止或责令改正、责令限期改正、责令停产停业整顿、责令停产停业、责令停止建设。

（3）对存在重大事故隐患、职业危害严重的用人单位，要求立即消除或者限期整改；发现有冒险作业或违章指挥的，有权责令其立即纠正；发现有威胁从业人员生命安全的紧急情况时，有权责令其立即停止作业。

（4）参加安全事故应急救援与事故调查处理。

（5）忠于职守，坚持原则，秉公执法。

（6）对不符合保障水利安全生产国家标准或行业标准的设施、设备、器材应当责令立即停止使用并予以查封或扣押。

（7）法律、法规规定的其他职责。

四、水利生产经营单位的职责

水利生产经营单位应当按照国家或水利有关法律法规的规定，履行自身职责。其安全

生产工作职责如下:

(1) 单位法定代表人是安全生产的第一责任人,对安全生产工作负全面责任,应履行以下安全职责:

1) 贯彻执行有关安全生产的法律、法规和方针政策。
2) 保证安全生产责任制的落实,开展安全生产标准化活动。
3) 组织制定并实施本单位安全生产教育和培训计划。
4) 保证安全生产的必要投入,不断改善安全生产条件。
5) 督促检查本单位安全生产工作,及时排查事故隐患。
6) 组织制定并实施本单位的生产安全事故应急救援预案。
7) 及时、如实报告生产安全事故。

(2) 建立健全安全生产机构,并配备具有与所从事生产经营活动相适应的安全生产知识和能力的专(兼)职安全管理人员。

(3) 建立全员安全生产目标责任制。

(4) 制定安全生产年度计划和中长期发展规划并组织实施。

(5) 建立隐患排查、预防事故工作会议制度,及时解决生产安全问题,会议作出的决定要认真落实。对事故隐患要制定排除和整改措施,重大事故隐患报告行业管理部门。

(6) 建立生产安全事故应急救援组织,配备必要的应急救援器材、设备,并经常进行维护、保养。

(7) 不得使用国家明令淘汰、禁止使用的危及生产安全的工艺、设备。

(8) 运输、使用危险物品或者处置废弃危险物品,必须执行有关法律、法规和国家标准或者行业标准,建立专门的安全管理制度,采取可靠的安全措施。

(9) 对从业人员进行安全生产教育和培训,保证其具备必要的安全生产知识,熟悉有关的安全生产规章制度和操作规程,掌握本岗位的安全操作技能。未经教育和培训合格的从业人员,不得上岗作业。

(10) 与从业人员签订劳动合同,并依法为从业人员办理工伤社会保险;为从业人员提供符合国家标准或者行业标准的劳动防护用品。

(11) 新建、改建、扩建的水利工程建设项目,其安全设施必须与主体工程同时设计、同时施工、同时投入生产使用;安全设施资金应当纳入建设项目概算。

(12) 发生水利生产安全事故后,事故现场有关人员应当立即报告本单位负责人,单位负责人接到事故报告后,应当立即组织抢救,防止事故扩大,减少人员伤亡和财产损失,并如实报告当地安全生产监督管理部门和有关部门,不得隐瞒不报、谎报或者迟报,不得故意破坏事故现场、毁灭有关证据。

(13) 水库大坝管理单位要建立水库大坝监控制度,科学地进行水库大坝安全评价、危险辨识工作,对重大危险源应登记建档,并定期进行检测、评估、监控。

(14) 水库大坝管理单位要对水库大坝安全进行定期检查,特别是汛期、暴风、暴雨、特大洪水或者强烈地震发生后的安全检查。对未达到设计洪水标准、抗震设防要求或者有严重质量缺陷的险坝,积极采取除险加固措施,限期消除危险。

第四节 水利安全生产基本原则

一、"党政同责、一岗双责、齐抓共管、失职追责"原则

党政同责,指各级党委、政府将安全生产工作纳入工作重要内容,党委、政府主要负责人共同对本地区安全生产工作负总责,其他负责人负相应责任;一岗双责,是指各级党政领导干部在履行岗位业务工作职责的同时,按照"谁主管、谁负责"和"管行业必须管安全、管业务必须管安全、管生产经营必须管安全"的原则,履行安全生产工作职责;齐抓共管,是指各级党委、政府及其工作部门等有关方面都必须牢固树立齐心协力、同抓共管、共同担当意识,共同建立体制机制,确保安全生产工作顺利推进。严格落实行业主管部门监管责任、安全生产监督管理部门综合监管责任、地方政府属地监管责任和企业安全生产主体责任,形成"党委政府统一领导、部门依法监管、企业落实主体责任、群众参与监督、全社会广泛支持"的安全生产监管工作格局;失职追责,是指应当坚持实事求是、合法合规、权责一致、公平公正、惩教结合的原则,对未全面履行、不履行或不当履行安全生产工作责任者予以责任追究。

贯彻落实"党政同责、一岗双责、齐抓共管、失职追责"要求,必须以习近平新时代中国特色社会主义思想为指导,认真贯彻落实习近平总书记关于安全生产工作的重要论述和重要指示批示,牢固树立发展决不能以牺牲安全为代价的红线意识,严格执行国家安全生产法律法规的规定和要求,加强组织领导,强化属地管理,完善体制机制,有效防范安全生产风险,坚决遏制各类生产事故发生,为全市经济社会发展提供良好的安全生产环境。

二、"管行业必须管安全、管业务必须管安全、管生产经营必须管安全"原则

"三管三必须"原则明确了政府部门的安全监管职责。管行业必须管安全,明确了负有安全监管职责的各个部门,要在各自的职责范围内,对所负责行业、领域的安全生产工作实施监督管理。同时,"三管三必须"原则也明确了生产经营单位的决策层和管理层的安全管理职责。管业务必须管安全,管生产经营必须管安全,具体到生产经营单位中,就是主要负责人是安全生产的第一责任人,其他负责人都要根据分管的业务,对安全生产工作承担一定的职责,负担一定的责任。

在厘清责任、分清界限的同时,"三管三必须"原则还要求负有安全监管职责的部门之间要相互配合、齐抓共管、信息共享、资源共用,依法加强监督管理工作,切实形成监管合力。

三、属地管理、分级负责和行业指导原则

安全生产工作应当遵循管行业必须管安全、管业务必须管安全、管生产经营必须管安全和"谁主管、谁负责""谁审批、谁负责""谁监管、谁负责"的原则,并实行属地监管与分级监管相结合、以属地监管为主的监督管理体制。

(一)属地监管原则

属地监管,系安全生产管理的一个原则,它与分级监管相结合,形成一个系统性的管理链条。实行属地监管,能更好地体现"谁主管、谁负责""谁审批、谁负责"的原则,

更好地明确管理责任,确保一方平安。

(1) 保障所辖区域内自身及在区域内活动的工作人员、承包商、访客的安全。

(2) 通过制定岗位工作和发展计划,确保专业知识技能水平能够满足工作需要。

(3) 通过危害识别和风险管理,实现无责任生产事故运行。通过对员工进行安全技能培训、行为安全评价、安全分析等,实现事故零伤害。

(4) 编写、审核签署安全工作许可证和高危作业许可证,确保管辖区域的各种非常规工作按照相关安全标准进行。

(5) 对管辖区域的工艺设备进行巡检,发现异常情况,及时进行处理并上报。

(二) 分级监管原则

(1) 对本行政区域安全生产工作实行统一领导,是各级人民政府的法定权力。《中华人民共和国宪法》《中华人民共和国国务院组织法》《中华人民共和国地方人民政府组织法》明确规定,各级人民政府是国家和地方的政权组织,按照各自的职权分别对国家和地方事务实施行政管理。安全生产工作包括事故调查处理,应当置于各级人民政府统一领导之下。

(2) 政府领导、分级负责原则既符合事故调查处理工作的实际需要,又有利于发挥、协调有关部门的作用强调政府领导、分级负责,不仅不会排斥政府有关部门的作用,反而会在政府统一领导下更好地发挥其职能作用。在有关人民政府不直接组织事故调查的情况下,需要授权或者委托有关部门组织事故调查。授权或者受托的政府部门在本级政府领导下开展事故调查工作,由其牵头组织成立的事故调查组是政府的调查组而不是部门的事故调查组。不论有关人民政府授权或者委托哪个部门组织事故调查,都需要其他部门的参加和配合。

(三) 行业指导原则

1. "以人为本"原则

在生产过程中,必须坚持"以人为本"的原则,坚持人民至上、生命至上。在处理生产与安全的关系中,一切以安全为重,始终坚持安全第一。必须预先分析危险源,预测和评价危险、有害因素,掌握危险出现的规律和变化,采取相应的预防措施,将危险和安全隐患消灭在萌芽状态,从源头上防范化解重大风险。

2. "谁主管、谁负责"原则

安全生产应当坚持"谁主管、谁负责",明确负责人、各职能部门、各级管理人员、工程技术人员和岗位工作人员的安全生产职责,做到全员每个岗位都有明确的安全生产职责并与相应的职务、岗位相匹配。各级领导班子对所管辖的范围,负有安全管理主体责任。但在实际的生产过程中,不能认为安全管理仅仅是主管安全领导和安全主管部门的工作,领导班子分工对所分管单位或部门同样负有安全管理主体责任。要把安全与生产从组织领导上统一起来,建立和健全安全生产责任制,规定各级管理、工程技术人员和各职能部门在安全生产中应负的责任,使安全工作贯穿于生产经营的全过程和管理的各个方面。安全生产责任制的落实,使生产经营单位在安全生产上人人有事做,事事有人管。纵向上,负责人、各级管理人员至每一位岗位工作人员;横向上,从党、政、工、团各部门到基层岗位,都有自己明确的安全生产责任。只有安全意识加强了,对安全生产的法律、法规充分了解了，才能充分认识到安全生产的重要性，将安全生产作为一项重要工作来抓，保证安全管理制度的严格执行和各项安全措施落到实处。

3."管生产经营必须管安全"原则

一切从事生产、经营活动的单位和管理部门都必须管安全，必须依照国务院"安全生产是一切经济部门和生产企业的头等大事"的指示精神，全面开展安全生产工作。要落实"管生产经营必须管安全"的原则，要在管理生产经营的同时认真贯彻执行国家安全生产的法规、政策和标准，制定本单位本部门的安全生产规章制度，包括各种安全生产责任制、安全生产管理规定、安全卫生技术规范、岗位安全操作规程等，健全安全生产组织管理机构，配齐专（兼）职人员。

4."安全具有否决权"原则

安全生产工作是衡量工程项目管理的一项基本内容。该原则要求，在对各项指标考核、评优创先时，必须要首先考虑安全指标的完成情况。安全指标没有实现，即使其他指标顺利完成，仍无法实现项目的最优化，安全生产指标具有一票否决的作用。

5."三同时"原则

凡是我国境内新建、改建、扩建的基本建设项目（工程）、技术改造项目（工程）和引进的建设项目，其劳动安全卫生设施必须符合国家规定的标准，必须与主体工程同时设计、同时施工、同时投入生产和使用。同时，该原则要求对安全设施的投资应包括在拟议的项目预算中，为员工提供符合国家规定的劳动安全卫生设施，更好地保障员工在劳动过程中的健康安全。

6."四不放过"原则

在调查处理安全事故时，必须坚持事故原因未查清不放过、责任人员未处理不放过、整改措施未落实不放过和有关人员未受到教育不放过。该原则要求各单位对安全生产事故必须进行严肃认真的调查处理，接受教训，完善本单位的安全防护措施，并将相关措施责任到人，防止同类事故重复发生。

7."三个同步"原则

安全生产与经济建设、深化改革、技术改造同步规划、同步发展、同步实施。具体来说，该原则要求生产经营单位在考虑自身经济发展，进行机构改革和技术改造时，安全生产方面要相应地与之同步规划、同步组织实施、同步运作投产。

8."五同时"原则

生产经营单位的生产组织及领导在计划、布置、检查、总结、评比生产工作的时候，同时计划、布置、检查、总结、评比安全工作。该原则要求把安全工作落实到每一个生产组织管理环节，使安全工作贯彻落实到生产活动的每一个环节。是解决生产管理中安全与生产统一的一项重要原则。

四、依法依规、职责法定原则

各级水行政主管部门和流域管理机构要建立健全安全生产领导小组或安全生产委员会，制定完善安全生产工作规则，制定安全生产综合监管部门和各专业监管部门的安全监管责任清单，分工负责综合监管和专业监管工作。

各级水行政主管部门和流域管理机构安全生产领导小组或安全生产委员会要建立安全

生产考核制度，对安全生产综合监管部门和各专业监管部门，根据批准的水利安全生产监督检查计划对安全生产监管履责情况进行考核，尽职免责，失职问责。上级对下级水行政主管部门（流域管理机构）安全生产监管工作的监督指导情况应反馈给下级水行政主管部门（流域管理机构）安全生产领导小组或安全生产委员会，作为安全生产考核依据。

各级水行政主管部门和流域管理机构应建立安全生产责任问责制度，对监管不力的单位和个人按照有关规定进行责任追究。水利部对1年发生2起人员死亡的一般事故和1起较大以上事故的省级水行政主管部门和流域管理机构，进行通报并约谈有关负责人。

五、遵照本单位"三定"方案原则

安全生产"三定原则"有两层意思：一是针对事故隐患、危害因素和安全生产问题而言，要做到确定整改措施，确定整改时限，确定整改人员尤其是责任人，即定整改措施、定时、定人；二是针对安全生产机构设置而言，要做到机构、编制（人员）和职责三确定，即定机构、定编制（人员）、定职责。

第四章 水利安全生产"五体系"

水利安全生产事关人民群众生命财产安全，党中央、国务院高度重视水利工作。以习近平同志为核心的党中央，把安全生产纳入全面建成社会主义现代化强国的重要内容之中，做出了一系列重大决策部署，有力推进了安全生产形势持续稳定向好。党的十九大和十九届历次全会多次明确指出维护水利等重要基础设施安全，对保障防洪、供水等国家安全具有重大意义，是人民至上、生命至上的重要诠释，是经济社会高质量发展的重要支撑。《"十四五"国家安全生产规划》指出要牢固树立安全发展理念，正确处理安全和发展的关系，坚持发展决不能以牺牲安全为代价这条红线。党的二十大报告指出必须坚定不移贯彻总体国家安全观，坚持安全第一、预防为主，建立大安全大应急框架。水利部部长李国英等领导在不同场合也多次强调和安排部署安全生产工作，指出"水利安全生产事关人民群众生命财产安全，事关经济社会协调稳定健康发展"。山东省上下坚决贯彻落实党中央、国务院和山东省委、省政府决策部署，进一步建立、健全了水利安全生产规章规程和政策措施，进一步落实了水利安全生产监管责任体系，强化了水利安全生产主体责任体系，完善了水利安全生产制度标准体系，增强了水利安全生产风险预防预控能力，强化了专项整治针对性、有效性，健全了水利安全生产应急管理体系，提升了水利安全生产信息化监管能力和服务水平。

近十年来，山东省水利安全生产事故持续减少，但是随着山东省水利改革的不断深入和水利投资的加大，安全风险的复杂性与不确定性激增，水利安全生产工作存在短板弱项，具体表现在：安全生产基础仍然较为薄弱，安全生产责任体系落实不够到位，双重预防体系未有效运行，安全生产标准化持续运行效果有待提升，应急管理能力及体系建设有待增强，水利安全生产监管工作力度仍需加强。为进一步解决这些问题，山东省水利厅深入贯彻落实习近平总书记关于安全生产重要指示，认真执行山东省委、省政府关于切实加强安全生产工作系列决策的重要举措，以系统思维构筑立体化、全方位水利安全生产监督管理工作体系，推进全省水利安全生产领域改革发展的具体部署，提出了水利安全生产"五体系"建设。水利安全生产"五体系"即责任体系、风险分级管控体系、隐患排查治理体系、标准化体系、应急管理体系。贯彻水利安全生产"五体系"将推动山东省现代化水利基础设施体系的建设，全面提升山东省水旱灾害防御能力，全面增强山东省水资源统筹调配、供水保障和战略储备能力，筑牢守护人民群众生命财产安全防线。

第一节 水利安全生产现状

一、我国水利安全生产现状

水利既面临水旱灾害、工程失事等直接风险，又与经济安全、粮食安全、能源安全、生态安全等重点领域安全息息相关。水利工程建设项目是服务人民生产生活的基础性建设，起到稳定国家宏观经济大盘，服务于"六稳""六保"的重要作用，在抵御自然灾害，特别是水旱灾害，筑牢国家安全屏障，开展生态保护治理推动高质量发展，保障农村供水、推进乡村振兴，保障生产生活用水、增强人民群众基础保障方面，有着重要地位。党的十八大以来，党和国家高度重视安全生产，把安全生产摆在了更加突出的位置，当作民生大事来抓，国家领导人多次对做好安全生产工作作出重要批示指示。2016年，《中共中央 国务院关于推进安全生产领域改革发展的意见》（以下简称《意见》）正式颁布实施，这是中华人民共和国成立以来第一个以党中央、国务院名义出台的安全生产工作的纲领性文件，标志着安全生产工作取得里程碑式的重大突破。《意见》提出了一系列改革举措和任务要求，内容丰富，意义重大。水利行业要牢固树立发展决不能以牺牲安全为代价的红线意识，坚持以人民为中心的发展思想，认真学习深刻领会《意见》精神，牢牢把握安全发展、改革创新、依法监管、源头防范、系统治理的原则，进一步健全落实安全生产责任制，改革安全监管体制，大力推进依法治理，健全安全预防控制体系，加强安全基础保障能力，全面落实各项工作措施，努力提高水利安全监督水平。2021年6月修订的《安全生产法》，进一步落实了安全生产责任制，压实生产经营单位的主体责任，明确了要加强安全生产标准化、信息化建设，确定了要构建安全风险双重预防机制，制定安全生产风险分级和事故隐患排查治理标准，强调了要全面强化应急救援能力建设。2022年4月6日，国务院安委会印发《"十四五"国家安全生产规划》（以下简称《规划》），对"十四五"时期安全生产工作作出全面部署。《规划》指出，要全面贯彻落实党的十九大和十九届历次全会精神，统筹好发展和安全，坚持人民至上、生命至上，立足从根本上消除事故隐患，从根本上解决问题，以高水平安全保障高质量发展。同时，《规划》提出了7个方面的主要任务，包括：织密风险防控责任网络、优化安全生产法治秩序、筑牢安全风险防控屏障、防范遏制重特大事故、强化应急救援处置效能、统筹安全生产支撑保障、构建社会共治安全格局。党的二十大报告中指出，坚持安全第一、预防为主，建立大安全大应急框架，完善公共安全体系，推动公共安全治理模式向事前预防转型，推进安全生产风险专项整治，加强重点行业、重点领域安全监管，提高防灾减灾救灾和重大突发公共事件处置保障能力，加强国家区域应急力量建设。

"十四五"及今后一个时期是构建国家水网主骨架和大动脉，完善国家骨干供水基础设施网络的重要时期，"十四五"期间150项重大水利工程投资高达1.29万亿元，各地掀起了兴修水利工程项目的热潮。但是，对照习近平总书记和党中央、国务院部署要求，对照推动新阶段水利高质量发展目标任务，水利安全生产基础仍存在短板弱项，水利安全生产形势依然不容乐观。具体体现在：水利工程建设领域和个别地方事故多发，2022年上半年的4起生产安全事故都发生在水利工程建设领域；已建水利工程老化失修问题突出，工程运行管理安全风险较大；极端天气明显增多，水旱灾害的突发性、异常性、不确定性更为突出。总体上看，我国各类事故隐患和安全风险交织串联、易发多发，安全生产正处于滚石上山、攻坚克难的关键时期。水利生产经营单位安全管理工作和各级水利部门监管工作还存在着一些不容忽视的问题。

一是我国安全生产整体水平相对不高，安全发展基础依然较薄弱。一些地方和生产经

第四章 水利安全生产"五体系"

营单位安全发展理念不牢,安全生产法规标准执行不够严格。中华人民共和国成立70多年来,水利基础设施得到了明显改善,但与交通、电力、通信等其他行业基础设施相比,水利发展相对滞后,是国家基础设施的明显短板。防洪工程、蓄滞洪区建设、水资源配置工程等布局和结构调整优化还不到位,小、散、乱的问题尚未得到根本解决,机械化、自动化和信息化程度不够高,生产经营单位本质安全水平相对来说仍比较低。

二是安全生产风险结构发生变化,新矛盾新问题相继涌现。工业化、城镇化持续发展,气候变化加剧,各类生产要素流动加快、安全风险更加集聚,事故的隐蔽性、突发性和耦合性明显增加,传统高危水利生产领域存量风险尚未得到有效化解,新工艺、新材料和新业态带来的增量风险呈现增多态势。此外,新冠疫情转入常态化防控阶段,一些生产经营单位扩大生产、挽回损失的冲动强烈,容易出现忽视安全、盲目超产的情况,治理管控难度加大。

三是安全生产治理能力仍有短板,距离现实需要尚有差距。安全生产综合监管和行业监管职责需要进一步理顺,体制机制仍然需完善。安全生产监管监察执法干部和人才队伍建设滞后,发现问题、解决问题的能力不足。重大安全风险辨识及监测预警、重大事故应急处置和抢险救援等方面的短板突出。

二、山东省水利安全生产现状

山东省上下始终坚持以习近平新时代中国特色社会主义思想为指导,坚决贯彻落实党中央、国务院和山东省委、省政府决策部署,坚持安全第一、预防为主、综合治理,落实水利安全生产责任,加强水利安全生产标准化、双重预防体系建设,强化安全生产基础保障,防范化解重大风险,坚决防范遏制重大及以上事故的发生,确保全省水利安全生产形势持续平稳。为进一步建立健全山东省安全生产法规、章程和政策措施,山东省委、省政府先后制定了《山东省安全生产条例》《山东省生产安全事故应急办法》《山东省生产安全事故报告和调查处理办法》等,健全完善安全生产管理体制,严格落实安全生产责任制,坚决扛起"促一方发展、保一方平安"的政治责任。

(一)水利安全生产监管责任进一步落实

各级水行政主管部门按照分级管理的要求,对本级所属水利生产经营单位安全生产工作进行监管,对下级水行政主管部门安全生产工作进行指导。成立安全生产委员会(领导小组),充分发挥统筹协调作用,解决突出矛盾和问题。明确主要负责人为安全生产的第一责任人,加强对安全生产工作的领导;明确安全监督管理机构,切实加强安全生产工作的组织和实施。

山东省水利厅党组历来重视安全生产工作,把安全监管作为保障水利改革发展的重要措施列入议事日程,做到业务工作与安全生产工作同部署、同落实、同检查、同考核。坚持会议制度,每年年初组织召开全省水利安全生产工作会议,每个季度召开一次厅安委会成员会议。强化责任落实,按照"党政同责、一岗双责、齐抓共管、失职追责"和"三管三必须"的要求,坚持综合监管和专业监管相结合,制定厅安委会工作规则、水利安全生产权责清单、监管责任清单、任务分工、监督管理办法等,做到监管责任和主体责任明确、综合监管和专业监管责任清晰,形成了各负其责,齐抓共管,互相监督,一级抓一级,层层抓落实的良好局面和加强安全生产工作的广泛共识和强大合力。

（二）水利安全生产主体责任进一步强化

各级水行政主管部门强化监督，严抓严管，加大压力传导力度，畅通压力传导途径，督促水利生产经营单位扛牢扛实安全生产主体责任。各水利生产经营单位积极开展安全生产标准化和双重预防体系建设，不断完善安全生产管理制度、操作规程，加大安全生产投入，健全应急管理体系，持续开展面向管理和一线作业人员的全员安全教育培训，员工法治意识、风险意识、遵规意识进一步提高。

（三）水利安全生产制度标准进一步完善

结合全省水利安全生产实际，不断加强涉及安全生产的制度标准建设，先后出台了多项制度性文件，为全面加强水利安全生产工作提供了制度保障。截至目前，山东省已发布水利工程运行管理单位风险分级管控、隐患排查治理细则 2 项，灌区工程、河道工程、水库工程、引调水工程等 4 类水利工程风险分级管控、隐患排查治理实施指南 8 项，覆盖主要水利工程类型，为进一步推动水利行业双重预防体系建设夯实了基础；印发《山东省水利厅关于推进水利安全生产领域改革发展的实施办法》《山东省水利厅安全生产委员会工作规则》《山东省水利安全生产标准化动态管理办法》等 13 项政策标准；制定《山东省水利工程建设质量与安全生产监督检查办法（试行）》《山东省小型水库安全运行监督检查办法（试行）》等 14 项监督检查办法。

（四）水利安全生产风险预防预控能力进一步增强

双重预防体系建设、标准化建设取得积极成效。建立健全双重预防体系细则、实施指南，统筹推动树立标杆单位、健全标准规范、开展教育培训、建立技术支撑体系、开展动态评估等各项工作落地落实。积极引导市场主体参与标准化创建，全省共有 74 家单位通过了水利部标准化一级达标，223 家单位通过了省水利厅标准化二级达标。

（五）专项整治针对性、有效性进一步强化

聚焦重点领域，针对在建水利工程、运行管理、水文监测、水利工程勘测设计、水利科研及检验、办公场所和人员密集场所等，开展水利工程建设安全生产专项整治、风险隐患大排查快整治严执法集中行动、危险化学品专项整治、消防安全综合治理、复产复工安全整治、电气火灾综合治理、有限空间作业安全治理等专项治理行动，开展全省水利安全生产大检查，全面排查可能导致事故发生的各种危险因素、安全隐患和管理漏洞，坚决阻断风险隐患向事故延伸的路径。

（六）水利安全生产应急管理体系进一步健全

各级水行政主管部门把安全生产应急管理作为安全生产工作的一项重要内容，加强组织领导，完善事故应急预案体系，健全应急管理规章制度，明确应急管理组织机构及职责，加大应急管理宣传和培训力度，强化应急预案管理和实施监督检查，分类指导水利工程建设项目法人和水利生产经管单位的应急管理和处置工作，全省水利行业应急管理工作取得了较为显著的成效。

山东省水利厅以机构改革、法律法规修订为契机，修订完善《山东省水利厅生产安全事故应急预案》，对组织机构、机构职责、应急响应、信息公开与舆情应对、后期处置等应急管理工作进行进一步规范。加快构建山东省水利厅生产安全事故应急预案体系，成立生产安全事故应急组织领导机构和办公室，设立生产安全事故应急办公室及生产安全事故

应急处置现场工作组,落实应急指挥体系、应急救援队伍、应急物资及装备,健全完善应急响应程序,为切实提升生产安全事故应急处置能力奠定了基础。

(七)水利安全生产信息化监管能力和服务水平进一步提升

深入推进"安全监管+信息化"监管新模式,将3322个单位、11823项监管工程纳入水利安全生产监管信息系统,强化对重点工程、重点单位的提醒、服务、督促、检查;开发"水利工程安全生产监督检查系统",实现安全检查全过程信息化,释放监督检查效能。深入推进水利安全生产服务"零跑腿""最多跑一次",开发"山东省水利水电施工生产经营单位安全生产管理三类人员管理系统",在全国水利系统率先推行人脸识别验证、在线考试、计算机阅卷,营造公平公正、省时省心的三类人员考核管理环境;开发运用"山东省水利安全生产标准化审查系统",进一步提升水利安全生产二级标准化评审管理、动态监管效率。

三、山东省水利安全生产面临的形势和问题

安全生产是民生大事,一丝一毫不能放松,要以对人民群众极端负责的精神抓好安全生产工作,站在人民群众的角度想问题,把隐患当成事故来对待,守土有责,敢于担当,完善体制,严格监管,让人民群众安心放心。山东省委、省政府始终从讲政治的高度认识安全生产,强调要进一步牢固树立生命至上的理念,坚持安全第一、预防为主、综合治理,推动标本兼治、本质安全,确保党中央、国务院决策部署在山东落地生根见效。

山东省正着力推进新旧动能转换重大工程、乡村振兴、水安全保障规划实施等重大战略。山东省委、省政府提出了"根治水患、防治干旱"的任务目标,要求把水利基础设施建设作为重中之重,加快工程建设进度,从根本上解决干旱水患矛盾。水利行业针对保障水利事业长远健康发展提出了明确要求。今后一个时期,全省水利建设投资大、项目多、建设进度紧、质量要求高的特点将在较长时期内延续,随之而来的是安全风险增多,隐患排查治理任务艰巨,安全管理难度加大,给水利安全生产工作带来更大的压力和挑战。

随着水利改革的不断深入和水利投资的加大,安全风险的复杂性与不确定性激增,水利安全生产工作存在短板弱项,面临更多困难和问题,主要体现在如下几个方面。

(一)安全生产基础依然较为薄弱

部分水利生产经营单位安全生产发展理念树立还不够牢固,存在重生产、轻安全的思想。安全生产管理机构不健全或不能有效履行职责。安全管理人员配备不足或不具备与所从事的生产经营活动相适应的安全生产知识和管理能力,一线专业技术人员缺乏,安全生产教育培训有待加强。

部分水利生产经营单位存在未按标准提取水利水电工程安全生产费用、安全生产费用使用不规范、违规挪用安全生产费用等问题,甚至部分水利施工生产经营单位安全投入长期缺乏,历史欠账严重,安全生产条件难以保障。

(二)安全生产责任体系落实不够到位

责任是做好安全生产工作的灵魂。生产经营单位是生产经营建设活动的市场主体,承担安全生产主体责任,是保障安全生产的根本和关键所在,其中水利生产经营单位领导责任则是关键中的关键。近年来,大部分事故的发生是由于水利生产经营单位安全生产主体责任不落实、生产经营单位领导不重视、安全管理薄弱等造成的。需要进一步强化安全生

产主体责任，落实生产经营单位领导责任，从源头上把关，从根本上防止和减少生产安全事故的发生。

（三）双重预防体系未有效运行

部分水利生产经营单位对双重预防体系建设的目标要求、程序、标准、方法不清楚，未对责任、任务进行分解，对危险源、风险点辨识不准确，未能有效实施分级管控，隐患排查治理不深入、不全面，对发现的安全隐患不能及时治理或治理不彻底，部分生产经营单位双重预防体系建设运行效果不理想。

（四）安全生产标准化持续运行效果有待提升

部分达标单位重创建、轻运行，未持续有效开展安全生产标准化建设工作，安全生产标准化建设"走过场""两张皮"的现象依然存在。部分水利生产经营单位标准化建设标准不高，未将安全生产标准化融入各部门、各岗位的日常工作中，安全管理人员、作业人员对安全生产标准化的运行流程不熟悉，对安全生产标准化持续改进的要求掌握不彻底。

（五）应急管理能力及体系建设有待增强

部分水利生产经营单位应急管理能力弱，应急预案管理不到位，预案的针对性、可操作性不强，与本单位的生产作业活动特点、可能发生的事故类型特点未有效结合，未与当地政府或水行政主管部门的应急预案有效衔接，应急演练未按规定频次开展，应急队伍未建立或应急处置能力不足，应急物资无法满足要求，应急管理体系不健全，有待于进一步完善。

（六）水利安全生产监管工作力度仍需加强

个别地区水行政主管部门对安全生产监管工作重视不够，在责任落实、人员配置、能力建设、监管水平等方面还存在不足，安全生产监管力度有待加强。一些地方部门安全生产监管工作薄弱，安全制度建设滞后，与依法监管的要求不相适应。安全生产标准化评审制度不够健全，个别专业领域缺失或更新不及时，不能完全满足不断发展的安全生产新形势、新任务赋予的新要求。综合监管与专业监管相结合的关系有待进一步理顺，存在职责交叉、配合不协调等问题，在一定程度上削弱了安全生产监管的力度。

第二节 构建新时期水利安全生产"五体系"的法治依据

法治指经济生活和社会成员完全处于依法治理下的某种政治架构和社会生活状态。安全生产法治则是依据国家法律法规管理安全生产活动，规范安全生产行为，治理安全生产领域非法违法现象，把安全生产全面纳入依法进行的轨道。安全生产法治包括了安全生产立法、执法、守法、依法治理等方面的内容，是构成安全生产的要素之一，是政府履行安全生产监管职能的基本手段和有效途径。

一、中华人民共和国成立初期安全生产建章立制小高潮

我国安全生产法治建设的源头可以追溯到建党、建政之初。中国共产党建立之后关于安全生产和劳动保护方面的一些主张，不仅体现在党的纲领、宣言、历次重要会议通过的决议案等之中,还在1922年8月中国劳动组合书记部拟定的《劳动法案大纲》得到了比较全面系统的阐述。土地革命时期各根据地革命政权,以及抗日战争、解放战争时期各根据地和解放区民主政权,也相继制定颁布了《劳动保护法》《劳工保护暂行条例》《保护工厂劳动暂行条例》等法规。但客观地看,建党初期党在安全生产、劳动保护立法方面的一些呼吁和活动,更多的是为团结和代表广大劳动群众,向统治阶级开展斗争的手段和方式。各个根据地、解放区革命民主政权所颁布的一些安全生产和劳动保护法令,则缺乏系统和统一,存在照搬照抄、不切实际、难以贯彻实施等问题。况且战争时期生存环境严酷,牺牲精神远远高于、大于人身安全理念,安全生产只能服从于对敌斗争,相关法令的权威性、适用性和实效性都大打折扣。

中华人民共和国成立之后,我国逐步迈入安全生产法治时代。1949年中国人民政治协商会议通过的《共同纲领》,在劳动保护和安全生产方面作出了明确规定:"实行工矿检查制度,以改进工矿的安全和卫生设备。"同时规定:"公私企业目前一般应实行八小时至十小时的工作制,特殊情况得斟酌办理。人民政府应按照各地各业情况规定最低工资。逐步实行劳动保险制度。保护青工女工的特殊利益。"1954年9月第一届全国人民代表大会第一次会议通过的《中华人民共和国宪法》,明确规定要改善劳动条件,保证公民劳动权利。《共同纲领》和首部宪法的相关规定,为中华人民共和国成立初期安全生产、劳动保护立法提供了根本依据。

为尽快扭转旧中国遗留下来的矿山企业劳动卫生条件恶劣、安全保障能力低下的状况,1950年12月22日政务院第64次政务会议通过了《中华人民共和国矿业暂行条例》,1951年4月18日予以颁布实施。依据《矿业暂行条例》,1951年9月燃料工业部制定发布了我国第一部煤矿安全生产规程——《煤矿技术保安试行规程(草案)》。为填补中华人民共和国在安全生产、劳动保护领域法律法规空白,劳动部门和相关行业主管部门以极大热情投入了安全生产、劳动保护立法工作,很快研究制定、颁布实施了一批法规和规章。1950年5月—1952年12月,劳动部先后制定公布了《工厂卫生暂行条例(草案)》《工厂安全卫生暂行条例》和《工厂安全卫生条例》,为之后《工厂安全卫生规程》的正式颁布实施打下了基础;先后发布实施了《限制工厂矿场加班加点实行办法》《保护女工暂行条例》《工时休假条例》等。燃料工业部发布了《公私营煤矿暂行管理办法》《土采煤窑暂行处理办法》等。铁道部相继发布了《实施安全负责制暂行办法》(1950年4月)、《行车安全监察室暂行组织规程》(1950年11月)、《铁路工厂技术安全暂行规程(草案)》(1951年4月)、《铁路装卸作业安全规则》(1951年12月)、《采石场采石工作技术安全暂行规则》(1952年9月)、《车务工作人员技术安全细则》(1952年9月)等。第一机械工业部公布实行了《安全技术劳动保护工作组织及其职责暂行规定》(1952年10月)。邮电部无线电总局公布试行了《无线电机线工作安全守则草案》(1951年6月)。"一五"时期(1953—1957年),由行业主管部门和各省级人民政府制定颁布的安全生产部门规章和地方性法规规章就多达300余种。

大批部门规章、地方性法规规章的制定实施,使我国安全生产法律从无到有,使各个行业安全生产工作开始有法可依,为改变旧中国遗留下来的不珍视劳动者生命、不重视安全生产的陈规陋习,在社会主义制度建立之后切实维护劳动者的安全与健康权益,提供了法律依据。

二、我国安全生产法律制度的重要基石——"三大规程"和"五项规定"

1956年5月国务院制定颁布了《工厂安全卫生规程》《建筑安装工程安全技术规程》和《工人职员伤亡事故报告规程》。国务院关于发布"三大规程"的决议，在肯定中华人民共和国成立以来劳动保护工作取得成绩的同时，指出"某些企业和企业主管部门对贯彻安全生产的方针仍然重视不够，同时国家还缺乏统一的劳动保护法规和完整的监察制度，因此劳动保护工作还远不能赶上生产建设发展的需要"。表现为有的企业还没有认真地建立安全生产的责任制度，在检查和布置生产工作的时候，常忽视检查和布置安全工作；有的企业非但不去积极解决安全卫生的设备问题，甚至错误地将安全技术措施经费移作他用；有的企业只片面强调完成生产任务，不注意工人的安全和健康，滥行加班加点；有的企业把"打破常规"错误地理解为可以不要操作规程，个别基层领导人员甚至带头违反规程，冒险作业；有的企业在发生伤亡事故以后，缺乏认真分析、严肃处理和采取必要的改进措施。这是对于工人群众利益漠不关心的官僚主义态度，是根本违反社会主义企业的管理原则的。决议强调"改善劳动条件，保护劳动者在生产中的安全和健康，是我们国家的一项重要政策，也是社会主义企业管理的基本原则之一"。决议要求各级劳动部门加强监督检查，及时总结和交流经验，努力贯彻实施这些规程；要求各级工会组织广泛开展宣传教育，使职工群众关心和监督规程的实施。

《工厂安全卫生规程》立法目的是"为了改善工厂的劳动条件，保护工人职员的安全和健康，保证劳动生产率的提高"，对企业安全卫生设施与管理方面的一些共同性的问题作出了规定，适用于各类工业企业，计有总则、厂院、工作场所、机械设备、电气设备、锅炉和气瓶、气体、粉尘和危险品、供水、生产辅助设施、个人防护用品、附则11章89条。《建筑安装工程安全技术规程》立法目的是"为了适应国家基本建设需要，保护建筑安装工人职员的安全和健康"，适用于除矿井建设以外的工业建设和民用建设的施工单位，计有总则、施工的一般安全要求、施工现场、脚手架、土石方工程、机电设备和安装、拆除工程、防护用品、附则9章112条。《工人职员伤亡事故报告规程》立法目的是"为了及时了解和研究工人职员的伤亡事故，以便采取消除伤亡事故的措施，保证安全生产"，计有总则、事故报告、事故调查、事故处理、附则5章26条。

"三大规程"的颁布实施，标志着国家统一的安全生产法规和安全生产监管制度的初步建立，对我国安全生产及其法治建设有着深远影响。

1963年3月，国务院制定颁布了《关于加强企业生产中安全工作的几项规定》，对建立企业安全生产责任制等五个方面的工作提出了规范性要求。之后劳动保护、安全生产监管系统也把这个文件简称为"五项规定"。"五项规定"的颁布实施，不仅行之有效地制止了全国各地普遍出现的忽视安全、冒险蛮干行为；而且在总结和吸取前一时期安全生产经验教训的基础上，初步建立了企业安全生产责任制度、安全技术措施制度、安全教育培训制度、安全生产监督检查制度、事故调查处理制度，确立了安全生产工作的一些重要规范和原则，把安全生产法治建设向前推进了一大步。

在企业安全生产责任制方面，"五项规定"确立了管生产必须管安全和"一岗双责"的原则，并对企业内部劳动保护（安全生产）机构和班组安全员队伍建设、职工自我保安等提出了要求。明确规定"企业各级领导人员在管理生产的同时，必须负责管理安全工作，在计划、布置、检查、总结、评比生产的时候，同时计划、布置、检查、总结、评比安全工作"。企业中的生产、技术、设计、供销、运输、财务等各有关专职机构，都应该在各自业务范围内，对安全生产负责。所有企业都应该根据实际情况设立专门的机构或配备专职人员负责这方面的工作。生产班组都应该有不脱产的安全员。职工应该自觉地遵守安全生产规章制度，不违章作业，并且要随时制止他人违章作业。

在安全技术措施方面，"五项规定"提出企业必须保证必要的安全投入，加快进行安全技术改造；并确定了要对企业安全技术改造所需资金采取国家拨款、从成本中列支等扶持政策，并做到专款专用。明确规定企业"在编制生产、技术、财务计划的同时，必须编制安全技术措施计划"；所有的安全技术措施都要确定完成期限和负责人。所需经费属于增加固定资产的由国家拨款，属于其他零星支出的摊入生产成本。安全技术措施计划要以防止伤亡事故、预防职业病和职业中毒为目的，不要与生产、基建和福利等混淆。

在安全生产监督检查方面，"五项规定"提出了经常性检查与定期开展大检查，普遍检查、专业检查和季节性检查等相结合的安全生产检查方法；强调安全检查要发动和依靠群众；坚持边查边改，暂时难以整改的要制定整改计划，落实整改措施。明确规定企业"除进行经常的检查外，每年还应该定期地进行二至四次群众性的检查，这种检查包括普遍检查、专业检查和季节性检查，这几种检查可以结合进行"；"安全生产检查应该始终贯彻领导与群众相结合的原则，依靠群众，边检查，边改进，并且及时地总结和推广先进经验"；有些限于物质技术条件当时不能解决的问题，也应该订出计划，按期解决，务须做到条条有着落，件件有交代。

在事故查处方面，"五项规定"在重申必须认真贯彻执行《工人职员伤亡事故报告规程》的同时，要求企业应当注重从技术和管理等层面查找事故发生的原因，掌握事故发生的规律，举一反三，改进安全措施；注重建立激励约束机制，既要严肃处理事故责任人，又要表彰鼓励先进。明确规定事故发生以后，"企业领导人应该立即负责组织职工进行调查和分析，认真地从生产、技术、设备、管理制度等方面找出事故发生的原因，查明责任，确定改进措施，并且指定专人，限期贯彻执行"；要定期开展事故分析，"找出事故发生的规律，订出防范办法，认真贯彻执行，以减少和防止事故"。规定在严肃追究事故责任，处分那些思想麻痹、玩忽职守者的同时，"对于在防范事故上表现好的职工，给以适当的表扬或物质鼓励"。

上述安全生产的规范、原则和提法等，在随后的安全生产立法中得到继承和发展，多数的沿用至今。"五项规定"颁布后，煤炭、重工业、化工、建设、机械、纺织等产业主管部门都结合行业实际，制定和发布的本行业贯彻实施细则。全国所有企业也都依据"五项规定"精神和主管部门的实施细则，建立健全了本企业安全生产规章制度。大跃进在安全生产领域带来的混乱现象得到整治，全国安全生产重新纳入依法进行的轨道。

三、《安全生产法》的起草制定、公布施行和逐步建立健全

党的十一届三中全会决定把全党工作重点转移到社会主义现代化建设上来，对国民经济实行"调整、改革、整顿、提高"的方针，安全生产法治建设也随之进入了一个恢复和发展时期。我国安全生产立法经历了漫长而曲折的过程，法律名称也几经变更。1981年3

月国务院批准由国家劳动总局牵头起草《劳动保护法(草案)》。1987年5月劳动部将拟出的法律草案上报国务院。在随后的征求意见和修改过程中,改名为《劳动安全卫生条例(草案)》。1994年劳动部在劳动立法工作任务完成之后,建议对安全生产进行立法,并组织力量开始起草《安全生产法(草案)》。1996年4月劳动部与国务院法制局协商决定,将正在起草过程中的安全生产法、劳动安全卫生条例和职业病防治条例三个法律、法规草案,合并为《劳动安全卫生法(草案)》。1998年国务院机构改革后,承担了安全生产综合管理职能的国家经贸委在原劳动部制定的《劳动卫生法(草案)》基础上,起草了《职业安全法(草案)》并报国务院法制办审查。2000年12月,国务院法制办将法律名称修改为《安全生产法》,列入国务院2001年度立法计划,并明确由国家经贸委管理下的国家安监局为法律草案的起草单位。国家安监局成立了起草小组,夜以继日开展工作。2001年11月,《安全生产法(草案)》经国家经贸委主任办公会审议后报国务院第48次常务会议审议通过,并呈报全国人大常委会。此后召开的第九届全国人民代表大会常务委员会第25次、27次、28次会议,对《安全生产法(草案)》进行了三次审议并予以通过。2002年6月29日予以公布,自2002年11月1日起施行。

　　《安全生产法》的公布施行具有重要的里程碑意义,标志我国安全生产法律体系已经确立。作为安全生产的专门法律,《安全生产法》构建了下述基本法律制度。①政府安全生产监督管理制度:对国家安全生产监管体制,各级人民政府及其安全生产监管部门、相关部门在安全生产工作方面的职责,安全监管人员履行职责的行为规范,社会基层组织、新闻媒体监督安全生产的权利和义务等作出了规定。②生产经营单位(企业)安全生产保障制度:确立了企业的安全生产主体地位,明确了企业主要负责人应当具备的安全生产资质和必须承担的安全生产职责,对企业安全投入、内部安全管理机构及其人员配置、安全培训教育、安全论证和评价、建设工程安全设施"三同时"、安全技术装备管理、生产经营场所安全管理等提出了明确要求。③从业人员安全生产权利义务制度:明确要求把安全生产的内容纳入劳动合同,企业员工依法享有工伤社会保险和企业支付事故赔偿的权利,赋予了从业人员对作业场所危险因素的了解权、安全生产建议权、紧急情况下停止作业和及时撤离权等权利,同时就工会组织参与和监督安全生产作出了规定。④安全生产综合治理制度:包括加强安全生产法律法规和安全生产知识的宣传教育;鼓励和支持安全生产科学技术研究和新技术的推广应用,对严重危及生产安全的工艺、设备实行淘汰制度;举报和查处事故隐患及违法行为,落实整改措施等。⑤事故应急救援和调查处理制度:对应急救援体系建设、应急预案制定作出了规定,明确了事故报告和应急处置程序,以及事故调查处理应当遵循的原则和方法步骤。⑥安全生产中介服务制度:规定了从事安全评价、评估、检测、检验、咨询等技术服务中介机构的法律地位和主要任务,要求中介机构必须为其作出的安全评价、认证、检测、检验结果负责。⑦安全生产责任追究制度:规定政府安全生产监管部门、各类生产经营单位和从事安全技术服务的中介机构,如发生失职渎职、非法违法等行为,都要承担相应的法律责任。学术界依据上述基本法律制度,概括出安全生产法的基本原则:"安全第一、保护人权,预防为主、综合治理,加强救援、减少损害,政府主导、单位负责,属地监管、分级负责、分部门监管,教育为主、奖罚赔并重,全面建设、整体提高"。上述基本法律制度和法律原则,是多年实践经验教训的总结,是"血铸的条文"。《安全生产法》的颁布实施,标志着我国安全生产开始走上比较健全的法治道路。

《安全生产法》公布施行后,在增强社会公众安全法治意识,依法开展政府安全监管工作,规范企业安全生产活动等方面收到了显著成效。但在法律的贯彻执行过程中,也反映和暴露出一些问题,主要是对生产经营单位主体责任的法律约束较弱,对生产经营单位长期存在的重大隐患、严重非法违法行为的处罚力度不够;政府监管还存在不少薄弱环节,监管范围未能实现全覆盖;执法监督机制不完善,一些监管人员不能履职尽责。在广泛征求各方面意见、反复调研论证的基础上,国家安监总局会同国务院法制办提出了《安全生产法(修正案草案)》。2014年1月15日,李克强总理主持国务院常务会议审议通过了草案。3月25日,全国人大法律委员会、财政经济委员会和法制工作委员会召开座谈会,听取交通部、住建部、环保部、工信部、公安部、人社部、财政部、国务院法制办、国家质检总局、国家铁路局、中国民航局和中央编制办公室、全国总工会对《安全生产法(修正案草案)》的意见。8月31日,第十二届全国人大常委会第10次会议通过了关于修改《安全生产法》的决定,中华人民共和国主席令第十三号予以公布,自2014年12月1日起施行。

此外在安全生产中介服务制度、责任追究制度方面,修正案也都有所修改、补充和完善。修订后的《安全生产法》总则中"安全生产工作应当以人为本,坚持安全发展,坚持安全第一、预防为主、综合治理的方针"的表述,更体现了党的十六大以来安全生产理念、方针上的创新发展,增强了这部法律的指导意义。

《安全生产法》的修订将进一步从根源上遏制事故的发生,在构筑人民群众生命财产安全堡垒上发挥重要作用。作为一个正处于工业化转型发展新阶段的发展中国家,我国在安全方面还存在诸多挑战,部分生产经营单位在生产过程中未具备牢固的安全生产基础,未落实全员安全生产责任制度,缺乏对工作人员的安全教育培训和日常监督管理。多层次安全防范意识的缺失导致违法生产经营活动时有发生,极易发生人员伤亡事故,因此亟须进一步加强安全生产各方面工作。为了更好地适应经济社会发展,更好地服务于新发展阶段、新发展理念、新发展格局,需要对《安全生产法》继续修改完善。2021年9月,经第十三届全国人民代表大会常务委员会通过,新修订的《安全生产法》正式实施。新安全生产法将习近平总书记关于安全生产的论述精神、指示和批示,以及党中央国务院关于安全生产的决策部署上升为法律层面,突出强调了安全生产政府综合监管、行业监管以及生产经营单位安全生产的主体责任。新修订的《安全生产法》具体体现在"坚持以人为本,推进安全发展",进一步建立和完善了安全生产方针和工作机制,坚决落实"三管三必须",充分明确了安监部门的执法地位,明确了乡镇政府、街道办事处、开发区管理机构安全生产职责,进一步强化生产经营单位的安全生产主体责任;以法律形式明确建立事故预防和应急救援的制度,建立安全生产标准化制度,推行注册安全工程师制度,推进安全生产责任保险制度,从很大程度上加大了对安全生产违法行为的责任追究力度。

我国安全生产法律体系围绕着《安全生产法》这个核心和主体来构建,以全国人大常委会审议通过、主席令公布施行的安全生产相关法律为枝干,以国务院颁布实施的安全生产行政法规为分支,以国家安监总局和相关部门发布实行的安全生产部门规章、安全标准,以及地方人民政府及立法机构通过的地方性安全生产法规规章为补充,以企业和基层单位安全生产规章制度为终端和"毛细"。经过几十年特别是改革开放以来的持续努力,我国安全生产法律体系从无到有,逐步趋于健全完备。

四、贯彻新安全生产法,水利安全生产"五体系"应运而生

新《安全生产法》明确了"三管三必须"原则,同时明确规定"生产经营单位的主要负责人是本单位安全生产第一责任人,对本单位的安全生产工作全面负责。其他负责人对职责范围内的安全生产工作负责"。基于以上要求,山东省水利厅提出了水利安全生产责任体系建设,细化安全生产防控责任,充分压实全员安全生产责任制,形成资源共享、尽职履责的安全生产工作格局。

新《安全生产法》提出:"县级以上地方各级人民政府应当组织有关部门建立完善安全风险评估与论证机制",同时,还指出"生产经营单位应当建立健全并落实生产安全事故隐患排查治理制度""县级以上地方各级人民政府负有安全生产监督管理职责的部门应当将重大事故隐患纳入相关信息系统,建立健全重大事故隐患治理督办制度,督促生产经营单位消除重大事故隐患"。基于上述要求,山东省水利厅提出了水利安全生产风险分级管控体系、隐患排查治理体系,从而健全了风险防范化解机制,提高安全生产水平,确保安全生产。

新《安全生产法》提出:"生产经营单位必须遵守本法和其他有关安全生产的法律、法规,加强安全生产管理,建立健全全员安全生产责任制和安全生产规章制度,加大对安全生产资金、物资、技术、人员的投入保障力度,改善安全生产条件,加强安全生产标准化、信息化建设。"为贯彻落实上述要求,山东省水利厅提出了水利安全生产标准化体系,对水利安全生产各环节提供标准化规范。

新《安全生产法》提出:"县级以上地方各级人民政府应当组织有关部门制定本行政区域内生产安全事故应急救援预案,建立应急救援体系。乡镇人民政府和街道办事处,以及开发区、工业园区、港区、风景区等应当制定相应的生产安全事故应急救援预案,协助人民政府有关部门或者按照授权依法履行生产安全事故应急救援工作职责。""生产经营单位应当制定本单位生产安全事故应急救援预案,与所在地县级以上地方人民政府组织制定的生产安全事故应急救援预案相衔接,并定期组织演练。"为贯彻落实上述要求,山东省水利厅提出了水利安全生产应急管理体系,全面提升应急处置能力。

山东省水利厅持续深入学习贯彻《安全生产法》,深入贯彻落实习近平总书记关于安全生产重要指示,认真执行山东省委、省政府关于切实加强安全生产工作系列决策的重要举措,以系统思维总结、细化、创新性地提出了立体化、全方位的水利安全生产工作体系即水利安全生产"五体系",水利安全生产"五体系"的提出是推进全省水利安全生产领域改革发展的具体部署,为山东省水利事业高质量发展创造良好的安全环境。

第三节 构建新时期水利安全生产"五体系"的重大现实意义

一、构建水利安全生产"五体系"是以人民为中心的发展思想的必然要求

安全生产作为国家的一个长期进行的基本国策,对我国地方各级人民政府安全生产管理工作提出了一系列的具体要求。其中，避免重大的安全事故的出现以保证安全生产，是我国地方各级人民政府所面临的一个重大任务。中华人民共和国成立后，中央人民政府旗帜鲜明地提出了"安全生产"的方针和要求，强调"安全为了生产，生产必须安全"，并建立了安全生产一整套制度体系。1970年发布了《中共中央关于加强安全生产的通知》，1975年国务院召开了全国第一次安全生产会议。改革开放以来，党和国家在安全生产领域进行了一系列的体制机制改革创新，提出并完善了"安全第一、预防为主、综合治理"的方针，并采取有力措施推进安全生产法治建设、基础建设和责任体系建设。特别是党的十八大以来，以习近平同志为核心的党中央对安全生产工作空前重视，几乎历次中央全会都对安全生产工作提出要求。习近平总书记提出了发展绝不能以牺牲安全为代价、实行"党政同责、一岗双责、失职追责""人民至上、生命至上"等重要思想和重大决策。国务院多次做出具体部署、加大投入，有力地推动了安全生产各项工作的发展。

回顾党领导安全生产工作的发展历程发现，尽管党所处的历史方位、所面临的内外形势、所肩负的使命任务都发生了重大变化，但对安全生产工作都予以高度重视和大力推动。这是由于中国共产党"三个先锋队""三个代表"的本质属性和中华人民共和国是工人阶级领导的、以工农联盟为基础的人民民主专政社会主义国家的基本性质决定的，是党坚持马克思主义基本理论、全心全意为人民服务的根本宗旨和以人民为中心的发展思想的必然要求。高度重视、切实做好安全生产工作，最大限度地保护人民群众生命健康，体现的是党的先进性和中国特色社会主义制度的优越性，是以人民为中心的发展思想的必然要求。这也决定了应以高度的政治自觉和责任自觉来加强和推动安全生产工作。

二、构建水利安全生产"五体系"为我国水利基础设施现代化建设保驾护航

基础设施是经济社会发展的重要支撑，加强基础设施建设已成为我国实现经济高质量发展的重要抓手，对稳增长、稳就业、调结构都具有至关重要的作用。重大水利工程不仅能够拉动有效的水利投资，带动就业岗位，而且也能作为稳定宏观经济大盘的一个重要抓手；从长远看，能为防洪安全、供水安全、粮食安全、生态安全提供有力支撑，有助于国家中长期的发展战略顺利实施。

中华人民共和国成立70多年来，通过大规模水利基础设施建设，我国水利工程规模和数量跃居世界前列，基本建成较为完善的江河防洪、农田灌溉、城乡供水等工程体系，水工技术实现由跟随模仿到自主创新的历史性跨越，建设管理体制机制不断迈向现代化，工程建设质量显著提升，取得了前所未有的辉煌成就。党和国家始终把治水兴水摆在关系国家事业发展全局的战略位置。中华人民共和国成立后，毛泽东主席相继发出"一定要把淮河修好""要把黄河的事情办好""一定要根治海河"的号召，掀起了大规模群众性治水高潮。改革开放以来，大江大河治理进程明显加快，中央做出灾后重建、整治江湖、兴修水利的决定，水利基础设施建设大规模展开。党的十八大以来，国家将水利摆在九大基础设施网络建设之首，着力推进重大水利工程和灾后水利薄弱环节建设，水利基础设施建设进入新的历史时期。

我国基础设施同国家发展和安全保障需要相比还不适应，全面加强基础设施建设，对保障国家安全，畅通国内大循环、促进国内国际双循环，扩大内需，推动高质量发展，都具有重大意义。2022年4月，中央财经委员会召开第十一次会议指出，要加强交通、能源、水利等网络型基础设施建设，把联网、补网、强链作为建设的重点，着力提升网络效益。优化提升全国水运设施网络。加快构建国家水网主骨架和大动脉，推进重点水源、灌区、蓄滞洪区建设和现代化改造。有序推进地下综合管廊建设，加强城市防洪排涝、污水和垃圾收集处理体系建设，加强防灾减灾基础设施建设。党的二十大指出，要优化基础设施布局、结构、功能和系统集成，构建现代化基础设施体系。构建水利安全生产"五体系"，可以将现代化水利基础建设中各阶段、各环节和各职能部门的安全管理组织起来，形成一个任务明确、权责清晰，能互相协调、促进的有机整体，既是管全局、管根本、管长远的科学思想，又是抓重点、攻难点、抠细节的科学方法，可以为新时代我国水利基础设施现代化建设工作指明方向，是新时代水利基础设施现代化建设的"导航仪""指南针"和"稳定器"。

三、构建水利安全生产"五体系"为山东省安全生产监督管理提供新的治理思路

安全生产监督管理是一项政府职能，《安全生产法》明确要求安全生产管理由政府、行业、单位、社会、职工五个方面负责，建立生产经营单位负责、职工参与、政府监管、行业自律和社会监督的机制，政府安全生产监管是其中不可或缺的一部分。安全生产监管是政府有关部门根据法律法规的职责要求，运用一定的公共权力，通过制定规则来对生产经营单位的生产经营活动进行监督、检查和处理，实施有效制约和调控，所采取的行政监管措施。同时也是地方政府为提高区域安全生产水平，加强自身经济发展的必要手段，是落实安全生产方针政策的具体方法，是切实维护人民群众生命财产安全，保障人民群众身体健康权益的重要内容，有利于社会稳定发展和长治久安。

山东省河流分属黄河、淮河、海河三大流域及半岛独流入海水系。全省平均河网密度为 $0.24km/km^2$，干流长度在 5km 以上的河流有 5000 多条，10km 以上的有 1552 条。丰富的水资源也使山东省水利工程项目种类齐全，据山东省水利厅统计，截至 2022 年，山东省已经建成水库 6424 座、总库容 113.48 亿 m^3、塘坝 5.15 万处、拦蓄库容 12.3 亿 m^3，水闸 5090 座，泵站 9396 座；规模以上地下水源地 212 处，取水井 919.6 万眼，构建形成星罗棋布的水源工程体系。因此，山东省水资源丰富、水利工程类型繁多、规模各异，导致水利安全生产的形势较为严峻复杂，安全生产监督管理的任务较重。为全面提升水利安全生产监督管理水平，山东省深入贯彻落实党中央、国务院，山东省委、省政府关于切实加强安全生产工作系列决策部署，坚决落实问题导向机制，以系统思维构筑立体化、全方位的水利安全生产"五体系"。水利安全生产"五体系"是深入研究探索全面加强水利安全生产工作的新抓手、新方法、新途径，提升本质安全水平的重要举措，是推进全省水利安全生产领域改革发展的积极探索，对于全面落实水利生产经营单位主体责任，提高水利安全生产监督管理能力，推动山东省水利安全生产工作迈向一个新的台阶具有重大现实意义。

第四节 水利安全生产"五体系"内涵

一、水利安全生产"五体系"基本概念

所谓"体系"，通俗意义上指一个为了实现某个目标所构建起来的相对完整的的系统。

第四章　水利安全生产"五体系"

水利安全生产"五体系"即责任体系、风险分级管控体系、隐患排查治理体系、标准化体系以及应急管理体系。

从整体上看,水利安全生产"五体系"有两个鲜明特点。

第一,用"五"项具体工作清晰全面地回答了水利安全生产是什么、干什么的问题。这"五"项具体工作分别是贯彻落实安全生产责任、组织实施安全生产风险预防预控、常态化抓好生产安全事故隐患排查治理、对照规程开展安全生产标准化建设以及强化生产安全事故应急管理,涵盖了水利安全生产监督管理工作各要素、各方面,同时也是对水利安全生产监督管理既有理论的一次归纳和提升。

第二,用"体系"去回答水利安全生产怎么干的问题。从理论上看,"体系"化管理是人本原理、预防原理、系统原理、强制原理和责任原理的综合体现。具体而言,其一,体系化管理强调以人为本,这是人本原理的具体体现。要求把人的因素放在首位,以人为核心展开一切活动,每个人都处在一定生产活动层面上,离开人就无法生产、无法经营。同理,只有纠正人的错误行为,做好人的工作,才能最大限度地确保安全。其二,体系化管理关注层级责任、流程以及相关措施的落实,是系统原理和责任原理的核心要义。首先,强调任何安全生产活动都可以作为一个系统,系统可以分为若干个子系统,子系统又可以分为若干个要素,最终形成一系列明确的层级。其次,要求在整体规划下明确分工、明确全领域、全方位、全时段、全链条的职责、流程及相关措施,从而实现各尽其责、各司其职,保障安全生产稳定运行。其三,体系化管理强调分析和预防,是预防原理的关键点。凡事预则立,不预则废。要在谨慎分析的基础上,通过有效的管理和技术手段,减少和防止人的不安全行为和物的不安全状态。其四,体系化管理需要强制力的保障,这是强制原理的基本内容。"无规矩不成方圆",安全生产过程还需要采取强制管理的手段去干预人的意愿和行为,使个人的活动、行为等受到安全生产管理要求的约束,从而实现有效的安全生产管理。

(一) 责任体系

安全责任是安全生产的灵魂。安全责任的落实需要建立完整的安全生产责任体系。责任体系是根据安全生产法律法规建立的各级领导、职能部门、工程技术人员、岗位操作人员在劳动生产过程中对安全生产层层负责的制度体系。责任体系的核心是清晰界定安全生产管理的责任,解决"谁来管、管什么、怎么管、承担什么责任"的问题。责任体系是生产经营单位安全生产规章制度建立的基础,是生产经营单位最基本的规章制度。水利行业安全生产责任体系建设包含两个方面:一是履行安全生产职责(党和政府的领导责任、部门的监管责任、生产经营单位的主体责任);二是承担安全生产责任,即责任追究。"目标唯一、管理分级、责任分解、工作分工"是安全责任体系建立的基本思路,所有工作均应围绕这一基本思路展开。在安全生产责任体系中,政府部门有了责任心,就能科学处理安全和经济发展的关系,使社会发展与安全生产协调发展;经营者有了责任心,就能保证安全投入,制定安全措施,事故预防和安全生产的目标就能够实现;员工有了责任心,就能执行安全作业程序,事故就可能避免,生命安全才会得到保障。

水利安全生产责任体系是以"安全第一、预防为主、综合治理"为基本准则建立起来的,安全生产责任体系的核心就是安全生产责任制,它明确规定了各级人民政府及其下属部门领导、各类生产经营单位的负责人与其他负责人员、职能部门及其工作人员、工程技术人员及岗位操作人员在生产方面应做的事情及应负的责任，从而保证了生产过程的层层负责，层层落实，全面协调，最终实现全面的安全生产。水利安全生产责任体系具体结构见图4-1，具体来看，水利安全生产责任体系的构建主要有以下两个方面：

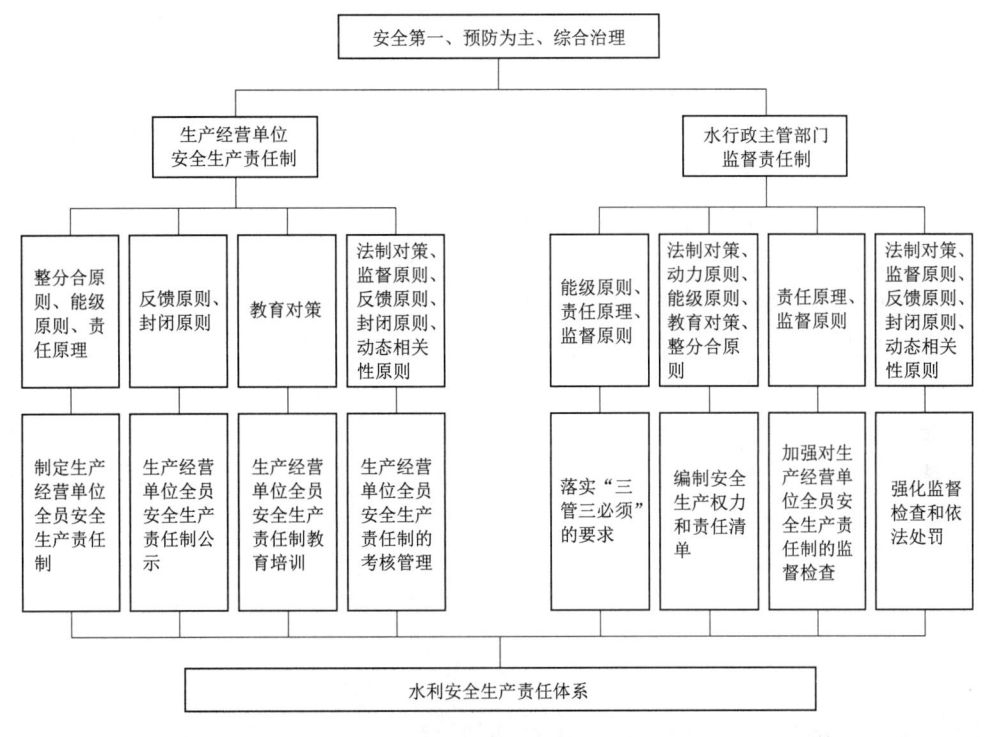

图 4-1 水利安全生产责任体系构建

（1）贯彻落实生产经营单位的全员安全生产责任制。首先，基于整分合原则、能级原则和责任原理制定生产经营单位全员安全生产责任制，从而建立"层层负责、人人有责、各负其责"的工作体系；其次，基于反馈原则和封闭原则对生产经营单位全员安全生产责任制进行公示，从而使本单位每一个劳动参与者明确生产的内容、责任；再次，基于教育对策原则对生产经营单位全员安全生产责任制进行教育培训，从而提升所有从业人员的安全技能；最后，基于法制对策、监督原则、反馈原则、封闭原则、动态相关性原则，对生产经营单位全员安全生产责任制进行考核，从而激发全员参与安全生产工作的积极性和主动性。

（2）落实水行政主管部门的监督责任制。首先，基于能级原则、责任原理、监督原则落实"三管三必须"的要求，从而强化落实水行政主管部门的监督责任；其次，水行政主管部门基于法制对策、动力原则、能级原则、教育对策、整分合原则依法编制安全生产权力和责任清单，从而进一步压实各方安全生产责任；再次，基于责任原理、监督原则，加强对生产经营单位全员安全生产责任制的监督检查，从而促进落实安全生产权力与责任清单，实现安全生产与各项业务工作的深度融合；最后，基于法制对策、监督原则、反馈原则、封闭原则、动态相关性原则，强化监督检查和依法处罚，从而督促生产经营单位全面落实主体责任。

安全生产责任体系的建立,要求做到单位部门层层有责任,岗位职工人人有职责。一是按照"横向到边,纵向到底"的原则,建立责任体系。明确班组对部门负责,部门对分管领导负责,分管领导对单位主要负责人负责的管理体系,实行一级抓一级,层层抓落实。二是按照"谁主管、谁负责"的原则,建立领导体系。明确单位主要负责人为本单位安全生产的第一责任人;各部门一把手为本部门安全生产的第一责任人;各班组负责人为班组的第一责任人;职工在自己的工作职责范围内,对安全生产负责。同时要求层层签订安全责任书,认真执行"一岗一责制"。单位主要负责人与分管负责人、分管负责人与部门主要负责人、部门主要负责人与班组负责人每年通过签订安全生产目标责任书的形式,将安全生产列为重要的管理指标之一,各班组内部也于每年年初以签订责任书的形式将安全生产责任分解落实到岗位和职工个人,单位应结合岗位实际情况,制定出具有实效的岗位安全责任制,真正做到一岗一责。签订责任书时,应做到"三个结合":一是结合岗位责任制等有关制度对全员安全生产责任制进行细化,既有共性要求,又有个性条款;二是结合实际开展一次安全教育,进一步增强职工安全意识;三是结合实际组织一次考试,使全体职工都熟知自己的安全责任,懂得干什么和怎么干。安全责任书的签订,在单位内部形成了岗位(个人)保班组,班组保部门,部门保分管负责人,分管负责人保主要负责人的强有力的安全责任体系。

(二) 风险分级管控体系

风险分级管控体系指通过识别生产经营活动中存在的危险、有害因素,并运用定性或定量的统计分析方法确定其风险严重程度,进而确定风险控制的优先顺序和风险控制措施,以达到改善安全生产环境、减少和杜绝安全生产事故的目标而采取的措施和规定。风险分级管控的基本原则是:风险越大,管控级别越高;上级负责管控的风险,下级必须负责管控,并逐级落实具体措施。水利生产经营单位应将风险分级管控与隐患排查治理体系、标准化体系、责任体系以及应急管理体系工作相结合,形成一体化的安全管理体系,使风险分级管控贯穿于生产经营活动全过程,成为单位各层级、各岗位日常工作的重要组成部分。

风险分级管控的有效落实能够降低事故发生的概率,保障生产经营单位的运行安全,水利安全生产风险分级管控体系是以"安全第一、预防为主、综合治理"为基本准则建立起来的。如图4-2所示,风险分级管控体系建设主要有如下程序:

(1) 基于偶然损失、因果关系、工程技术、反馈原则和事故致因理论,健全风险查找机制,从而提升风险发现能力。

(2) 基于动态相关性、法制对策、事故致因理论,健全风险研判机制,从而提升风险的科学评价能力。

(3) 基于动态相关性、工程技术、事故致因理论和监督原则,健全风险预警机制,提高监测、预警能力。

(4) 基于反馈原则、封闭原则、动力原则、激励原则、偶然损失、因果关系、工程技术、教育对策、法制对策、监督原则,健全风险防范机制,从而提升精准防控能力。

(5) 基于反馈原则、封闭原则、偶然损失、因果关系、工程技术、法制对策,健全风险处置机制，从而提升风险化解能力。

（6）基于动力原则、能级原则、激励原则、整分合原则、监督原则，健全风险责任机制，从而提升管控履职能力。

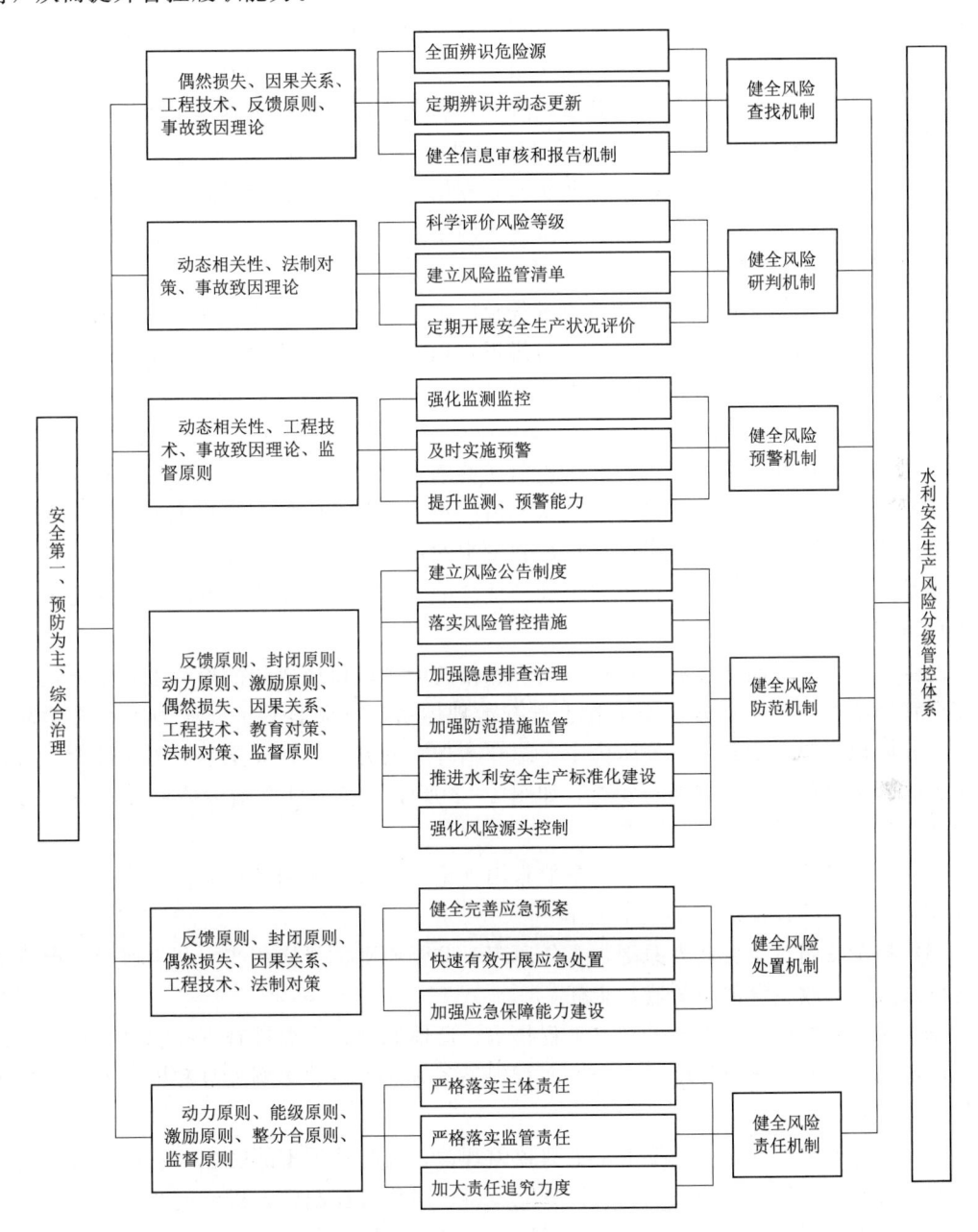

图 4-2 水利安全生产风险分级管控体系构建

按照"全员参与，分工负责，职责明确，落实到位"的原则进行安全风险分级管控体系建设，是建立以风险管控为核心的安全生产管理体系。水利生产经营单位要根据法律法规和标准规范要求，结合自身的类型和安全风险特点，制定科学的安全风险辨识程序和方法，全面开展安全风险辨识；对辨识出的安全风险进行分类梳理，确定安全风险类别；针对不同类别的安全风险，采用相应的风险评估方法确定安全风险等级；针对安全风险特点，通过实施工程控制、安全管理、培训教育、个体防护以及应急处置措施，有效管控各类安全风险，实现把风险控制挺在隐患形成之前、把隐患消除在事故发生之前的安全生产管理目标。水利生产经营单位要按照"全员、全过程、全方位"的要求，将安全风险管控体系建设各项工作责任分解落实到各层级领导、各业务部门和每个具体工作岗位，并根据安全评估和风险分级的结果确定风险等级，分级落实管控责任人，制定完善风险管控措施，确定各风险点管控责任人的管控职责和管控措施，并督促管控措施的有效落实，确保将安全风险控制在可接受的范围，提升安全风险管控的有效性。

（三）隐患排查治理体系

隐患排查治理体系，是通过对生产过程及安全生产管理过程中可能存在的人的不安全行为、物的不安全状态或管理缺陷等进行辨识，以确定隐患、危险有害因素或缺陷的存在状态，以及它们转化为事故的条件，以便制定整改措施，消除或控制隐患和危险有害因素。目的是规范隐患排查治理行为，保障从业人员的职业安全与健康，降低安全生产风险，实现安全生产和安全发展。隐患排查治理的基础就是安全风险分级管控，对安全风险分级管控工作进行强化，目的是解决"认不清、想不到"的问题，从源头上控制、降低相关安全风险，进而降低事故后果的严重性和发生的可能性。构建风险分级管控与隐患排查治理体系，是"基于风险"的过程安全管理理念的具体实践，是实现事故"纵深防御"和"关口前移"的有效手段。

准确、合理、全面详细的隐患辨识是隐患排查治理取得成效的前提，也是生产经营单位安全管理的基础。建立健全安全隐患排查治理体系，贯彻落实了以人为本的科学发展观，充分体现了"安全第一、预防为主、综合治理"的方针，是安全生产工作理念、监管机制、监管手段和方法的创新与发展。如图4-3所示，隐患排查治理体系建设主要有如下程序：

（1）基于能级原则、责任原理、事故致因理论、整分合原则，建立健全隐患排查治理制度，从而助于综合推进安全生产工作。

（2）基于法制对策、动力原则、责任原理、监督原则，严格落实水利生产经营单位全员责任以及水行政主管部门的监督责任。

（3）基于偶然损失、因果关系、工程技术、反馈原则，全面排查事故隐患，将人员状况、设备安全、劳动作业环境、安全生产管理等各方面存在的影响人身和生产安全的问题充分暴露出来。

（4）基于因果关系、工程技术、事故致因理论，及时治理事故隐患，从而实现"人员无伤害、系统无缺陷、管理无漏洞、设备无障碍、风险可控制、人机环境和谐统一"。

（5）基于法制对策、监督原则、反馈原则、动力原则、能级原则、激励原则，严格落实政治责任、岗位责任和部门责任，强化日常监督检查、专项监督检查和证后监督抽查，坚决遏制生产安全事故发生。

建立隐患排查治理体系，要求逐级建立并落实从主要负责人到每个从业人员的隐患排查治理和监控责任制，从主要负责人到每个一线作业人员，人人排查隐患、治理隐患，推

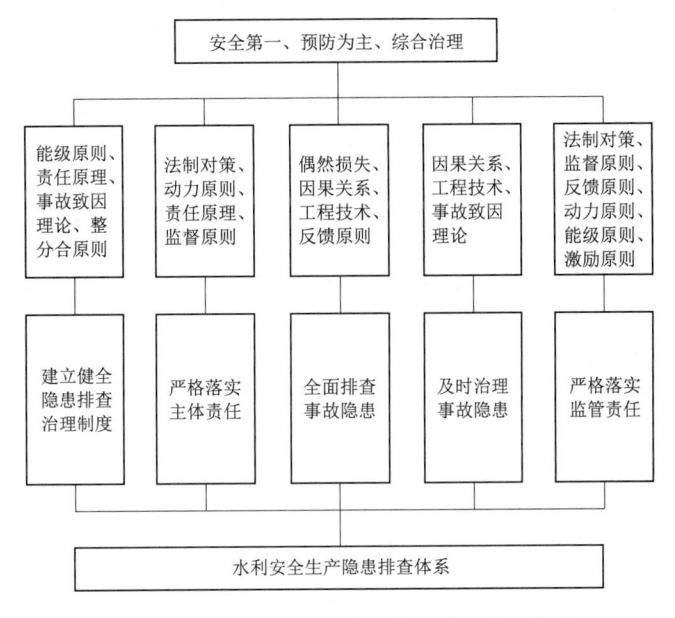

图 4-3　水利安全生产隐患排查治理体系构建

动隐患自查自纠自治以及闭环管理深入人心，建立起全员参与、全岗位覆盖、全过程衔接的闭环管理隐患排查治理工作机制，推动不同层级的人员按要求落实管控措施，落实隐患排查范围、频次等要求，真正形成全员、全过程、全领域的隐患排查治理机制。要加强激励约束机制建设，提高全员自主排查隐患的积极性，使隐患排查工作逐一分解、层层落实到各部门、班组和岗位，实现全方位、全过程排查本单位在生产工艺、设备设施、作业环境、人员行为和管理体系等方面存在的隐患。既要建立隐患排查治理闭环管理机制，实现隐患的排查、登记、评估、治理、报告和销账等持续改进的闭环管理机制，也要实现隐患治理的"五落实"，即落实整改责任、落实整改措施、落实整改资金、落实整改时限、落实整改预案，形成一级抓一级、层层抓落实的格局。

（四）标准化体系

标准化体系是水利安全生产"五体系"实施的载体，是水利行业从生产实际出发，建立健全安全管理制度和安全操作规程，规范安全生产行为，并指导实时监控实施情况落实和不断改进的体系，使水利生产的各环节符合有关安全生产法律法规和标准规范的要求，有效指导生产，从而保障水利行业的时时安全状态。标准化体系建设要贯穿到各个体系建设中，即安全责任体系的标准化、风险分级管控体系的标准化、隐患排查治理体系的标准化、应急管理体系标准化。针对行业的安全标准化，正是将适合于该行业的管理、设备、运行等的安全要求的具体化，它体现在国家对这一行业的安全要求，是这一行业的安全准入条件，是这一行业本质安全的标准。

安全生产标准化体现了"安全第一、预防为主、综合治理"的方针和"以人为本"的科学发展观，强调生产经营单位安全生产工作的规范化、科学化、系统化和法制化，强化风险管理和过程控制，注重绩效管理和持续改进，符合安全管理的基本规律，代表了现代安全管理的发展方向，是先进安全管理思想与我国传统安全管理方法、生产经营单位具体实际的有机结合，有效提高生产经营单位安全生产水平，从而推动我国安全生产状况的根本好转。水利安全生产标准化体系建设主要有如下程序，见图4-4。

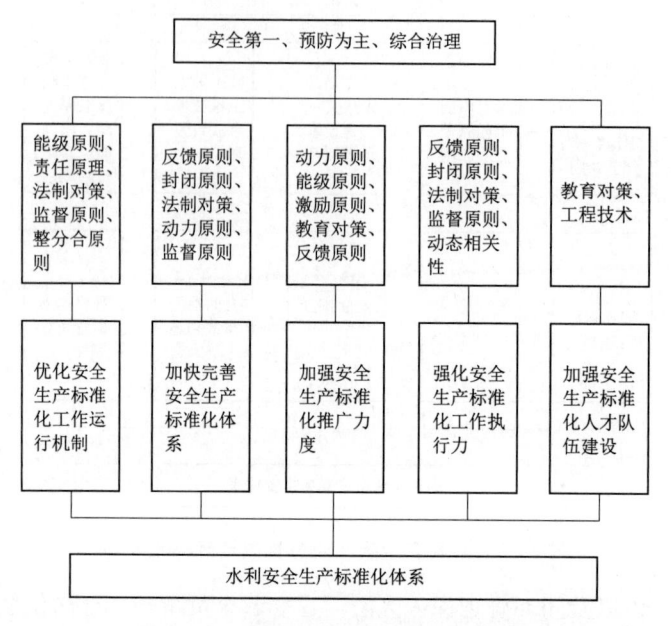

图4-4 水利安全生产标准化体系建设

（1）基于能级原则、责任原理、法制对策、监督原则、整分合原则，优化安全生产标准化工作运行机制，推动形成部门协调、上下联动、共同推进的安全标准化发展格局。

（2）基于反馈原则、封闭原则、法制对策、动力原则、监督原则，加快完善安全生产标准化体系，构建水利安全生产长效机制，保障安全生产状况稳定好转。

（3）基于动力原则、能级原则、激励原则、教育对策、反馈原则，加强安全生产标准化推广力度，提升生产经营单位标准化认知，培育形成安全生产文化。

（4）基于反馈原则、封闭原则、法制对策、监督原则、动态相关性，强化安全生产标准化工作执行力，推动将水利生产经营单位执行安全生产标准相关情况纳入社会信用体系，提高水利生产经营单位执行标准的主动性。

（5）基于教育对策、工程技术，加强安全生产标准化人才队伍建设，提高安全生产标准化人才能力和水平。

安全生产标准化体系建设是一项系统工程，水利生产经营单位在体系建设过程中应坚持与单位原有管理体系相融合、全员参与、建立长效机制的基本原则，安全建立组织机构、标准宣贯、自查完善、模拟评审、长效机制建立的程序建立，能够有效避免体系建设过程中的常见问题，确保安全生产标准化体系有效运行，促进水利生产经营单位安全生产管理绩效持续提升。

（五）应急管理体系

应急管理体系是指政府及其他公共机构、生产经营单位在突发事件的事前预防、事发应对、事中处置和善后恢复过程中，通过建立必要的应对机制，采取一系列必要措施，应用科学、技术、规划与管理等手段，保障公众生命、健康和财产安全，促进社会和谐健康发展的有关活动。包括应急管理体制和机制建设、应急预案建设、应急培训演练、应急物资储备、抢险救灾、现场处置，以及开展预防性监督检查等。应急管理是新时代公共治理能力建设和发展的重要组成部分，不仅要合理运用现代科学方法，还要科学运用现代应急管理模式和程序，规避重大安全隐患，及时应对各种突发事件。因此，进一步完善应急管理的系统化、一体化、科学化、协调化、法制化"五化"新体系，是新时代安全生产应急管理体系创新发展过程中的一项重要而紧迫的任务。

应急管理体系建设，提高预防和处置突发事件的能力，是关系国家经济社会发展全局和人民群众生命财产安全的大事，是构建社会主义和谐社会的重要内容，体现了"安全第一、预防为主、综合治理"的方针和"以人为本"的科学发展观。水利安全生产应急管理体系建设主要有如下程序，见图4-5。

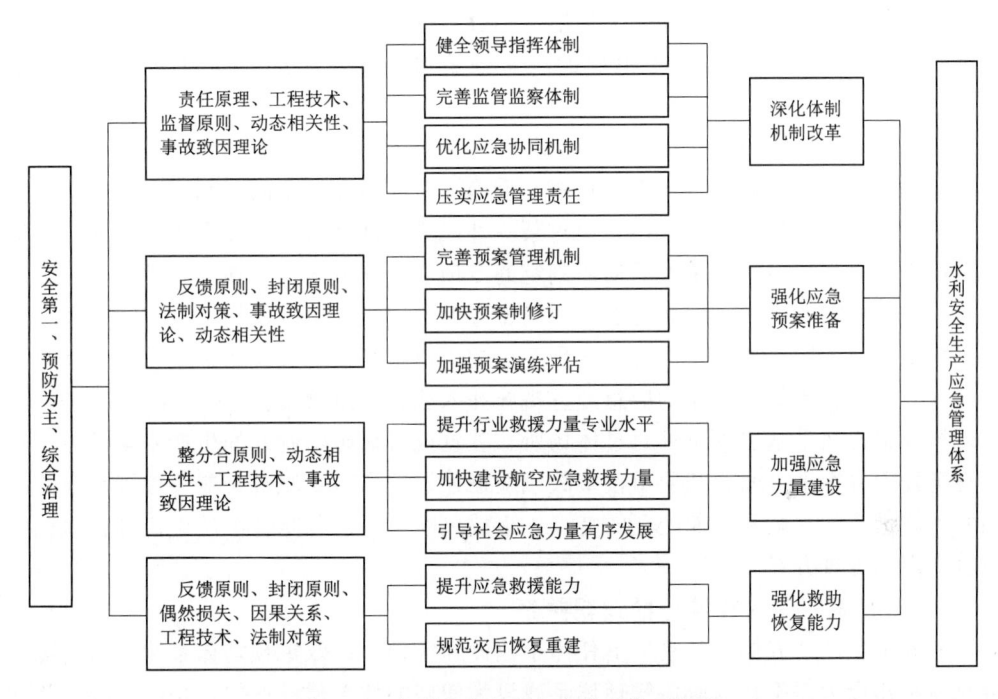

图4-5 水利安全生产应急管理体系构建

（1）基于责任原理、工程技术、监督原则、动态相关性、事故致因理论，深化体制机制改革，从而构建优化协同高效的治理模式。

（2）基于反馈原则、封闭原则、法制对策、事故致因理论、动态相关性，强化应急预案准备，从而凝聚同舟共济的保障合力。

（3）基于整分合原则、动态相关性、工程技术、事故致因理论，加强应急力量建设，从而提高急难险重任务的处置能力。

（4）基于反馈原则、封闭原则、偶然损失、因果关系、工程技术、法制对策，强化救助恢复能力，从而筑牢防灾减灾救灾的人民防线。

应急预案本质上是基于以往的认知，预测未来可能发生的事件，并对不同情景、不同规模、不同条件下的事件如何处置，提前做好的一个方案。要在风险分析评估和应急资源能力评估的基础上，组织编制省级、市级、县级三级水行政主管部门总体应急预案、专项应急预案、部门应急预案，并指导制定水利生产经营单位等基层单位应急预案，增强预案的针对性、操作性和实用性，形成"横向到边、纵向到底"相对完备的应急预案体系。

生产经营单位安全生产事故应急预案是国家安全生产应急管理体系的重要组成部分。制定生产经营单位安全生产事故应急预案是贯彻落实"安全第一、预防为主、综合治理"方针，规范生产经营单位应急管理工作，提高应对和防范风险与事故的能力，保证职工安全健康和公众生命安全，最大限度地减少财产损失、环境损害和社会影响的重要措施。生产经营单位应当结合自身的特点，针对可能发生的安全生产事故编制本单位的安全生产事故应急预案。

生产经营单位应急预案体系分为综合应急预案、专项应急预案和现场处置方案。生产经营单位根据有关法律、法规和相关标准，结合本单位组织管理体系、生产规模和可能发生的事故特点，科学合理确立本单位的应急预案体系，并注意与其他类别应急预案相衔接。

综合应急预案是生产经营单位为应对各种生产安全事故而制定的综合性工作方案，是本单位应对生产安全事故的总体工作程序、措施和应急预案体系的总纲。

专项应急预案是生产经营单位为应对某一种或者多种类型生产安全事故，或者针对重要生产设施、重大危险源、重大活动而制定的专项性工作方案。专项应急预案重点强调专业性，应根据可能的事故类别和特点，明确相应的专业指挥协调机构、响应程序及针对性的处置措施。专项应急预案与综合应急预案中的应急组织机构、应急响应程序相近时，可以不编写专项应急预案，相应的应急处置措施并入综合应急预案。

现场处置方案是基层单位针对具体场所、装置或者设施，制定的生产安全事故工作方案。现场处置方案重点明确基层单位事故风险描述、应急组织职责、应急处置和注意事项的内容，体现自救互救和先期处置的特点。事故风险单一、危险性小的生产经营单位，可以只制定现场处置方案。

二、"五体系"间内在统一的逻辑关系

水利安全生产"五体系"是以责任体系建设为统领，以双重预防体系建设为保障，以标准化体系建设为抓手，以应急管理体系建设为兜底的体系建设框架，是一个环环相扣的有机整体，如图4-6所示。水利安全生产"五体系"建设重在实践，贵在落实。各级水行政主管部门和生产经营单位要把"五体系"建设列为安全生产的重中之重，用体系理念统揽安全生产，用整体意识规范安全生产，用系统思维推进安全生产。

安全生产千头万绪，首先要抓"安全责任"的落实，责任是安全生产工作的灵魂，责任体系在"五体系"中发挥着统领的作用。生产过程的诸要素（人、设备、环境）和管理系统的诸环节（组织机构、规章制度等），都是需要由人去掌管、运作、推动和实施。只有从上到下建立起严格的安全生产责任制，责任分明，各司其职，各负其责，将法规赋予生产经营单位的安全生产责任由大家来共同承担，安全工作才能形成一个整体，使各类生产中的安全隐患无机可乘，从而避免或减少事故的发生。安全责任体系就是把安全责任制以体系系统的形式予以确立，从而建立以安全管理目标为导向，以全员、全方位、全层级的安全岗位责任设计和运转体系。责任体系建立后，安全生产监管主体，即政府层面，把

加强安全生产、实现安全发展,保护劳动者的生命安全和职业健康,纳入经济社会管理的重要内容,纳入社会主义现代化建设的总体战略,最大限度地给予法律保障、体制保障和政策支持;而安全生产责任主体,即生产经营单位层面,把安全生产、保护劳动者的生命安全和职业健康作为生产经营单位生存和发展的根本,最大限度地做到责任到位、培训到位、管理到位、技术到位、投入到位;劳动者自身会把安全生产和保护自身的生命安全和职业健康,作为自我发展、价值实现的根本基础,最大限度地实现自主保安。落实安全生产责任体系,一方面可以增强生产经营单位各级负责人员、各职能部门及其工作人员和

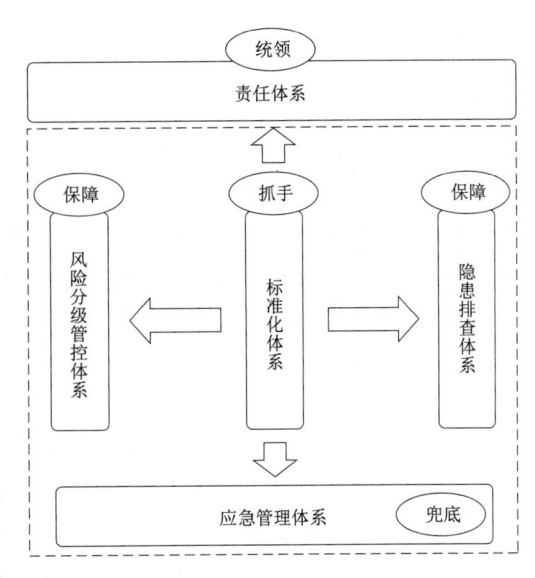

图 4-6 水利安全生产"五体系"逻辑关系图

各岗位生产人员对安全生产的责任感;另一方面明确了生产经营单位中各级负责人员、各职能部门及其工作人员和各岗位生产人员在安全生产中应履行的职责和应承担的责任,从而可以充分调动各级人员和各部门在生产方面的积极性和主观能动性,确保安全生产。因此,安全生产责任体系,是最基本的一项安全体系,它充分体现了"安全第一,以人为本"的基本原则,也是生产经营单位安全生产、劳动保护管理制度的核心。

"居安思危,思则有备,有备无患。"构建风险分级管控和隐患排查治理的双重预防体系,是对预防为主原则贯彻落实的具体体现,在"五体系"中发挥着保障的作用。由于环境变化、未能预见到的意外的唯心因素,或者相关管理设计缺陷、作业失误等,仍然可能产生物的危险状态、人的不安全行为、管理上的缺陷,风险无论如何都不能消除,换句话说,做任何事情都具有风险,只能尽可能让风险降到最小。而事故隐患是可以通过排查治理根本消除的。因此,在生产系统作业运行当中,必须采取风险分级管控和隐患排查治理措施,以及时发现和消除可能发生的事故隐患。具体讲,安全风险分级管控体系是隐患排查治理体系的"基础",风险分级管控就是通过全方位、全过程的辨识生产经营活动中所有区域、设施、场所、工作面和所有人员存在的危险源,并运用定性或定量的统计分析方法,根据引起事故发生的可能性和事故的严重程度确定风险等级,进而确定风险控制的优先顺序和风险控制措施,并根据风险等级不同,通过行政与技术手段落实管控方案,科学合理的安排生产经营单位进行生产管理;隐患排查体系是对安全风险分级管控工作的强化,安全隐患排查治理是指在生产经营单位安全管理中,按照国家安全生产相关法律法规、标准规范、强制性文件的规定,及时发现生产经营单位中存在的危险源的安全风险管控措施失效现象,对其中的"人、机、物、环、管"存在的缺陷和不良行为状态进行纠正,动员生产经营单位员工全员参与、分工负责,采用必要的方法手段,弥补安全管理中不足,同时更新安全风险管控措施,确保安全风险管控措施能将风险降低到可以接受程度,中断事故演变过程,确保能有效预防、遏制事故发生。因此,构建风险分级管控和隐

第四章　水利安全生产"五体系"

患排查治理的双重预防体系，可以解决安全生产领域"看不到、想不到、管不到"的问题，将生产经营单位中存在的安全风险暴露在明面上，在安全管理过程中设置安全风险分级管控和安全隐患排查治理两道防线，将安全事故预防从事中事后预防向事前预防转变，将安全隐患挺在安全事故前面，将安全风险挺在安全隐患前面，实现安全生产关口前移，最终实现"前馈控制"与"反馈控制"的有机结合，从而阻断风险到隐患、隐患到事故延伸的路径，从根本上防范遏制事故发生，实现安全生产。

"不以规矩，不能成方圆。"水利安全生产全员、全过程、全要素，都需要标准来规范，标准化体系建设是水利安全生产的"抓手"。水利安全生产标准化体系是制定、执行和不断完善标准的过程，就是不断提高质量、提高管理水平、提高经济效益的过程，也是一个可以使水利安全生产持续发展的过程。从建设主体的角度，水利安全生产标准化体系建设是落实水利生产经营单位安全生产主体责任，规范其作业和管理行为，强化其安全生产基础工作的有效途径。通过推行标准化体系建设和管理，实现岗位达标、专业达标和单位达标，能够有效提升水利生产经营单位的安全生产管理水平和管理防范能力，使安全状态和管理模式与生产经营的发展水平相匹配，进而趋向本质安全管理。从行业监管部门的角度，水利安全生产标准化体系建设是提升水利行业安全生产总体水平的重要抓手，是政府实施安全分类指导、分级监管的重要依据。标准化体系建设的推行可以为水利行业树立权威的、定置性的安全生产管理标准。通过实施标准化体系建设达标情况考评，水利生产经营单位就有了确定不同标准化体系建设达标等级的考评依据，客观真实地反映出各地区安全生产状况和不同安全生产水平的单位数量，从而为加强水利行业安全监管提供有效的基础数据。就水利生产经营单位作为统一的整体而言，其安全生产标准化体系建设的主要内容（核心要素）应实行闭合循环且包含于生产经营单位的整体循环体系当中，这是确定安全生产标准化体系建设内容、方向的总体战略大纲。以安全生产目标为中心，为达到目标而制定相应的计划，确保工作实施过程中的安全与可靠，运用绩效评定的方法对上述计划及实施过程和效果进行检查、评定，根据检查、评定的结果，结合安全生产的总目标进行新一轮的PDCA循环，即围绕生产经营单位安全生产目标，组建相应的组织机构，确保安全投入到位；制定完善的规章制度，保证教育培训、生产设备与设施、作业安全、风险分级管控、隐患排查与治理、应急救援、事故报告调查和处理及时、准确、有序地开展；运用绩效评定进行检查、核定，通过持续改进不断完善、提高。可以说标准化体系的PDCA循环贯穿于水利工程安全生产的全过程，涵盖全方位，对生产经营单位和监管部门的全员、全过程、全方位都有明确的制度约束，开展安全生产标准化体系建设，是实现安全生产状况稳定、长效的根本保障。

"天有不测风云"，百年未有之大变局背景下，各种矛盾叠加，全球性挑战集中爆发，投射到社会秩序的不确定性、不稳定性、不安全因素进一步加深。为了把事故的侵害降到最低，就需要持续健全完善应急管理体系，强化应急预案的管理和实施，确保一旦发生事故，立即进行响应，切实保障人民群众生命财产安全。因此，应急管理体系在安全生产工作中起着"兜底"的作用。应急管理是对突发事件的全过程管理，根据突发事件的准备、预警、发生和善后四个发展阶段，应急管理可分为预防与应急准备、监测与预警、应急处置与救援、事后恢复与重建四个过程。其中预防与应急准备、监测与预警阶段主要包括安全生产体系的建设、风险识别、生产经营单位监管、预案演练、应急队伍建设以及安全文化宣传等方面；应急处置与救援阶段主要是事故的应急救援、舆论危机的应对以及救援物资的保障等方面；恢复阶段包括事故的调查、责任的追究、环境的恢复等方面。尽管在实际情况中，这些阶段往往是重叠的，但他们中的每一部分都有自己单独的目标，并且成为下个阶段内容的一部分。安全生产应急管理离不开政府、生产经营单位以及社会间的共同协作，完善地方政府的安全生产应急管理必须要处理好三者之间的关系，预防与应急准备需要政府完善安全生产方面的资金、技术以及人员等方面的保障；在监测与预警阶段要严格执法，履行好安全监管职责和领导职责，督促生产经营单位落实安全生产制度；在应急处置与救援阶段，要充分发挥社会救援的作用，整合救援力量；在事后恢复与重建阶段，要做到事故调查以及人员追究的公开透明，在进一步的缩减危机的同时也让政府的管理变得更加有序和高效。应急管理体系建设实现了对风险——突发事件——危机的全流程管理和应急处置的全过程管理，可以最大程度地预防和减少突发事件及其造成的损害，保障公众的生命财产安全，维护国家安全和社会稳定，促进经济社会全面、协调、可持续发展，如图4-7所示。

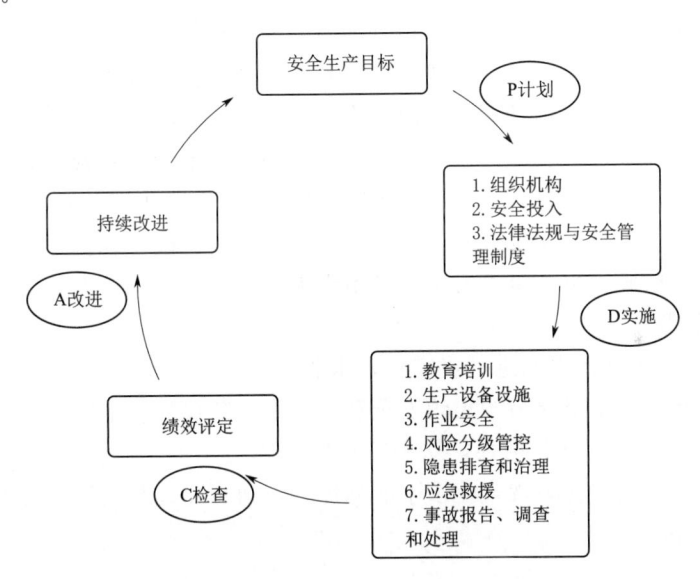

图4-7 标准化体系建设主体要素循环体系

三、水利安全生产"五体系"基本原则

（一）指导思想

以习近平新时代中国特色社会主义思想为指导，深入贯彻党的二十大和二十届一中全会精神，深入贯彻习近平总书记系列重要讲话精神和治国理政新理念新思想新战略，进一步增强"四个意识"，紧紧围绕统筹推进"五位一体"总体布局和协调推进"四个全面"战略布局，牢固树立新发展理念，坚持安全发展，坚守发展决不能以牺牲安全为代价这条不可逾越的红线，以防范遏制重特大生产安全事故为重点，坚持安全第一、预防为主、综合治理的方针，加强领导、改革创新、协调联动、齐抓共管，着力强化生产经营单位安全生产主体责任，着力堵塞监督管理漏洞，着力解决不遵守法律法规的问题，依靠严密的责

任体系、严格的法治措施、有效的体制机制、有力的基础保障和完善的系统治理，切实增强安全防范治理能力，大力提升我国安全生产整体水平，确保人民群众安康幸福、共享改革发展和社会文明进步成果。

（二）基本原则

（1）坚持安全发展。安全生产工作应当以人为本，坚持人民至上、生命至上，把保护人民生命安全摆在首位，树牢安全发展理念，坚持"安全第一、预防为主、综合治理"的方针，从源头上防范化解重大安全风险，保障人民群众生命和财产安全，促进经济社会持续健康发展。

（2）坚持改革创新。不断推进安全生产理论创新、制度创新、体制机制创新、科技创新和文化创新，增强生产经营单位内生动力，激发全省创新活力，破解安全生产难题，推动安全生产与经济社会协调发展。

（3）坚持依法监管。大力弘扬社会主义法治精神，运用法治思维和法治方式，深化安全生产监管执法体制改革，完善安全生产规章规程和标准体系，严格规范公正文明执法，增强监管执法效能，提高安全生产法治化水平。

（4）坚持源头防范。严格安全生产市场准入，经济社会发展要以安全为前提，把安全生产贯穿水利工程规划布局、设计、建设、管理和生产经营单位生产经营活动全过程。构建风险分级管控和隐患排查治理双重预防工作机制，严防风险演变、隐患升级导致生产安全事故发生。

（5）坚持系统治理。严密行业治理、政府治理、社会治理相结合的安全生产治理体系，组织动员各方面力量实施社会共治。综合运用法律、行政、经济、市场等手段，落实人防、技防、物防措施，提升全省安全生产治理能力。

（三）目标任务

到2025年，山东现代水网进一步完善，水利基础设施空间布局更加合理，水资源刚性约束制度基本建立，水资源节约集约安全利用水平不断提高，水资源优化配置能力明显提升，水旱灾害防御能力显著增强，水利行业管理能力全面加强，体制机制改革深入推进，水利治理体系和治理能力现代化水平明显提升，初步建成与高质量发展要求相适应的山东特色水安全保障体系。

第五节 水利安全生产"五体系"建设的探索研究

为认真贯彻落实安全生产工作，加强水利工程安全生产，预防生产安全事故的发生，保证安全生产平稳有序进行，山东水利人苦心孤诣、上下求索，在秉承既有理论和实践的基础上，对水利安全生产工作进行深入破题，最终提出了水利安全生产"五体系"的建设理论，从而为安全生产实践提供全过程、全要素、全覆盖的理论指导。体系是指若干有关事物或某些意识相互联系而构成的一个整体，任何安全生产活动都可以作为一个系统，系统可以分为若干个子系统，子系统可以分为若干个要素，水利安全生产各项工作、任务应形成统一的整体，应具有完整的体系，而水利安全生产"五体系"就是对水利安全生产工作的系统性建设。应用层面，水利安全生产"五体系"是将水利生产管理涉及的责任、风险分级管控、隐患排查、标准化、应急五个方面的工作，结合为一个完整的水利安全生产管理体系，它体现了"横向到边、纵向到底"的原则，对水利安全生产人、物（设备）、环、管各个要素进行了规范，覆盖到全身心、全过程、全方位、全天候，同时，"五体系"明确了各项水利安全生产工作的具体落实，首先规定了各级人民政府及其下属部门领导、各类生产经营单位的负责人与其他负责人员、职能部门及其工作人员、工程技术人员及岗位操作人员在生产方面应做的事情及应负的责任，其次明确了安全风险分级管控中危险源辨识、风险评估和分级、风险管控若干环节的工作流程，再次制定了隐患排查与分级治理的具体实施步骤，制定并实施以点带面、点面结合、系统推进、纵深发展的标准化工作规划，最后构建了应对突发事件的预防与准备、监测与预警、处置与救援、恢复与重建的应急管理体系。理论层面，水利安全生产"五体系"是综合运用安全生产管理的系统原理、人本原理、强制原理、预防原理、责任原理以及事故致因理论，从人、物（设备）、环、管四个关键因素入手，提出的构建水利安全生产管理体系的理论框架，见图4-8。同时，在深入解析安全生产四大关键要素的基础上，从责任落实、风险管控、隐患排查、标准化建设以及应急管理方面提出了具体的实施方案，为当前安全生产形势提供新的治理思路，从而推进山东省安全生产治理能力现代化。

水利安全生产"五体系"建设，既是管方向、谋全局、保落实的科学思想，又是抓根本、利长远、促长效的科学方法，为做好新时代山东省水利安全生产监督管理工作指明了方向，是推进全省水利安全生产工作的"导航仪"和"指南针"。要按照习近平总书记关于安全生产重要指示，强化体系理念、增强系统思维，全方位推进水利安全生产"五体系"建设。

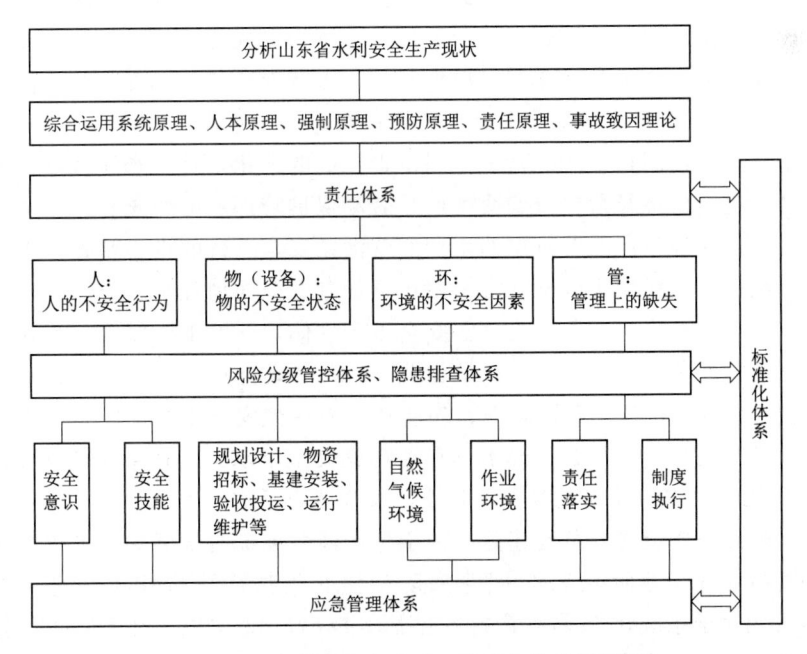

图4-8 水利安全生产"五体系"总体框架图

一、以责任体系为统领,推动全面落实监管责任及安全生产主体责任的内生机制

各级水行政主管部门要按照"管行业必须管安全、管业务必须管安全、管生产经营必须管安全"和"谁主管、谁负责"的要求,切实履行安全生产监督管理职责,加强对水利工程运行管理、设计、监理、科研、水文、检测等水利工程生产经营单位及水利工程在建项目建立和落实全员安全生产责任制工作的指导督促和监督检查;各级水行政主管部门要把生产经营单位建立和落实全员安全生产责任制情况纳入年度执法计划,加大日常监督检查力度,督促生产经营单位全面落实主体责任;各级水行政主管部门应当依法编制安全生产权力和责任清单,公开并接受社会监督,健全安全生产不良记录"黑名单"制度,因拒不落实全员安全生产责任制而造成严重后果的,要纳入惩戒范围,并定期向社会公布;按照《山东省生产经营单位安全总监制度实施办法(试行)》的要求配备安全总监,全面织密监管责任落实的制度笼子。

生产经营单位主要负责人负责建立健全生产经营单位的全员安全生产责任制。各水利生产经营单位结合单位性质、规模特点,以及组织结构和内部运行管理模式,编制修订符合本单位实际的全员安全生产责任清单,明确从主要负责人到岗位员工等全体从业人员的安全生产责任、范围和考核标准。生产经营单位要在适当位置对全员安全生产责任制进行长期公示。生产经营单位应加强生产经营单位全员安全生产责任制教育培训;生产经营单位要建立健全安全生产责任制管理考核制度,对全员安全生产责任制落实情况进行考核管理。

(一)明确生产经营单位全员安全责任

1. 明确生产经营单位全员安全生产责任制的内涵

生产经营单位全员安全生产责任制是由生产经营单位根据安全生产法律法规和相关标准要求,在生产经营活动中,根据生产经营单位岗位的性质、特点和具体工作内容,明确所有层级、各类岗位从业人员的安全生产责任,通过加强教育培训、强化管理考核和严格奖惩等方式,建立起安全生产工作"层层负责、人人有责、各负其责"的工作体系。

2. 充分认识生产经营单位全员安全生产责任制的重要意义

全员安全生产责任制是生产经营单位岗位责任制的细化,是生产经营单位中最基本的一项安全制度,也是生产经营单位安全生产、劳动保护管理制度的核心。安全生产人人有责、各负其责,是保证生产经营单位的生产经营活动安全进行的重要基础,生产经营单位应当建立纵向到底、横向到边的全员安全生产责任制。全面加强生产经营单位全员安全生产责任制工作,是推动生产经营单位落实安全生产主体责任的重要抓手,有利于减少生产经营单位"三违"现象(违章指挥、违章作业、违反劳动纪律)的发生,有利于降低因人的不安全行为造成的生产安全事故,对解决生产经营单位安全生产责任传导不力问题,维护广大从业人员的生命安全和职业健康具有重要意义。

3. 依法依规制定完善的生产经营单位全员安全生产责任制

生产经营单位主要负责人负责建立、健全生产经营单位的全员安全生产责任制。生产经营单位要按照《安全生产法》《职业病防治法》等法律法规相关规定,参照 GB/T 33000—2016《生产经营单位安全生产标准化基本规范》和《生产经营单位安全生产责任体系五落实五到位规定》(安监总办〔2015〕27号)等有关要求,结合生产经营单位自身

实际，明确从主要负责人到一线从业人员（含劳务派遣人员、实习学生等）的安全生产责任、责任范围和考核标准。安全生产责任制应覆盖本生产经营单位所有组织和岗位，其责任内容、范围、考核标准要简明扼要、清晰明确、便于操作、适时更新。生产经营单位一线从业人员的安全生产责任制，要力求通俗易懂。

4. 加强生产经营单位全员安全生产责任制公示

生产经营单位要在适当位置对全员安全生产责任制进行长期公示。公示的内容主要包括：所有层级、所有岗位的安全生产责任、安全生产责任范围、安全生产责任考核标准等。

5. 加强生产经营单位全员安全生产责任制教育培训

生产经营单位主要负责人要指定专人组织制定并实施本生产经营单位全员安全生产教育和培训计划。生产经营单位要将全员安全生产责任制教育培训工作纳入安全生产年度培训计划，通过自行组织或委托具备安全培训条件的中介服务机构等实施。要通过教育培训，提升所有从业人员的安全技能，培养良好的安全习惯。要建立健全教育培训档案，如实记录安全生产教育和培训情况。

6. 加强落实生产经营单位全员安全生产责任制的考核管理

在全员安全生产责任制中，主要负责人应对本单位的安全生产工作全面负责，其他各级管理人员、职能部门、技术人员和各岗位操作人员，应当根据各自的工作任务、岗位特点，确定其在安全生产方面应做的工作和应负的责任，并与奖惩制度挂钩。

生产经营单位要建立健全安全生产责任制管理考核制度，对全员安全生产责任制落实情况进行考核管理。要健全激励约束机制，通过奖励主动落实、全面落实责任，惩处不落实责任、部分落实责任，不断激发全员参与安全生产工作的积极性和主动性，形成良好的安全文化氛围。

实践证明，凡是建立、健全了全员安全生产责任制的生产经营单位，各级领导重视安全生产工作，切实贯彻执行党的安全生产方针、政策和国家的安全生产法规，在认真负责地组织生产的同时，积极采取措施，改善劳动条件，生产安全事故就会减少。反之，就会职责不清，相互推诿，而使安全生产工作无人负责，无法进行，生产安全事故就会不断发生。

（二）水行政主管部门监督责任

1. 落实"三管三必须"的要求

党和政府一直对安全生产工作非常重视，党的领导和"一岗双责"等要求，很早就写入"红头文件"，新安全生产法正式将这些要求写入法律条文中；而预防为主、以人为本的原则，很早就已经写入安全生产法，新安全生产法进一步将其提升到了"人民至上、生命至上"的新高度。

安全生产监管经历多次变动，最近一次调整是应急管理部门取代原来的安全生产监管部门。从"九龙治水"到"叠床架屋"，"条块""统分"争议始终没有停止。新安全生产法正式明确了"三管三必须"的新格局。

新《安全生产法》第三条规定："安全生产工作坚持中国共产党的领导。""安全生产工作应当以人为本，坚持人民至上、生命至上，把保护人民生命安全摆在首位，树牢安全发展理念，坚持安全第一、预防为主、综合治理的方针，从源头上防范化解重大安全风险。""安全生产工作实行管行业必须管安全、管业务必须管安全、管生产经营必须管安全，强化和落实生产经营单位主体责任与政府监管责任，建立生产经营单位负责、职工参与、政府监管、行业自律和社会监督的机制。"

安全生产监管要求政府管"总"和部门抓"管"齐头并进。第一，政府管"总"，新《安全生产法》第八条和第九条，由原《安全生产法》第八条一分二，上至国务院下到街道办，更突出政府的宏观职能和监管工作部门职能；第二，部门抓"管"，新安全生产法第十条规定了应急管理部门的"综合监管"，与政府工作部门的"安全监督"，彼此职责分工更加明确。新《安全生产法》明确："应急管理部门和对有关行业、领域的安全生产工作实施监督管理的部门，统称负有安全生产监督管理职责的部门。负有安全生产监督管理职责的部门应当相互配合、齐抓共管、信息共享、资源共用，依法加强安全生产监督管理工作。"

2. 编制安全生产权力和责任清单

各级水行政主管部门应当依法编制安全生产权力和责任清单，公开并接受社会监督，使政府、行业主管部门、生产经营单位、职工，以及社会各界能够在事前清晰了解各自在安全生产过程中担负的责任，从而进一步压实各方安全生产责任。

3. 加强对生产经营单位全员安全生产责任制的监督检查

各级水行政主管部门要按照"管行业必须管安全、管业务必须管安全、管生产经营必须管安全"和"谁主管、谁负责"的要求，切实履行安全生产监督管理职责，加强对水利工程运行管理、设计、监理、科研、水文、检测等水利工程生产经营单位及水利工程在建项目建立和落实全员安全生产责任制工作的指导督促和监督检查。

4. 强化监督检查和依法处罚

各级水行政主管部门要把生产经营建立和落实全员安全生产责任制情况纳入年度执法计划，加大日常监督检查力度，督促生产经营单位全面落实主体责任。对主要负责人未履行建立健全全员安全生产责任制职责，直接负责的主管人员和其他直接责任人员未对从业人员（含被派遣劳动者、实习学生等）进行相关教育培训或者未如实记录教育培训情况等违法违规行为，依照相关法律法规予以处罚。健全安全生产不良记录"黑名单"制度，因拒不落实全员安全生产责任制而造成严重后果的，要纳入惩戒范围，并定期向社会公布。

二、以双重预防体系为保障，促进双重预防体系与现有管理体系深度融合

认真贯彻习近平总书记关于安全生产重要指示精神和党中央、国务院决策部署，严格执行安全生产法等法律法规，坚持人民至上、生命至上，统筹发展和安全，牢固树立底线思维、极限思维，增强风险管控责任意识；准确把握水利安全生产的特点和规律，坚持风险预控、关口前移，分级管控、分类处置、源头防范、系统治理，健全水利安全生产风险查找、研判、预警、防范、处置和责任等风险管控"六项机制"；完善管控制度，落实管控措施，压实管控责任，严格考核问责，提升风险管控能力，有效防范遏制生产安全事故，为新阶段水利高质量发展提供坚实的安全保障。

坚持"安全第一、预防为主、综合治理"方针，牢固树立安全发展理念，按照有关法律法规要求，建立健全事故隐患排查治理制度，严格落实水利生产经营单位主体责任，加大事故隐患排查治理力度，全面排查和及时治理事故隐患，强化水行政主管部门监督管理职责，加强检查督导和整改督办，确保水利行业生产安全。

水行政主管部门应加强双重预防体系及其与安全生产其他体系的融合理论研究和实践探索，形成成熟的政策标准体系并加以推广。水利生产经营单位应主动开展多个体系的融合，提升可操作性，与日常的安全管理工作有机地结合起来，实现符合单位个性化的双重预防体系。要以安全生产标准化为思路，在隐患排查治理中完善风险管控措施，再在风险管控中将日常管理的风险分级管控逐级完善，以及落实岗位职责、管理制度、规程、现场管理等日常管理工作。这样层层追查，完善安全管理中各个要素，最终实现安全管理的长效机制。

(一) 构建水利安全生产风险管控体系

1. 健全风险查找机制，提升风险发现能力

（1）全面辨识危险源。水利生产经营单位是本单位风险管控工作的责任主体，应全面分析可能发生事故的领域、部位和环节，从水利工程施工、工程运行、设施设备、人员行为、管理体系和作业环境等方面全方位辨识危险源。危险源辨识应按照"横向到边、纵向到底"的原则，覆盖所有区域、设施、场所和工作面，覆盖所有人员，做到系统、全面、无遗漏。及时完善水利工程危险源辨识与风险评价制度标准体系，用于水利工程危险源辨识与风险评价等工作。

（2）定期辨识并动态更新。水利生产经营单位要结合本单位实际，制定风险管控制度，合理确定工作周期，定期辨识危险源。水利生产经营单位原则上每季度至少组织开展1次危险源辨识工作，当环境、设施、组织、人员等发生变化时，要及时对相关危险源开展重新辨识。要建立危险源清单并动态更新，通过水利安全生产监管信息系统填报危险源信息。

（3）健全信息审核和报告机制。各级水行政主管部门、流域管理机构要建立健全信息审核和报送机制，对水利生产经营单位上报的重大危险源信息进行审核，按照《水利安全生产信息报告和处置规则》要求按时报告。

2. 健全风险研判机制，提升科学评价能力

（1）科学评价风险等级。水利生产经营单位要采用与危险源类别相适应的评价方法，聚焦劳动密集型场所、高危作业和受影响的人群规模等，研判确定危险源的风险等级，重大风险、较大风险、一般风险，分别采用红、橙、黄色标示，并根据危险源及其风险程度的动态变化及时调整。

（2）建立风险监管清单。各级水行政主管部门、流域管理机构要加强对管辖范围内水利生产经营单位危险源辨识和风险评价工作的监督指导，建立危险源监管清单，明确监管责任单位、责任人和监管措施等。

（3）定期开展安全生产状况评价。各级水行政主管部门、流域管理机构要定期开展区域、流域安全生产状况评价，健全完善评价标准体系和评价模型，及时掌握风险动向，突出对高风险地区和单位的重点监管。

3. 健全风险预警机制，提升高效应对能力

（1）强化监测监控。水利生产经营单位要采取人工监测、自动监测等手段，加强对危

险源特别是风险等级为重大的危险源的监测监控，建立健全监测巡视检查制度，做好监测设备设施的日常检查、运行维护和检测校验等，实现风险人工、自动监测"双保险"，做到早预警、早处置。

（2）及时实施预警。各级水行政主管部门、流域管理机构和水利生产经营单位要结合各自实际，确定预警信息发布的具体范围、条件和对象，对未有效管控的风险要及时实施预警并向属地政府和有关部门报告，做好相应应急准备工作。预警解除后，要认真查找总结管控体系和管控措施可能存在的漏洞不足，完善风险分级管控体系。

（3）提升监测预警能力。各级水行政主管部门、流域管理机构和水利生产经营单位要加大新一代信息技术应用，推进重点区域、重要部位和关键环节的监测监控、自动化控制、自动预警、紧急避险、自救互救等设施设备的配备使用，逐步实现自动采集报送、分析研判、预警发布，及时提高风险监测预警的智能化水平。要落实值班值守制度，严格履行职责，严肃工作纪律，加强值班值守人员培训教育，按规定及时处置突发事件。

4. 健全风险防范机制，提升精准防控能力

（1）建立风险公告制度。水利生产经营单位要在醒目位置、重点区域分别设置风险公告栏，制作各岗位风险告知卡，对存在重大风险的工作场所、岗位及有关设施设备设置明显警示标志，确保本单位从业人员和进入风险工作区域的外来人员掌握风险基本情况及防范、应急措施，并将风险及防范与应急措施提前告知可能直接影响范围内的相关单位和人员。

（2）落实风险管控措施。水利生产经营单位要从组织、制度、技术、应急等方面，制定并落实具体防范措施，综合运用隔离危险源、采取技术手段、实施个体防护、设置监控设施等手段，达到消除、降低风险的目标。当危险源或其风险等级发生变化时，要对防范措施重新检查评估，及时完善。

（3）加强隐患排查治理。水利生产经营单位要根据本单位实际情况，按照危险源及风险等级确定排查频次、要求，明确责任部门和责任人，及时组织排查治理，建立隐患台账，通过水利安全生产监管信息系统填报隐患信息。对排查出的隐患要及时整改，不能立即整改的要做到整改责任、措施、资金、时限、预案"五落实"。重大隐患排查治理情况要向负有安全生产监督管理职责的部门和职工大会或者职工代表大会报告。

（4）加强防范措施监管。各级水行政主管部门、流域管理机构要根据所管辖范围内危险源及风险情况，实行差异化、精准化动态监管。对于未有效管控的风险等级为重大的危险源，要作为重大隐患挂牌督办；对不能保证安全的生产经营单位，要立即责令停产停业整改。

（5）推进水利安全生产标准化建设。水利生产经营单位要按照《安全生产法》、安全生产强制性标准以及《水利安全生产标准化通用规范》等，开展本单位安全生产标准化建设，提升安全管理、操作行为、设施设备和作业环境的标准化水平。

（6）强化风险源头控制。各级水行政主管部门要严格水利工程建设项目技术审查，加强对工程选址安全和水工建筑物洪水标准、防洪能力、抗震设计与结构安全、劳动安全与工业卫生、安全措施等内容的审查。要加强对水利工程建设项目落实安全设施"三同时"制度的监管，确保各项措施落实到位。要严格水利水电工程施工单位主要负责人、项目负

责人和专职安全生产管理人员安全生产考核管理，加强对特种作业人员和特种设备作业人员持证上岗的监督检查。要严格规范水利建设市场秩序，加强对水利工程建设项目施工转包、违法分包、挂靠资质等行为的查处，落实水利工程建设安全生产失信行为联合惩戒机制。

5. 健全风险处置机制，提升风险化解能力

（1）健全完善应急预案。水利生产经营单位要针对本单位危险源和可能发生的事故险情，制定具有针对性、实用性、可操作性的生产安全事故应急预案或现场处置方案，对风险等级为重大的危险源要做到"一源一案"。各级水行政主管部门要制定部门生产安全事故应急预案并不断完善。

（2）快速有效开展应急处置。发生生产安全事故险情后，各级水行政主管部门和水利生产经营单位要按照有关预案及时启动应急响应，科学组织施救，妥善处理善后工作，加强舆情应对，回应社会关切。重大情况要第一时间上报。要重点加强事故初期处置，防止事故扩大和发生次生事故。应急处置结束后，要及时查找应急预案、现场应急处置和风险分级管控体系存在的不足，及时完善。

（3）加强应急保障能力建设。各级水行政主管部门和水利生产经营单位要按照有关法律法规规定，严格落实应急值班制度，定期组织开展有针对性的应急预案培训、应急演练和人员避险自救培训，落实应急处置必备的物资、装备、器材，加强专业化应急队伍建设，提升应急处置水平和科学救援能力。

6. 健全风险责任机制，提升管控履职能力

（1）严格落实主体责任。水利生产经营单位对本单位风险管控工作全面负责，主要负责人或实际控制人是本单位风险管控工作的第一责任人，要组织建立风险管控责任体系和制度体系，明确各层级、各部门、各岗位的风险管控责任，可以通过政府购买服务等方式委托第三方专业技术服务机构承担风险管控技术服务工作。

（2）严格落实监管责任。各级水行政主管部门、流域管理机构负责监督指导管辖范围内水利生产经营单位开展风险管控工作，要定期开展监管人员风险管控业务培训，实行风险等级差异化动态监督管理，按规定报告风险有关信息，督促水利生产经营单位落实常态化风险管控工作。

（3）加大责任追究力度。各级水行政主管部门、流域管理机构要加大水利安全生产领域监督执法力度，对安全生产违法行为依法依规严厉查处。对风险管控不力、隐患排查与问题整改不及时不到位的地区、单位和负有领导责任、直接责任的有关人员，要采取通报、约谈等方式实施责任追究。对发生生产安全责任事故的，要按照事故原因，坚持未查清不放过、责任人员未处理不放过、整改措施未落实不放过、有关人员未受到教育不放过的"四不放过"原则，依法依规严肃追责问责，并与水利督查激励措施、评优评先等工作挂钩。

（二）持续健全完善隐患排查治理体系

坚持"安全第一、预防为主、综合治理"方针，牢固树立安全发展理念，按照有关法律法规要求，建立健全事故隐患排查治理制度，严格落实水利生产经营单位主体责任，加大事故隐患排查治理力度，全面排查和及时治理事故隐患，强化水行政主管部门监督管理

职责，加强检查督导和整改督办，确保水利行业生产安全。

1. 建立健全排查治理制度

水利生产经营单位应依法建立健全事故隐患排查治理制度，明确各级负责人、各部门、各岗位事故隐患排查治理职责范围和工作要求；明确事故隐患排查治理内容、工作程序、排查周期和治理方案编制要求；明确隐患信息通报、报送和台账管理等相关要求，按有关规定建立资金使用专项制度。

水利工程建设项目法人应组织有关参建单位制定项目事故隐患排查治理制度，各参建单位应在此基础上制定本单位的事故隐患排查治理制度。工程运行管理单位应根据工程运行管理工作实际，制定符合本单位特点的事故隐患排查治理制度。水文监测、勘测设计、科研实验等单位也要根据单位特点制定本单位的事故隐患排查治理制度。

地方各级水行政主管部门应当建立健全重大事故隐患治理督办制度，明确重大事故隐患督办范围、内容和程序，督促水利生产经营单位排查和消除事故隐患。

2. 严格落实主体责任

水利生产经营单位是事故隐患排查治理的责任主体，应实行全员责任制，落实从主要负责人到每位从业人员的事故隐患排查治理责任。主要负责人对本单位事故隐患排查治理工作全面负责，各分管负责人对分管业务范围内的事故隐患排查治理工作负责，部门、工区、班组等（以下简称部门）和岗位人员负责本部门和本岗位事故隐患排查治理工作。水利生产经营单位应当加强对隐患排查治理情况的监督考核，保证工作责任的全面落实。

水利生产经营单位将工程建设项目、生产经营项目、场所发包或者出租给其他单位的，应与承包单位、承租单位签订专门的安全生产管理协议，或者在承包合同、租赁合同中约定各自的安全生产管理职责；对承包单位、承租单位的安全生产工作进行统一协调、管理，定期进行安全检查，发现安全问题的，应当及时督促整改。

3. 全面排查事故隐患

水利生产经营单位应结合实际，从物的不安全状态、人的不安全行为和管理上的缺陷等方面，明确事故隐患排查事项和具体内容，编制事故隐患排查清单，组织安全生产管理人员、工程技术人员和其他相关人员排查事故隐患。事故隐患排查应坚持日常排查与定期排查相结合，专业排查与综合检查相结合，突出重点部位、关键环节、重要时段，排查必须全面彻底，不留盲区和死角。

水利建设各参建单位和运行管理单位要按照《水利工程生产安全重大事故隐患判定标准（试行）》，其他水利生产经营单位按照相关事故隐患判定标准，对本单位存在的事故隐患级别作出判定，建立事故隐患信息档案，将排查出的事故隐患向从业人员通报。重大事故隐患须经本单位主要负责人同意，报告上级水行政主管部门。

4. 及时治理事故隐患

水利生产经营单位对排查出的事故隐患，必须及时消除。属一般事故隐患的，由责任部门或责任人立即治理；对于重大事故隐患，由生产经营单位主要负责人组织制定并实施事故隐患治理方案，治理进展情况应及时报告上级水行政主管部门。

重大事故隐患治理方案应当包括治理的目标和任务、采取的方法和措施、经费和物资的落实、负责治理的机构和人员、治理的时限和要求、治理过程中的安全防范措施以及应急预案。

事故隐患排除前或者排除过程中无法保证安全的，应当从危险区域内撤出作业人员，设置警戒标志，暂时全部或局部停建停用治理，涉及上下游、左右岸等地区群众的，应依法报告当地人民政府采取措施；对暂时难以停止运行的水利工程、设施和设备，应当采取降等报废、应急处置、监测监控等妥善防范措施，防止事故发生。

治理工作结束后，水利生产经营单位应组织对隐患治理情况进行评估，及时销号。上级水行政主管部门挂牌督办并责令停建停用治理的重大事故隐患，评估报告经上级水行政主管部门审查同意方可销号。

5. 严格落实监管责任

各级水行政主管部门应全面掌握辖区内水利生产经营单位事故隐患排查治理情况，强化对事故隐患排查治理工作的监督检查。按照分级分类监管的要求，进一步明确监管责任，加强督促指导和综合协调，将事故隐患排查治理工作不力和存在重大事故隐患的直属单位或工程确定为本级监督检查的重点，同时督导下级做好相关监督检查工作。

地方各级水行政主管部门应当根据重大事故隐患治理督办制度，督促水利生产经营单位消除重大事故隐患。对重大事故隐患整改不力的要实行约谈告诫、公开曝光；情节严重的依法依规严肃问责。

地方各级水行政主管部门应将事故隐患排查治理作为水利安全生产执法工作的重要内容，对检查中发现的事故隐患，应当责令立即排除；对未建立事故隐患排查治理制度的、未如实记录事故隐患排查治理情况或者未向从业人员通报的、未采取措施消除事故隐患的，以及拒绝、阻碍依法实施监督检查等，严格依法追究法律责任。

三、以标准化体系为抓手，在制定标准、监督标准执行上下功夫、求实效

深入开展"安全生产标准化达标创建工程"，严格执行安全生产行业标准、地方标准，推动开展更高层次、更高标准、更高质量的安全生产标准化建设。对已达标的工程建设项目法人、施工单位和运行管理单位，加强安全生产标准化动态管理，督促按照安全生产标准化要求持续运行，持续改进和提高安全生产管理水平。对未达标的项目法人、施工单位和运行管理单位，要加强执法检查，督促其查找差距并完善工作措施，推进达标创建工作。积极推进水文监测、勘测设计、科研与检验、建设监理等单位安全生产标准化建设，逐步拓展到水利行业各领域。

（一）优化安全生产标准化工作运行机制

全面贯彻落实《国家标准化发展纲要》中关于安全生产的相关要求，强化安全生产各细分领域各部门的能力建设，推动形成部门协调、上下联动、共同推进的安全标准化发展格局。统筹管理安全生产标准相关机构、社会团体、企业、科研院所等，充分激发市场主体标准化活力，形成政府引导、市场主体有效参与的多元化标准组织体系。积极开展水利行业地方标准的立、改、废、转等工作。持续完善安全生产标准化制度体系，根据工作实际情况，加快建立生产经营单位标准创新制度、生产经营单位标准领跑者制度等。加强安全生产标准化信息管理平台建设，对接水利部水利标准化信息管理平台，推进安全生产标准在水利工程领域管理过程中的实施与落实。

（二）加快完善安全生产标准化体系

按照系统化观念，统筹谋划安全生产标准化工作，优化综合标准、专项标准、团体标准的结构。加快完善与大数据、物联网等新兴技术相结合的有关安全生产标准。加快研制水利安全生产领域基础通用标准，推动跨领域、跨灾种标准研制的衔接与合作，建立安全生产标准动态更新机制，对于标龄时间长、技术落后的标准，及时进行修改和完善。针对安全生产不同细分领域的需求，及时组建政产学研标准研制队伍，制定定制化、个性化标准，开发安全生产业务连续性管理标准化工作。安全生产标准评审机构应严格按照国家、行业标准评审要求开展工作，积极开展自查自纠工作，持续提升标准评审质量。

（三）加强安全生产标准化推广力度

建立安全生产标准化宣贯长效机制，宣传标准化理念，提升生产经营单位标准化认知，培育形成安全生产文化。充分利用世界标准日等相关主题活动，全方位、多渠道宣传安全生产各细分领域标准，让更多的人认识标准、了解标准，主动运用标准。积极参与安全生产标准国际交流与合作，鼓励科研院所和相关生产经营单位派技术专家参与相关国际标准的制修订工作，"引进来"与"走出去"相结合，主动参与国际标准制修订工作。

（四）强化安全生产标准化工作执行力

水行政主管部门要定期组织安全生产标准各技术委员会的专家，帮助生产经营单位学习掌握、执行安全生产相关标准，推动所属水利生产经营单位实现安全生产管理的常态化、规范化和标准化。水利工程运行管理单位按照水利部《水利工程管理单位安全生产标准化评审标准》，水利工程建设项目法人按照《水利工程项目法人安全生产标准化评审标准》，参与水利工程建设的施工单位按照水利部《水利水电工程施工企业安全生产标准化评审标准》，水利水电勘测设计、水文监测、水利后勤保障、水利工程建设监理单位按照水利部《水利部办公厅关于水利水电勘测设计等四类单位安全生产标准化有关工作的通知》（办监督函〔2022〕37号），其他水利生产经营单位按照SL/T 789—2019《水利安全生产标准化通用规范》开展水利安全生产标准化建设工作。此外，水行政主管部门按照"双随机、一公开"的方式检查生产经营单位，推动将水利生产经营单位执行安全生产标准相关情况纳入社会信用体系，提高水利生产经营单位执行标准的主动性。

水利生产经营单位严格落实监管部门的有关要求，统筹安全生产标准化建设和日常安全工作，同时制定安全工作目标、计划和举措，并加强人员、设备、资金的保障，高质量完成全年安全生产目标。鼓励生产经营单位对标、执行国际标准；定期帮助生产经营单位开展安全生产自查、自评、整改等工作，专项整治安全生产漏洞，不断提高安全生产水平。

（五）加强安全生产标准化人才队伍建设

以国家战略需求为导向，完善安全生产标准化人才培养的顶层设计，完善人才培养机制、优化人才评价机制，提高安全生产标准化人才能力和水平。鼓励编制适合山东省大学教育阶段的水利行业安全生产标准化教材，培养既懂专业，又懂管理的复合型人才。加强产教融合、校企合作，形成产学研用有机结合的培养体系。鼓励大学、科研机构、生产经营单位派出安全标准领域的人才赴国际标准化组织学习，培养安全标准化领域的国际人才。

四、以应急管理体系为兜底，提升应急处置能力

各级水行政主管部门要建立健全安全生产应急管理工作协调机制，明确应急管理和处置工作责任，提高组织协调能力。各级水行政主管部门和水利生产经营单位要加快构建完善应急预案体系，根据实际情况制定综合应急预案、专项应急预案和现场处置方案，健全应急管理制度。

各级水行政主管部门及各水利生产经营单位要强化应急救援队伍建设和应急救援物资装备配备，提高队伍救援能力。各级水行政主管部门及各水利生产经营单位应根据规定加强应急预案的可行性评估，强化各类各层级应急预案衔接融通和数字化应用，进一步增强应急预案的实战性、可操作性。强化应急预案演练过程管理，推进应急预案演练向实战化、常态化转变，提升应急演练质量和实效。注重应急演练分析研判、总结评估，发挥演练成果对应急预案的调整修复、改善提升作用。各级水行政主管部门要监督指导重大水利工程建设项目各参建单位认真开展应急演练，提高现场作业人员自救逃生能力。

各级水行政主管部门要配合做好事故调查处理工作，及时掌握事故处理进展情况，督促有关责任单位充分分析事故发生原因，落实事故隐患整改，公布事故调查处理结果，及时开展警示教育。对事故调查中发现的有漏洞、缺陷的有关制度规定和地方标准，及时提出建议，修订完善。

（一）深化体制机制改革，构建优化协同高效的治理模式

1. 健全领导指挥体制

按照常态应急与非常态应急相结合，水利厅成立生产安全事故应急组织领导机构，下设水利厅生产安全事故应急办公室，水利厅生产安全事故应急处置现场工作组。事故应急办公室设在厅监督处。现场工作组一般由组长、副组长以及综合协调工作小组、技术支持工作小组、信息处理工作小组、保障工作小组等组成。市级、县级水行政主管部门相应建设本级生产安全事故应急组织领导机构。按照综合协调、分类管理、分级负责、属地为主的原则，健全省级、市级、县级分级响应机制，明确各级各类灾害事故响应程序。

2. 完善应急组织领导机构主要职责

山东省水利厅应急组织领导机构由水利厅厅长、分管安全的副厅长、分管业务副厅长、各处室主要负责人及各直属单位主要负责人等组成，主要职责为：

（1）贯彻落实国家和省有关生产安全事故应急处置的法律法规和方针政策。

（2）启动本预案，明确响应级别，决定终止本预案。

（3）领导、协调和组织事故应急处置，对生产安全事故应急处置重大事项作出决策部署。组建现场工作组，明确组长，根据实际需要成立综合协调、技术支持、信息处理、保障等工作小组。为现场处置提供必要的条件和支撑。

（4）组织或协助政府开展事故调查、影响处理等善后工作及其他工作。

市级、县级水行政主管部门相应完善本级应急组织领导机构完善主要职责。事故应急办公室设主要职责为：

（1）负责受理水利生产安全事故信息，根据事故情况及时报告领导，提出相应建议。

（2）负责贯彻落实应急组织领导机构各项决策部署，协调事故的应急处置工作。

(3) 及时了解和掌握事故现场处置相关进展情况,报告应急组织领导机构。

(4) 督促协调各部门、直属单位开展应急管理日常工作。

(5) 承办事故应急处置相关日常工作,开展本预案的修订、演练、培训和宣传等工作。

(6) 完成应急组织领导机构交办的其他事项。

3. 压实责任落实

为确保责任制落实,各级水利部门积极践行"两个坚持、三个转变"防灾减灾救灾理念,始终坚持"人民至上、生命至上",超前谋划,以"严真细实快"的工作作风扎实做好应急管理工作。水利部门始终坚持以人民为中心的发展思想,锚定人员不伤亡、水库不垮坝、重要堤防不决口、重要基础设施不受冲击"四不"目标,下好先手棋、打好主动仗,夺取应急管理工作全面胜利。

(二) 强化应急预案准备,凝聚同舟共济的保障合力

1. 完善预案管理机制

各级各单位要依据《生产安全事故应急预案管理办法》(2019年修正)以及《山东省生产安全事故应急预案管理办法》,切实强化应急预案的制修订工作。各级水行政主管部门应按照属地监管为主、分级负责的原则,负责水利行业领域应急预案的管理工作,组织编制相应的部门应急预案。各水利生产经营单位应结合实际,确立本单位的应急预案体系,编制相应的应急预案,并与相关预案保持衔接;特别是要结合"双重预防体系"建设,在认真开展危险源辨识的基础上,落实分级管控措施并编制相应现场处置方案。

2. 加快预案制修订

督促山东省水利生产经营单位制定(修订)有针对性的各类突发事件应急预案,加强预案制修订过程中的风险评估、情景构建和应急资源调查。修订各级突发事件总体应急预案,组织指导专项、部门、地方应急预案修订,做好重要目标、重大危险源、重大活动、重大基础设施安全保障应急预案编制工作。有针对性地编制各类水利自然灾害应急救援预案,开展应急能力评估。当出现应当及时修订应急预案的法定情形时,及时修订并归档。要对应急预案进行定期评估,对预案内容的针对性和实用性进行分析,并对应急预案是否需要修订作出结论。

3. 加强预案演练评估

对照已发布的应急预案,加强队伍力量、装备物资、保障措施等检查评估,确保应急响应启动后预案规定任务措施能够迅速执行到位。督促各水利生产经营单位加强应急预案宣传培训,落实应急演练计划,组织开展实战化的应急演练,鼓励形式多样、节约高效的常态化应急演练,重点加强针对重大灾害事故的应急演练,根据演练情况及时修订完善应急预案。各水利生产经营单位制定本单位的应急预案演练计划,每年至少组织一次综合应急预案演练或者专项应急预案演练,每半年至少组织一次现场处置方案演练;水利工程建设项目法人以及水利风景区等人员密集场所经营单位,至少每半年组织一次生产安全事故应急预案演练,并按照属地监管为主、分级负责的原则将演练情况报送所在地水行政主管部门,实现应急演练的规范化、常态化,全面提升应急处置能力。

第五章 责任体系建设

第一节 基本概念

一、责任体系概述

安全生产责任体系具有广义与狭义之分。

(一) 广义上的安全生产责任体系

广义上的安全生产责任体系主要由两部分构成,由安全生产法律义务以及违反义务所产生的相应的法律责任所组成的,分别包含安全生产主体责任和其他安全生产责任,以及刑事、民事、行政责任。

第一部分,是法律义务层面的"责任",其分类主要是按照安全生产法律关系主体作为承担者,然后根据不同主体承担不同责任类型进行划分的。安全生产法律关系主体包括生产经营行为主体、安全监管主体、社会主体和劳动主体一共四大类,这四种类别的主体也分别对应四种责任,其中以生产经营单位作为主体承担的责任为核心,围绕此展开的责任,称为主体责任,而其他责任学理上暂时没有一个统一的定义,暂时称为其他责任。

第二部分,是法律责任层面的,具体应该视情况分析。将其按照不同的部门法进行分析归类,具体分为三类。第一,刑事法律责任,具体而言是指违反《安全生产法》规定,其严重程度属于刑法所调整的范围,规定在《中华人民共和国刑法》(以下简称《刑法》)中"危害公共安全罪"一章之中的责任。例如"重大责任事故罪",规定在《刑法》第一百三十四条,"在生产、作业中违反有关安全管理的规定,因而发生重大伤亡事故或者造成其他严重后果,处三年以下有期徒刑或拘役;情节特别恶劣的,处三年以上七年以下有期徒刑……"这条罪名,主要包含了两种行为结果:一种是从业人员不服从管理、违反相应制度而造成后果的行为;另一种是强迫从业人员违规进行生产工作进而造成后果的行为,可以看出,这种法律责任的主体围绕的仍然是生产经营单位,无论是从业人员还是管理者,都是属于生产经营单位的范畴,而违反的也是《安全生产法》上规定的义务。第二,民事法律责任,具体而言是指违反了《安全生产法》规定的具体法律义务而造成生产责任事故,针对其侵犯的人身或者财产的行为所承担的由民法所调整的一种法律责任。可见其也是由于违反了《安全生产法》中所规定的义务而产生的。第三,行政法律责任,主要追究的是安全生产监管部门的执法人员和国有生产经营单位负责人员,为了进一步明确这些责任,安全生产监督管理总局颁布施行的《安全生产监管监察职责和行政执法责任追究的规定》(2015修正)中做出了具体明确的规定。

（二）狭义上的安全生产责任体系

狭义上的安全生产责任体系不包含外延的法律责任，而是一种以承担主体分类构建的责任体系。2021年新《安全生产法》的总则中明确规定了生产经营单位负责、职工参与、政府监管、行业自律以及社会监管的五方运行机制。安全生产工作是一项整体的、庞杂的工作，仅仅依靠一个阶层或者说一个主体的参与是无法正常进行的，必须依靠国家、社会、市场中的各个层面的相互配合，这种相互配合是结合了各方主体的参与，通过国家层面的政府部门和单位的共同监管的推进，进而结合其他人员的参与和各抒己见，最后通过社会层面的共同推进，才能有效地减少危险的存在可能以及有效地杜绝危险事故的发生。因此，根据以上提到的主体分类，按照主体的不同从而形成一种生产经营单位负责，政府进行监管，同时包含社会主体和劳动主体参与的一种责任结构。

第一是在生产活动中，生产经营单位有两种不同的身份：一种是作为管理者；另一种是作为活动实施者。单位应当夯实其管理职责。因此，其属于第一责任主体，对于这种首当其冲的、必须肩负起来的特殊"责任"，无论是从其管理层还是到最底层的从业人员，这种事无巨细的、具体到每一个细节的保障，不但是对社会的保障，也是对社会发展能产生重要影响的因素之一。安全生产主体责任是一种国家层面通过法律规定的法定义务，务必承担。《安全生产法》中对于生产经营单位必须对安全生产条件不停歇的、不间断地进行改变，将其条件不断变好的义务有具体明确的规定。同时也强调了主要负责人对于安全生产工作应当事无巨细、无微不至地全面负责的义务。这些规定以及要求从根本上体现着生产经营单位在安全生产中重要主体地位以及其所必须承担的责任。但是只有生产经营单位真正切实做到全面落实主体责任，实现内部自我管理，同时提供各种手段来维持危险因素的不发生，才能取得更加有效的生产安全成果。

第二是有关政府的监管。以政府的权威性和强制性监管生产经营单位的安全生产问题，落实生产经营单位安全生产主体责任是一个漫长的过程，除了落实生产经营单位的责任，还需与政府的监管工作相结合，才能取得更好的现实成果，在《安全生产法》中都有规定。例如《安全生产法》第八条、第九条规定了国务院和县级以上地方各级人民政府对于安全生产的规划以及对于安全生产工作的领导，同时对于其他负有安全生产监督管理职责的部门支持、督促等。

第三是行业自律与管理。《安全生产法》第十四条规定："有关协会组织依照法律、行政法规和章程，为生产经营单位提供安全生产方面的信息、培训等服务，发挥自律作用，促进生产经营单位加强安全生产管理。"同时，《安全生产法》中对负有安全生产监督管理职责的有关部门依据法律、法规履行其相关行业范围内的安全生产和职业健康监管职责，同时对于监管执法的强化以及违反法律、法规行为的查处。其他行业领域主管部门也不能将自身置之度外，也应当去承担相关的管理责任，把自身工作中涉及的有关安全管理的内容整合、整理，从不同视角、不同领域对于行业内安全生产工作的强化以及同时对于单位本身的责任的具体落实的监督等。

第四是社会监督与服务。分别包括工会的监督以及中介机构的服务。工会是从业人员自愿结合的工人阶级的群众组织，工会存在的基本意义中包含对这类主体的权益进行维护的内容，因此工会在使这种基本意义现实化的过程中，还代表着、保护着从业人员的合法权益,即从业人员在安全生产方面所涉及的合法权益,这些主要来源于我国《中华人民共和国工会法》(以下简称《工会法》)的有关规定。此外,社会还从社会责任、道德责任等层面要求政府、生产经营单位以及从业人员落实相应的义务,保障生产能够安全、顺利地进行。此外,安全生产工作具有很强的技术性,无论是国家层面还是市场主体本身,为了保障生产过程中危险因子的减少,这些与对应的技术服务工作都是休戚相关的,例如对于安全条件的评价、有关设施的维修与保护,等等。《安全生产法》第十五条确定了中介机构在安全生产工作中的重要作用:"依法设立的为安全生产提供技术、管理服务的机构,依照法律、行政法规和执业准则,接受生产经营单位的委托为其安全生产工作提供技术、管理服务。"

第五是职工参与。全员性的参与是保障安全生产的重要环节之一,从业人员作为生产的直接参与者,能够直接对事故的潜在危险以及发生的可能性产生影响,因此从业人员的参与对于安全生产来说尤为重要。从业人员具有身份上的双面性,它的一种身份是直接参与到生产中的一种活动者;另一种身份是法律所保护的对象,因此在保障其基本权益的同时其也应当履行相应的义务。从一定意义上讲,没有从业人员参与的安全生产活动,就不可能真正实现生产经营单位自主的内部管理,因为从本质上讲安全也是由组成生产经营单位的从业人员来进行操作的。因此,《安全生产法》也专门在第三章规定了从业人员的权利和义务,其中就有多方面涉及安全生产的责任。

二、安全生产主体责任与其他责任的关系

上述五方四类主体构成的安全生产责任体系中,各责任之间具有相互独立的内容。第一,安全生产主体责任主要是一种针对生产经营单位一种内部的自己管理义务;第二,政府监管就是一种置于生产经营单位安全生产行为之外的,通过公权力进行强制性规制安全生产的一种监督与管理的职责;第三,行业协会的自律也好,其他社会主体的监督与服务也罢,其本质主要都是通过一种参与行为,参与到监管安全生产行为当中去,从而落实自己的职责的一种方式;第四,从业人员因为其本身固有的特殊性,通过对安全生产活动的参与,对全部的安全生产过程进行安全管理,这是他的具体责任。因此,从这五方四类主体各自承担的不同职能可以得出一个结论,在安全生产责任体系中,不同主体所承担的责任的内容均离不开"生产"与"安全"。

(一)与政府责任的关系

在具体分析了不同主体在各自范围内承担的责任之后可以发现,这些不同内容的责任职能,均是围绕对安全生产的管理责任的落实开展的。因此,各责任之间也应相互协调、相互配合、相互作用,才能更加高效地使安全管理有效地进行下去。安全生产主体责任作为一种对安全实行自我管理的责任机制,其所承担的责任并不是一种绝对的自我保护,不是完全的、封闭的自己承担责任的体系,而是接受来自其他安全生产责任的配合,通过其他主体不同程度地发挥自己的责任,将安全管理有效、完整地进行下去。经济法的标志性特征之一就是有公权力的介入,公权力安全监管责任正是这种突出《安全生产法》经济法属性的重要体现。《安全生产法》中对此有具体的规定,例如第六十二条规定的县级以上各级人民政府的职责,即根据本行政区域内的安全生产状况,组织有关部门按照职责分工,对本行政区域内容易发生重大生产安全事故的生产经营单位进行严格检查。此外《安

全生产法》中也有关于安全生产监管部门参与生产的规定内容，即对其分类、分级监管，以及进行相应的年检等的一系列规定。上述规定均体现出了公权力对生产经营单位的或主导或引导或督促或监督的职责配备模式。实际上可以发现，无论是《安全生产法》规定的，还是现实实践中政府职责的落实，对于生产中所涉及的与管理有关的相关事宜也是有很大的影响的，同时对于主体责任的落实也发挥着能动性的作用。因而可以得出一个结论，政府责任的配置目的，是为了对安全生产主体责任的落实起到一种主导与监督的作用，实际上还是进行辅助。

（二）与社会责任的关系

行业协会的自主性管理以及社会的参与和服务，其本质上还是一种具有参与性的、具有辅助作用的、与其他责任之间相互配合、互相产生作用，并使其安全管理充分进行的一种安全监管，其本质上还是与其他责任之间存在有机联系的。

社会监督与服务分别包括工会的监督以及中介机构的服务。主要来源于《工会法》的有关规定。社会还从社会责任、道德责任等层面要求政府、生产经营单位以及从业人员落实相应的义务，保障生产能够安全、顺利地进行。此外，安全生产工作具有很强的技术性，不管是国家层面还是市场主体本身，为了保障生产中减少危险因子，这些与对应的技术服务工作休戚相关，例如对于安全条件的评价、有关设施的维修与保护等。《安全生产法》第十五条确定了中介机构在安全生产工作中的重要作用："依法设立的为安全生产提供技术、管理服务的机构，依照法律、行政法规和执业准则，接受生产经营单位的委托为其安全生产工作提供技术、管理服务。"这种规定中所涉及的有关社会主体的责任，实际上是一种对于生产经营单位安全生产主体责任的协助与监督。

（三）与从业人员责任的关系

从业人员参与的责任也是一种从旁协助的、辅助性的责任，其目的还是为了安全生产主体责任的有效落实。

综上所述，尽管不同责任之间对安全保障的方面存在差异，各自的监管职能也不具有一致性，但是其目的均为对安全监管有效的发挥，所以这些监管从逻辑上是无法脱离彼此而单独发挥作用的，必须与其他相互结合。而这些目的性的结合，均是围绕着能够正确落实安全生产主体责任而发挥效益的，其他责任对其引导、监督、管理，从而发挥安全管理。

在分析了各个责任之间的相互关系可以发现，以安全生产主体责任为主干，构建的分散性的责任体系，实际上是为了保障安全管理的有效进行，从而减少危险因子潜在的可能性，切实杜绝事故的发生。安全生产主体责任实质上就是一种主要责任，无论是政府的监督职责、从业人员以及社会人员的参与，本质上都是为了进行有效的安全管理、杜绝事故的发生，所以生产经营单位承担的这种自我管理的责任实际上是一种主要的、结构性的责任，为区别于其他责任的地位的不同，才赋予其"安全生产主体责任"的概念。因此可以得出结论，通过对上述五种四类主体所承担的责任之间的关系进行分析，可以明确地发现安全生产主体责任在整个安全生产责任体系中的结构性作用，相当于一棵树的主干、一间屋子的房梁，是一种主要的结构性的责任。

第二节　依据及充分性必要性

一、依据
（一）法律法规
(1)《中华人民共和国安全生产法》(2021年修订)。
(2)《地方党政领导干部安全生产责任制规定》(2018年4月8日)。

（二）规章
(1)《山东省安全生产条例》(2021年12月3日山东省第十三届人民代表大会常务委员会第三十二次会议修订)。
(2)《山东省安全生产行政责任制规定》(省政府令第346号)。

（三）规范性文件
(1)《中共中央　国务院关于推进安全生产领域改革发展的意见》(2016年12月9日)。
(2)《中共山东省委办公厅　山东省人民政府办公厅关于印发〈山东省实施〈地方党政领导干部安全生产责任制规定〉细则〉的通知》(鲁厅字〔2018〕47号)。
(3)《山东省人民政府安全生产委员会印发〈山东省安全生产工作任务分工〉的通知(鲁安发〔2021〕13号)》。
(4)《关于印发山东省生产经营单位全员安全生产责任清单的通知》(鲁安办发〔2021〕50号)。
(5)《水利部印发〈关于建立水利安全生产监管责任清单的指导意见〉的通知》(水监督〔2020〕146号)。
(6)《山东省水利厅关于印发〈山东省水利安全生产监督管理办法（试行）〉的通知》(鲁水规字〔2022〕4号)。
(7)《山东省水利厅关于印发安全生产监管责任清单的通知》(鲁水监督函字〔2021〕95号)。
(8)《山东省应急管理厅　山东省高级人民法院　山东省人民检察院　山东省公安厅关于强化企业安全生产主体责任落实的意见》(鲁应急发〔2019〕75号)。

（四）标准规范
SL 721—2015《水利水电工程施工安全管理导则》。

二、充分性及必要性
（一）安全生产责任体系建设的重要作用

安全生产责任体系建设是安全管理领域的重要命题，安全责任体系是安全生产的灵魂，在"五体系"建设中起统领作用。

安全生产责任体系是根据我国"安全第一、预防为主、综合治理"的安全生产方针、"生产经营单位负责、职工参与、政府监管、行业自律以及社会监管"的运行机制，依据《安全生产法》等规定建立的各级部门、单位各部门及各层级人员对安全生产层层负责的制度体系。实践证明，政府部门有了责任心，就能科学处理安全和经济发展的关系，使社会发展与安全生产协调发展；生产经营者有了责任心，就能保证安全投入，制定安全措施，事故预防和安全生产的目标就能够实现；员工有了责任心，就能执行安全作业程序，事故就可能避免，生命安全才会得到保障。

安全生产责任体系有利于增加生产经营活动参与各方的责任感和调动他们搞好安全生产的积极性。只有从上到下建立起严格的安全生产责任体系，责任分明，各司其职，各负其责，将法规赋予的安全生产责任由大家来共同承担，安全工作才能形成一个整体，各类生产中的事故隐患无机可乘，从而避免或减少事故的发生。

建立安全生产责任体系，就是在保障水利生产工作人员的生命安全。明确水利生产相关各方的责任范围，对于水利生产工作人员而言是安全生产的前提。水利工程的安全生产，不是一个人、一个部门能够全盘处理的，只有涉及其中的各部门、人员都有了明确的职责，并且真正的担负起来，工作人员在从事水利生产时才有了一个安全的保障。

建立安全生产责任体系，就是在保障国家的资产安全。安全生产责任体系的建立，能够推动安全生产的落地实施，就能够减少安全事故的发生，一方面可以避免因为事故造成的停工、误工，为水利设施投入生产的时间提供保障；另一方面，减少事故的发生，就是在保护国家的资源、资金安全，让所有的投入发挥出应有的价值。

建立安全生产责任体系，能够明确责任范围，能够降低事故发生的概率并减少事故危害性，把安全生产的红线划到了每一个相关部门、人员的脚下，让安全生产的警钟震响于整个社会的上空。

（二）安全生产责任体系建设的现实意义

1. 中共中央高度重视

安全生产是关系人民群众生命财产安全的大事，是经济社会协调健康发展的标志，是党和政府对人民利益高度负责的要求。党中央、国务院历来高度重视安全生产工作，党的十八大以来党中央对安全生产作出一系列重大决策部署，以习近平同志为核心的党中央对安全生产工作空前重视，习近平总书记多次主持召开中央政治局常委会会议和专题会议听取安全生产工作汇报，作出近百次重要指示批示。

2015年5月29日下午，中共中央政治局就健全公共安全体系进行第二十三次集体学习。中共中央总书记习近平在主持学习时强调，公共安全连着千家万户，确保公共安全事关人民群众生命财产安全，事关改革发展稳定大局。要牢固树立安全发展理念，自觉把维护公共安全放在维护最广大人民根本利益中来认识，扎实做好公共安全工作，努力为人民安居乐业、社会安定有序、国家长治久安编织全方位、立体化的公共安全网。

2016年12月9日，中央发布《中共中央 国务院关于推进安全生产领域改革发展的意见》，是历史上第一个以党中央、国务院名义印发的安全生产文件。

2019年11月29日下午，中共中央政治局就我国应急管理体系和能力建设进行第十九次集体学习。中共中央总书记习近平在主持学习时强调，应急管理是国家治理体系和治理能力的重要组成部分，承担防范化解重大安全风险、及时应对处置各类灾害事故的重要职责，担负保护人民群众生命财产安全和维护社会稳定的重要使命。要发挥我国应急管理体系的特色和优势，借鉴国外应急管理有益做法，积极推进我国应急管理体系和能力现代化。

2020年年初，习近平总书记专门对安全生产作出重要指示，强调生命重于泰山，要求层层压实责任，狠抓整改落实，强化风险防控，从根本上消除事故隐患，有效遏制重特大事故发生。

2. 山东省委、省政府相继出台相关文件

2017年12月4日，山东省人民政府办公厅转发省安监局《关于进一步做好安全生产风险分级管控和隐患排查治理双重预防体系建设工作的意见》。

2016年以来，山东省各级、各有关部门和企业单位认真贯彻落实习近平总书记关于建立风险分级管控、隐患排查治理双重预防性工作机制的重要指示，按照山东省委、省政府关于排查安全隐患防范四类风险专项行动的部署，以及建立完善风险管控和隐患排查治理双重预防机制的工作要求，制定方案、培育标杆、修订法规、出台标准、培训教育，扎实推进风险分级管控和隐患排查治理双重预防体系（以下简称"双重预防体系"）建设，取得了积极成效。

建立实施双重预防体系，核心是树立安全风险意识，关键是全员参与、全过程控制，目的是通过精准、有效管控风险，切断隐患产生和转化成事故的源头，从根本上防范事故，实现关口前移、预防为主，落实政府、部门、企业、岗位全链条安全生产责任制。各级、各有关部门要充分认识做好双重预防体系建设的重要意义，作为新时代抓好安全生产工作、防范各类事故的治本措施。

2018年10月15日，中共山东省委办公厅、山东省人民政府办公厅印发《山东省实施〈地方党政领导干部安全生产责任制规定〉细则》（鲁厅字〔2018〕47号）。

2020年4月17日，中共山东省委办公厅、山东省人民政府办公厅印发《关于贯彻落实习近平总书记重要批示精神进一步加强安全生产工作的意见》，要求把安全生产纳入各级党委（党组）理论学习中心组学习的重要内容，纳入各级党校（行政学院）干部培训内容，每年组织专题学习和培训。各市、县（市、区）政府组织编制实施"十四五"安全生产专项规划，县级以上行业领域主管部门（单位）和省属国有企业在"十四五"规划中设立安全生产专篇。

2021年8月23日，根据《山东省国民经济和社会发展第十四个五年规划和2035年远景目标纲要》《山东省安全生产条例》等法律法规和规范性文件，结合山东省安全生产工作实际，山东省制定了《"十四五"安全生产规划》。以习近平新时代中国特色社会主义思想为指导，全面贯彻党的十九大和十九届二中、三中、四中、五中全会精神，深入贯彻落实习近平总书记关于安全生产工作的重要论述，认真落实党中央、国务院和省委、省政府关于安全生产工作决策部署，坚持人民至上、生命至上，坚持总体国家安全观，统筹发展和安全两件大事，立足新发展阶段，贯彻新发展理念，构建新发展格局，把安全发展贯穿全省经济发展各领域和全过程，持续推进安全生产治理体系和治理能力现代化建设，防范化解各类安全风险，从根本上消除事故隐患，从根本上解决问题，坚决遏制重特大事故，最大限度降低生产安全事故损失，确保全省安全生产形势持续稳定，不断增强人民群众的获得感、幸福感、安全感。

3. 水利部相关文件

2019年4月8日，水利部发布《水利部办公厅关于开展水利工程建设安全生产专项整治的通知》。水利工程陆续开工建设，建设力度不断加强。为全面贯彻落实中央关于江苏响水"3·21"特别重大爆炸事故重要指示批示精神，根据国务院安委会通知要求，针对近年来水利工程建设生产安全事故占比偏高的状况，水利部决定于2019年4—11月，在水利行业开展水利工程建设安全生产专项整治。

2020年8月12日，水利部印发《水利网络安全管理办法（试行）》，为贯彻落实习近平总书记关于网络强国的重要思想，依据《中华人民共和国网络安全法》，水利部网信办组织制定了《水利网络安全管理办法（试行）》（以下简称《办法》），并于近日通过审议印发。水利部部长鄂竟平高度重视《办法》制定工作，多次作出批示指示，提出要抓住用务实手段查找问题"关键"和处罚"要害"，突出问题导向，围绕"办什么——谁来办——怎么办——办得不好怎么处罚"这条主线制定了本《办法》。

2022年3月15日，水利部办公厅作出了《关于近期安全生产事故情况的通报》，要求各地区各单位要高度重视安全生产工作，进一步提高政治站位，认真贯彻落实习近平总书记关于安全生产重要论述，正确处理好发展与安全的关系，坚持底线思维和红线意识，按照"理直气壮、从严从实，责任到人、标本兼治，如履薄冰、守住底线"的要求，从思想认识、组织领导、责任措施等方面落实好安全生产各项工作。安全生产重于泰山，面临稳经济的新形势和保稳定、顾大局的新要求，各地区各单位要把防范化解重大安全风险作为安全生产工作的中心任务，摆在重中之重的突出位置，坚决扛起防范化解重大安全风险的政治责任，克服麻痹思想、侥幸心理，切实杜绝为追求高效率而丧失安全底线的行为。要敢于动真碰硬，以更加有力的措施查大风险、除大隐患、防大事故，督促水利生产经营单位落实安全生产主体责任，确保水利安全生产形势持续稳定，营造安全稳定的环境。

4. 省水利厅相关工作

2016年2月1日，为进一步加强山东省水利工程建设管理，规范水利建筑市场秩序，保障工程建设顺利实施，提升工程质量与安全，山东省水利厅根据国家和省水利工程建设管理的法律、法规和要求，印发《山东省水利工程建设管理办法》。

2017年6月30日，山东省水利厅党组书记、厅长刘中会谈安全生产，要求山东水利系统认真学习贯彻习近平总书记等领导同志关于安全生产工作的重要指示精神，按照水利部和山东省委、省政府的部署要求，以强化水利行业安全生产监管责任落实为核心，查不足、补短板，不断提升水利安全生产管理能力，全行业水利安全生产持续保持良好态势。

2018年6月7日，山东省水利厅厅长刘中会在水利安全生产月谈安全生产，结合山东水利工作实际，要求建设全省"水利安全生产风险分级管控和隐患排查治理双重预防体系"，推动水利安全生产从治标为主向标本兼治、重在治本转变，对于从根本上防范水利安全生产事故发生至关重要，必须摆在重要位置来研究、推进和落实。

2021年9月27日，山东省人民政府印发《山东省"十四五"水利发展规划》，在基本原则中提到，要防控风险，保障安全。落实国家安全战略，树牢底线思维，强化风险意识，把安全发展贯穿水利发展各领域和全过程，加强水安全风险研判、防控协同、防范化解机制和能力建设，最大程度预防和减少突发水安全事件造成的损害，筑牢水安全屏障。

2022年8月5日，为加强全省水利行业安全生产监督管理，防范和遏制水利生产安全事故，根据《中共中央国务院关于推进安全生产领域改革发展的意见》有关规定和《中华人民共和国安全生产法》《山东省安全生产条例》《山东省生产安全事故应急办法》《山东省生产安全事故报告和调查处理办法》等有关法律法规，山东省水利厅印发《山东省水利安全生产监督管理办法（试行）》。

第三节 责任体系创建

一、水利安全生产责任体系建设总体思路

安全责任体系是安全生产的灵魂，是水利系统做好安全工作的前提。水利系统各级各单位持续把健全安全生产责任体系作为工作重点，将安全生产责任落实到每个岗位，每一个人，压实安全生产责任。一要进一步落实水利安全生产监管责任。按照"一岗双责""三管三必须"的要求，坚持综合监管与专业监管有机结合，发挥各专业科室单位熟悉业务、精通管理的专业优势，坚持将安全生产工作与各项业务工作同时安排部署、同时组织实施、同时督促检查。二要落实水利生产经营单位安全生产的主体责任。督导各水利生产经营单位严格实行全员安全生产责任制，建立"层层负责、人人有责、各负其责"的安全生产责任体系，加强对关键区域、高危领域、重要时段、薄弱环节等安全管理工作的组织领导，确保主要负责人亲自抓，分管负责人具体抓，其他负责人同时抓，不留安全死角。三要建立健全全员参与、全过程控制、全方位管理的监管体系。发动全员、全部门、全单位参加，依靠科学的程序和方法，织密监管网络，实现水利安全生产全覆盖、无缝隙、网格化监管。根据"分级负责、属地监管为主"的要求，按照管理权限负责安全生产监督管理工作。

（一）监管责任

1. 政府领导责任

依据《安全生产法》，安全生产工作坚持中国共产党的领导；国务院和县级以上地方各级人民政府应当加强对安全生产工作的领导，建立健全安全生产工作协调机制，支持、督促各有关部门依法履行安全生产监督管理职责，及时协调、解决安全生产监督管理中存在的重大问题。

各级党委和政府发挥其在安全生产工作中的领导地位，认真贯彻执行安全生产方针，在统揽本地区经济社会发展全局中同步推进安全生产工作，定期研究决定安全生产重大问题。加强安全生产监管机构领导班子、干部队伍建设。严格安全生产履职绩效考核和失职责任追究。强化安全生产宣传教育和舆论引导。发挥人大对安全生产工作的监督促进作用、政协对安全生产工作的民主监督作用。推动组织、宣传、政法、机构编制等单位支持保障安全生产工作。动员社会各界积极参与、支持、监督安全生产工作。

地方各级人民政府把安全生产纳入经济社会发展总体规划，制定实施安全生产专项规划，健全安全投入保障制度。及时研究部署安全生产工作，严格落实属地监管责任。充分发挥安全生产委员会的作用，实施安全生产责任目标管理。建立安全生产巡查制度，督促各部门和下级政府履职尽责。加强安全生产监管执法能力建设，推进安全科技创新，提升信息化管理水平。严格安全准入标准，指导管控安全风险，督促整治重大隐患，强化源头治理。加强应急管理，完善安全生产各类体系建设。依法依规开展事故调查处理，督促落实问题整改。

当前安全生产形势比较稳定，但仍然严峻，重特大生产安全事故时有发生，安全生产仍然是经济社会发展的薄弱环节。而地方党政领导干部是安全生产工作的"关键少数"，他们的安全生产红线意识强不强、责任清不清、落实严不严、问责到不到位，将直接影响一个地区的安全生产形势是否稳定。应准确抓住"关键少数"，压实领导责任，推动落实"促一方发展、保一方平安"的政治责任。

党政领导班子中其他领导干部则要按照职责分工承担支持保障责任和领导责任。要组织分管行业（领域）、部门（单位）健全和落实安全生产责任制，将安全生产工作与业务工作同时安排部署、同时组织实施、同时监督检查。要组织开展分管行业（领域）、部门（单位）安全生产专项整治、目标管理、应急管理、查处违法违规生产经营行为等工作，推动构建安全风险分级管控和隐患排查治理预防工作机制。

压实地方党政领导干部责任，是安全生产责任体系的重要组成部分，但不是全部。但是能充分发挥地方党政领导干部这一"关键少数"的作用，强化党对安全生产工作的领导，推进安全生产依法治理，最终促进生产经营单位落实安全生产主体责任。

2. 部门监管责任

《安全生产法》第十条第二款规定："国务院交通运输、住房和城乡建设、水利、民航等有关部门依照本法和其他有关法律、行政法规的规定，在各自的职责范围内对有关行业、领域的安全生产工作实施监督管理。"就是要求政府有关部门，必须对其行业管理职责范围内的安全生产工作实施监管，即管行业必须管安全。因为安全生产涉及各行各业的生产经营单位，领域十分广泛，各行业的情况和特点又有很大的差别，其安全生产监督管理也具有很强的专业性。因此，安全生产监督管理还必须充分发挥专门的行业安全生产管理部门的优势和作用。否则，很难体现专门行业安全生产管理的特点，安全生产监督管理的目标也很难实现。

水利部部长李国英在安全生产工作会议上强调，安全生产是民生大事。要始终坚持人民至上、生命至上，坚持统筹发展和安全，把防范化解重大安全风险作为重大政治责任，时刻绷紧安全生产这根弦，以"时时放心不下"的责任感和更严更细更实的作风，压紧压实安全生产责任链条，毫不松懈地抓细抓实各项安全防范措施，牢牢守住水利安全生产底线。

（二）生产经营单位主体责任

1. 落实安全生产主体责任，是生产经营单位依法经营的重要体现

《安全生产法》明确规定，生产经营单位必须完善安全生产条件，确保安全生产；生产经营单位主要负责人对本单位安全生产工作全面负责。这些规定和要求，集中反映了生产经营单位与安全生产的关联，反映了生产经营单位在安全生产方面的主体地位和主体责任。

2. 落实安全生产主体责任，是以人为本基本原则的具体体现

安全生产是生产经营单位，特别是生产经营单位负责人的一项重要职责，要努力增强全体员工的安全生产自律意识，提高安全素质，让员工真正确立安全就是财富，安全就是

幸福的观点,从而形成人人关心安全,事事注意安全,齐心协力确保安全的氛围。做到"不伤害自己,不伤害他人,不被他人伤害"。只有全体员工自警、自律意识和自防、自救能力增强了,安全生产才有可靠的基础。生产经营单位要实现"以人为本"的基本原则,就应做到:第一,自觉坚持"安全第一、预防为主、综合治理"的方针,始终如一地遵守国家的法律法规,无论在顺境还是逆境的情况下,都要保持清醒的头脑,始终把安全生产放在第一位。确立安全就是效益的理念,做到资金安排以安全为首,时间安排以安全为先,精力安排以安全为重,人员安排以安全为需,归结到一点,一切生产和工作以人为本,以安全为天;第二,主动吸取别人经验教训,争取政府和社会的帮助。在具体措施上,事事处处体现保护人、激励人、管理人的原则,使生产经营单位的每一个人都成为安全生产的维护者和促进者;第三,持之以恒,坚持不懈。生产经营单位的安全状况会受人、设备、设施、环境等生产经营要素的影响而产生变化,因此,安全生产要常抓不懈,与时俱进。思想认识上警钟长鸣、制度保证上严密有效、技术支撑上坚强有力、监督检查上严格细致,事故处理上严肃认真。真正做到抓在点子上,落脚到实处。

3. 落实安全生产主体责任,是生产经营单位发展的内在需求

纵观安全生产发展的轨迹,所发生的各类生产安全事故,绝大部分是责任事故。而责任事故中绝大部分是由于违章指挥、违规作业、违反劳动纪律这三种现象造成的。一些生产经营单位由于重、特大生产安全事故频繁发生,给自身带来无可弥补的巨大损失,他们重新认识到:为了生产经营单位的长期发展,必须寻求治本之策。一是安全生产必须从生产经营单位的基础工作抓起。抓基层打基础,就是要落实安全生产主体责任,建立健全安全生产责任制度。生产经营单位的主要负责人应对本单位的安全生产工作全面负责,其他各级管理人员、职能部门、技术人员和各岗位操作人员应当根据各自的工作任务、岗位特点,确定其在安全生产方面应做的工作和应负的责任,并切实与奖惩制度挂钩,进行硬激励。二是要依法经营。因为《安全生产法》等法律、法规、标准早已指明了安全生产的具体方法和途径,只要照此办理就不会发生大的问题。三是加强生产经营单位管理,尤其是安全生产的计划、组织、指挥、控制、协调等各项管理工作。特别要注重尊重科学,探索和把握规律,运用安全目标管理、事故预测、标准化作业、人体生物节律等安全生产现代化管理方法,更为有效地做好安全生产管理工作。四是必须重视安全投入,完善安全生产条件。生产经营单位必须具备保障安全生产的各项物质技术条件,其作业场所和各项生产经营设施、设备、器材和从业人员的安全防护用品等,必须符合安全生产的要求。要实现上述保障,安全投入必不可少。生产经营单位是安全投入的责任主体,持续、稳定的安全投入,是实现安全生产的重要保障。同时,实施科技兴安战略,科技支撑安全生产,完善安全生产技术规范和质量工作标准,加强安全技术人才培养和职工安全技能培训,真正达到生产经营单位安全文化的积淀和提升,方能形成坚固不破的安全防线。

二、责任体系建设现状及存在的问题

(一)我国安全生产责任体系监管模式架构

2021年9月1日起施行的《安全生产法》第三条规定:"安全生产工作实行管行业必须管安全、管业务必须管安全、管生产经营必须管安全,强化和落实生产经营单位主体责任与政府监管责任,建立生产经营单位负责、职工参与、政府监管、行业自律和社会监督

的机制。"构建基于这个机制的监管模式,既是《安全生产法》明文确定的发展目标,也是现实中各级政府着力追求的迫切需要。

该监管模式的核心要旨主要体现为两个方面:①要明确压实生产经营单位作为责任主体的安全生产责任,这是首要的、也是最为关键的,在实践中,这方面的责任,通常称为落实生产经营单位安全生产主体责任;②需要调动包括生产经营单位职工、政府部门、行业协会、社会组织等在内的多方,通过彼此间的通力协作,确保安全生产责任制的真正落实。但在实践中,从生产经营单位职工、政府部门、行业协会、社会组织等四方的职责定位及其自身所掌握的资源与权力而言,职工与行业等社会性参与处于较为弱势的状态,真正起重要、关键作用的是政府部门,甚至政府仍然是安全生产问题的唯一监管者,因此,现实中通常要求强化政府作为监管主体的安全生产监管责任。

在生产经营单位主体责任方面,综合《安全生产法》《中共中央、国务院关于推进安全生产领域改革发展的意见》《全国安全生产专项整治三年行动计划》(安委〔2020〕3号文)等政策性文件,可以简要概括为以下三点:①形成生产经营单位全员安全生产责任制度,明确从法定代表人、实际控制人等主要负责人、分管负责人、生产经营单位职能部门负责人、班组及相关技术岗位人员的权利与责任;②构建科学、系统的生产经营单位内部安全生产规章制度与操作规程;③建立适合生产经营单位自身风险管控与管理组织架构的现代安全生产管理体系。目前,我国各行各业的诸多生产经营单位,尤其是国有企业在落实生产经营单位安全生产主体责任方面已有显著成效,并形成了一定的成果与经验。

在政府监管主体方面,目前地方各级政府在落实监管主体时所采取的方式主要是形成"党政同责、一岗双责、齐抓共管、失职追责""管行业必须管安全、管业务必须管安全、管生产经营必须管安全"的政府部门监管责任体系,明确地方与部门的监管责任,以此用责任倒逼政府注重安全监管的履职。《中共中央 国务院关于推进安全生产领域改革发展的意见》将政府部门划分为4类,明确了其对应的安全生产监管职责。

综合分析目前安全生产责任制的落实措施可以发现,无论是生产经营单位的责任主体,还是政府的监管主体,往往都注重于各自内部责任体系的建立,缺乏对政府与生产经营单位之间双层结构的内部联系的纵深思考,在实践中往往呈现出主体责任下沉,层层加码的现象。

(二)监管责任模式面临的现实困境

目前我国已形成较为庞大的安全生产法律法规体系,无论是生产经营单位责任主体,还是政府部门监管主体,在落实各自安全生产责任时,都应当以这些规范体系作为其行为规则,除此以外,相关法律法规之间的协调性与可执行性上也存在相应的问题。

1. 安全生产法律法规本身

不同于民法、刑法等传统部门法,安全生产法律法规规章的立法往往具有应时性的特点,其发端或是基于特定事件,或是基于特定时期,这就往往会出现不同时期,由不同的部门对同一事实进行立法调整的现象,导致法律法规之间存在交叉或冲突的现象。如《安全生产法》第二条规定,道路交通安全事项可以另行规定单独调整,而《道路交通安全法》等交通安全法律法规中则并未对运营性车辆安全运行予以专门调整,当运营性车辆因组织管理失范,出现运营性事故时,能否依据《安全生产法》追究运营生产经营单位的安全生产主体责任,就在司法实践中就出现了诸多争议。

此外,法律法规为了维持法制权威,其规范难免存在滞后保守的特点,在安全生产领域难免出现与现场安全生产现实脱节的问题,当然这是法律法规本身之秉性难以克服。但过于庞杂的法律法规规章体系则会导致立法活动杂乱无章,立法规划不成系统的问题。这一点在标准制定上尤为明显,标准制定往往无法跟上技术更新的节奏,却要对其予以约束,致使在很多时候,这些法律规范会存在不可操作性和偏离实际的问题。

总体讲,我国的安全监管模式以禁止性规范为形式,采取强制性法律效力的行政行为为主要抓手,在实践中形成了一种政企之间"命令—控制"的硬性规范调整模式。根据《安全生产法》与相关行业性单行法,对生产经营单位的安全生产主体责任形成了一系列的约束性规范要求,对此总结为以下几个方面。①根据人民生命至上、"三管三必须"等重要安全生产论述,满足依法落实安全生产管理与风险防范化解机制等总体性要求。②建立安全生产管理机构及安全管理人员的管理体系,且应当符合相应的设立条件、职责、从业资格、素质及安全教育培训等具体规定。③在基本要求方面,应当满足关于生产经营单位的安全投入;安全生产责任制的考核落实;建设项目安全设施的"三同时";建设项目的安全评价;水利工程等建设项目安全设施的设计审查和竣工验收;教育和督促从业人员遵章守纪;劳动防护用品;工伤保险与安全责任保险等8个方面的基础要求。④落实关于安全警示标志、设备、危险物品、安全距离和安全出口、重大危险源、事故隐患排查治理、危险作业、交叉作业、租赁承包、现场安全检查等现场管理的规范性要求。⑤根据应急救援和事故处理的相关规定,建立相应的应急处置机制与事故调查处理机制。

这样的监管模式固然有其优势,例如:安全生产标准化、风险管控和隐患排查治理双重预防体系、突发事件应急管理等规则都相对完整、具体。生产经营单位安全生产接受多部门、多方、多领域全面监管,政府对生产经营单位的监管方式也有培训、检查、考核、文件、活动等多种方式。但是,从安全生产监管的目的出发,任何形式的监管都是为了降低事故发生率,尤其是遏制重特大事故的发生。这样的法律效果是很难达到的,尤其是在政府指令性法律法规的监管模式下,这一目的更难实现,各行业、生产经营单位因为各自的生产经营和单位规模等千差万别,事故风险也各有不同,而法律法规不可能穷尽各行各业的风险,一套规范很难对所有行业生产经营单位的安全生产实现有效监管,进而防控事故的发生。

其次,详尽的硬性规范体系也未必能有效监管,防控生产安全事故的发生。生产经营单位知道法律确定的生产规范,未必不会质疑规范的合理性;生产经营单位接受政府的行政处罚,未必不会质疑处罚的合理性;即使规则和惩罚都有合理性,生产经营单位自身也未必有能力和意愿依规范生产。监管体系往往要求监管机构和生产经营单位配备完善的安全管理机构,大中型生产经营单位资源相对充足,安全投入能够得到保障,建立完善的安全管理机构、配备充足的安全管理人员还相对容易;但是一些中小生产经营单位本就资源不足,难以保障机构和人员的完善,与其经营利益相冲突更使其不愿为安全生产付出如此多的成本,长此以往,主动安全意识越来越差,安全生产工作更是流于形式,应付监管,就更容易存在安全隐患,进而引发安全事故。

2. 政府监管责任设定

根据《安全生产法》设定的事故责任追究制度，对涉事项目进行审查批准和监督职责的行政部门及相关人员也应追究其法律责任。各地安全生产责任制的实践中，也大都强调将责任落实于基层政府与职能组织，并将这些举措作为落实政府监管主体安全生产责任的主要抓手。但这样的规范与举措是有违法理的，责任主体应当与行为主体相一致，涉事生产经营单位作为事故发生的行为人理应作为首要的责任承担者。

尽管政府安全监管可以起到外部抑制的效果，但也只能在其存在腐败行为或蓄意犯罪的情况下追究其责任，以简单的监督不力就追究行政人员的责任就导致责任分配失衡的结果。现实中，这对基层安全监管人员相对不公平，一方面由于职能划分以及生产经营单位经营自主权的存在，安全监管人员无法对生产经营单位运行的方方面面予以掌握；另一方面其也没有足够的精力与财力对辖区所有生产经营单位的风险状况事无巨细地认知。在这种权责不统一的情况下，面对事故，动辄追究安全监管人员的相关法律责任，甚至是刑事责任，对政府安全监管人员造成极大压力。

（三）生产经营单位落实安全生产主体责任

1. 利润最大化

现实中，当承担安全生产主体责任与生产经营单位追求利益发生冲突时，生产经营单位的经济本性可能对履行安全生产主体责任产生抗拒，或明或隐用不同手段来降低承担责任方面的付出。一是对安全生产主体责任重要性的认识在生产经营单位层面上已形成共识，但思想深处仍过多把生产经营单位的生存发展、利润第一摆在主导地位，甚至是唯一目标，表面上都认为重要，决策时将安全生产主体责任视为纯粹的负担，尤其是处于资本原始积累的生产经营单位，受经济利益驱动，忽视法律法规要求，将严格安全条件视为对生产经营单位过于苛刻；二是在实践中重生产轻安全不同程度存在。例如，为完成生产指标任务，抢时间超能力生产比较普遍，对安全生产凑合应付态度不同程度存在，遇到安全检查不过关、发生事故要受到处罚时，第一反应要靠关系运作规避责任过关。

2. 选择性执行或打折执行

部分生产经营单位及时获取安全生产法律法规规章的渠道缺失或渠道不畅，有的生产经营单位没有从制度上按法规要求安排相对固定人员从互联网等渠道收集国家最新安全生产法规标准规范性文件、事故信息通报等；还有些生产经营单位即使获取法规标准信息但执行力不强还比较普遍。相关制度建立台账有备可查实为换取证件应付检查；责任制、制度上墙不上心，检查教育培训流于形式，现场管理混乱，"三违"现象比较普遍，特种设备检验不规范，超期未检现象不同程度存在。

3. 安全生产管理水平

部分生产经营单位安全管理基础薄弱，未建立安全生产标准化管理体系，不知道利用系统管理原理、人本管理原理、效益管理原理来加强日常安全生产管理，管理侧重于经验型为主，管理的目的是为应付监管部门检查，政府监管严生产经营单位管理加强，政府监管不严生产经营单位管理滑坡，管理没有体现预防为主的理念做到关口前移，主动作为，被动式管理现象普遍。

4. 落实安全责任

政府监管责任重重加码的同时，生产经营单位的违法成本基本不变。我国政府监管目前仍然主要是"命令—控制型"的监管模式，即运用检查、处罚等强制性手段，评价生产经营单位安全生产的运行情况，是由我国安全生产法律法规规章体系所确定的强制性的规范体系所决定的。生产经营单位在面对这些硬性规范调整时，处于一种被动响应的方式。在现实中就出现了两种情况：一方面由于我国是多个部门共同负责安全监管的职责，但多个部门间的横向合作并不完善，在实际监管过程中，存在大量行政监管的交叉重叠，生产经营单位需要接受大量检查；另一方面，多个部门的检查报告所要求的整改措施与项目各有不同，标准亦不统一，在一定程度上又进一步增加了生产经营单位的负担。当生产经营单位考虑其合规成本大于其违法成本时，就会采取运用形式化的"痕迹"管理或针对性地"应付式"管理落实所谓的主体责任，而安全管理水平则没有实质性提高，事故率仍然未能降低。国家各级法律法规都对生产经营单位的安全准入、安全培训、安全生产责任制、安全文化建设等作出了定性或定量的要求。然而，这些要求对生产经营单位却逐步变成了一种繁多的文本工作。生产经营单位的安全管理人员几乎都在忙着进行痕迹管理，制定各类安全管理、制度文件和各类虚假的周报表、月报表来避免责任。痕迹管理引发的形式主义在很多生产经营单位相当常见，每当政府监管人员进入检查时，能发现各类安全检查表、安全培训记录和规章制度都很完善，而进入作业现场时，很多地方仍然存在着设备设施的安全隐患以及作业人员的不安全操作等。还有一种普遍的现象是，安全培训都是为了应对监管要求开展的，当政府的监管人员进行检查时，也只是检查是否有安全培训的相关记录，对于安全培训的内容，方式和效果是不进行考核的。因此，安全培训经常是主管安全的人员甚至是临时拼凑的员工作一场安全的演讲就可完成要求。繁多的文本工作使得形成了越来越多的文件，生产经营单位面临着文本工作的巨大负担，几乎都无暇把时间放到安全管理上，因而其安全管理水平并没有得到本质的提高，事故率仍然高居不下。

（四）社会化服务机构存在问题

一是社会化服务机构依法从业意识不强，某些中介服务机构法律意识比较薄弱，个别行为超出了相应许可范围，社会化服务机构的规范化建设存在相当大的问题，甚至有的还会用一些没有相关资质的人来进行业务的开展，除此之外有一些中介会通过压低价格等方法来进行一些不正规的竞争，破坏了市场的秩序。

二是社会化服务机构技术服务能力不足，部分中介服务机构存在专业技术人员数量不足的问题，部分从业人员不注重专业能力提高和知识更新，这些因素导致技术服务能力不能满足工作需要。使得在现场服务过程中，社会化服务机构工作人员专业符合度不高、现场工作经验不足，不能提出针对性强的措施和建议，评价结论过于笼统。

三是在管理过程疏松，社会化服务机构对自身工作职责定位不准确，没有充分认识社会化服务的特殊性和重要性，服务意识不强。日常对生产经营单位的帮扶工作中存在着对规范要求把关不严格，制度管理不完善，检测和评估质量的执行过程不规范、服务结果与实际上的情况并不相符等问题，甚至有一些中介机构只是按部就班的在表面上下功夫，并不实际深入到具体实际中，在出具评价报告时甚至完全照搬照抄，同时报告中还存在文字错误、计量单位不统一等问题。

三、促进责任体系落实的对策分析

生产经营单位要通过建立生产经营单位安全文化，加强全员安全意识和安全责任的培育、健全完善安全生产管理，完善安全生产责任体系，在生产经营单位内部形成人人承担安全生产责任的机制。与此同时，在外部，国家社会要进一步通过健全完善安全生产法律法规标准规范、强化政府科学监管、营造良好的政策环境、发挥媒体社会的监督作用，为生产经营单位履行好安全生产主体责任营造良好的内外部环境。责任体系落实对策见图 5-1。

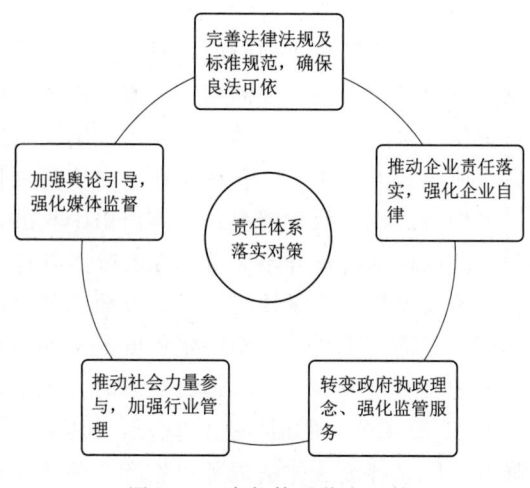

图 5-1 责任体系落实对策

（一）完善法律法规及标准规范，确保良法可依

1. 加强立法保障工作

法律是治安之重器，良法是善治之前提。安全生产立法应该突破社会经济发展水平及认识深度的瓶颈，突破立法过程中部门利益的顽疾，当前应从以下几个方面进一步完善。

应进一步解决综合性法律的法律地位问题。安全生产法是综合性的法律，应当涵盖和规范安全生产所有的领域，其综合协调和基干法律作用应明确，应增加衔接性的条款，界定清晰安全生产法与消防法等涉及安全生产专项法律的关系，为相关行政法规和部门规章的制定提供法律依据。应理顺安全生产监督管理部门与其他负有安全生产监督管理职责的部门的权责关系，阐释清楚综合监管、分工负责、一岗双责的区别与联系。应推进立法工作与时俱进和社会发展相适应。应从法律上强化经济处罚威慑调节的作用。

立法要有科学性，不能脱离社会生活实际。法律是社会经济健康发展的保证，立法来源于社会生活实践而不是超越生活现实，不能脱离安全生产实践，在保证安全的前提下，法律条文的制定要充分考虑行政相对人的利益和其他利益者利益的结合，法规的出台，都应当是一个科学决策的过程，既要有客观的事前调研考查，又要有非主观的前瞻性预测。

2. 建立健全安全生产标准规范修订机制

安全生产标准是生产经营单位安全生产工作的重要技术管理规范，是保障安全设施、设备、仪器、仪表、器材有效可靠的依据，是政府依法行政和履行监管监察职责的技术依据，建立健全安全生产标准规范修订机制，以保证适应安全生产新要求和生产经营单位实际发展需求。

因此，政府有必要制定国家标准规范执行效果定期评估修改机制，并及时对现行相关标准规范进行修订完善或将有关行业标准上升为国家标准，适应安全生产的需要，以便生产经营单位履行主体责任有标可依，便于生产经营单位遵照执行，主动落实好在安全投入等方面的主体责任，便于设计、评价等专业机构依规服务，有章可循，便于政府部门照规进行监管。

（二）推动生产经营单位责任落实，强化生产经营单位自律

生产经营单位应当高度重视履行安全生产主体责任，按照标准化建设要求，利用系统管理原理、人本管理原理、效益管理原理来加强日常安全生产管理，克服自身管理水平低下短板，解决不会管的问题，通过安全管理等积极措施促进主体责任的落实。

1. 积极构建安全责任文化氛围

生产经营单位要培育安全责任核心价值理念，打造生产经营单位安全责任文化，在高度的安全责任文化氛围影响下，激发生产经营单位法人规则和责任意识来提高主体责任的内驱力，潜移默化地影响生产经营单位的从业人员在日常生产活动中树立安全责任意识，自觉注重安全，减少不安全行为，确保利益不受损失，提升竞争力。

用安全责任文化培育法律法规意识。改变生产经营单位对政府依赖性强的现象，改变安全管理不到位、法律意识不强、发生生产安全事故，给社会、单位和个人造成难以挽回的损失时认为责任主要在政府的思想观念。强化生产经营单位的法人和法人所领导的团队法治理念养成。在单位违法违规受到处罚时，首先应将法规条款与违法违规行为进行对比或正当提出诉求维护法定权益，而不是第一反应通过政府领导对执法部门进行干预来避免受到处罚。强化员工法治责任意识养成。利用报刊、宣传栏、网络等方式，宣传安全生产法等有关法律法规，使单位管理层和员工知晓其法定权利和责任，依法建立各项制度，依法正确地履行责任和行使权力，并转化成为自觉的行为。用安全责任文化提升责任意识。生产经营单位在生产经营中，应该制定安全生产主体责任战略，将安全生产主体责任理念融入生产经营单位的各个环节中，主要表现在，设置安全管理机构、配置安全管理人员、组织参加安全培训、隐患排查治理等。生产经营单位出现生产安全事故时，不管影响有多大，不管是在内部和外部，都需要站在公众的角度，来处理责任落实的问题。正面的安全生产责任信息，只要通过各种途径传播开来，就会被更多的公众和其他单位公关团体所看到，从而塑造良好的生产经营单位责任形象。

2. 强化生产经营单位内部监督与管理

生产经营单位员工保护自身安全能力和水平的提升，可以有效监督安全生产主体责任的履行。安全监管部门当前很重要的一项任务就是引导职工正确行驶法律给予他们的保障权利，提高职工与单位就安全条件进行谈判的实力，留有职工能反映的渠道并确保畅通，监管部门对反映问题进行处罚，增强职工的自我保护意识，从内部建立监督制约力量。

发挥工会的安全监督和服务职能可以保障安全生产主体责任的履行。《安全生产法》第七条规定工会依法对安全生产工作进行监督，从法律层面上规定了工会在生产经营单位运营及安全生产工作中的权利，实践中，工会在这方面发挥的作用极其有限，甚至是缺位，如工会职责仅局限于组织体育比赛、福利发放等。生产经营单位工会应该在履职尽责上、在协助生产经营单位领导层发展、维护职工安全生产权益上有所作为。工会要提高履职能力，要学习《安全生产法》《劳动法》等法律法规方面的安全条款和知识，经常深入生产一线，熟悉车间岗位生产状态，熟悉安全管理过程，研究单位履行主体责任存在的问题及解决问题的途径，进而推动单位将主体责任理念融入生产经营单位规划和日常安全管理过程中，确实做到树立安全红线意识，安全发展、以人为本，确保在生产经营过程中的

安全投入，保障安全条件符合法规标准要求，保护职工职业健康及生产安全。工会要履行好监督职能，按照《安全生产法》的要求，严格执行《工会劳动保护监督检查员工作条例》，通过参与单位安委会议安、目标考核评价等来监督单位安全生产政策的决策制定，组织安全生产大检查，监督生产经营单位安全投入安全管理过程执行情况，及时将检查发现的问题向单位进行反馈并提出合理化建议。工会要发挥培训优势，通过组织工人开展各种技能大赛、劳动竞赛、安全卫士评比、技术革新等活动，提高员工岗位专业技能、安全专业知识、风险防范意识、事故应急处置能力。引导和鼓励员工积极主动参与单位安全生产管理和隐患排查治理工作，自觉杜绝"三违"行为，减少安全损失；引导员工关注单位安全生产主体责任，抛弃事不关己的认识误区，形成人人都有责任的共识，并自觉参与推动单位安全生产主体责任的落实上来，将个体责任履行作为一种自觉行动。

3. 强化生产经营单位安全生产责任的执行力度

严格按行业标准化实施方案，提升生产经营单位管理水平，确保涉安法规政令在生产经营单位依法贯彻，确保责任制定全覆盖，责任落实层层有保障，强化日常运营管理，重点从以下几个方面强化和执行。

建立层层责任制并制定对应的评估奖惩机制可以保证责任的落实。构建安全生产长效机制，前提是要构建有力、有效的安全生产责任落实机制，因此，生产经营单位要根据法律法规规定和权责利相对应原则，建立横向到边、纵向到底的安全责任网络，明确从主要负责人到一线员工的安全责任、岗位安全职责和一岗双责，将安全责任细化、量化、具体化，使单位每一名员工清楚知道自身安全职责，确保每一项管理指令都能层层传递，得到严格执行。其次，生产经营单位还要建立安全奖惩机制，对安全生产工作突出的单位和个人进行奖励，对违规规章，不遵守安全规章制度的予以惩罚。再次，完善责任追究制度，对单位各层次的责任主体因安全生产工作不落实或落实不到位，被监管部门行政警告处罚或媒体曝光，以及发生生产安全事故的，应确保责任惩戒追究到位。

配备称职专业安全管理干部，确保安全管理网络体系有效发挥作用。"当正确的政策方针制定之后，干部是关键"，生产经营单位应当依法设置安全生产管理机构或配备专职安全生产管理员，明确包括及时获取政府涉安信息的职责。要保证安全管理机构人员能够真正起到会管安全的作用，能够确保国家安全生产方面的政策法规标准能及时贯彻到单位，能确保安全生产工作抓得实，能够及时发现安全生产工作中的问题和存在的隐患，并督促整改隐患，需要从事安全生产管理的人员具备与单位赋予其安全管理责任相匹配的能力和资质，能够指导单位安全生产工作。人员的配置必须称职，确保具备履行法律法规及单位规定责任的能力。

严格执行"三同时"制度确保实现生产经营单位本质安全。"三同时"可以从源头上确保安全条件符合法律法规的要求，从而实现本质安全，从而避免因安全条件引发的生产安全事故，保障作业人员的安全和健康。现实中，相当数量生产经营单位不重视"三同时"工作，钻政府招商的空子，要求在设立、审批等环节给予照顾，先建后批，很多项目建成隐患重重，整改困难重重，既不合法，又增加生产经营单位自身整改资金负担。因此，单位要对"三同时"有一个正确的认识，从项目的设立开始严格执行"三同时"制度，依法设立，依标准进行设计，严格按设计进行施工，避免先上车后买票、选择外行做"三同时"服务审查额外增加生产经营单位的负担。

加强安全培训和风险辨识来提高安全生产的管控风险的水平。从各类型事故原因分析来看，安全意识薄弱、防护知识的缺乏，是各类安全事故发生的主要原因，生产经营单位要履行好安全主体责任，在很大程度上有赖安全培训教育这项工作的根本改观。生产经营单位要从加强安全生产法律法规标准规范的宣传培训入手，营造全员关爱生命、关注安全的良好氛围，要确保三级安全教育、"四新"教育工作落到实处，通过宣传培训，提高单位主要负责人的安全素质，树立安全发展、安全生产的观念，促进安全生产工作落到实处。通过宣传培训，使从业人员熟悉岗位操作规程，熟悉岗位安全风险，提高风险防控能力，从而避免"三违"发生。

强化隐患排查治理闭环，确保安全检查隐患整治到位。事故源于隐患，隐患不除，事故未已，要从预防为主的角度，树立隐患就是事故的理念，思想的误区就是隐患的观念，确保从思想上重视隐患排查工作，行动上做到有患必除。对于排查隐患，按照"五落实、五到位"原则，做到关口前移，隐患排查不放过任何一个角落和环节。一是生产经营单位要安排人员定期如实上报隐患排查情况；二是建立隐患挂牌督办制，对排查出的重大隐患、难以治理的隐患实现领导包办负责制，明确分包领导、明确整改时限、明确治理各方责任；三是双向验收。隐患所在单位对隐患整改负责，生产经营单位安全监管单位又对整改情况进行验收，双方签字确认整改完毕。

提高应急演练和救援处置能力，可以提高事故响应处置及减损的能力。应急和救援处置是减少伤亡，降低事故损失的最后一道关口，确保应急处置装备时时处于完好有效状态，定期进行检查，及时发现问题，要加强应急演练，确保现场人员能知道应急常识，熟练使用应急器材，会进行应急处置。要建立定期评估应急力量的机制，定期检查应急器材，完善制度并建立台账。另外，单位还要对员工进行急救知识的培训，例如烧伤、心肺复苏、腰部骨折方面的急救知识，正确的急救处置可以节约宝贵的时间，并减少无谓的损失。

(三) 转变政府执政理念、强化监管服务

1. 树立科学可持续发展观

习近平总书记及党中央已明确安全生产、维护社会安定、保障人民群众安居乐业是各级党委和政府必须承担好的重要责任。全社会安全发展的氛围从国家层面已经形成。各级地方党委、政府发展理论必须要跟上中央的步伐，要坚持安全发展理念，树立红线意识，坚持人民利益至上，以可持续发展的视角看待社会经济发展与GDP关系，正确处理经济发展与安全可持续发展的关系。要把一岗双责、党政同责、失职追责融入执政理念中，确实从制度上厘清党委、政府、部门与生产经营单位在生产安全事故中的责任界限，厘清综合监管与专业监管、综合工作与专业监管在生产安全事故中的责任界限，做到权责对等，避免事故后受囚徒困境思维影响，事故后政企抱团规避责任，不利于吸取事故教训，不利于主体责任的落实。

2. 优化安全生产责任政策保障体系

政府是市场经济健康发展的保护者，一方面通过对生产经营单位的安全监管促使生产经营单位落实安全生产主体责任，加大安全投入，强化安全管理；另一方面，政府还能够根据社会经济发展及安全生产形势主动出台一系列安全生产政策，推动引导生产经营单位重视安全生产，履行好安全生产主体责任。

地方政府可以结合当地产业政策对相关生产经营单位在贷款、土地、税收等方面给以一定的政策扶持，提倡节能减排，对落后产能淘汰政策进行补偿。也可以加大对安全科技研发的支持力度，对安全技术研究应用的资金投入和政策予以重点支持，从政府层面推动由科研、院校和生产经营单位参加的研发团队，加大安全生产、安全措施方面新技术、新设备的研发速度等。政府的市场经济宏观调控作用可以通过安全产业发展战略的制定吸引更大资源投入，在促进安全保障的基础上，促进社会其他产业的发展，为生产经营单位提供更多的安全控制、监控等自动化设备产品。

3. 构建监管者与监管对象之间的互信机制

任何监管制度难免要面临监管机构与监管对象的自利性风险。监管机构的自利性来源于两个方面：一是政府组织自身的内部性失灵，帕金森定律揭示了政府组织本身具有不断扩张的倾向，政府监管的范围必然会逐步扩张；二是利益集团理论表明政府组织本身也是一个利益集团，也具有自身的利益追求。

我国的监管体系监管权集中，并且因为缺乏制约机制而越来越集中，使得政府本就有的利益倾向更加明显。而对作为监管对象的生产经营单位而言，其自利性特征更加明显，尤其是对于传统工业生产经营单位而言，防范风险对于经济效益的最大化实现无疑会产生影响。在双方主体的自利性特征下，就使得我国的监管方式总是以强有力的外部管控手段实现目标为逻辑。因而，在我国生产安全事故频发和监管风险增加的情况下，对于监管对象的信任很难建立，因此监管者赋予监管对象更多的自由裁量权更是难上加难。

对此，监管者须要全面评估监管对象自我监管的能力和条件，分生产经营单位、分批次逐步推行这一监管模式，切不可操之过急。可以设立相应的制度来划定标准，对不满足适用标准的生产经营单位暂时不予适用，对风险较大的行业实行长期逐步考察，延缓适用；同时，对适用这一监管模式的行业生产经营单位设定自我监管绩效考核，监管者可以定期或不定期抽查其内部的制度本身及实施成效，未达考核标准的退出这一模式，达到考核标准的给予一定奖励并进行下一步任务。当然，全面的信息公开和社会监督在这一过程中必不可少。总之，要在保障监管对象的自由裁量权，尊重监管对象自身意愿的基础上，根据生产经营单位自身意识建设具体的内部监管情况，在不违背公共利益的前提下，形成监管者与监管对象的互信机制。

4. 强化部门监管主体责任的落实

监管部门要建立法规政策执行及监管实效定期评估机制。建立定期评估机制，客观科学评估和反思法规政策执行及监管实际效果，判断某一政策法规存在的价值，从而决定政策的延续和终结。通过工作反思和科学有效评估，指导监管部门的工作，促使监管部门承担相应责任和回应社会需求，进一步促进政府职能定位，促进安全生产监管回应机制。

监管部门要加强监管队伍能力建设。要针对当前监管人员来源渠道窄，监管业务不熟等现象，强化监管人员在职培训质量，突出法规和生产经营单位现场的结合，以提升整体监管水平，督促生产经营单位落实好主体责任。

监管部门要强化法律法规的执行力度。要强化依法治安，规范检查执法程序，做到依法处罚，有违必究。要加大执法处罚力度，抓住生产经营单位视经济利益第一的观念，用经济手段督促生产经营单位落实主体责任，对包括违反特殊作业在内的违法违规行为敢于亮剑，让生产经营单位在受处罚中花钱买教训，让其他生产经营单位同受教育，同受警示。

监管部门转变观念，转变监管方式。转变政府是生产经营单位管理者及家长的观念，树立监管是为生产经营单位创造发展的环境，执法也是为生产经营单位创造发展的环境执法观念，不应越位考量生产经营单位效益，而要公正对待各利益相关者，以社会公共利益为重。要做到监管不错位、不越位。要针对重点难点强化专项整治，形成长效机制。如在水利施工单位，要督促生产经营单位把危险性较大的作业专项整治转变为常态性工作，纳入日常安全监管重点工作中。同时理顺行业监管与综合监管职责，切实履行管行业管安全，管生产管安全，确保安全监管权责对等形成监管合力。

监管部门建立安全生产诚信守法生产经营制度，将生产安全事故频发而不吸取教训，违反安全生产相关法规不在乎的生产经营单位纳入安全生产黑名单。使生产经营单位在融资等方面受到社会的制约。

（四）推动社会力量参与，加强行业管理

国家先后颁布实施安全生产方面的法律法规规章明确了安全评价等中介机构参与安全生产工作的法律地位，目的在于调动各行业在科技、教学等领域优势，群策群力，引导规范生产经营单位提高安全管理水平，提升本质安全水平。

1. 强化安全生产支撑机构的责任担当

安全评价等中介机构承担法律赋予的安全生产相关权利，并逐步承接政府有关职能的转移，为生产经营单位提供市场评价等服务，承担的社会责任重大。安全评价机构出具报告是政府实施安全生产经营许可的前置，具备法律效力并承担法律责任。法律在明确评价机构从事安全生产评价权利的同时，也明确了其违法违规应该承担的法律责任，如《安全生产法》规定了对评价机构组织及相应责任人的经济处罚标准和刑事责任，资质处理规定。对法律规定执行，政府要积极引导和有效监督，机构要强化自律和责任担当，认清安全技术支撑机构肩负推进安全生产形势好转的使命，对法规要有敬畏之心，抛弃不出大事故，就不会追究评价等机构法律责任的侥幸心理。

2. 建立与市场机制配套的中介服务市场

作为政府法律授权从事安全服务的机构，政府同时应制定公平的游戏规则，摒弃确保中介机构赚钱也是政府的保底责任思想误区，给予社会上具备安全评价等中介服务实力的组织能够充分参与的权利，形成能上能下，能进能出的机制。地方政府部门要克服地方保护主义思想，不得为红顶中介提供特殊保护，不得采用行政手段干预市场竞争，甚至指定特定的安全评价、生产经营单位安全质量标准化、安全设施设计机构垄断本地区市场。

要发掘高等学校、职业技术学校和科研机构在安全生产理论、科技、培训方面的价值，通过安全生产主体责任理论研究，为安全生产主体责任提供理论支持。加强技术研发，运用人机工程学的理论和方法研究"人—机—环境"系统，提高生产经营单位科技治安水平。

应推动注册安全工程师制度改革，推动建立发展注册安全工程师事务所，解决注册安全工程师管理存在制度落后、重考试轻实践、缺少专业知识等问题。发挥注册安全工程师为生产经营单位提供安全技术、安全文化、安全法律、安全管理、安全标准化、安全隐患排查、安全培训等方面服务作用，走以专业为基础、专业注册安全工程师和综合类注册工程师并行的路子，提高咨询、评价、评审、培训、考核、认证、检验、检测专业的准入门槛。

3. 加强对安全中介服务机构的管理

法律法规部门规章对政府管理中介服务机构进行了授权，目的是防止中介机构过分追逐利益，损害社会和生产经营单位利益，因此，政府要通过政策调整，纠正中介机构重经济利益轻社会公共利益行为；通过日常监管，严肃查处中介机构与生产经营单位勾结出具不实报告、不到现场出具报告、转租资质证书、转包评价项目、打包承包项目、即当运动员又当裁判员等违法行为，达到规范中介机构依法依规为生产经营单位提供服务的目的。

（五）加强舆论引导，强化媒体监督

舆论引导和媒体监督是安全生产推动与监督的重要力量，能够引导生产经营单位从利益相关者的角度、投入与效益理论客观认识自身责任，树立担当意识，引导生产经营单位提高安全生产法律意识，熟悉法律法规标准规范，警示不履行好安全生产主体责任必须承担法律责任，使生产经营单位对法律心存敬畏。

1. 保持宣传报道的客观性和辩证性

安全生产工作任重道远，要强化正面宣传和舆论引导。才能凝聚起安全生产的强大合力，营造良好氛围，提供精神营养，进而转化为抓好安全生产的强大动力。"十四五"时期我国即将开启全面建设社会主义现代化强国的征程，这要求我国必须继续深化自己的工业化进程，从基本实现工业化走向全面实现工业化。工业高速增长，第一产业比重较大，事故风险概率高，问题隐患多，还处于事故易发期阶段。媒体重视对安全生产的舆论宣传和舆论监督，就要立足我国安全生产工作所处的"高速工业化向高质量工业化的转变"的特定历史阶段，报道既要客观公正，又要避免走入吸引眼球的盲区。

此外，媒体应积极宣传安全生产法律法规和科学发展、安全发展、红线意识等理念，引导各级政府转变执政观念，将安全发展上升到战略高度，确实把重视安全生产工作落实到行动上，强化地方安全监管；督导生产经营单位落实责任，加强安全管理；提高社会理性辨识安全风险和安全防护自救互救能力。

2. 加强先进典型示范宣传力度

可以通过"安全生产月""安全生产法律知识竞赛""生产安全事故警示教育"等活动，加大对履行安全生产主体责任比较好的单位的宣传，扩大其社会知名度，助力形成安全效益。比如举办各种形式的有关安全生产主体责任的研讨会、安全生产先进单位评选等一系列活动，极大的宣传优秀生产经营单位落实安全生产主体责任的情况和所做的贡献，让社会给生产经营单位加分，让生产经营单位有自豪感，也为生产经营单位在招商、合同、融资、入市等方面积累社会信誉，让企业家感到安全工作值得做，从这个角度助力生产经营单位落实主体责任。

3. 加大违法违规行为曝光力度

媒体可以与政府监管部门加强联系，设置安全生产专栏，曝光安全检查、隐患排查和专项整治中发现的违法违规行为，跟踪报道生产事故。新闻媒体广泛介入事故报道，调动社会参与监督，让相关生产经营单位因不负责遭到媒体起底追查。

4. 发挥网络平台监督优势

要发挥网络媒体在安全生产舆论监督中的作用，快速及时让公众了解到生产安全事故的动态信息。政府部门要认识事故信息公开是常态，可以利用网络媒体进行正确的引导，使其为政府工作服务。在信息公开方面，事故发生后，除了及时召开新闻发布会，向媒体通报有关事故相关信息，还可以通过政府网站、微信等方式发布生产安全事故相关信息、事故救援情况，做到主动靠前多渠道透明公开。

同时，政府还要对事故信息进行更加有效的管理，制定规则合理规范信息公开周期，为民众提供及时、准确、真实的信息，确保公信力得到认可，也可以起到辟谣的作用。另外，政府部门也可以通过建立网上生产事故信访平台，网上生产事故客服平台、重大事故时开通网上论坛的制度，为社会各界发表个人意见和咨询提供平台。政府可以第一时间了解社会民意和第一手资料，发生生产安全事故的生产经营单位可以知道社会的反应度、政府的压力，有助于吸取教训，履行责任，处理好事故赔偿等善后工作。

四、以主体责任为核心的责任体系构建

(一)《"十四五"国家安全生产规划》对责任体系建设方面的要求

2022年4月12日，国务院安委会印发《"十四五"国家安全生产规划》（以下简称《规划》），对"十四五"时期安全生产工作作出全面部署。《规划》从服务服从于总体国家安全观，着眼安全生产治理体系和治理能力现代化建设全局出发，重点把握好以下几个方面。

在规划思想上，以习近平新时代中国特色社会主义思想为指导，全面贯彻落实党的十九大和十九届历次全会精神，统筹好发展和安全，坚持人民至上、生命至上，立足从根本上消除事故隐患，从根本上解决问题，以高水平安全保障高质量发展。

在规划重点上，聚焦防范化解重大安全风险，系统回答"十四五"时期"谁来防控风险""怎么防控风险""防控哪些重大风险""用什么防控风险"等安全生产工作的基础性问题，处理好综合监管与行业监管指导、政府安全监管与生产经营单位安全管理的关系。

在规划布局上，坚持目标、问题、结果导向相结合，生产安稳、生活安定、生命安全相统一，谋划好重大工程项目、重大政策、重大改革举措，解决好当前安全生产最现实、最紧迫的突出问题及短板，为事业长远发展打下坚实基础。

《规划》提出以下五个方面的要求，如图5-2所示。

1. 深化监管体制改革

充分发挥国务院安全生产委员会统筹协调作用，压实成员单位工作责任，健全运行机制，形成工作合力。建立消防执法跨部门协作机制。加强国家矿山安全监察机构力量建

设，优化各级机构设置和布局，充实专业人才，完善国家监察、地方监管、生产经营单位负责的矿山安全监管监察体制。推动负有安全生产监管职责的重点部门加强监管力量建设，确保有效履行职责。鼓励各地根据实际情况探索创新安全生产监管体制，指导乡镇、街道、功能区建立健全安全生产预防控制体系。优化安全生产监管力量配置，实施基层安全生产网格化监管，推动安全

图 5-2 《规划》提出的五个要求

生产监管服务向小微生产经营单位和农村地区延伸。落实应急管理综合行政执法改革，整合行政执法职责，强化执法队伍建设，健全综合行政执法协调联动机制。

2. **压实党政领导责任**

深入学习贯彻习近平总书记关于安全生产的重要论述，强化地方党委、政府领导干部安全生产红线意识。将安全生产纳入领导干部教育培训、日常谈话和提醒内容。推动落实地方党政领导干部安全生产责任制，制定安全生产职责清单和工作任务清单。严格落实地方党政领导安全生产履责和"第一责任人"职责落实报告制度。健全党政领导干部带队督查检查安全生产机制，开展重要节日和重大活动针对性督查检查。聚焦重特大事故多发地区，完善安全生产警示、督办、约谈等制度。完善安全生产考核巡查制度，规范考核巡查内容、程序和标准，强化考核巡查结果的运用。

3. **夯实部门监管责任**

进一步落实县级以上地方各级人民政府有关部门安全生产工作职责，依法依规编制完善负有安全生产监管职责的部门权力和责任清单，优化行业监管部门任务分工。合理区分综合监管和行业监管部门之间的责任边界，扫清监管盲区，完善危险化学品安全监管机制，厘清监管职责，加强政策协同，理顺安全生产监管职责，及时消除安全生产监管漏洞，强化特种设备的安全生产监管，建立新产业、新业态监管职责动态调整和联合执法机制，填补行业领域安全生产监管职责空白。

4. **强化生产经营单位主体责任**

严格落实生产经营单位主要负责人安全生产第一责任人的法定责任。推动生产经营单位建立从法定代表人、实际控制人等到一线岗位员工的全员安全生产责任制，健全生产经营全过程安全生产责任追溯制度。引导生产经营单位完善安全生产管理体系，健全安全风险分级管控和隐患排查治理双重预防工作机制，构建自我约束、持续改进的安全生产内生机制。推动重点行业领域规模以上生产经营单位组建安全生产管理和技术团队。监督生产经营单位按规定提取使用安全生产费用，用好用足支持安全技术设备设施改造等有关财税政策。实施工伤预防行动计划，充分发挥工伤保险基金的事故预防作用。建立事故损失的评估和认定机制。强化守信激励和失信惩戒，依法建立健全安全生产严重违法失信名单管理制度并依法实施联合惩戒，加大对安全生产严重违法失信主体的责任追究。

5. **严肃目标责任考核**

将安全生产纳入各地高质量发展评价体系。严格实施安全生产工作责任考核，实行过

程性考核和结果性考核相结合，强化考核结果运用及向社会公开。建立地方各级安全生产委员会成员单位主要负责人安全生产述职评议制度，强化地方各级安委会对各部门、各地区安全生产工作落实情况的监督。建立安全生产绩效与履职评定、职务晋升、奖励惩处挂钩制度，落实向纪检监察机关移交安全生产领域违法违纪、职务违法犯罪问题线索工作机制。严格落实安全生产"一票否决"和约谈、问责等制度。完善事故调查机制，建立事故暴露问题整改督办制度，加强对事故查处和责任追究落实情况的跟踪评估。

（二）责任体系建设

1. 深层次理解安全管理责任体系的现实意义

在目前现实的安全管理工作中，存在的安全管理职责分工不清晰、安全管理链条不连续、安全监管不力、责任落实不到位的问题是安全管理问题产生的根源。究其原因，这些问题产生的原因就是安全责任体系缺失、责任分配不合理、责任不具体不明晰、责任覆盖不全面或者存在交叉所造成的。

因此，安全生产责任体系建设是落实"党政同责、一岗双责、齐抓共管、失职追责"管理理念的大势所趋，也是新时期夯实安全管理工作基础的迫切需求。

2. 正确认识安全管理责任体系概念

安全责任体系就是把安全责任制以体系系统的形式予以确立，从而建立的以安全管理目标为导向，全员、全方位、全层级的安全岗位责任设计和运转体系。安全责任体系的建立不是简单的安全责任的描述和罗列，而是围绕安全管理目标进行安全管理工作分工的责任化体现。"目标唯一、管理分级、责任分解、工作分工"是安全责任体系建立的基本思路，所有工作均应围绕这一基本思路展开。

3. 安全管理责任体系建立应遵循的原则

（1）依法依规、职责法定原则。法律是对安全管理失职追责的准绳，也是确定岗位、人员安全责任的依据，所有岗位、人员的安全责任均应以法律法规作为基础，不得有任何违背。

（2）责任不交叉原则。安全责任不同于岗位职责，安全责任应明确且不允许交叉，工作可以有不同的岗位、不同的人承担，但是责任不行，责任必须要强调该有的责任主体。该谁的责任就是谁的责任，该什么样的责任就是什么样的责任。

（3）与岗位职责分工最大适应原则。安全责任必须与岗位职责分工做到最大化适应，什么岗位、做哪些事情就负哪些安全责任，这样才能更好地实现一岗双责，也更加方便地实行责任"清单化"管理的需要。

（4）责、权、利对等原则。责任与权力、利益应对等。安全管理工作本身虽然不能直接创造效益，但应扭转安全管理在管理中的劣势地位，实现利益是责任的价值体现。

4. 安全管理责任体系建立的工作程序

建立完善的安全责任体系应遵循以下工作程序：

（1）梳理、明确的安全责任，将安全责任分解到各个作业层次，分配给相应的工作岗位从而达到责任与岗位分工的完美契合。

（2）对于上下级单位之间的安全管理责任用签订责任书、安全协议书的形式予以确定。

（3）对于各岗位的安全责任以制度条文形式予以确认，用交底、培训方式对相关岗位人员予以责任告知。

（4）确定安全责任的量化、考核方式、奖励机制等责任落实的管理措施。

5. 建立安全责任清单

通过对安全管理实践总结分析，建立安全责任清单已成为当前安全责任考核、追究安全管理责任的主要管理方法，正在生产经营单位普遍推广，安全生成责任清单包括生产经营单位全员安全生产责任清单以及监督管理部门监管责任清单。

（1）监督管理部门监管责任清单建立过程中应包括以下几项要素：

1）所承担安全责任的法律法规要求。

2）承担安全责任所要具体从事的管理及工作内容，相关工作内容应具体、明确、量化，可以此作为责任追究、考核的依据。

3）安全责任落实情况。

4）监管部门及上级单位的监督检查内容。

（2）生产经营单位全员安全生产责任清单包括以下几项要素：

1）生产经营单位应依法履行安全生产主体责任，建立健全全员安全生产责任制。

2）生产经营单位的主要负责人是本单位安全生产的第一责任人，对本单位的安全生产工作全面负责。其他负责人对职责范围内的安全生产工作负责。

3）生产经营单位应结合行业、性质、规模特点，以及组织架构和内部运行管理模式，参照本责任清单制定符合本单位实际的全员安全生产责任清单，明确主要负责人、其他负责人、职能部门负责人、生产车间（区队）负责人、生产班组负责人、一般从业人员等全体从业人员的安全生产责任。

4）生产经营单位应制定全员安全生产责任制考核标准，并建立落实相应的监督考核机制。

（3）监督管理部门监管责任清单建立过程中应包括以下几项要素：

1）所承担安全责任的法律法规要求。

2）承担安全责任所要具体从事的管理及工作内容，相关工作内容应具体、明确、量化，可以此作为责任追究、考核的依据。

3）安全责任落实情况。

4）监管部门及上级单位的监督检查内容。

6. 责任制考核

要建立安全生产责任与履职评定、职务晋升、奖励惩处挂钩的管理制度，编制完善完整的安全生产权力责任清单，在责任追究上实行尽职照单免责、失职照单问责，确保责任体系运行顺畅，为各项安全管理工作顺利开展打下坚实的基础。

五、水利安全生产监管责任落实

（一）清单管理，健全完善水利安全生产责任体系

进一步明确水利部门安全生产和职业健康工作职责，厘清综合监管和专业监管的关系，强化行业监管和属地监管，健全完善各级各单位的安全生产监管责任清单和权力清单，照单履职免责，失职照单追责。按照国务院安委办关于全面加强生产经营单位全员安全生产责任制工作的要求，督促指导水利生产经营单位结合实际，健全全员全过程全方位的安全生产和职业健康管理制度，全面落实安全生产主体责任，重点落实关键区域、高危作业和薄弱环节的安全管理责任人，加强全员全过程全方位安全管理，提升行业安全管理水平。同时，进一步强化水行政主管部门监管职责，逐级落实安全生产责任，将工作任务和责任目标落实到各个层次和环节，做到"一级抓一级，一级对一级负责"，并严格落实安全生产"一票否决"和责任追究制度。同时，针对思想认识上红线意识不够，行业监管上管得不严、抓得不实，应急处置上机制不健全，主体责任上培训缺位，社会环境上氛围还不够浓厚等方面存在的不足和薄弱环节，落实落细水利行业安全生产工作。各级水利部门的"一把手"，要切实负起第一责任人的责任，确保全省水利行业不发生生产安全责任事故和重大事故，水利行业平安稳定。针对水利工程施工的特殊性，要盯紧核心隐患，认真盯紧危大工程等安全隐患，机关和事业单位的用电、消防等安全隐患，确保不发生重大安全事故。

（二）全面覆盖，构建水利安全生产双重预防机制

指导和推动全省各级水利生产经营单位积极开展水利安全风险辨识，全方位、全过程辨识水利生产经营方面存在的安全风险，全面推行水利安全风险分级管控，并研究建立水利安全生产风险分级管控、隐患排查治理双重预防性工作机制和水利工程运行危险源辨识与评价标准，推进事故预防工作科学化。持续开展水利安全生产大检查、督导、巡查等各项安全监管工作，以及危险化学品、消防安全、复产复工、电气火灾等安全治理专项行动。加大隐患排查治理力度，严格落实事故隐患整改措施、资金、期限、责任人和应急预案"五落实"要求，实行隐患排查治理"闭环"管理。严格落实水利部《构建水利安全生产风险管控"六项机制"的实施意见》，构建水利安全生产风险查找、研判、预警、防范、处置和责任等风险管控"六项机制"。

（三）夯实基础，切实提高安全生产监管精度

深入推进"安全监管＋信息化"监管新模式，将工程（项目、单位）纳入水利安全生产监管信息系统，强化对重点工程、重点单位的提醒、服务、督促、检查；开发"水利工程安全生产监督检查系统"，实现安全检查全过程信息化，释放监督检查效能。深入推进水利安全生产服务"零跑腿""最多跑一次"，开发"山东省水利水电施工生产经营单位安全生产管理三类人员管理系统"，在全国水利系统率先推行人脸识别验证、在线考试、计算机阅卷，营造公平公正、省时省心的三类人员考核管理环境；开发运用"山东省水利安全生产标准化审查系统"，进一步提升水利安全生产二级标准化管理效率。

（四）科技宣教，提升水利行业人员安全能力

始终坚持把安全教育培训放在水利安全生产工作的重要位置，不断丰富和完善教育培训内容，加大安全监管人员、施工生产经营单位"三类人员"、一线从业人员的培训力度，落实持证上岗制度，切实提升水利行业人员业务素质和安全防护技能，不断提高水利安全生产监管水平和管理能力。除此，依托"安全生产月""安全生产法宣传周""职业病防治法宣传周"等系列活动，认真、深入开展水利安全生产宣传教育，利用报纸、网络和微信等各种媒体，加强水利安全文化建设。

六、水利生产经营单位安全生产主体责任落实

(一) 总的要求

坚持"党政同责、一岗双责、齐抓共管、失责追责","横向到边、纵向到底",并由生产经营单位的主要负责人组织建立安全生产责任制。建立的安全生产责任制具体应满足如下要求:

(1) 必须符合国家安全生产法律法规和政策、方针的要求。

(2) 与生产经营单位管理体制协调一致。

(3) 要根据本单位、部门、班组、岗位的实际情况制定,既明确、具体,又具有可操作性,防止形式主义。

(4) 由专门的人员与机构制定和落实,并应适时修订。

(5) 应有配套的监督、检查等制度,以保证安全生产责任制得到真正落实。

(二) 安全责任清单的主要内容

安全责任清单的内容主要包括两个方面。一是纵向方面,即从上到下所有类型人员的安全生产职责。在建立安全责任清单时,可首先将本单位从主要负责人一直到岗位工人分成相应的层级;然后结合本单位的实际工作,对不同层级的人员在安全生产中应承担的职责作出规定;二是横向方面,即各职能部门(包括党、政、工、团)的安全生产职责。在建立安全责任清单时,可按照本单位职能部门(如安全、设备、计划、技术、生产、基建、人事、财务、设计、档案、培训、党办、宣传、工会、团委等部门)的设置,分别对其在安全生产中应承担的职责作出规定。

生产经营单位在建立安全责任清单时,在纵向方面应包括下列几类人员。

1. 生产经营单位主要负责人

生产经营单位主要负责人是本单位安全生产的第一责任者,对安全生产工作全面负责。《安全生产法》第二十一条将其职责规定为:

(1) 建立健全并落实本单位全员安全生产责任制,加强安全生产标准化建设。

(2) 组织制定并实施本单位安全生产规章制度和操作规程。

(3) 组织制定并实施本单位安全生产教育和培训计划。

(4) 保证本单位安全生产投入的有效实施。

(5) 组织建立并落实安全风险分级管控和隐患排查治理双重预防工作机制,督促、检查本单位的安全生产工作,及时消除生产安全事故隐患。

(6) 组织制定并实施本单位的生产安全事故应急救援预案。

(7) 及时、如实报告生产安全事故。

生产经营单位可根据上述 7 个方面,结合本单位实际情况对主要负责人的职责作出具体规定。

2. 生产经营单位其他负责人

生产经营单位其他负责人的职责是协助主要负责人做好安全生产工作。不同的负责人分管的工作不同,应根据其具体分管工作,对其在安全生产方面应承担的具体职责作出规定。

3. 生产经营单位的安全生产管理机构以及安全生产管理人员

(1) 组织或者参与拟订本单位安全生产规章制度、操作规程和生产安全事故应急救援

预案。

（2）组织或者参与本单位安全生产教育和培训，如实记录安全生产教育和培训情况。

（3）组织开展危险源辨识和评估，督促落实本单位重大危险源的安全管理措施。

（4）组织或者参与本单位应急救援演练。

（5）检查本单位的安全生产状况，及时排查生产安全事故隐患，提出改进安全生产管理的建议。

（6）制止和纠正违章指挥、强令冒险作业、违反操作规程的行为。

（7）督促落实本单位安全生产整改措施。

生产经营单位可以设置专职安全生产分管负责人，协助本单位主要负责人履行安全生产管理职责。

4. 生产经营单位各职能部门负责人及其工作人员

各职能部门都会涉及安全生产职责，需根据各部门职责分工作出具体规定。各职能部门负责人的职责是按照本部门的安全生产职责，组织有关人员做好本部门安全生产责任制的落实，并对本部门职责范围内的安全生产工作负责；各职能部门的工作人员则是在本人职责范围内做好有关安全生产工作，并对自己职责范围内的安全生产工作负责。

5. 班组长

班组是做好生产经营单位安全生产工作的关键，班组长全面负责本班组的安全生产工作，是安全生产法律法规和规章制度的直接执行者。班组长的主要职责是贯彻执行本单位对安全生产的规定和要求，督促本班组遵守有关安全生产规章制度和安全操作规程，切实做到不违章指挥，不违章作业，遵守劳动纪律。

6. 岗位工人

岗位工人对本岗位的安全生产负直接责任。岗位工人的主要职责是接受安全生产教育和培训，遵守有关安全生产规章和安全操作规程，遵守劳动纪律，不违章作业。

（三）建设实施

1. 方案编制

针对各单位推行安全生产责任清单实际，应首先进行统筹策划，生产经营主要负责人亲自参与方案的制定，各级管理人员要深入展开讨论，以明确各部门、各岗位的安全职责，一线员工要参与其中，对岗位职责要了然于心。只有生产经营单位全员参与，对安全责任清单编制高度认同，安全职责划分清晰，才能使编制推进工作事半功倍。

在方案策划阶段应明确以下要求：①确定安全生产责任清单的编制范围，编制人员范围包括全体员工；②明确安全生产责任清单编制所涉及的相关法律法规、标准规范、规章制度、岗位职责等；③明确安全生产职责与业务风险管控职界界限。否则极易导致安全生产责任清单标准不一致，或通用安全生产职责存在漏项；④明确各层级职责争议的解决方法，避免责任清单存在职责不清、扯皮推诿等问题；⑤明确安全生产责任清单编制流程，必须通过梳理业务流程明确流程关键节点的职责要求；⑥明确安全生产责任清单编制、审核、审批流程；⑦明确安全生产责任考核标准要求，以有益于推动安全生产责任清单形成良性循环。

2. 试点、推广前均应组织系统性培训

单位下达安全生产责任清单编制任务，若仅通过简单的文件下发，没有开展系统性培训和指导，容易导致编制人员对安全生产责任清单的编制要求掌握不到位，常出现以下问题：①安全生产责任清单不满足法律法规的要求；②安全规章制度与安全生产责任清单职责不对应；③安全责任清单编制不详细、操作性不强；④工作内容、工作标准区分不清、表述不准确。

3. 选择具有代表性的单位、部门、岗位进行试点

安全生产责任清单编制，可先选择有代表性的部门、岗位进行试点。针对各层级、各业务属性，策划相应行之有效的模板，经过评审后使用。避免在推行过程中，由于模板的不完善而导致大量返工的问题发生。

4. 正式运行

（1）动态管理。责任清单正式编制完成后，以正式文件发布，确保安全责任清单的权威性和有效性。生产经营单位在生产经营过程中，因外部环境或是管理要求的不断变化，以及内部生产经营的调整或是管理方式的转变，都会促使岗位安全职责发生变化。因此，生产经营单位应根据实际情况，每年定期对安全责任清单进行回顾再评审，实现安全管理PDCA动态循环。此期间，既是对全员进行一次很好的安全教育培训，也是促使全员更好地履职尽责。

（2）严格落实考核激励机制。严格落实考核激励机制，直接上级管理人员对照该岗位履职尽责情况，以季度或是年度为时间段进行量化打分，打分结果纳入岗位绩效考核当中，只有这样才能以制度的形式促使员工真正照单履职，而不至于使岗位责任清单束之高阁。安全管理只有动真格，生产经营单位才能管出真水平，生产经营才能真正长期安全稳定。

第四节　实践中的具体应用

一、监管单位责任体系建设——以某市水利局为例

（一）某市水利局机构职能及安全生产机构设置

1. 主要职责

（1）贯彻执行水利工作法律法规，保障水资源的合理开发利用；负责全市水法治建设工作，拟订全市水利政策，提出有关水利价格、税费、基金、信贷的政策建议；拟订全市水利发展中长期规划，组织编制水资源综合规划、跨县市区的流域综合规划和防洪规划等重大水利规划。

（2）负责实施全市水资源的统一监督管理，负责生活、生产经营、生态环境用水的统筹和保障；组织实施最严格水资源管理制度，拟订全市水中长期供求规划、水量分配方案并监督实施；负责全市水资源的统一规划和配置，负责重要流域、区域以及重点调水工程的水资源调度；指导开展全市水资源有偿使用工作；指导全市水利行业供水和村镇供水工作。

（3）负责组织实施全市水利改革发展相关工作，参与对水利改革发展成效考核；负责

提出水利固定资产投资规模和方向、财政性资金安排建议，提出水利建设投资安排建议；负责市级水利资金和水利国有资产监督管理工作。

（4）指导全市水资源保护工作。会同有关部门组织编制水资源保护规划；指导饮用水水源保护、地下水开发利用和管理保护工作；组织指导地下水超采区综合治理。

（5）负责全市节约用水工作。负责节约用水的统一管理和监督工作，拟订节约用水政策，组织编制节约用水规划并监督实施，组织制定有关标准；负责用水总量控制的监督和管理工作，指导和推动节水型社会建设工作；指导中水等非常规水资源和雨洪资源开发利用工作。

（6）指导全市水利设施、水域及其岸线的管理、保护与综合利用。组织指导水利基础设施网络建设；指导河道、湖泊以及河口、海岸滩涂的治理、开发和保护；指导河湖水生态保护与修复、河湖生态流量水量管理以及河湖水系连通工作；负责推进河长制湖长制工作的组织协调、调度督导和检查考核等工作；承担市河长制办公室的日常工作。

（7）负责指导全市水利工程建设与管理工作。负责组织实施水利工程建设与管理有关制度，负责组织实施具有控制性的或者跨县市区、跨流域的重要水利工程建设与运行管理；配合省水利厅协调落实南水北调工程、胶东调水工程等骨干调水工程运行和后续工程建设的有关政策措施，督促指导地方配套工程建设，组织工程验收有关工作；指导防潮堤建设与管理。

（8）负责全市水土保持和水生态建设工作。拟订水土保持和水生态建设规划并监督实施，组织实施水土流失的综合防治工作；负责重点开发建设项目水土保持方案的监督实施工作；牵头做好荒山、荒丘、荒滩、荒沟治理开发的管理工作。

（9）负责指导全市农村水利工作。组织编制农村水利发展规划并监督实施；组织开展大中型灌区灌排工程建设与改造；组织实施农村饮水安全工程建设管理工作，指导节水灌溉有关工作；指导农村水利改革创新和基层水利服务体系建设；指导农村水能资源开发、小水电工作。

（10）负责全市水利水电工程移民工作。拟订水利水电工程移民有关政策、规划并组织实施；负责大中型水利水电工程移民安置工作的管理和监督，组织实施水利水电工程移民安置验收、监督评估等制度；组织开展水库移民后期扶持工作并监督实施，协调监督三峡工程库区移民后期扶持工作。

（11）负责组织查处全市重大涉水违法事件，调处跨县（市、区）的水事纠纷，受市政府委托调处市际间水事纠纷，负责水行政执法监督工作，指导水政监察和水行政执法工作；负责指导水利行业安全生产工作，负责重点水利工程安全生产监督管理工作；指导水利建设市场的监督管理，组织实施水利工程质量和安全监督。

（12）负责全市水利科技和外事工作。组织开展水利行业质量监督工作；负责水利行业地方技术标准和规程规范的监督实施；负责组织水利科学研究、技术推广和创新服务工作；指导全市水利系统对外交流合作、利用外资、引进国（境）外智力等工作；指导水利宣传、信息化、人才队伍建设等工作。

（13）负责落实全市综合防灾减灾规划相关要求，组织编制洪水干旱灾害防治规划并指导实施；负责对土地利用总体规划、城市规划和其他涉及防洪的规划、重大建设项目布局的防洪论证提出意见，指导重要洪泛区和防洪保护区的洪水影响评价工作；会同市水文局做好水情旱情监测预警工作；组织编制重要河道、湖泊和重要水工程的防御洪水抗御旱灾调度以及应急水量调度方案，按照程序报批并组织实施；承担防御洪水应急抢险的技术支撑工作；承担台风防御期间重要水工程调度工作。

（14）负责局机关及所属单位的安全生产监管和维护稳定工作。

（15）完成市委、市政府交办的其他任务。

（16）职能转变。按照党中央、国务院关于转变政府职能、深化放管服改革，深入推进审批服务便民化的决策部署，认真落实省、市深化"一次办好"改革的要求，组织推进本系统、本行业转变政府职能。深入推进简政放权，优化政务服务工作，依法承担划转到市审批服务局的行政许可事项、关联事项和收费事项的事中事后监管工作。加强水资源合理利用、优化配置和节约保护。坚持节水优先，从增加供给转向更加重视需求管理，严格控制用水总量和提高用水效率。坚持保护优先，加强水资源、水域和水利工程的管理保护，维护河湖健康美丽。坚持统筹兼顾，保障合理用水需求和水资源的可持续利用，为经济社会发展提供水安全保障。

2.安全生产机构设置

（1）水利局安全生产委员会。

1）水利局安全生产委员会是某市水利局议事协调机构，坚持以习近平新时代中国特色社会主义思想为指导，认真贯彻落实习近平总书记关于安全生产重要指示精神和党中央、国务院决策部署，认真贯彻执行《安全生产法》等法律法规，认真贯彻落实国务院安全生产委员会工作要求，坚持"党政同责、一岗双责、齐抓共管、失职追责"，实行管行业必须管安全、管业务必须管安全、管生产经营必须管安全，按照综专结合、多管齐下、标本兼治的要求，落实安全生产责任，强化行业安全监管，从源头上防范化解重大安全风险，确保水利安全生产形势持续稳定，为新阶段水利高质量发展提供坚实保障。

2）水利局安全生产由委员会主任、常务副主任、副主任和成员组成。安全生产委员会主任主持领导委员会全面工作。常务副主任负责组织研究部署水利行业安全生产日常工作，受委员长委托召集领导小组会议、签发有关文件等。副主任按照职责分工，负责分管领域安全生产工作，把安全生产工作贯穿业务工作全过程。安全生产委员会成员负责组织本部门、本单位严格落实安全生产工作职责。

（2）安全生产管理机构。水利局安全生产委员会下设办公室，承担安全生产委员会的日常工作。安全生产委员会办公室设在监督科。安全管理组织机构见图5-3。

（二）某市水利局安全生产工作责任制

1.局安全生产领导委员会安全工作职责

（1）贯彻执行国家安全生产管理法律、法规、方针政策和技术标准，落实省水利厅及上级主管部门对安全生产工作总体安排部署。

（2）监督和指导本市水利行业的安全生产工作，提出安全生产目标、工作重点和主要措施，指导各县（市、区）、各水利工程管理单位开展水利行业安全生产工作，督促安全生产责任制的落实。

（3）建立健全安全生产、"一岗双责"等制度，督促水利系统各单位做好应急管理工

```
                    局安全生产领导委员会
                          │
                　局安全生产领导委员会办公室
  ┌──────┬──────┬──────┬──────┬──────┬──────┐
 局监督科  水利科  农村电气  水政    防汛抗旱  水土保持
              　　 化科    监察科   指挥部   办公室
                                  办公室
```

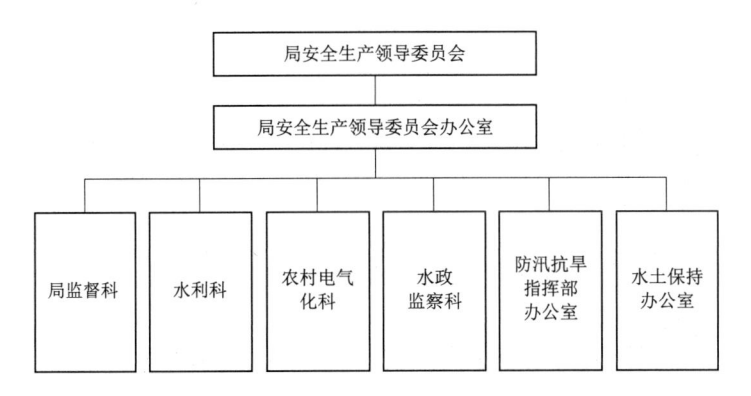

图 5-3　安全管理组织机构图

作，落实安全生产领导职责，督促各相关单位落实水利行业安全生产责任制。

（4）组织开展水利行业安全隐患排查治理专项行动，研究解决安全生产突出问题。

（5）适时召开全市水利安全生产工作会议和安全生产经验交流会，研究部署各时期安全生产工作。

（6）组织有关人员对全市水利安全生产问题、安全事故进行调查、研究、评估及事故处理。

（7）开展安全生产宣传和培训教育活动，夯实全市水利安全生产基础工作。

（8）承办上级交办的其他有关安全生产事项。

2. 局安全生产领导委员会办公室安全工作职责

承担本局安全生产工作领导委员会办公室日常工作；负责转发上级下达的安全生产文件，起草、审核本市水利安全生产工作规范性文件；制定年度水利安全生产工作计划和安全生产专项活动方案；指导全市水利安全生产各项工作并检查安全生产工作的落实；督促检查水利安全生产管理制度的贯彻执行；组织、参与水利安全事故的调查处理；收集建立健全安全生产管理台账；配合落实安全生产培训工作；通报、考核、总结安全生产工作情况；报送相关安全生产信息；完成安全生产委员会领导交办的其他安全生产工作。

（1）贯彻执行国家安全生产管理法律、法规、方针政策和技术标准，落实省水利厅及上级主管部门对安全生产工作总体安排部署。

（2）监督和指导本市水利行业的安全生产工作，提出安全生产目标、工作重点和主要措施，指导各县（市、区）、各水利工程管理单位开展水利行业安全生产工作，督促安全生产责任制的落实。

（3）建立健全安全生产、"一岗双责"等制度，督促水利系统各单位做好应急管理工作，落实安全生产领导职责，督促各相关单位落实水利行业安全生产责任制。

（4）组织开展水利行业安全隐患排查治理专项行动，研究解决安全生产突出问题。

（5）适时召开全市水利安全生产工作会议和安全生产经验交流会，研究部署各时期安全生产工作。

（6）组织有关人员对全市水利安全生产问题、安全事故进行调查、研究、评估及事故处理。

(7) 开展安全生产宣传和培训教育活动，夯实全市水利安全生产基础工作。

(8) 承办上级交办的其他有关安全生产事项。

3. 局主要负责人职责

(1) 履行全市水利安全生产工作第一责任人职责。组织学习贯彻习近平关于安全生产工作的重要指示批示精神、党中央关于安全生产工作的决策部署和安全生产方针政策、国家法律法规，以及省委、省政府，市委、市政府、上级水利部门有关安全生产部署要求，践行以人民为中心的发展思想和新发展理念。

(2) 把安全生产工作纳入党组议事日程，组织领导局安全生产委员会工作，每季度至少带队检查1次安全生产工作，每半年至少专题研究1次安全生产工作；及时组织研究解决安全生产体制机制和所需人、财、物等重大问题。

(3) 把安全生产纳入局领导成员职责清单，督促落实安全生产"一岗双责"，就履行安全生产工作职责情况进行年度述职，健全完善安全生产奖惩制度。

(4) 将安全生产纳入考核评价体系，作为衡量领导干部政绩考核的重要指标；将安全生产宣传教育纳入党的宣传思想范畴，水利局理论学习中心组每半年安排一次安全生产集体学习。

4. 局安全生产分工负责人职责

(1) 履行水利安全生产综合监管领导职责，协助主要负责人对市水利局及全市水利行业的安全生产工作实行统筹推进、综合协调，分管安全生产委员会办公室工作，就履行安全生产工作职责情况进行年度述职。

(2) 推动建立水利行业安全风险分级管控和隐患排查治理"双重预防"体系，指导安全生产专项整治、巡查考核等工作，每季度至少带队检查1次安全生产工作，每季度至少组织研究1次安全生产工作。

(3) 加强全市水利安全生产基础保障工作，组织安全生产宣传培训、科技支撑工作，依法组织生产安全事故抢险救援和调查处理，组织开展生产安全事故责任追究和整改措施落实情况评估。

5. 分管在建工程安全生产工作局领导职责

(1) 认真贯彻落实国家、省、市、县安全生产方针政策和法律法规，组织指导协调全市水利系统在建工程的安全生产管理工作，对全市水利系统在建工程的安全生产工作负分管领导责任。

(2) 联合全市水利系统在建水利工程的安全生产工作实际，研究制定安全生产规章制度，落实安全生产责任制，部署安全生产活动及工作。

(3) 抓好全市水利系统在建工程的安全生产及管理的宣传教育工作。

(4) 负责组织、指导全市水利系统在建工程的安全生产工作，针对安全隐患采取有用治理和防范措施。

(5) 本系统在建项目发生较大以上安全事故时，组织人员参加抢险和事故调查，与有关部门共同依法妥善处理事故善后工作。

6. 其他分管局领导职责

（1）认真贯彻落实国家、省、市安全生产方针政策和法律法规。

（2）研究制定安全生产规章制度，落实安全生产责任制，对职责范围内安全生产工作按"一岗双责"负分管领导责任。

（3）负责组织分管工作的安全生产检查，针对安全隐患采取有效治理和防范措施。

（4）负责研究解决分管工作中的涉及安全生产的突出问题，并制定相应应急处理预案。

（5）负责分管工作的安全生产综合性材料、报表、安全信息等的审查、签发和上报，以及安全生产目标管理工作。

（6）对分管工作中发生较大以上安全事故时，组织人员实施抢险和善后处理工作，与有关部门共同依法妥善处理事故善后工作。

7. 办公室主任安全工作职责

负责局机关办公大楼消防、保卫及局机关公务车辆等安全管理工作，负责节假日值班制度落实；抓好保密、综治工作及安全生产等法规的宣传、报道工作；将安全生产工作纳入局党委和局属单位党建工作计划，协助督促各单位落实各项安全生产制度；负责资金管理和使用安全，保障安全生产的资金投入；负责本局组织的离退休干部各项活动中的安全工作；完成安全生产委员会领导交办的其他安全生产工作。

8. 局监督科长安全工作职责

参与安全生产的检查、监督工作；检查、督促全市水利系统各部门、各单位、各岗位认真履行安全生产监管职责，促进工程安全、资金安全、干部安全、生产安全落到实处；主动介入和参与安全生产事故的调查处理；完成安全生产委员会领导交办的其他安全生产工作。督促检查水利重大政策、决策部署和重点工作的贯彻落实情况。组织实施水利工程质量和安全监督。指导全市水利行业安全生产工作，负责水利安全生产综合监督管理，组织指导水库大坝、农村水电站的安全监管。组织实施水利工程项目与安全设施同步落实制度，开展水利工程项目安全标准化建设。组织开展水利工程稽察工作。组织或参与重大水利安全事故的调查处理。

9. 水利科长安全工作职责

负责检查、指导和监督农田水利、冬春修水利、农村饮水安全、水库、山塘、水闸、堤防及除险加固等项目的安全生产建设、建成后的运行安全及度汛安全；对参与所负责实施工程的设计、施工、监理等参建单位进行安全监督管理；收集相关安全生产信息，并及时做好信息报送工作；完成安全生产委员会领导交办的其他安全生产工作。

10. 农村电气化科长安全工作职责

检查、指导和监督全市农村水能资开发工程建设安全生产和水电站安全运行管理；对参与所负责实施工程的设计、施工、监理等参建单位进行安全监督管理；掌握相关安全生产信息，并及时做好信息报送工作；完成安全生产委员会领导交办的其他安全生产工作。

11. 水政监察科长安全工作职责

负责全市重要水地安全保护的监督、检查和指导；监督检查河道采砂安全生产工作；指导、督促保证河道行洪安全措施的落实；检查、指导和监督所负责实施工程的安全生产工作，并对参与工程的设计、施工、监理等参建单位进行安全监督管理；掌握相关安全生产信息，并及时做好信息报送工作；完成安全生产委员会领导交办的其他安全生产工作。

12. 防汛抗旱指挥部主任办公室安全工作职责

组织汛前检查，监督各级防汛、防台风预案的落实，做好职责范围内水库度汛方案审批；指导、检查、落实防汛抗旱、防台风工作措施；负责防汛抗旱、防台风等机动抢险工作中的有关安全生产的指导和监督管理；对参与所负责实施工程的设计、施工、监理等参建单位进行安全监督管理；掌握相关安全生产信息，并及时做好信息报送工作；完成安全生产委员会领导交办的其他安全生产工作。负责排涝站安全生产监督管理。

13. 水土保持办公室（水土保持监督站）主任安全工作职责

负责水土保持工程建设中的安全生产监管工作；对参与所负责实施工程的设计、施工、监理等参建单位进行安全监督管理；掌握相关安全生产信息，并及时做好信息报送工作；完成安全生产委员会领导交办的其他安全生产工作。

（三）某市水行政主管部门安全生产监管责任清单

某市水行政主管部门安全生产监管责任清单

序号	监管责任	法律法规、规范性文件依据	监管标准和要求	责任分工
1	贯彻落实法律、技术标准、政策要求	《安全生产法》《×××安全生产条例》和各级政府及安全生产委员会职责分工等规定	贯彻执行国家安全生产有关法律法规、技术标准和上级关于安全生产的法规政策及工作要求	综合监管机构、专业监管机构
2	建立实施规章制度	《安全生产法》《×××安全生产条例》和各级政府及安全生产委员会职责分工等规定	建立健全本级安全生产责任制、安全生产规章制度体系和安全生产技术标准体系，并组织实施	综合监管机构牵头，专业监管机构配合
3	明确机构、人员和职责	各级水行政主管部门安全生产委员会（或领导小组）职责分工、《水利工程建设安全生产管理规定》	1. 制定完善安全生产领导小组安全生产工作规则 2. 安全生产领导小组会议每季度召开1次 3. 细化安全生产监管清单，建立综合监管和专业监管职责清单 4. 建立年度安全生产考核制度并进行考核 5. 明确本级负责安全生产工作的管理机构，配备满足安全生产监管需要的安全生产专（兼）职人员 6. 指导水利工程建设安全生产监管机构履行相关职责	水行政主管部门

续表

序号	监管责任	法律法规、规范性文件依据	监管标准和要求	责任分工
4	实施监督检查	《安全生产法》《×××安全生产条例》	1. 组织对辖区内水利安全生产状况进行评价	综合监管机构
			2. 制定管辖范围内安全风险预警、分级管控规则，实施风险预警和分级管控	综合监管机构牵头，专业监管机构配合
			3. 制定安全生产年度监督检查计划，经安全生产领导小组批准，报上级水行政主管部门备案	综合监管机构牵头，专业监管机构配合
			4. 按监督检查计划实施监督检查	综合监管机构、专业监管机构
			5. 依法开展水利安全生产监督检查工作	综合监管机构、专业监管机构
			6. 督促隐患整改落实	专业监管机构
			7. 对局属单位安全生产工作进行监督指导	综合监管机构、专业监管机构
5	落实安全生产基础保障	《安全生产法》《×××安全生产条例》《中共中央 国务院关于推进安全生产领域改革发展的意见》《建设工程安全生产管理条例》	1. 保障本级安全生产监管工作所需投入	专业监管机构
			2. 推进水利安全生产标准化长效机制建设	综合监管机构牵头，专业监管机构配合
			3. 建立风险分级管控和隐患排查治理机制	
6	开展宣传教育培训	《中共中央 国务院关于推进安全生产领域改革发展的意见》《安全生产培训管理办法》《建设工程安全生产管理条例》《水利工程建设安全生产管理规定》	1. 组织开展水利安全生产宣传教育培训工作	综合监管机构牵头，专业监管机构分工负责
			2. 按照规定开展水利水电工程施工企业主要负责人、项目负责人和专职安全生产管理人员安全生产考核工作	
7	受理举报、联合惩戒	《安全生产法》《×××安全生产条例》	1. 建立举报制度，受理辖区内有关水利安全生产事故信息举报	综合监管机构
			2. 建立辖区内水利生产经营单位安全生产违法行为信息库，对水利生产经营单位安全生产违法行为信息进行记录、统计和应用	综合监管机构牵头，专业监管机构配合

续表

序号	监管责任	法律法规、规范性文件依据	监管标准和要求	责任分工
8	开展应急管理工作	《安全生产法》《×××安全生产条例》《生产安全事故应急条例》《生产安全事故报告和调查处理条例》	1. 制定相应的生产安全事故应急救援预案，报送本级人民政府应急管理部门备案，依法向社会公布，并及时修订	综合监管机构牵头，专业监管机构实施
			2. 每2年至少组织1次生产安全事故应急救援预案演练	
			3. 组织辖区内水利安全生产信息报送	综合监管机构牵头，专业监管机构配合
			4. 依法参与水利生产安全事故的调查处理	

（四）某市安全生产综合监管和专业监管责任清单

某市安全生产综合监管和专业监管责任清单

序号	监管部门	监管责任
1	综合监管部门	指导水利行业安全生产工作；组织拟订水利安全生产的政策、法规、规章和技术标准并组织实施；组织开展水利行业综合性安全生产监督检查；组织实施水利工程安全监督；按职责分工指导水利工程建设安全生产有关工作；组织开展水利安全生产宣传教育培训工作；依法组织或参与水利生产安全事故的调查处理
2	宣传监管部门	指导协调水利行业安全生产的宣传工作；按要求报告水利生产安全事故信息
3	规划监管部门	指导重点水利工程项目、直属基建项目前期工作中有关安全生产建设内容的编制工作
4	政策法规监管部门	指导协调水利安全生产法规、规章制度的制修订工作，指导水利行业安全生产执法工作
5	财务监管部门	指导机关和直属单位安全生产工作经费保障工作，监督检查经费使用情况
6	人事监管部门	组织指导直属单位职工劳动保护；指导督促直属单位落实因工（公）伤残抚恤有关政策；指导安全生产教育培训工作
7	水资源监管部门	指导水资源管理、保护中的安全生产工作
8	节约用水监管部门	指导职责范围内非常规水源利用中的安全生产有关工作
9	水利工程建设监管部门	按职责分工指导水利工程建设安全生产有关工作，组织指导水利工程蓄水安全鉴定
10	运行监管部门	指导水库、堤防、水闸等水利工程运行的安全管理工作
11	河湖监管部门	指导水域岸线管理和保护中的安全生产有关工作
12	水土保持监管部门	指导水土保持工程建设安全生产工作；指导和监督淤地坝工程建设和运行安全管理工作
13	农村水利水电监管部门	指导灌排工程、农村供水工程、农村水电安全生产工作
14	水旱灾害防御工作监管部门	指导防御洪水、抗御旱灾安全生产工作
15	工会	按照《安全生产法》有关要求，对安全生产工作进行监督

二、生产经营单位责任体系建设——以某市某水电站为例

（一）某市某水电站组织机构和职责

1. 安全机构设置与安全管理人员配备的管理制度

（1）目的。为确保水电站严格按照国家安全生产的相关法律法规及水电站的相关安全管理规定进行生产经营，确保水电站的安全生产，特制定本办法。

（2）范围。本制度适用于水电站安全管理机构的设置与人员的任命。

（3）内容与要求。

1）水电站必须依法设立安全管理机构，配备、配齐专职安全管理人员。

2）水电站安全管理机构的设置、人员的任命和更新须以文件或任命书加以体现，文件或任命书应由最高管理者及接受任命人员签字。

3）水电站最高管理者可依法在高级管理层中指定安全生产管理者。

4）水电站各级安全管理人员必须依法接受相关法律法规知识的培训，必须持有有效资格证书上岗。

5）水电站的安全管理机构最高组织为安全生产领导小组，安全生产领导小组至少每季度召开一次会议，对水电站的安全重大问题作出决策和决定。

6）水电站按照《安全生产法》等法律法规的要求，配备数量足够、素质较高的专（兼）职安全管理员，加强对水电站生产经营的安全管理。

2. 安全生产机构设置

水电站设置安全科，为水电站安全生产管理机构。

3. 安全生产责任制的制定、沟通、培训、评审、修订及考核的管理制度

（1）目的。本制度确定了本水电站适用于其生产活动和其他应遵守的安全责任要求，规定了安全生产责任制的制定、沟通、培训、评审与绩效考核等方面，确保本水电站各级领导干部、各个部门、各类人员，在他们各自职责范围内，对安全生产层层负责，确保安全生产目标的实现。

（2）范围。本程序适用于本水电站安全生产责任制的制定、沟通、培训、评审、修订及考核等环节。

（3）职责。安全管理部门及其相关人员负责安全生产责任制的制定、沟通、培训、评审、修订及考核的相关事项。

（4）安全生产责任制的制定。

1）安全生产责任制由安全管理部门负责起草后交水电站安全第一责任人审阅。

2）水电站安全第一责任人审阅后提出修改意见。

3）安全管理部门修改后下发相关至各级领导干部、各个部门、各类人员。

（5）安全生产责任制的沟通。

1）安全管理部门制定安全生产责任制应及时下发至各级领导干部、各个部门、各类人员并征求意见。

2）安全管理部门将征求的意见汇总后反馈给水电站安全第一责任人。

3）水电站安全第一责任人组织领导干部、各个部门、各类人员代表召开安全生产责任制修订会。

4) 安全管理部门根据修订会结果对安全生产责任制定稿。

(6) 培训。

1) 安全管理部门负责安全生产责任制的解释。

2) 安全管理部门应定期组织领导干部、各个部门、各类人员对其安全生产责任制进行学习。

3) 每次培训学习应有学习记录。

(7) 评审、修改。

1) 安全生产责任制评审小组由安全管理部门、技术部门、生产部门等部门组成。

2) 安全生产责任制评审小组对已制定的安全生产责任制进行评审,并由责任制的起草部门根据评审意见,修改完善。

3) 经评审通过的安全生产责任制,从上至下层层互相签字实施。

(8) 考核。

1) 安全生产责任制的考核由安全管理部门根据签订的安全生产责任制进行。

2) 安全生产责任制的考核结果报水电站安全第一责任人认可生效。

3) 安全生产责任制的考核每季度进行一次。

(9) 周期。安全生产责任制的制定、沟通、培训、评审修订至少每年应进行一次。

(二) 某市某水电站安全生产责任制

1. 站长安全生产责任清单

(1) 建立健全并落实本单位全员安全生产责任制,加强安全生产标准化建设。

(2) 组织制定并实施本单位安全生产规章制度和操作规程。

(3) 组织制定并实施本单位安全生产教育和培训计划。

(4) 保证本单位安全生产投入的有效实施。

(5) 组织建立并落实安全风险分级管控和隐患排查治理双重预防工作机制,督促、检查本单位的安全生产工作,及时消除生产安全事故隐患。

(6) 组织制定并实施本单位的生产安全事故应急救援预案。

(7) 及时、如实报告生产安全事故。

2. 副站长安全生产责任清单

(1) 组织或者参与拟订本单位安全生产规章制度、操作规程和生产安全事故应急救援预案。

(2) 组织或者参与本单位安全生产教育和培训,如实记录安全生产教育和培训情况。

(3) 组织开展危险源辨识和评估,督促落实本单位重大危险源的安全管理措施。

(4) 组织或者参与本单位应急救援演练。

(5) 检查本单位的安全生产状况,及时排查生产安全事故隐患,提出改进安全生产管理的建议。

(6) 制止和纠正违章指挥、强令冒险作业、违反操作规程的行为。

(7) 督促落实本单位安全生产整改措施。

3. 技术员安全生产责任清单

(1) 按照"管业务必须管安全,管生产经营必须管安全"的原则,对分管工作履行安全生产"一岗双责",组织分管部门、车间建立落实安全生产责任制。

(2) 组织贯彻执行安全生产规章制度和操作规程,并进行监督检查。

(3) 组织落实分管领域的安全风险分级管控和隐患排查治理措施,对分管领域的较大风险进行管控,并监督问题隐患的整改落实。

(4) 按职责分工,组织落实本单位构成重大风险的特殊作业安全措施。

(5) 组织审核年度安全投入资金预算,做到专款专用,并监督执行。

(6) 按规定时间和程序报告生产安全事故,按职责分工组织事故救援,做好伤亡事故的善后处理工作。

(7) 法律、法规、规章以及本单位规定的其他安全生产职责。

4. 值班负责人安全生产责任清单

(1) 履行安全生产"一岗双责",落实本部门安全生产责任制。

(2) 严格执行安全生产规章制度和操作规程。

(3) 组织制定并实施本部门安全生产教育和培训计划,并如实记录。

(4) 落实本部门安全风险分级管控和隐患排查治理措施。

(5) 按职责权限参与事故应急预案编制和应急演练工作,组织事故救援,做好伤亡事故的善后处理工作。

(6) 法律、法规、规章以及本单位规定的其他安全生产职责。

5. 水电站正值班员安全生产责任清单

(1) 水电站正值班员是水电站安全生产的第一责任人,对水电站的安全生产全面负责。

(2) 保证国家安全生产法律法规和企业规章制度在水电站的贯彻执行,做到水电站生产与安全生产同时计划、布置、检查、总结和评比。

(3) 定期召开安全专题会议,听取安全员的工作汇报,及时解决生产中的安全问题。

(4) 严格执行本单位隐患排查治理各项工作制度,深入排查水电站安全生产问题隐患,组织整改落实,并做好相关记录。

(5) 组织拟定水电站的安全生产年度、季度、月计划。

(6) 组织拟定水电站的安全生产教育培训计划,做好员工的安全生产教育培训。

(7) 负责落实本单位的安全生产规章制度和操作规程,落实安全生产的措施计划。

(8) 定期组织水电站人员开展安全检查、危险源辨识、风险预判活动,发现安全隐患,立即组织整改,直至消除。

(9) 加强设备装置的检修维护,严格执行检维修作业安全制度,保证设备、安全装置等设施处于完好状态。

(10) 执行本单位外来施工作业安全管理制度,派员现场监督,督促承包、承租单位履行安全生产职责。

(11) 对水电站动火作业、临时用电作业、受限空间(有限空间)作业、高空作业、吊装作业、动土作业、设备检修等特殊作业,按职责权限下达作业指令,指派专人进行现场作业监护。

(12) 加强班组管理,定期组织开展班组长安全培训。

(13) 组织实施水电站人员的安全生产责任制绩效考核。

(14) 水电站发生生产安全事故后，妥善保护事故现场，立即采取有效措施组织救援。

(15) 法律、法规、规章以及本单位规定的其他安全生产职责。

6. 班组长安全生产责任清单

(1) 每天召开班前会，开展班前安全教育，告知班组作业区域的主要安全生产风险点、防范措施和事故应急措施，做好技术交底。

(2) 加强班组安全培训，督促班组人员熟知工作岗位存在的危险因素、防范措施及事故应急措施。

(3) 严格执行本单位安全风险分级管控和隐患排查治理各项工作制度，组织开展班前、班中、班后安全检查或交接班检查，对班组作业区域进行安全风险隐患排查，落实安全防范措施，并做好相关记录。

(4) 督促班组人员严格遵守本单位的安全生产规章制度和岗位安全操作规程，正确佩戴和使用劳动防护用品。

(5) 对作业中发生的险情、突发事件及时报告，组织事故初期应急处置并采取措施保护现场。

(6) 法律、法规、规章以及本单位规定的其他安全生产职责。

7. 普通员工安全生产责任清单

(1) 严格遵守安全生产规章制度和操作规程，服从管理。

(2) 积极参加安全学习及安全培训，掌握本职工作所需的安全生产知识，提高安全生产技能，从事特种作业的必须经培训取得相应资格证书。

(3) 认真开展岗前、岗中、交接班安全隐患排查，确保本岗位作业区域内相关机械设备、用电、环境等保持安全状况。

(4) 发生生产安全事故后，事故现场有关人员应当立即报告本单位负责人。发现事故隐患或者其他不安全因素，应当立即向现场安全管理人员或者本单位负责人报告。

(5) 有权对单位安全生产工作中存在的问题提出批评、检举、控告，有权拒绝违章指挥和强令冒险作业。

(6) 熟悉本岗位的安全生产风险和应急处置措施，发现直接危及人身安全的紧急情况时，有权停止作业或者在采取可能的应急措施后，撤离作业现场。

(7) 正确佩戴和使用劳动防护用品。

(8) 熟练掌握应急逃生知识，提高互救自救能力。

(9) 法律、法规、规章以及本单位规定的其他安全生产职责。

第六章 安全风险分级管控体系建设

第一节 基 本 概 念

一、安全风险基本概念

(一) 风险的历史渊源

"风险"一词的由来有两种说法。一种是最为普遍的说法,在古时候以打鱼捕捞为生的渔民们,每次出海前都要祈祷,祈求神灵保佑自己能够平安归来,其中主要的祈祷内容就是让神灵保佑自己在出海时能够风平浪静、满载而归;他们在长期的捕捞实践中,深深地体会到"风"给他们带来的无法预测、无法确定的危险,他们认识到,在出海捕捞打鱼的生活中,"风"即意味着"险",因此有了"风险"一词。另一种是古时候在海洋捕捞、海洋航运的过程中,风险被理解为客观的危险,体现为自然现象或者航海遇到礁石、风暴等事件,并由此引申为与风险有关的事情。不论哪种说法,对于风险都需要未雨绸缪,加以防范。

风险是一个笼统模糊且较为抽象的概念,损失的不确定性是其基本特性,也正是由于风险自身所存在的上述特点,导致风险尚未有一个统一的定义。王洪、陈建把风险通俗的解释为"风险就是活动或事件消极地、人们不希望的后果发生的潜在可能性"。美国 Cooper D. F. 和 Chapman C. P. 在《大项目风险分析》一书中对风险进行了定义:"风险是进行某项活动时,由活动本身的不确定性而造成的损失,以及该活动被破坏的可能性的集合。"GB/T 23694—2013《风险管理术语》明确,风险指不确定性对目标的影响。

(二) 安全风险

安全风险指生产安全事故或健康损害事件发生的可能性和严重性的组合。可能性,是指事故(事件)发生的概率。严重性,是指事故(事件)一旦发生后,将造成的人员伤害和经济损失的严重程度。风险=可能性×严重性。

安全风险等级从高到低划分为重大风险、较大风险、一般风险和低风险,分别用红、橙、黄、蓝四种颜色标示。

(三) 重大风险

发生事故可能性与事故后果两者结合后风险值被认定为重大的风险类型。

(四) 危险源

可能导致人身伤害和(或)健康损害和(或)财产损失的根源、状态或行为,或它们的组合。

（五）风险点

风险伴随的设施、部位、场所和区域，以及在设施、部位、场所和区域实施的伴随风险的作业活动，或以上两者的组合。

（六）危险源辨识

识别危险源的存在并确定其分布和特性的过程。

（七）风险评价

对危险源导致的风险进行分析、评估、分级，对现有控制措施的充分性加以考虑，以及对风险是否可接受予以确定的过程。

（八）风险分级

通过采用科学、合理方法对危险源所伴随的风险进行定性或定量评价，根据评价结果划分等级。

（九）风险分级管控

按照风险不同级别、所需管控资源、管控能力、管控措施复杂及难易程度等因素而确定不同管控层级的风险管控方式。

（十）风险控制措施

生产经营单位为将风险降低至可接受程度，针对该风险而采取的相应控制方法和手段。

（十一）风险信息

风险点名称、危险源名称、类型、所在位置、当前状态以及伴随风险大小、等级、所需管控措施、责任单位、责任人等一系列信息的综合。

（十二）风险分级管控清单

生产经营单位各类风险信息［见（十一）］的集合。

二、安全风险分级管控体系基本概念

安全风险管理就是指通过识别生产经营活动中存在的危险、有害因素，并运用定性或定量的统计分析方法确定其风险严重程度，进而确定风险控制的优先顺序和风险控制措施，以达到改善安全生产环境、减少和杜绝生产安全事故的目标而采取的措施和规定。

三、安全风险分级管控体系研究现状

世界公认的风险管理研究发源地在美国。美国有40％左右的银行和生产经营单位受到1929—1933年的世界性经济危机影响而破产，经济大幅倒退。为此，许多美国生产经营单位都在内部设立了保险管理门，以应对经营上的危机，对生产经营单位的各种保险项目统筹协调，可见，保险手段是当时的主要风险管理方式。美国也因此积累了丰富的经验，并逐渐将风险管理发展成为一门学科，才形成了风险管理一词。系统地对生产经营单位经营性风险进行全面的研究，起源于美国相关学者编著的《企业风险》一书，该书通过分析生产经营单位风险的成因、类型及表现形式，总结出了生产经营单位风险防控主要措施。在全球化不断深入、信息化的逐渐发展导致生产经营单位风险逐渐增加的背景下，受这本著作的影响，各国学者对生产经营单位的经营性风险越来重视，在国际工程市场的形成和发展的推动下，工程项目风险管理理论也随之进入了大发展时期。

我国风险管理研究起步较晚，其主要观点来自对外国学者研究成果的翻译。近年来随着国民经济的进一步大发展，针对安全风险管理理论研究的需求愈发旺盛，风险管理也逐渐成为研究热点，并率先在矿业、核能矿业、核能矿业、核能航天等风险性较大的行业领域得到了广泛应用。

我国引入风险管理理论的先驱是清华大学的郭仲伟教授，在其著作《风险分析与决策》（1987）中详细介绍论述了风险分析的理论，直到现在都具有极大的参考性和理论价值。

于九如（1991）通过应用蒙特卡罗模拟方法，结合风险分析相关理论，为对相关联风险因素进行模拟提供了一个新的手段。

赵广金（2012）将熵理论应用到安全风险管理能力评价中，建立了安全风险管理水平评价模型，提供了一种科学评价安全风险管理水平的方法。

汪古玥（2012）运用神经网络方法编写了建筑施工安全风险评价的神经网络模型程序，展现了人工神经网络在建筑施工安全风险评价中的作用。

袁剑波（2014）基于施工作业特点，引入网络分析法理论，建立了施工安全风险评价模型。

吴贤国（2016）通过对大量典型事故案例数据进行分析，引入N-K模型对地铁施工过程中不同风险耦合的值进行计算，可以看出在风险耦合过程中表现活跃的因素有人为因素、管理因素以及环境因素。

柳长森（2017）将具有东方特色的WSR方法论与安全风险管控相结合，可以有效地帮助生产经营单位对风险因素进行深入辨识和控制，进而提升安全风险管理水平。

于鑫（2017）在轨道工程建设安全管理领域引入网格化管理理论，建立了基于网格化的轨道工程建设安全风险管理模式，提出了轨道工程建设安全风险管控的方法。

王燊（2018）通过对大量的地铁施工事故经典案例进行统计分析，结合贝叶斯网络方法，构建了隧道施工动态安全风险评价方法，建立了动态风险评价体系。

柳尚（2018）对变权理论进行研究，与隧道施工安全风险特点结合，建立了动态风险评估数学模型，从变权和建立动态指标两个方面开展安全风险等级评估。

张蕾（2018）对黄土隧道施工安全风险管理脆弱性因素进行耦合关系分析，引入突变理论，建立了隧道施工安全风险管理系统脆弱性评价方法，基于"PDSA—SDCA循环"，对安全风险管控流程进行了优化。

郜彤（2019）运用组合赋权和云模型，构建了一种煤矿安全风险评价模型，为进行安全风险评价提供了个新的思路。

第二节 依据及充分性必要性

一、依据

（一）法律法规

(1)《中华人民共和国安全生产法》（2021年修订）。

(2)《山东省安全生产条例》（2021年12月3日山东省第十三届人民代表大会常务委员会第三十二次会议修订）。

第六章　安全风险分级管控体系建设

（二）规章

（1）《山东省安全生产风险管控办法》（山东省政府令第331号）。

（2）《山东省安全生产行政责任制规定》（山东省政府令第346号）。

（三）规范性文件

（1）《水利部关于开展水利安全风险分级管控的指导意见》（水监督〔2018〕323号）。

（2）《水利部办公厅关于印发水利水电工程施工危险源辨识与风险评价导则（试行）的通知》（办监督函〔2018〕1693号）。

（3）《水利水电工程（堤防、淤地坝）运行危险源辨识与风险评价导则》（办监督函〔2021〕1126号）。

（4）《水利水电工程（水电站、泵站）运行危险源辨识与风险评价导则》（办监督函〔2020〕1114号）。

（5）《水利水电工程（水库、水闸）运行危险源辨识与风险评价导则》（办监督函〔2019〕1486号）。

（6）《水利水电工程施工危险源辨识与风险评价导则》（办监督函〔2018〕1693号）。

（四）标准规范

（1）SL 721—2015《水利水电工程施工安全管理导则》。

（2）GB/T 23694—2013《风险管理　术语》。

（3）GB/T 24353—2022《风险管理　指南》。

（4）GB/T 27921—2011《风险管理　风险评估技术》。

（5）GB/T 33000—2016《企业安全生产标准化基本规范》。

（6）DB37/T 2882—2016《安全生产风险分级管控体系通则》。

（7）DB37/T 3512—2019《水利工程运行管理单位安全生产风险分级管控体系细则》。

（8）DB37/T 4259—2020《灌区工程运行管理单位安全生产风险分级管控体系实施指南》。

（9）DB37/T 4261—2020《河道工程运行管理单位安全生产风险分级管控体系实施指南》。

（10）DB37/T 4263—2020《水库工程运行管理单位安全生产风险分级管控体系实施指南》。

（11）DB37/T 4265—2020《引调水工程运行管理单位安全生产风险分级管控体系实施指南》。

（12）T/CSPSTC 17—2018《企业安全生产双重预防机制建设规范》。

（13）T/COSHA 004—2020《危险源辨识、风险评价和控制措施策划指南》。

二、充分性及必要性

（一）安全生产风险管控体系的重要作用

第一，党和政府高度关注。习近平总书记多次强调，对易发生事故的行业领域，要将安全风险逐一建档入账，采取安全风险分级管控、隐患排查治理双重预防性工作机制，把新情况和想不到的问题都想到。李克强总理要求，要强化重点行业领域安全治理，加快健全隐患排查治理体系、风险预防控制体系和社会共治体系。国家领导人的多次指示批示为构建双重预防机制指明了工作方向。

第二，安全生产形势迫切的需要。近年来，虽然全国生产安全事故总体上呈下降趋势，但开始进入一个瓶颈期、平台期，稍有不慎，重特大事故就会反弹，暴露出安全生产领域"认不清、想不到"的问题依然突出，给人民群众生命财产带来极大威胁。构建"双重预防机制"就是针对安全生产领域"认不清、想不到"的突出问题，在发挥传统的隐患排查治理手段的同时，新增一道风险分级管控关口，全面提升生产经营单位的风险辨识能力和隐患治理能力。安全风险管控到位就不会形成事故隐患，隐患一经发现及时治理就不会酿成事故。

第三，法律的强制性作用，新修改的《安全生产法》首次将安全风险分级管控和隐患排查治理双重预防机制写入。意味着安全生产风险分级管控体系不仅仅是倡导的预防事故的一种措施手段，更是上升到法律层面予以强制落实，是生产经营单位必须履行的义务，一旦违反将产生严重的后果。

第四，风险分级管控体系的预防作用。安全风险分级管控体系是对安全生产风险进行合理管控的重要一环，指通过科学、合理的风险评价方法，确定风险级别，并按照复杂及难易程度等，制定相应措施，确定管控层级，调配所需人力、物力、财力等资源的进行风险管控的系统化管理过程。安全生产风险分级管控体系可以全面提高安全生产防控能力和水平，改变被动的状态，提升全员参与积极性和安全管理氛围，进一步提升水利安全生产管理水平。安全风险分级管控过程中，各级安全管理人员、考核部门人员除按要求履行到岗到位外，更需对各作业现场开展实地督查，杜绝形式主义导致的违章行为，最终形成齐抓共管的格局。

（二）安全生产风险分级管控体系建设的现实意义

1. 中共中央高度重视

2015年12月，中央对全面加强安全生产工作提出明确要求，强调血的教训警示我们，公共安全绝非小事，必须坚持安全发展，扎实落实安全生产责任制，堵塞各类安全漏洞，坚决遏制重特大事故频发势头，确保人民生命财产安全。对易发重特大事故的行业领域采取风险分级管控、隐患排查治理双重预防性工作机制，推动安全生产关口前移，加强应急救援工作，最大限度减少人员伤亡和财产损失。

2016年1月6日，习近平总书记在中共中央政治局常委会会议上发表重要讲话，对加强安全生产工作提出五点要求。一是必须坚定不移保障安全发展，狠抓安全生产责任制落实。要强化"党政同责、一岗双责、失职追责"，坚持以人为本、以民为本；二是必须深化改革创新，加强和改进安全监管工作，强化开发区、工业园区、港区等功能区安全监管，举一反三，在标准制定、体制机制上认真考虑如何改革和完善；三是必须强化依法治理，用法治思维和法治手段解决安全生产问题，加快安全生产相关法律法规制定修订，加强安全生产监管执法，强化基层监管力量，着力提高安全生产法治化水平；四是必须坚决遏制重特大事故频发势头，对易发重特大事故的行业领域采取风险分级管控、隐患排查治理双重预防性工作机制，推动安全生产关口前移，加强应急救援工作，最大限度减少人员伤亡和财产损失；五是必须加强基础建设，提升安全保障能力，针对城市建设、危旧房屋、玻璃幕墙、渣土堆场、尾矿库、燃气管线、地下管廊等重点隐患和煤矿、非煤矿山、

第六章　安全风险分级管控体系建设

危化品、烟花爆竹、交通运输等重点行业以及游乐、"跨年夜"等大型群众性活动，坚决做好安全防范，特别是要严防踩踏事故发生。李克强总理指出，当前安全生产形势依然严峻，务必高度重视，警钟长鸣。各地区各部门要坚持人民利益至上，牢固树立安全发展理念，以更大的努力、更有效的举措、更完善的制度，进一步落实生产经营单位主体责任、部门监管责任、党委和政府领导责任，扎实做好安全生产各项工作，强化重点行业领域安全治理，加快健全隐患排查治理体系、风险预防控制体系和社会共治体系，依法严惩安全生产领域失职渎职行为，坚决遏制重特大事故频发势头，确保人民群众生命财产安全。

2016年4月28日，国务院安委会办公室印发《标本兼治遏制重特大事故工作指南的通知》（安委办〔2016〕3号）提出，为认真贯彻落实党中央、国务院决策部署，着力解决当前安全生产领域存在的薄弱环节和突出问题，强化安全风险管控和隐患排查治理，坚决遏制重特大事故频发势头，制定本工作指南。到2018年，构建形成点、线、面有机结合、无缝对接的安全风险分级管控和隐患排查治理双重预防性工作体系。

2016年10月9日，国务院安委会办公室关于《实施遏制重特大事故工作指南构建双重预防机制的意见》（安委办〔2016〕11号）提出，构建安全风险分级管控和隐患排查治理双重预防机制（以下简称双重预防机制），是遏制重特大事故的重要举措。

2016年12月9日，《中共中央、国务院关于推进安全生产领域改革发展的意见》（中发〔2016〕32号）指出，构建风险分级管控和隐患排查治理双重预防工作机制，严防风险演变、隐患升级导致生产安全事故发生。《中共中央、国务院关于推进安全生产领域改革发展的意见》（中发〔2016〕32号）是中华人民共和国成立以来第一个以党中央、国务院名义出台的安全生产工作的纲领性文件，对推动我国安全生产工作具有里程碑式的重大意义。

2017年1月，国务院办公厅发布的《安全生产"十三五"规划》（国办发〔2017〕3号）在基本原则中又明确指出，要不断完善双重预防机制，对安全风险加强控制，遏制事故频发的局面。

2022年4月，国务院安委会发布的《"十四五"国家安全生产规划》（安委〔2022〕7号）在规划目标中明确指出，引导生产经营单位完善安全生产管理体系，健全安全风险分级管控和隐患排查治理双重预防工作机制，构建自我约束、持续改进的安全生产内生机制。

2. 山东省党委政府相继出台相关文件

2016年12月7日，山东省地方标准DB37/T 2882—2016《生产安全事故隐患排查治理体系通则》和DB37/T 2883—2016《生产安全事故隐患排查治理体系通则》发布，自2017年1月8日实施。

山东省委、省政府分别将安全风险分级管控和隐患排查治理体系机制建设纳入省委常委会2017年度工作要点和《政府工作报告》；山东省政府办公厅《关于印发山东省标本兼治遏制重特大事故工作指导方案的通知》（鲁政办发〔2016〕32号）提出"到2018年，构建形成点、线、面有机结合的安全风险分级管控和隐患排查治理双重预防工作体系"的工作目标；山东省政府办公厅《关于建立完善风险管控和隐患排查治理双重预防机制的通知》（鲁政办字〔2016〕36号）提出"结合全省正在开展的安全生产隐患大排查快整治严执法集中行动，进一步建立完善风险管控和隐患排查治理双重预防机制"的要求和"实现标准化、信息化的风险管控和隐患排查治理双重预防，从根本上防范事故发生，构建安全生产长效机制"的总体目标；省政府安全生产委员会办公室制定了《加快推进安全生产安全风险分级管控与隐患排查治理两个体系建设工作方案》（鲁安发〔2016〕16号）。

2017年1月18日，山东省第十二届人民代表大会常务委员会第二十五次会议通过《山东省安全生产条例》，2021年12月3日山东省第十三届人民代表大会常务委员会第三十二次会议对其进行修订。其中第三十一条规定，生产经营单位应当建立健全安全风险分级管控制度，明确风险点排查、风险评价、风险等级评定的程序、方法和标准，编制风险分级管控清单，列明管控重点、管控机构、责任人员、监督管理、安全防护和应急处置等安全风险管控措施。属于重大或者较大风险的，应当制定专项管控方案，采取限制或者禁止人员进入、定期巡查检查等安全风险管控措施。

2018年1月24日，山东省人民政府令第311号《山东省生产经营单位安全生产主体责任规定》，第二十九条规定：生产经营单位应当建立安全生产风险管控机制，定期进行安全生产风险排查，对排查出的风险点按照危险性确定风险等级，并采取相应的风险管控措施，对风险点进行公告警示。

2020年2月4日，山东省人民政府发布了《山东省安全生产风险管控办法》（山东省政府令第331号），其第八条规定：生产经营单位应当将风险管控纳入全员安全生产责任制，建立健全安全生产风险分级管控制度，明确风险点排查、风险评价、风险等级和确定风险管控措施的程序、方法和标准等内容。

3. 水利部相关文件

2017年10月27日，为规范水利工程生产安全事故隐患（以下简称事故隐患）排查治理工作，有效防范生产安全事故，水利部制定《水利工程生产安全重大事故隐患判定标准（试行）》（水安监〔2017〕344号）。

2017年11月27日，水利部关于进一步加强水利生产安全事故隐患排查治理工作的意见（水安监〔2017〕409号）指出，建立健全事故隐患排查治理制度，严格落实水利生产经营单位主体责任，加大事故隐患排查治理力度，全面排查和及时治理事故隐患，强化水行政主管部门监督管理职责，加强检查督导和整改督办，确保水利行业生产安全。

水利部《贯彻落实〈中共中央国务院关于推进安全生产领域改革发展的意见〉实施办法》（水安监〔2017〕261号）提出了"重点围绕各类水利工程建设与运行的安全技术、安全防护、安全设备设施、安全生产条件、职业危害预防治理、危险源辨识、隐患判定、应急管理等方面，分专业制定和完善相应的安全生产标准规范"的具体要求。

2018年12月7日，为科学辨识与评价水利水电工程施工危险源及其风险等级，有效防范施工生产安全事故，水利部制定《水利水电工程施工危险源辨识与风险评价导则（试行）》（办监督函〔2018〕1693号）。

2018年12月21日，水利部《关于开展水利安全风险分级管控的指导意见》（水监督〔2018〕323号）指出，坚持"安全第一、预防为主、综合治理"方针，推动水利安全风险预控、关口前移，建立水利安全风险管控体系，健全水利工程安全风险分级管控工作制度和规范，实现水利生产经营单位安全风险自辨自控、水行政主管部门有效监管的安全风险管控工作格局，提升水利安全风险防控能力，科学防范和有效遏制水利生产安全事故。

2019年12月30日，为科学辨识与评价水利水电工程运行危险源及其风险等级，有效防范生产安全事故，水利部制定《水利水电工程（水库、水闸）运行危险源辨识与风险评价导则》（办监督函〔2019〕1486号）。

4. 省水利厅相关工作

2019年3月21日，山东省水利厅制定的山东省地方标准DB37/T 3512—2019《水利工程运行管理单位安全生产风险分级管控体系细则》、DB37/T 3513—2019《水利工程运行管理单位生产安全事故隐患排查治理体系细则》发布，2019年4月21日实施。

2019年4月25日，山东省水利厅召开水利安全生产工作会议，明确要健全双重预防体系建设，推动水利安全生产关口前移。

2019年6月21日，山东省水利厅通过定向委托方式，委托省水科院研究制定山东省水利双重预防体系评估办法与验收标准，组织专家对水利双重预防体系建设标杆单位进行验收评估，并向省水利厅出具验收评估意见。

2019年6月26日，山东省水利厅召开水利安全生产主体责任落实暨双重预防体系建设工作推进会议，王祖利副厅长出席会议并讲话，厅机关有关处室、厅直属有关单位、标杆单位负责同志及职能处（科）室负责同志参加会议。会议安排部署了重点工作内容、方法步骤，细化了责任、分工，讲解了双重预防体系的规范、要求，为确保当前及今后一段时期内工作取得实效提供了保证。

为加快推进山东省水利工程运行管理单位双重预防体系建设工作，2019年7月，省水利厅召集4类8家水利标杆单位召开双重预防体系建设研讨会。会议采取集中授课、技术交流的方式，对全省水利标杆单位双重预防体系建设进展情况进行了阶段性梳理总结，对下一步工作进行了部署安排，并形成了会议纪要。

2019年12月30日，为加强水利安全生产标准化动态管理，促进水利生产经营单位不断改进和提高安全生产管理水平，山东省水利厅研究制定了《山东省水利安全生产标准化动态管理办法（试行）》（鲁水规字〔2019〕9号），对安全生产风险分级管控体系与生产安全事故隐患排查治理体系建设开展情况提出具体要求。

2021年7月，山东省水利厅发布《山东省水利安全生产"十四五"规划》（鲁政字〔2021〕157号），在主要任务中要求，强化风险分级管控体系建设。水利生产、经营等各项工作必须以安全为前提，实行重大安全风险"一票否决"。水利生产经营单位严格落实安全风险管控主体责任，依据标准建立风险分级管控制度，加强安全风险评价和管控。对排查确认的风险点，逐一明确管控层级和管控责任、管控措施。对重大危险源进行定期检查、评估、监控并制定应急预案，重大危险源及有关安全措施、应急措施报当地安全生产监督管理部门和水行政主管部门备案。各级水行政主管部门要以在建重点工程和病险工程等为重点，确定重点防控单位，实施分类分级监管。

为进一步推进安全风险分级管控体系建设，指导、促进水利工程建设项目、运行管理单位全面完成风险点的排查、确认、管控、风险公告警示等相关工作，并将安全风险分级管控融合到全员安全生产责任制中，融合到生产经营全过程、全要素中，全面提升安全生产水平，山东省水利厅、山东省水利科学研究院编制了DB37/T 4259—2020《灌区工程运行管理单位安全生产风险分级管控体系实施指南》、DB37/T 4261—2020《河道工程运行管理单位安全生产风险分级管控体系实施指南》、DB37/T 4263—2020《水库工程运行管理单位安全生产风险分级管控体系实施指南》、DB37/T 4265—2020《引调水工程运行管理单位安全生产风险分级管控体系实施指南》。

安全生产风险分级管控体系细则和实施指南旨在强化水利工程建设项目各参建单位、水利工程运行管理单位落实安全生产风险分级管控的主体责任，督促其建立健全安全生产风险分级管控长效机制，规范其安全生产风险分级管控行为，推进事故预防工作的科学化、标准化、信息化管理，实现其安全生产风险自辨自控，降低安全生产风险，防止和减少生产安全事故，保障人民群众生命财产安全。近年来，有关推进安全风险分级管控体系建设的政策性文件越来越多，由此我们可以看出，安全风险分级管控体系目前已经在我国得到了大力推行。

2021年9月，山东省水利厅下发《山东省水利厅关于推进水利安全生产"五体系"建设的通知》（鲁水监督函字〔2021〕101号），要求持续健全完善风险分级管控体系。全省水利生产经营单位要全面建成风险全方位查找和辨识、风险等级分级管理、科学严密管控风险的风险分级管控体系。省水利厅制定厅属单位安全生产风险分级管控体系推进工作方案，推动厅属各单位风险分级管控体系的建设、运行和持续改进，厅直属单位于2021年12月底前全部完成。市县水行政主管部门对照各自职责范围，按照2023年底前全部完成的要求相应制定推进工作方案，并在省厅部署的基础上，细化工作措施。水利工程运行管理单位按照DB37/T 3512—2019《水利工程运行管理单位安全生产风险分级管控体系细则》及实施指南；参与水利工程建设的施工单位根据DB37/T 3015—2017《建筑施工企业安全生产风险分级管控体系细则》及实施指南；水文、勘察设计、监理、检测、水利科研等其他水利生产经营单位按照DB37/T 2882—2016《山东省安全生产风险分级管控体系通则》开展风险分级管控体系建设工作。

第三节　安全风险分级管控体系创建

安全风险分级管控体系创建，主要从两个方面开展，具体流程见图6-1，首先需要明确安全风险分级管控体系基本要求，其次确定工作程序和内容。

一、安全风险分级管控体系基本要求

《山东省安全生产风险管控办法》规定，生产经营单位应当将风险管控纳入全员安全生产责任制，建立健全安全生产风险分级管控制度，明确风险点排查、风险评价、风险等级和确定风险管控措施的程序、方法和标准等内容。生产经营单位应当进行风险点排查。组织对生产经营全过程进行风险点排查，并重点排查生产工艺技术及流程，易燃易爆等生产经营场所，有限作业空间等设备设施、部位、场所、区域以及相关作业活动；应当进行风险因素辨识。对排查出的风险点选择适用的分析辨识方法进行风险因素辨识，明确可能存在的不安全行为、不安全状态、管理缺陷和环境影响因素，进行风险评价和分级。根据风险因素辨识情况，对风险点进行定性定量评价，将风险等级分为重大风险、较大风险、一般风险和低风险。

全省水利工程运行管理单位、参与水利工程建设的施工单位和项目法人单位、水文、

第六章　安全风险分级管控体系建设

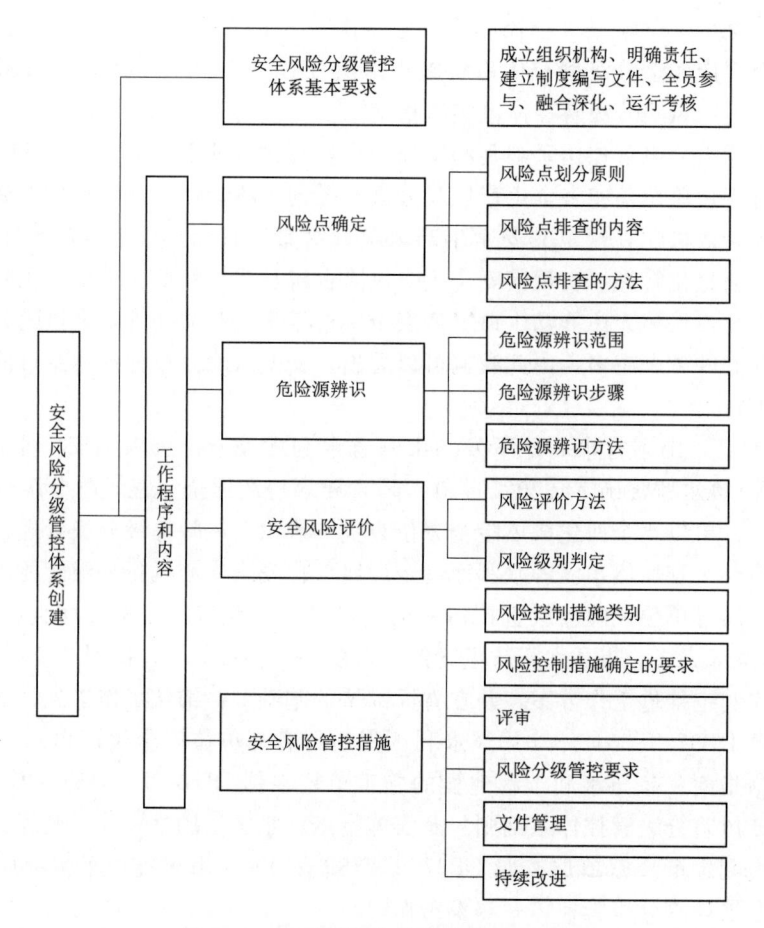

图 6-1　安全风险分级管控体系示意图

勘察设计、监理、检测、水利科研等水利生产经营单位，均要全面建成风险全方位查找和辨识、风险等级分级管理、科学严密管控风险的分级管控体系。

（一）成立组织机构

水利生产经营单位应建立以主要负责人为第一责任人的安全生产风险分级管控工作领导机构，机构由单位领导班子成员，各部门负责人等组成，应明确机构职责、目标与任务，全面负责单位的安全生产风险分级管控的研究、统筹、协调、指导和保障等工作。

水利生产经营单位风险管控领导小组应由单位主要负责人任组长，成员应包括分管安全经理、分管生产经理、分管经营经理、技术负责人、安全总监，以及技术、安全、质量、设备、材料、人力、财务等机构负责人。日常办事机构宜设置在单位安全生产管理部门。

水利生产经营单位项目风险管控工作小组应由项目负责人任组长，成员至少包括项目技术、安全、施工、材料、机械、班组等部门负责人。项目部各岗位管理人员、作业人员应全员参与风险分级管控活动，确保风险分级管控覆盖工程项目所有区域、场所、岗位、作业活动和管理活动，确保施工现场危险源辨识全面系统、规范有效。

（二）明确责任

水利生产经营单位应建立健全全员安全生产责任制，落实从主要负责人到每位从业人员的安全生产风险分级管控责任。主要负责人对本单位安全生产风险分级管控的研究、统筹、协调、指导和保障全面负责，各分管负责人对分管业务范围内的安全生产风险分级管控工作负责，部门、班组和岗位人员负责本部门、本班组和本岗位安全生产风险分级管控工作。

1. 水利生产经营单位

（1）水利生产经营单位风险管控领导小组负责单位风险分级管控体系的建立与运行，负责对项目部安全生产风险分级管控工作小组进行监督指导。

（2）水利生产经营单位应建立风险分级管控制度，明确各部门、各岗位的风险管控职责。

（3）水利生产经营单位应掌握风险的分布情况、可能后果、风险级别及控制措施等。

（4）负责开展单位安全生产风险评估工作，对单位危险源进行识别、分析、评价等，及时制定更新安全生产风险分级管控清单。

（5）负责对重大风险进行管控。

2. 项目部

（1）项目风险管控工作小组负责项目风险分级管控体系的建立与运行，负责对施工作业班组风险分级管控进行监督指导。

（2）项目部应建立风险分级管控制度，明确各部门、各岗位的风险管控职责。

（3）项目部应掌握本项目部风险的分布情况、可能后果、风险级别及控制措施等。

（4）负责开展项目部安全生产风险评估工作，对项目危险源进行识别、分析、评价等。项目施工活动中发现的新危险源应及时上报单位，及时更新安全生产风险分级管控清单。

（5）负责对较大风险进行管控。

3. 生产作业班组

（1）负责生产作业班组风险分级管控体系的运行，对施工作业人员风险分级管控进行监督指导。

（2）应掌握生产作业班组风险的分布情况、可能后果、风险级别及控制措施等。

（3）负责开展生产作业班组安全生产风险评估工作，作业生产活动中发现的新危险源及时上报项目部。

（4）对本班组作业人员的生产作业活动进行风险管控交底。

（5）负责对一般风险进行管控。

4. 生产作业人员

（1）应掌握本岗位涉及的风险的分布情况、可能后果、风险级别及控制措施等。

（2）本岗位施工活动中发现的新危险源及时上生产工作业班组。

（3）负责对低风险进行管控。

（三）建立制度、编写文件

水利生产经营单位应建立风险分级管控制度，明确各级负责人、各部门、各岗位安全生产风险分级管控职责范围和工作要求；编制风险分级管控作业指导书、风险点登记台账、作业活动清单、设备设施清单、评价记录、风险分级管控清单等有关文件；明确风险管控信息通报、报送和台账管理等相关要求；按有关规定建立专项资金使用等保障制度。

将风险进行分级后,针对不同等级的风险,应采取有针对性的管控措施。一是所有风险均适用的管控措施。生产经营单位应当编制风险分级管控清单,列明管控重点、管控机构、责任人员和技术改造、经营管理、培训教育、安全防护和应急处置等管控措施,主要负责人每季度至少组织检查一次风险管控措施和管控方案的落实情况。二是较大风险的管控措施。对较大风险的管控,应当制定专项管控方案,严格限制人员进入并实行登记管理,由生产经营单位分管负责人负责管控,并定期进行检查、排查。三是重大风险的管控措施。对重大风险的管控,应当制定专项管控方案,实时进行监控或者实行24小时值班制度,禁止无关人员进入并严格限制作业人员数量,由生产经营单位主要负责人负责管控,并定期进行巡查、排查。四是风险管控评审。对于风险管控措施,应当每年至少开展1次风险管控评审,确保管控措施持续有效。对于发生生产安全事故、安全生产标准和条件发生重大变化、生产经营单位组织机构发生重大调整等情形,应当及时开展风险管控评审。

(四) 全员参与

水利生产经营单位应当保证全员参与风险分级管控活动,确保风险分级管控工作覆盖各区域、场所、岗位、各项作业和管理活动。应将风险分级管控的培训纳入安全培训计划,按照单位、部门和班组分层次、分阶段组织员工进行培训,使其掌握本单位风险点排查、危险源辨识和风险评价方法、风险评价结果、风险管控措施,并形成培训记录。应当加强对风险分级管控情况的监督考核。

在风险分级管控体系建设初期,施工单位及其项目部应组织全员开展风险分级管控体系建设培训,培训内容包括建设方案、流程、方法、要求等。生产经营单位应将风险分级管控培训纳入年度安全培训计划,分层次、分阶段组织员工进行培训,使其掌握本单位风险类别、危险源辨识和风险评价方法、风险评价结果、风险管控措施,并保留培训记录。

(五) 融合深化

水利生产经营单位应将风险分级管控与事故隐患排查治理、安全生产标准化等工作相结合,形成一体化的安全管理体系,使风险分级管控贯穿于生产经营活动全过程,成为单位各层级、各岗位日常工作的重要组成部分。

(六) 运行考核

水利生产经营单位应建立健全风险分级管控考核奖惩制度,对风险分级管控体系运行目标考核,并依据考核结果进行奖惩。

二、工作程序和内容

安全风险分级管控就是指通过识别生产经营活动中存在的危险、有害因素,并运用定性或定量的统计分析方法确定其风险严重程度,进而确定风险控制的优先顺序和风险控制措施,以达到改善安全生产环境、减少和杜绝生产安全事故的目标而采取的措施和规定。风险分级管控的基本原则是:风险越大,管控级别越高;上级负责管控的风险,下级必须负责管控,并逐级落实具体措施。

如图6-2所示,风险分级管控工作程序主要包括:风险点确定、危险源辨识、风险评价、制定风险分级控制措施、实施风险分级管控、编制风险分级管控清单、风险管控效果验证、文件管理、持续改进等控制环节。

针对不同的风险等级，生产经营单位应当编制风险分级管控清单，列明管控重点、管控机构、责任人员和技术改造、经营管理、培训教育、安全防护和应急处置等管控措施，主要负责人每季度至少组织检查一次风险管控措施和管控方案的落实情况。对较大风险的管控，应当制定专项管控方案，严格限制人员进入并实行登记管理，由生产经营单位分管负责人负责管控，并定期进行检查、排查。对重大风险的管控，应当制定专项管控方案，实时进行监控或者实行 24 小时值班制度，禁止无关人员进入并严格限制作业人员数量，由生产经营单位主要负责人负责管控，并定期进行巡查、排查。对于进行危险作业、项目、场所发包或者出租场地、设施设备，

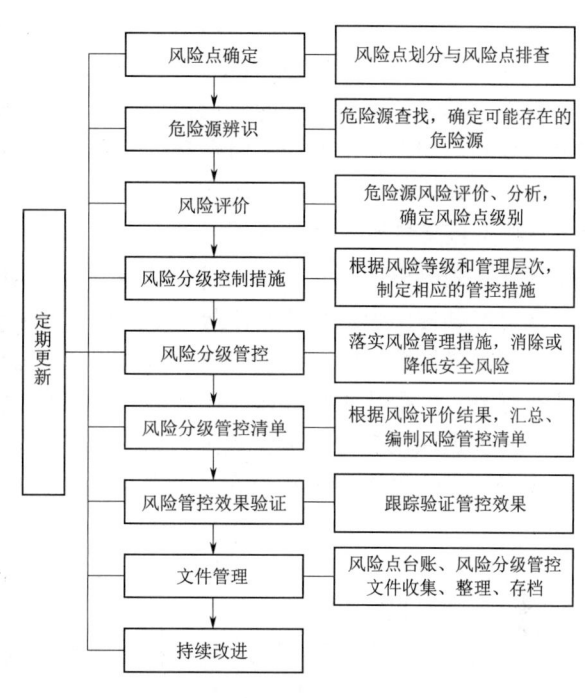

图 6-2 风险分级管控工作程序

在同一区域内多个单位同时作业的，规定了相应的风险管控措施。对于风险管控措施，应当每年至少开展一次风险管控评审，确保管控措施持续有效。对于发生生产安全事故、安全生产标准和条件发生重大变化、生产经营单位组织机构发生重大调整等情形，应当及时开展风险管控评审。

风险判定应结合水利生产经营单位可接受风险实际，制定事故（事件）发生的可能性、严重性和风险度取值标准，明确风险判定准则，以便准确判定风险等级。风险等级判定应按从严从高原则。

三、风险点确定

为了便于研究（管理），将安全生产研究（管理）对象按照"大小适中、便于分类、功能独立、易于管理、范围清晰"的原则划分成若干子系统，称为风险点。每个风险点至少包含一个固有风险或潜在风险。

水利生产经营单位应当组织对生产经营全过程进行风险点排查，并重点排查下列设备设施、部位、场所、区域以及相关作业活动：

（1）生产工艺技术及流程。
（2）设备设施及其安全防护、检验检测情况。
（3）易燃易爆、有毒有害生产经营场所。
（4）建筑物、构筑物及其相关的环境和气象条件。
（5）有限作业空间。
（6）高处作业、临时用电、动火等特殊作业活动。
（7）其他需要重点排查的环节和内容。

排查结束后,应当列明风险点名称、所在位置、可能导致的事故类型及后果。

(一)风险点划分原则与方法

设施、部位、场所、区域:应遵循大小适中、便于分类、功能独立、易于管理、范围清晰的原则。如作业场所、人员密集场所等。

操作及作业活动:应涵盖生产经营全过程所有常规和非常规状态的作业活动。动火、进入受限空间等特殊作业活动。

风险点划分应遵循"大小适中、便于分类、功能独立、易于管理、范围清晰"的原则,涵盖水利施工全过程所有常规和非常规状态的作业活动。

水利生产经营单位可根据自身的管理方式、方法、经验,采用一种或多种方法对风险点进行划分。按照导致事故发生的四种典型因素划分如下:

(1)根据风险点的区域、场所、部位等作业环境因素划分,如施工现场功能区的划分、现场周围建筑物构筑物情况、外电防护情况、地质岩土情况、基坑周边工程分布情况等。

(2)根据风险点的设备、设施、材料等物的状态因素划分,如起重机械、脚手架、安全防护设施完好程度等。

(3)根据作业人员及相关人员的行为等人的行为因素划分,如影响高处作业的职业禁忌、个人防护用品的佩戴使用、特种作业人员持证上岗情况等。

(4)根据单位管理体系建设及管理制度执行情况等管理因素划分,如安全检查隐患排查制度建立执行情况、教育培训制度落实情况、防汛应急预案制定与演练情况等。

(二)风险点排查的内容

水利生产经营单位应组织对生产经营全过程进行风险点辨识,形成风险点名称、所在位置、可能导致事故类型、风险等级等内容的基本信息。

风险点排查的目的主要包括两个方面:一是明确生产经营单位风险管控的重点;二是明确政府监管生产经营单位过程中应重点关注的对象。

风险点排查的内容及台账:

(1)水利生产经营单位应对施工现场办公区、生活区、作业区以及周边建筑物、构筑物等可能导致事故风险的物理实体、作业环境、作业空间、作业行为、管理情况等进行排查。

(2)水利生产经营单位应根据生产经营单位资质情况建立风险点排查台账,实现"一企一册";工程项目部应根据承包工程情况建立风险点排查台账,实现"一项目一册"。

台账信息应包括:风险点名称、风险点位置、风险点范围、潜在事故类型、事故危害程度、风险点风险等级、管控层级、管控措施、应急处置要求等信息。

安全风险因素变化后,要及时评估,不断补充完善,实现动态化管理。

(三)风险点排查的方法

应按生产(工作)流程的阶段、场所、装置、设施、作业活动或上述几种方式的结合进行风险点排查。

水利生产经营单位应根据承包工程的类别等级,按照国家相关技术标准、管理制度规定、生产经营单位以往管理经验等排查生产经营单位施工活动中存在的风险点。

工程项目实施过程中对施工现场的场地情况、施工环境、施工阶段、单项工程，以及设备、设施、装置、作业活动、管理情况等进行风险点排查。

四、危险源辨识

危险源辨识就是识别危险源并确定其特性的过程。危险源辨识主要是对危险源的识别，对其性质加以判断，对可能造成的危害、影响进行提前进行预防，以确保生产的安全、稳定。危险源辨识不但包括对危险源的识别，而且必须对其性质加以判断，对风险点内存在的危险源进行辨识，辨识应覆盖风险点内全部的设备设施和作业活动，并充分考虑不同状态和不同环境带来的影响。危险源辨识应辨识的因素主要有：从人、机、料、法、环五个要素辨识人的不安全行为、物的不安全状态、环境的不安全条件、安全管理的缺陷。

（一）危险源辨识范围

（1）所有人员：包括内部人员及相关方（劳务分包方、顾客、供应商和访问者等）。

（2）所有活动：包括作业场所人员的常规和非常规活动。

（3）所有设施：包括建筑物及其设施、施工生产用机械设备（自有或租用）等。

（4）管辖范围内的作业场所：包括施工生产场所及影响从事生产活动的周边环境（地理、自然、人文），以及有特殊要求的场所。

（5）辨识时应考虑三种时态：过去（以往产生并遗留下来的，对目前的活动和过程仍存在影响的风险）、现在（目前正发生或存在并对活动和过程持续产生影响的风险）、将来（计划中的活动在将来可能产生影响的风险）；三种状态：正常、异常和紧急。

危险源辨识范围应覆盖所有作业活动和设备设施。建筑工程危险源辨识应包含如下范围：

1）建筑施工基础、主体、装饰全过程。
2）事故及潜在的紧急情况。
3）所有进入作业场所人员的活动。
4）作业场所的设施、设备、车辆、安全防护用品。
5）人为因素，包括违反安全操作规程和安全生产规章制度。
6）工艺、设备、管理、人员等变更。
7）气候、地质及环境影响等。

建筑施工生产经营单位进行危险源辨识，辨识实施应符合如下规定：
辨识时应依据 GB/T 13861—2022《生产过程危险和有害因素分类与代码》的相关规定，充分考虑四种不安全因素，对潜在的人的因素、物的因素、环境因素、管理因素等危害因素进行全面辨识，充分考虑危害的根源和性质。在这四种因素里面，人的因素是核心，首先要分析人的因素（人的不安全行为：主要是违章操作、违章、不遵守有关规定等）；其次是物的因素（物的不安全状态），再分析环境因素（主要是室内作业场所环境不良、室外作业场地环境不良等），最后再分析管理因素。

（二）危险源辨识步骤

（1）确定危险、危害因素的分布。对各种危险、危害因素进行归纳总结，确定生产经营单位中有哪些危险、危害因素及其分布状况等综合资料。

(2) 确定危险、危害因素的内容。为了便于危险、危害因素的分析，防止遗漏，宜按厂址、平面布局、建（构）筑物、物质、生产工艺及设备、辅助生产设施（包括公用工程）、作业环境危险几部分，分别分析其存在的危险、危害因素，列表登记。

(3) 确定伤害（危害）方式。伤害（危害）方式指对人体造成伤害、对人体健康造成损坏的方式。例如，机械伤害（危害）的挤压、咬合、碰撞、剪切等，中毒的靶器官、生理功能异常、生理结构损伤形式（例如，黏膜糜烂、植物神经紊乱、窒息等），粉尘在肺泡内阻留、肺组织纤维化、肺组织癌变等。

(4) 确定伤害（危害）途径和范围。大部分危险、危害因素是通过人体直接接触造成伤害。例如，爆炸是通过冲击波、火焰、飞溅物体在一定空间范围内造成伤害；毒物是通过直接接触（呼吸道、食道、皮肤黏膜等）或一定区域内通过呼吸带的空气作用于人体；噪声是通过一定距离的空气损伤听觉的。

(5) 确定主要危险、危害因素。对导致事故发生的直接原因、诱导原因进行重点分析，从而为确定评价目标、评价重点、划分评价单元、选择评价方法和采取控制措施计划提供基础。

(6) 确定重大危险、危害因素。分析时要防止遗漏，特别是对可能导致重大事故的危险、危害因素要给予特别的关注，不得忽略。不仅要分析正常生产运转、操作时的危险、危害因素，更重要的是要分析设备、装置破坏及操作失误可能产生严重后果的危险、危害因素。

（三）危险源辨识方法

1. 按 GB/T 13861—2022《生产过程危险和有害因素分类与代码》进行辨识（其中类型）

(1) 物理性危险、危害因素。

(2) 化学性危险、危害因素。

(3) 生物性危险、危害因素。

(4) 生理性危险、危害因素。

(5) 心理性危险、危害因素。

(6) 人的行为性危险、危害因素。

(7) 其他危险、危害因素。

2. 按照 GB 6441—1986《企业职工伤亡分类》进行辨识

(1) 物体打击。

(2) 车辆伤害。

(3) 机械伤害。

(4) 起重伤害。

(5) 触电。

(6) 淹溺。

(7) 灼烫。

(8) 火灾。

(9) 高处坠落。

(10) 坍塌。

(11) 冒顶片帮。
(12) 透水。
(13) 放炮。
(14) 火药爆炸。
(15) 瓦斯爆炸。
(16) 锅炉爆炸。
(17) 容器爆炸。
(18) 其他爆炸。
(19) 中毒和窒息。
(20) 其他伤害。

3. 根据国内外同行事故资料及有关工作人员的经验进行辨识
4. 引发事故的四个基本要素
(1) 人的不安全行为。
(2) 物的不安全状态。
(3) 环境的不安全条件。
(4) 管理缺陷。

危险源辨识应先采用直接判定法，不能用直接判定法辨识的，可采用其他方法进行判定。

（四）危险源类别、级别与风险等级

1. 水利水电工程施工

(1) 危险源分五个类别，分别为施工作业类、机械设备类、设施场所类、作业环境类和其他类，各类的辨识与评价对象主要有：

1) 施工作业类：明挖施工、洞挖施工、石方爆破、填筑工程、灌浆工程、斜井竖井开挖、地质缺陷处理、砂石料生产、混凝土生产、混凝土浇筑、脚手架工程、模板工程及支撑体系、钢筋制安、金属结构制作、安装及机电设备安装，建筑物拆除，配套电网工程，降排水、水上（下）作业、有限空间作业，高空作业，管道安装，其他单项工程等。

2) 机械设备类：运输车辆、特种设备、起重吊装及安装拆卸等。

3) 设施场所类：存弃渣场、基坑、爆破器材库、油库油罐区、材料设备仓库、供水系统、通风系统、供电系统、修理厂、钢筋厂及模具加工厂等金属结构制作加工厂场所，预制构件场所、施工道路、桥梁、隧洞、围堰等。

4) 作业环境类：不良地质地段，潜在滑坡区，超标准洪水，粉尘，有毒有害气体及有毒化学品泄漏环境等。

5) 其他类：野外施工、消防安全、营地选址等。

对首次采用的新技术、新工艺、新设备、新材料及尚无相关技术标准的危险性较大的单项工程应作为危险源对象进行辨识与风险评价。

(2) 危险源分两个级别：分别为重大危险源和一般危险源。
(3) 危险源的风险等级分为四级，由高到低依次为重大风险、较大风险、一般风险和低风险。

1) 重大风险：发生风险事件概率、危害程度均为大，或危害程度为大、发生风险事件概率为中；极其危险，由项目法人组织监理单位、施工单位共同管控，主管部门重点监督检查。

2) 较大风险：发生风险事件概率、危害程度均为中，或危害程度为中、发生风险事件概率为小；高度危险，由监理单位组织施工单位共同管控，项目法人监督。

3) 一般风险：发生风险事件概率为中、危害程度为小；中度危险，由施工单位管控，监理单位监督。

4) 低风险：发生风险事件概率、危害程度均为小；考虑到水利行业实际，为强化风险意识，低风险判定后（采用蓝色标示），提级按照一般风险进行管控。属中度危险，由施工单位管控，监理单位监督。

危险源辨识应先采用直接判定法，不能直接判定法辨识的，可采用其他方法进行判定。当本工程区域内出现符合《水利水电工程施工危险源辨识与风险评价导则》（办监督函〔2018〕1693号）的附表"水利水电工程施工重大危险源清单（指南）"中的任何一条要素的，可直接判定为重大危险源。

2. 堤防、淤地坝工程运行

(1) 危险源类别、级别与风险等级，危险源分五个类别，分别为构（建）筑物类、设备设施类、作业活动类、管理类和环境类，各类的辨识与评价对象主要有：

1) 构（建）筑物类（堤防）：堤身、堤基、护堤、堤岸防护、防渗及排水设施、穿（跨、临）堤建筑物与堤防接合部等。

2) 构（建）筑物类（淤地坝）：坝体、放水建筑物、泄洪建筑物等。

3) 设备设施类（堤防）：防汛抢险设施、生物防护工程、管理设施等。

4) 设备设施类（淤地坝）：管理设施等。

5) 作业活动类：作业活动等。

6) 管理类：管理体系、运行管理等。

7) 环境类：工作环境、自然环境等。

(2) 危险源分两个级别，分别为重大危险源和一般危险源。

(3) 危险源的风险分为四个等级，由高到低依次为重大风险、较大风险、一般风险和低风险，分别用红、橙、黄、蓝四种颜色标示。

1) 重大风险：极其危险，由管理单位主要负责人组织管控，上级主管部门重点监督检查。必要时，管理单位应报请上级主管部门协调相关单位共同管控。

2) 较大风险：高度危险，由管理单位分管运行管理或有关部门的领导组织管控，分管安全管理部门的领导协助主要负责人监督。

3) 一般风险：中度危险，由管理单位运行管理部门或有关部门负责人组织管控，安全管理部门负责人协助其分管领导监督。

4) 低风险：轻度危险，考虑水利行业实际，为强化风险意识，低风险判定后（采用蓝色标示），提级按照一般风险进行管控。由管理单位有关班组或岗位自行管控。由管理单位运行管理部门或有关部门负责人组织管控，安全管理部门负责人协助其分管领导监督。

危险源辨识应优先采用直接判定法，不能用直接判定法辨识的，可以结合实际采用其他方法判定。符合《水利水电工程（堤防、淤地坝）运行危险源辨识与风险评价导则》（办监督函〔2021〕1126号）的附表《堤防工程运行重大危险源清单》和《淤地坝工程运行重大危险源清单》的，可直接判定为重大危险源，对于重大危险源，其风险等级应直接评定为重大风险。

3. 水电站、泵站工程运行

（1）危险源类别、级别与风险等级。危险源分六个类别，分别为构（建）筑物类、金属结构类、设备设施类、作业活动类、管理类和环境类，各类的辨识与评价对象主要有：

1）构（建）筑物类（水电站）：挡水建筑物、引（输）水建筑物、尾水建筑物、厂房、升压站、开关站、管理房等。

2）构（建）筑物类（泵站）：进出水建筑物、泵房、输水建筑物、变电站、管理房等。

3）金属结构类：闸门、阀组、拦污与清污设备、启闭机械、压力钢管等。

4）设备设施类：机组及附属设备、电气设备、辅助设备、特种设备、管理设施等。

5）作业活动类：作业活动、检修、试验检验等。

6）管理类：管理体系、运行管理等。

7）环境类：自然环境、工作环境等。

（2）危险源分两个级别：分别为重大危险源和一般危险源。

（3）危险源的风险分为四个等级，由高到低依次为重大风险、较大风险、一般风险和低风险，分别用红、橙、黄、蓝四种颜色标示。

1）重大风险：极其危险，由管理单位主要负责人组织管控，上级主管部门重点监督检查。必要时，管理单位应报请上级主管部门协调相关单位共同管控。

2）较大风险：高度危险，由管理单位分管运管或有关部门的领导组织管控，分管安全管理部门的领导协助主要负责人监督。

3）一般风险：中度危险，由管理单位运管或有关部门负责人组织管控，安全管理部门负责人协助其分管领导监督。

4）低风险：轻度危险，需提级按照一般风险进行管控，由管理单位运管或有关部门负责人组织管控，安全管理部门负责人协助其分管领导监督。

危险源辨识应优先采用直接判定法，不能用直接判定法辨识的，应采用其他方法进行判定。当本工程出现符合《水利水电工程（水电站、泵站）运行危险源辨识与风险评价导则》（办监督函〔2020〕1114号）的附表《水电站工程运行重大危险源清单》《泵站工程运行重大危险源清单》中的任何一条要素的，可直接判定为重大危险源。

对于重大危险源，其风险等级应直接评定为重大风险；对于一般危险源，其风险等级应结合实际选取适当的评价方法确定。

4. 水库、水闸工程运行

（1）危险源类别、级别与风险等级。危险源分六个类别，分别为构（建）筑物类、金属结构类、设备设施类、作业活动类、管理类和环境类，各类的辨识与评价对象主要有：

1）构（建）筑物类（水库）：挡水建筑物、泄水建筑物、输水建筑物、过船建筑物、桥梁、坝基、近坝岸坡等。

2）构（建）筑物类（水闸）：闸室段、上下游连接段、地基等。

3）金属结构类：闸门、启闭机械等。

4）设备设施类：电气设备、特种设备、管理设施等。

5）作业活动类：作业活动等。

6）管理类：管理体系、运行管理等。

7）环境类：自然环境、工作环境等。

(2) 危险源辨识分两个级别，分别为重大危险源和一般危险源。

(3) 危险源的风险评价分为四级，由高到低依次为重大风险、较大风险、一般风险和低风险，分别用红、橙、黄、蓝四种颜色标示。

1）重大风险：极其危险，由管理单位主要负责人组织管控，上级主管部门重点监督检查。必要时，管理单位应报请上级主管部门并与当地应急管理部门沟通，协调相关单位共同管控。

2）较大风险：高度危险，由管理单位分管运管或有关部门的领导组织管控，分管安全管理部门的领导协助主要负责人监督。

3）一般风险：中度危险，由管理单位运管或有关部门负责人组织管控，安全管理部门负责人协助其分管领导监督。

4）低风险：轻度危险，需提级按照一般风险进行管控，由管理单位运管或有关部门负责人组织管控，安全管理部门负责人协助其分管领导监督。

危险源辨识应优先采用直接判定法，不能用直接判定法辨识的，应采用其他方法进行判定。当本工程出现符合《水利水电工程（水库、水闸）运行危险源辨识与风险评价导则》（办监督函〔2019〕1486号）的附表《水库工程运行重大危险源清单》《水闸工程运行重大危险源清单》中的任何一条要素的，可直接判定为重大危险源。

五、安全风险评价

安全风险评价就是从风险管理角度，运用科学的方法和手段，系统地分析网络与信息系统所面临的威胁及其存在的脆弱性，评估安全事件一旦发生可能造成的危害程度，提出有针对性的抵御威胁的防护对策和整改措施。

(一) 风险评价

1. 风险评价方法

目前，已经开发出的危险源辨识方法有几十种之多，如安全检查表分析法（SCL）、作业危害分析法（JHA）、预危险性分析、危险和操作性研究、故障类型和影响性分析、事件树分析、故障树分析、LEC法、储存量比对法等。水利生产经营单位应选择以下的评价方法对危险源所伴随的风险进行定性、定量评价并根据评价结果划分等级：

(1) 风险矩阵分析法（LS）。

(2) 作业条件危险性分析法（LEC）。

(3) 风险程度分析法（MES）。

(4) 危险指数方法（RR）。

(5) 职业病危害分级法等。

选择作业条件危险性分析法（LEC），对风险进行定性、定量评价。评价时，L（事故发生的可能性）、E（人员暴露于危险环境中的频繁程度）和C（一旦发生事故可能造成的后果）的取值应建立在生产经营单位现有控制措施的基础上，并遵循从严从高的原则。危险源风险评价是对危险源在一定触发因素作用下导致事故发生的可能性及危害程度进行调查、分析、论证等，以判断危险源风险程度，确定风险等级的过程。

建筑施工生产经营单位也可以根据生产经营单位实际情况，采用事故树分析法、风险矩阵分析法和事故后果模拟分析法等其他风险评价方法。

2. 风险评价准则

建筑施工生产经营单位应结合本生产经营单位实际情况，制定本生产经营单位的安全生产风险判定准则。风险评价准则的制定应充分考虑以下要求：

（1）有关安全生产法律、法规。

（2）国家标准、行业标准和地方标准。

（3）本生产经营单位的安全生产方针和目标。

（4）本生产经营单位的安全管理制度、技术标准。

（5）相关方的投诉。

（二）风险分级

按风险点各危险源评价出的最高风险级别作为该风险点的级别。

水利生产经营单位应当根据风险因素辨识情况，按照国家和山东省有关标准、方法对风险点进行定性定量评价，确定风险等级。生产经营单位选择适用的评价方法进行风险评价分级后，应确定相应原则，将同一级别或不同级别风险按照从高到低的原则划分为重大风险、较大风险、一般风险和低风险，分别用"红、橙、黄、蓝"四种颜色标示，实施分级管控。

（1）风险点有下列情形之一的，应当确定为重大风险：

1）违反法律、法规及国家标准中强制性条款的。

2）发生过死亡、重伤、重大财产损失事故，或者3次以上轻伤、一般财产损失事故，且发生事故的条件依然存在的。

3）涉及重大危险源的。

4）具有中毒、爆炸、火灾等危险因素的场所，且同一作业时间作业人员在10人以上的。

5）经评价确定的其他重大风险。

（2）风险点有下列情形之一的，应当确定为较大风险：

1）发生过1次以上不足3次的轻伤、一般财产损失事故，且发生事故的条件依然存在的。

2）具有中毒、爆炸、火灾等危险因素的场所，且同一作业时间作业人员在3人以上不足10人的。

3）经评价确定的其他较大风险。

（3）风险点发生生产安全事故的可能性与严重性较低，不构成重大风险和较大风险的，应当确定为一般风险或者低风险。

水利生产经营单位进行风险评价与分级，应根据风险危险程度，按照从高到低的原则划分为一、二、三、四等四个风险级别，分别用"红、橙、黄、蓝"四种颜色表示。

1) 一级风险，即重大风险，指现场的作业条件或作业环境非常危险，现场的危险源多且难以控制，如继续施工，极易引发群死群伤事故，或造成重大经济损失。

2) 二级风险，即较大风险，指现场的施工条件或作业环境处于一种不安全状态，现场的危险源较多且管控难度较大，如继续施工，极易引发一般生产安全事故，或造成较大经济损失。

3) 三级风险，即一般风险，指现场的风险基本可控，但依然存在着导致生产安全事故的诱因，如继续施工，可能会引发人员伤亡事故，或造成一定的经济损失。

4) 四级风险，即低风险，指现场所存在的风险基本可控，如继续施工，可能会导致人员伤害，或造成一定的经济损失。对于现场所存在的低风险，虽不需要增加另外的控制措施，但需要在工作中逐步加以改进。

(4) 对有下列情形之一的，基于事故发生后果的严重性，无论评价级别为何种等级，可直接判定为重大风险：

1) 违反法律、法规及国家标准、行业标准中强制性条款的均为重大风险。

2) 发生过死亡、重伤、重大财产损失事故，且现在发生事故的条件依然存在的均为重大风险。

3) 超过一定规模的危险性较大的分部分项工程均为重大风险。

4) 具有中毒、爆炸、火灾、坍塌等危险的场所，作业人员在 10 人及以上的为重大风险。

5) 经风险评价确定为最高级别风险的。

(5) 生产经营单位应按照"从严从高""应判尽判"的原则确定重大风险，提高管控层级。

风险点级别应按照对应危险源的级别确定。当一个风险点对应多个危险源，且危险源级别不同时，应按最高风险级别的危险源确定风险点级别。

六、安全风险管控措施

风险管控是指为了消除或降低风险事件发生的可能性，或者缩小风险事件发生造成的各项损失，而进行的风险管理、风险控制过程，其通常会使用技术、管理等多种风险管控手段和方法。

为有效管理风险，应遵循下列原则：

(1) 控制损失，以控制损失为目标的风险管理。

(2) 全员参与，风险管理不是安全生产部门的独立管理活动，而也是其他部门不可缺少的重要管理活动。

(3) 决策支撑，系统的所有决策都应考虑风险和风险管理。

(4) 应用系统化、结构化的方法。

(5) 以信息为基础，风险管理过程要以有效的信息为基础。

(6) 对环境有较强的依赖性，环境所承担的风险对风险管理过程有决定性作用。

(7) 风险管理需要群体踊跃参与、加强沟通过程，单一的管控主体无法彻底有效的控制风险，团体的有效沟通和协作，能够为风险管理的有效性、可行性和针对性提供保障。

(一) 风险控制措施类别

风险控制措施类别包括：

(1) 工程技术措施。

(2) 管理措施。

(3) 培训教育措施。

(4) 个体防护措施。

(5) 应急处置措施。

水利生产经营单位应制定风险控制措施，下面进行详细论述。

1. 工程技术措施

工程技术措施是指作业、设备设施本身固有的控制措施，通常采用的工程技术措施有：

(1) 消除：通过合理的设计和科学的管理，尽可能从根本上消除危险、危害因素；如职工宿舍区集中供暖取代每间宿舍燃煤采暖，消除一氧化碳中毒这一危险源。

(2) 预防：当消除危险、危害因素有困难时，可采取预防性技术措施，预防危险、危害发生，如使用漏电保护装置、起重量限制器、力矩限制器、起升高度限制器、防坠器等。

(3) 减弱：在无法消除危险、危害因素和难以预防的情况下，可采取减少危险、危害的措施，如设置安全防护网、安全电压、避雷装置等。

(4) 隔离：在无法消除、预防、减弱危险、危害的情况下，应将人员与危险、危害因素隔开和将不能共存的物质分开，如圆盘锯防护罩、拆除脚手架设置隔离区、钢筋调直区域设置隔离带、氧气瓶与乙炔瓶分开放置等。

(5) 警告：在易发生故障和危险性较大的地方，配置醒目的安全色、安全标志，必要时，设置声、光或声光组合报警装置，如塔式起重机起重力矩设置声音报警装置。

2. 管理措施

通常采用的管理措施：制定安全管理制度、成立安全管理组织机构、制定安全技术操作规程、编制专项施工方案、组织专家论证、进行安全技术交底、对安全生产进行监控、进行安全检查、技术检测以及实施安全奖罚等。

3. 培训教育措施

通常采用的培训教育措施：员工入场三级培训、每年再培训、安全管理人员及特种作业人员继续教育、作业前安全技术交底、体验式安全教育以及其他方面的培训。

4. 个体防护措施

通常采用的个体防护措施：安全帽、安全带、防护服、耳塞、听力防护罩、防护眼镜、防护手套、绝缘鞋、呼吸器等。

5. 应急处置措施

通常采用的应急处置措施：紧急情况分析、应急预案制定、现场处置方案制定、应急物资准备以及应急演练等。

项目部应根据工程实际情况编制工程风险控制措施，建筑施工生产经营单位应结合生产经营单位实际情况编制风险控制措施。

评价级别为一级的危险源，应增加管控措施并有效落实，将风险降低到可接受或可容许程度，相关过程应建立记录文件。

（二）风险控制措施确定的要求

水利生产经营单位在选择风险控制措施时应考虑：

(1) 可行性。

(2) 安全性。

(3) 可靠性。

(4) 重点突出人的因素。

（三）评审

风险控制措施应在实施前针对以下内容进行评审：

(1) 措施的可行性和有效性。

(2) 是否使风险降低至可接受风险。

(3) 是否产生新的危险源或危险有害因素。

(4) 是否已选定最佳的解决方案。

水利生产经营单位应当根据风险评价和风险因素辨识结果，编制风险分级管控清单，列明管控重点、管控机构、责任人员和技术改造、经营管理、培训教育、安全防护和应急处置等管控措施。生产经营单位主要负责人应当每季度至少组织检查1次风险管控措施和管控方案的落实情况。

对重大风险的管控，还应当采取下列措施：

(1) 制定专项管控方案。

(2) 实时进行监控或者实行24小时值班制度。

(3) 禁止无关人员进入并严格限制作业人员数量。

(4) 由生产经营单位主要负责人负责管控。

(5) 定期进行巡查、排查。

(6) 其他的必要措施。

对较大风险的管控，还应当采取下列措施：

(1) 制定专项管控方案。

(2) 严格限制人员进入并实行登记管理。

(3) 由生产经营单位分管负责人负责管控。

(4) 定期进行检查、排查。

(5) 其他的必要措施。

需通过工程技术措施和（或）技术改造才能控制的风险，应制定控制该类风险的目标，并为实现目标制定方案。

属于经常性或周期性工作中的不可接受风险，不需要通过工程技术措施，但需要制定新的文件（程序或作业文件）或修订原来的文件，文件中应明确规定对该种风险的有效控制措施，并在实践中落实这些措施。

(四) 风险分级管控

风险分级管控应遵循风险越高管控层级越高的原则,对于操作难度大、技术含量高、风险等级高、可能导致严重后果的作业活动应重点进行管控。上一级负责管控的风险,下一级必须同时负责管控,并逐级落实具体措施。风险管控层级可进行增加或合并,水利生产经营单位应根据风险分级管控的基本原则,结合本单位机构设置情况,合理确定各级风险的管控层级。

水利生产经营单位应在每一轮风险辨识和评价后,编制包括全部风险点各类风险信息的风险分级管控清单,并按规定及时更新。

1. 风险分级管控要求

管控层级为四级,分别为企业级、项目部级、施工班组级和作业人员级,见表 6-1。

表 6-1　　　　　　　　　　　风险分级管控层级

风险级别	危险程度	标识颜色	管控责任单位	责任人
重大风险	重大	红色	企业	主要负责人/部门负责人
较大风险	较大	橙色	项目部	项目负责人
一般风险	一般	黄色	施工班组	班组长
四级风险	低	蓝色	作业人员	岗位员工

上一级负责管控的风险,下一级必须同时负责管控,并逐级落实具体措施。

水利生产经营单位可以根据自身生产经营单位的实际组织架构增加管控层级。建筑工程中的专业分包和劳务分包等同于施工班组层级。

某水利生产经营单位组织架构为集团公司、区域公司、项目部、劳务公司、作业人员,则其管控层级为集团公司、区域公司、项目部、劳务公司、作业人员五个层级。重大风险由集团公司、区域公司进行管控,较大风险由项目部管控、一般风险由劳务公司管控,四级风险由作业人员管控。

2. 编制风险分级管控清单

风险分级管控,应遵循风险越高管控层级越高的原则,对于操作难度大、技术含量高、风险等级高、可能导致严重后果的作业活动应重点进行管控;上一级负责管控的风险,下一级必须同时负责管控,并逐级落实具体措施;管控层级可进行增加、合并或提级。

风险管控层级分为生产经营单位、项目部、施工班组、作业人员等。

(1) 一级风险的管控,由生产经营单位负责管控。

(2) 二级风险的管控,由项目部负责管控。

(3) 三级风险的管控,由施工班组(包括专业分包、劳务分包单位)负责管控。

(4) 四级风险的管控,由作业人员负责管控。

注:当该等级风险不属于对应管控层级职能范围时,应当提级直至生产经营单位管控层级。

水利生产经营单位应结合生产经营单位实际情况编制风险分级管控清单,项目部应根据工程实际情况编制风险分级管控清单。

3. 风险告知

水利生产经营单位应建立重大危险源公示、告知制度。危险源公示、告知可以采用设立公示牌、标识牌、告知卡、安全警示标志、二维码和安全技术交底等多种形式。

工程项目应至少对属于重大风险的重大危险源进行公示。工程项目应在施工现场醒目位置（例如：工地大门两侧或人员出入口处）设置"重大危险源公示牌"，公示牌应注明风险点、危险源、风险级别、可能出现的后果、控制措施（应包括应急处置措施）、管控层级和责任人等内容。

工程项目应对属于重大风险的危险源设置标示牌进行告知，宜对属于较大风险的危险源设施标示牌进行告知。工程项目应在重大风险危险源的施工部位设置标识牌，宜在较大风险危险源的施工部位设置标识牌。标识牌应注明风险点、危险源、风险级别、可能出现的后果、控制措施（应包括应急处置措施）、管控层级和责任人等内容。标识牌应根据危险源风险级别对应的颜色，分色标示。

对施工作业人员宜采用发放告知卡形式进行告知，告知卡应包含本岗位涉及的风险点、危险源、风险级别、可能出现的后果、控制措施（应包括应急处置措施）、管控层级和责任人等内容。

工程项目应对一级、较大风险的危险源设置安全警示标志。水利生产经营单位应当在施工现场入口处、施工起重机械、临时用电设施、脚手架、出入通道口、楼梯口、电梯井口、孔洞口、桥梁口、隧道口、基坑边沿、爆破物及有害危险气体和液体存放处等危险部位，设置明显的安全警示标志。安全警示标志必须符合国家标准。

有条件的部位（如施工升降机操作室、塔式起重机操作室等）可以设置二维码，二维码应包含风险点、危险源的管控内容，员工通过手机扫描二维码掌握风险相关内容。

安全技术交底应包含风险告知的内容，应告知风险点、危险源、风险级别、可能出现的后果、控制措施、管控层级和责任人等内容。

应建立风险分级管控文件，并分类建档。水利生产经营单位应建立文件和档案的管理制度，明确责任部门、责任人员、流程、形式、权限及各类档案的保存要求等。安全风险因素变化后，要及时评估，不断补充完善"一企一册"，形成动态化的"一企一册"管理制度。项目部应根据生产经营单位风险分级管控清单，结合工程项目实际，对在建项目的风险进行辨识、评估，并保存过程管控记录资料，形成"一项目一册"。

（五）文件管理

水利生产经营单位应完整保存体现风险管控过程的记录资料，并分类建档管理。至少应包括风险管控制度、风险点台账、危险源辨识与风险评价表，以及风险分级管控清单等内容的文件化成果；涉及重大风险时，其辨识、评价过程记录，风险控制措施及其实施和改进记录等，应单独建档管理。

通过风险分级管控体系建设，水利生产经营单位应至少在以下方面有所改进：每一轮风险辨识和评价后，应使原有管控措施得到改进，或者通过增加新的管控措施提高安全可靠性；重大风险场所、部位的警示标识得到保持和改善；涉及重大风险部位的作业、属于重大风险的作业建立了专人监护制度；员工对所从事岗位的风险有更充分的认识，安全技能和应急处置能力进一步提高；保证风险控制措施持续有效的制度得到改进和完善，风险管控能力得到加强；根据改进的风险控制措施，完善隐患排查项目清单，使隐患排查工作更有针对性。

（六）持续改进

1. 评审

水利生产经营单位每年至少对风险分级管控体系进行一次系统性评审或更新，保障管控措施持续有效。水利生产经营单位应当根据非常规作业活动、新增功能性区域、装置或设施等适时开展危险源辨识和风险评价。有下列情形之一的，应当及时开展风险管控评审：

(1) 发生生产安全事故的。
(2) 安全生产标准和条件发生重大变化的。
(3) 生产经营单位组织机构发生重大调整的。
(4) 生产工艺、材料、技术、设施设备等发生改变的。
(5) 其他需要开展评审的情况。

2. 更新

水利生产经营单位应主动根据以下情况变化对风险管控的影响，及时针对变化范围开展风险分析，及时更新风险信息：

(1) 法规、标准等增减、修订变化所引起风险程度的改变。
(2) 发生事故后，有对事故、事件或其他信息的新认识，对相关危险源的再评价。
(3) 组织机构发生重大调整。
(4) 补充新辨识出的危险源评价。
(5) 风险程度变化后，需要对风险控制措施的调整。

3. 沟通

水利生产经营单位应建立不同职能和层级间的内部沟通和用于与相关方的外部风险管控沟通机制，及时有效传递风险信息，树立内外部风险管控信心，提高风险管控效果和效率。重大风险信息更新后应及时组织相关人员进行培训。

第四节　实践中的具体应用

一、典型案例——某水利工程建设工地深基坑边坡坍塌事故

（一）事故概况

2014年9月28日10时30分左右，某水利工程建设工地发生一起深基坑边坡坍塌事故，造成2人死亡、3人受伤，直接经济损失约260万元。

9月28日早上6时30分左右，该工地进行基础土方开挖和砖胎模砌筑，根据项目部安排，施工放线人员、挖掘机操作员对集水井附近深基坑底部进行场地平整和集水井土方开挖。瓦工班长组织16人进场做施工准备工作。7时左右，项目负责人到施工现场后，发现操作人员在施工中将深基坑北侧坡脚向北挖了一个约长70cm的缺口，感觉集水井施工现场有危险，曾电话联系让他人送钢板桩到工地进行防护，因送钢板桩到工地时间赶不上，集水井施工时间短，存在侥幸心理，就没有再安排人送钢板桩到施工现场，也没有采取有效防范措施。7时40分左右，7名施工人员进入约1.5m深集水井进行施工作业，其中2名工人在集水井做辅助工，其他人员在路面和筏板上搬运建筑材料。8时左右，负责项目施工的技术人员和总监理工程师陆续到了施工现场，也感觉到集水井施工有危险，但未明确提出有效防范措施。10时30分左右，在集水井砖胎模施工至1m左右时，深基坑北侧局部边坡突然坍塌，造成5名工人被埋。

（二）事故原因

第一，施工安全还需要管控体系的实施。在本次事故中，施工单位未按照修改后的深基坑支护设计及专家评审意见进一步完善施工方案，特别是基坑局部未按设计要求采取1∶1.5放坡，亦未采取其他补强措施。坍塌处深基坑开挖坡比原设计要求是筏板以上1∶2.0，现场实测仅为1∶1.5。不符合原定的计划，而在管控监督体系中，也没有管理者出面阻止，最终导致了这场悲剧的发生。

第二，危险源和对风险信息的把控不精准。设计要求开挖阶段坡顶不可堆土、堆载，但现场在塌方处坡顶堆有砂子、砖、砂浆搅拌机、塔吊部件等荷载，且砂浆搅拌机运行和工程车辆运输带来的震动加大了影响。风险信息会随着环境的变化而变化，要即时掌握信息并做出反应。

第三，施工承包单位现场安全管理、技术管理混乱。公司安全生产责任制不落实，公司分管安全管理、技术管理负责人和项目部经理、施工技术人员实际配备不到位，均为挂名；深基坑专项施工方案存在缺陷，未制定电梯井和集水井安全防护措施；工程项目未取得开工许可手续擅自建设，未执行水利主管部门的整改指令；发现施工现场重大事故隐患后，未立即暂时停止施工和撤出作业人员。

第四，监理公司现场监理工作严重不力。工程项目监理部未认真履行监理工作职责，对施工单位项目部经理、施工技术人员实际配备不到位，建设单位未落实深基坑施工过程周边环境监测工作，未能督促整改；未执行建设主管部门的整改指令；该施工单位的深基坑专项施工方案未经审查批准的情况下即进行施工，发现施工现场重大事故隐患后，未要求施工单位暂时停止施工，未及时向建设主管部门报告。

第五，建设单位安全管理不力。公司安全生产责任制不落实。某水利局监管工作、执法工作不到位。

（三）事故处理

对施工单位项目部现场负责人肖某、监理公司驻项目部总监理工程师许某，移送司法机关处理。对施工单位项目部实际负责技术和施工人员腾某、安全员吕某，建设单位项目部工程师、甲方代表朱某，建设单位总经理陈某，监理公司法定代表人、总经理许某，由市安监局对其处以罚款。对施工单位公司总经理肖某，由市安监局对其处以罚款，由市水利主管部门依据有关规定暂扣其《安全生产许可证》；对施工单位项目部经理沈某，由市安监局对其处以罚款，并由市建设主管部门责令停止执业一年。对市水利局安全监督站站长丁某、安全监督员刘某等，给予行政警告处分，对某水利局副局长王某，给予诫勉谈话。对施工单位，由市水利主管部门依法暂扣《安全生产许可证》。对监理单位、建设单位，由市安监局依法处以罚款。责成某水利局向某市安委会作出书面检查。

（四）事故防范

施工单位要深刻吸取事故教训，认真贯彻落实《建筑法》《水利工程建设安全生产管理规定》等法律法规要求，认真编制和审批深基坑专项施工方案，严格按设计要求落实施工，要迅速明确公司安全管理、技术管理分管负责人和项目部经理；要严格落实企业安全生产主体责任，层层建立安全生产责任制，落实安全生产培训制度；要加强对施工现场管理，认真排查和整治事故隐患，确保安全生产。

监理单位要深刻吸取事故教训，认真贯彻落实《建筑法》《水利工程建设安全生产管理规定》等法律法规要求，加强对监理人员的管理和监督检查，监理人员要切实履行水利工程建设监理职责，督促施工单位严格按照设计要求和深基坑专项施工方案组织施工，及时制止违法违规行为；要加强对监理人员安全意识和责任意识的教育，严格检查施工过程中危险性较大工程作业情况，及时发现和制止施工现场存在的事故隐患，严格遵循建设工程安全监理工作程序，做到依法履职。

建设单位要认真贯彻落实《建筑法》《水利工程建设安全生产管理规定》等法律法规要求，迅速办理工程施工许可备案等手续，委托相关单位对深基坑工程实施现场监测，认真做好深基坑专项施工方案有关工作。

水利主管部门要牢固树立安全发展的理念，牢牢坚守安全生产红线，正确处理好经济发展与安全生产的关系，按照"全覆盖、零容忍、严执法、重实效"的总体要求，对全市范围内所有水利施工现场组织开展安全生产专项检查，加强对工程施工现场的监督管理和严格执法，要定期聘请专家认真排查事故隐患，强化安全管理措施，堵住安全管理漏洞，扎实做好水利行业安全监管工作。

二、典型案例——某水电站施工现场机械伤害事故

（一）事故概况

2015年1月8日9时10分左右，某水电站基础打桩施工现场发生一起机械伤害事故，导致1死1伤。

1月8日7时左右，分包单位4名工人开始使用简式柴油打桩机进行基础打桩。施工作业至9时10分左右，当第三节管桩沉入地下约2m时发现第二节管桩爆头，该打桩机司机郭某立即向现场管理员（施工员）战某打电话请求派一部挖掘机过来，协助把拔起的第三节管桩（长度为14m）卸回地面。挖掘机驾驶员阚某依照战某的安排，驾驶挖掘机到现场配合卸桩，且在张某、刘某的指挥下，通过套在挖掘机斗齿上的钢丝绳往后退拉管桩，郭某则通过打桩机卷扬机的钢丝绳把机架上的管桩往下放。当阚某往后拉出5~6m时，他人发现打桩机的机架开始向前倾斜、驾驶室的底盘也跟着翘起，就立即向阚某发出停拉手势并大声喊停，但阚某关闭了挖掘机窗户，且戴着耳机，没有作出反应，继续往后退拉。大约不到1min，打桩机的机架连同管桩就向前倾覆、驾驶室的底盘翘起悬在空中，导致郭某被甩出驾驶室受伤，紧接着因机架折断造成底盘向左侧侧翻，又导致正在躲避的曾某被当场压死。

（二）事故原因

第一，安全技术不过关，没有注意到存在的风险。最终在卸桩过程中，挖掘机倒退速度过快形成的水平拉力和桩自身重力作用，对桩机产生的倾覆力矩之和大于桩机自重形成的抵抗力矩，造成桩机向前倾覆并侧翻，导致了事故发生。

第二，施工单位安全管理不到位，以包代管，未制定卸桩安全操作规程；未安排专人进行卸桩现场安全管理，卸桩作业人员相互配合不到位。

第三，施工单位使用变换工种的且未经安全教育培训的挖掘机驾驶员参与卸桩作业。

第四，施工单位对打桩作业人员培训教育不到位，导致其安全知识缺乏，对卸桩作业环境存在的危险因素认识不足；打桩技术交底不到位，无针对性。

第五，日常安全检查、巡查不到位，未及时发现并制止卸桩未按技术交底（异常情况停打）而违章作业的事故隐患。

第六，管理部门没落实，建设单位未取得施工许可备案手续就开始工作。

（三）事故处理

对事故相关人员的处理。对施工单位打桩机司机郭某，打桩工、卸桩指挥人员张某和刘某，施工员战某，挖掘机驾驶员阚某，安全部部长王某，安全员朱某，技术负责人刘某，现场管理员张某，项目总工程师、打桩项目经理邵某，项目经理李某，总监理工程师李某，分别按规定予以处理。

对事故相关单位的处理。对总包单位，由县安监局按规定予以行政处罚，并由县水利局按规定予以处理；对监理单位、建设单位，由县水利局按规定予以处理。

（四）事故防范

施工单位应严格落实企业主体责任。应遵守《安全生产法》等相关法律、法规的规定，应加强对承包工程项目的日常安全监管，建立健全各项规章制度和安全操作规程，对项目工地发生的生产安全事故应当及时向有关部门报告；加大对施工作业人员的安全培训教育力度；加大对工程项目的安全检查力度，及时发现并消除各类违章违规行为和事故隐患，确保各项规章制度以及安全技术措施落实到位，保证工程施工的安全。

施工单位应加强对工程项目的日常安全监管，加大对施工作业人员的安全培训教育力度；加大对工程项目的安全检查力度，及时消除事故隐患，保证工程施工安全。

监理单位要吸取本起事故的教训，加强对监理项目的安全监管，进一步加大施工现场的巡查力度，严格按照法律、法规和工程建设强制性标准实施监理，及时制止违章违规作业行为、及时消除事故隐患，确保工程施工的安全。

某水利局应强化政府部门监管的力度。本起事故暴露出该工程施工管理人员及监理人员在工程施工中管理和监理不到位的行为，作为工程建设主管部门，通过本事故的案例，根据安全生产"党政同责、一岗双责"的规定，应加大对在建工程安全的监管，严厉打击工程施工违章作业行为，确保建设工程施工安全。

三、典型案例——某水利科研单位实验室爆炸燃烧事故

2018年12月26日，某水利科研单位实验室发生爆炸燃烧，事故造成3人死亡。事故调查组认定，本起事故是一起责任事故。事故调查组确认，事故直接原因是：在使用搅拌机对镁粉和磷酸搅拌、反应过程中，料斗内产生的氢气被搅拌机转轴处金属摩擦、碰撞产生的火花点燃爆炸，继而引发镁粉粉尘云爆炸，爆炸引起周边镁粉和其他可燃物燃烧，造成现场3名工作人员烧死。事故的间接原因是：事发科研项目负责人、事发实验室管理人员违规开展试验，冒险作业，违规购买、储存危险化学品；某水利科研单位对实验室和

科研项目安全管理不到位。

事故调查组建议，事发科研项目负责人李某对事故发生负有直接责任，实验室管理人员张某对事故发生负有直接管理责任，建议由公安机关立案侦查，追究两者刑事责任；对包括某水利科研单位现任党委书记、副书记在内的12人给予问责处理。

本案暴露出某科研单位实验室安全管理中存在以下四个重大问题：

第一，对个别基本问题认识不清。由于某水利科研单位实验室并不是通常所理解的"生产经营单位"，因此在很长一段时间内，人们认为水利科研单位实验室安全管理并非《安全生产法》所规制的范畴，这种认识是错误的。涉及如何把握"生产经营"概念的基本问题。《安全生产法》第二条规定："在中华人民共和国领域内从事生产经营活动的单位（以下统称'生产经营单位'）的安全生产，适用本法。"如果从字面意义上去理解，其中"生产"是指人类从事创造社会财富的活动和过程，"经营"是指从事营利性的活动。但这种形式上的理解却不能完全解释以下现象：一些典型的生产经营行为没有被纳入《安全生产法》的监督管理范围，一些非"生产经营"行为却被纳入《安全生产法》的监督管理范围。例如，近年来十分流行的"网络直播带货"，是典型的经营行为，但由于不产生明显高于日常生活的公共安全风险，因此不受《安全生产法》规制。又如，储存、使用易燃易爆物品、危险化学品等危险物品的科研机构、学校、医院等单位，虽然没有开展"生产"和"经营"活动，但由于其主要活动具有明显高于日常生活的公共安全风险，因此科研机构、学校、医院等单位虽然不是字面意义上的生产经营主体，却应当将其等同（或拟制）为生产经营主体进行监督管理。对此，《生产安全事故应急条例》第三十四条规定："储存、使用易燃易爆物品、危险化学品等危险物品的科研机构、学校、医院等单位的安全事故应急工作，参照本条例有关规定执行。"可见，在行政法规层面，已有将高校、医院等从事高风险活动的主体等同于生产经营主体进行监督管理的先例。

通过以上分析可以得出结论，对《安全生产法》有关条款中"生产经营"概念的理解，必须深入到实质层面。从实质层面上看，《安全生产法》所调整的"生产经营"与字面意义上"生产经营"的不同之处在于，前者是指从事产生明显高于日常生活的公共安全风险的活动，活动者如果只尽到日常在生活中的安全注意义务，采取和日常生活相同的风险控制措施，并不能控制风险，必须采取特殊的安全管理措施。按照该标准，就可以理解高校实验室要被纳入《安全生产法》《生产安全事故应急条例》等生产安全领域法律、法规、规章的规制范畴。

第二，水利科研单位实验室安全管理责任分配不明确。水利科研单位实验室的管理体系可以划分为3级，分别是科研单位、部门、实验室。根据《安全生产法》第四条的有关规定，科研单位有义务建立健全全员安全责任制，三级管理主体应当按照"纵向到底、横向到边"的原则，负责各自职责范围内的安全管理事项。但实际上，部分科研单位并没有建立起从学校到实验室的安全管理网络，甚至一些部门根本未设立分管实验室安全的相关岗位，亦无专职的实验室安全管理人员。再加上三级管理主体的职责范围并没有明确的边界，很容易造成三级主体之间职责定位不清晰、权责分配不统一、互相之间不联动的局面，最终酿成安全事故。此外，本案还表明，科研学活动负责人也应当对实验室安全管理承担责任，事故一旦发生，科研活动负责人往往对事故发生负有直接责任，但负责人和单位三级管理主体的安全管理责任应当如何分配却存在较大争议。

第三，某水利科研单位实验室安全管理制度不健全。目前，实验室因学科门类多样，使用性质不同，种类繁多，虽然绝大部分单位都制定了实验室安全规章制度，但普遍存在不紧密结合科研特点、更新缓慢，甚至单位共用一套安全规章制度的问题，造成实验室安全管理制度可操作性较低；大部分科研单位未确立实验活动风险管控机制，风险辨识制度、风险评估制度、危险源全周期管理制度、安全应急制度、实验人员准入制度等阙如；此外，定期检查制度、应急预案制度、应急演练制度、责任追究和奖惩制度等配套制度也未能很好落实。

第四，相关部门的安全监督管理存在薄弱环节。目前，实验室的行政管理体制是：水行政部门是水利科研单位实验室安全的主管部门，对实验室安全实施行业监督管理；应急管理部门对水利科研单位实验室安全实施综合监督管理；其他有关部门在各自职责范围内，对涉及实验室安全的事项进行监督管理。按照《安全生产法》第三条"安全生产工作实行管行业必须管安全、管业务必须管安全、管生产经营必须管安全"的要求，水行政等部门应当对水利科研单位实验室安全实施全过程监督管理。特别是一些储存、使用易燃易爆物品、危险化学品等危险物品的科研机构，必须对易燃易爆物品、危险化学品的采购、运输、存储、使用等各个环节和流程进行全方位监督管理。长期以来，由于水利科研单位实验室安全未获得应有重视，水行政等部门对安全工作的重视程度不够，导致在实验室安全监督管理中存在薄弱环节。

水利科研单位实验室安全管理的优化，有如下内容：

第一，树立依法管理理念。厘清基本认识，严格按照《安全生产法》《生产安全事故应急条例》等相关法律法规，规范实验室的日常使用和管理。坚持"安全第一、预防为主、综合治理"的方针，从源头上防范化解实验室重大安全风险。

第二，健全水利科研单位安全责任体系。在本案中，事故调查组除了建议追究直接责任人员和直接管理责任人员的法律责任之外，还建议对某水利科研单位现任党委书记、副书记在内的12人给予问责处理。本案透露出一个信号，尽管党委并不是国家机构，但在公共安全责任的分配上，党委不应处于超然的地位。因此，各单位应按照"党政同责、一岗双责、齐抓共管、失职追责"和"管行业必须管安全、管业务必须管安全"的要求，根据"谁使用、谁负责，谁主管、谁负责"的原则，将安全责任落实到每一个岗位。此外，水利科研单位应当构建起单位、二级单位、实验室三级联动的实验室安全管理责任体系，明确各级管理主体的职责和分工。其中，单位党政主要负责人是实验室安全的第一责任人；分管实验室工作的单位领导是实验室安全的重要领导责任人，协助第一责任人负责实验室安全工作；其他单位领导在分管工作范围内对实验室安全工作负有支持、监督和指导职责。单位部门党政负责人是本单位实验室安全工作主要领导责任人。各实验室责任人是本实验室安全工作的直接责任人。各单位应当有实验室安全管理机构和专职管理人员负责实验室日常安全管理。

第三，完善实验室安全管理制度。从事故形成机理的角度进行分析，实验室安全事故往往是由实验室内部一系列的风险源、安全隐患、风险传导载体相互交叉、相互作用、相互影响而形成风险传导节点，沿着风险传导路径不断演化，最终形成事故。导致风险产生并演化的因素包括人的不安全行为和物的不安全状态两个方面，为了阻止风险节点的形成，切断风险传导路径，有必要从人员管理、危险源控制这两方面入手，建立健全实验室事故的安全管理制度。

首先，在人员管理上。一方面，应当提高实验室人员的安全意识，安全意识代表洞察危机和超前的预防危机的思想，多数实验室事故发生的原因是实验人员不重视安全工作、违规操作导致的；另一方面，应提高实验室人员的危机应对能力，包括根据实验室的种类和日常操作、科研活动的特点对有关人员进行必要的应急处置知识培训、组织实验室安全事故应急演练、配备专职或兼职的实验室事故救援人员等。为了提高有关人员的安全意识和应急处置能力，根据相关规定，分管领导、有关职能部门和实验室负责安全管理的人员要具备相应的实验室安全管理专业知识和能力。建立实验室人员安全培训机制，进入实验室的职工必须先进行安全技能和操作规范培训，掌握实验室安全设备设施、防护用品的维护使用，未通过考核的人员不得进入实验室进行实验操作。对涉及有毒有害化学品、动物及病原微生物、放射源及射线装置、危险性机械加工装置、高压容器等危险源的专业，逐步将安全教育有关课程纳入人才培养方案。

其次，在危险源控制上。应当针对实验室内的重大危险源，建立事故预警系统、应急预案体系、风险评估制度、全过程管理制度。事故预警系统的作用是在第一时间发现事故，保证在事故初期采取紧急处置措施，阻断事故的进一步发展。应急预案的作用是保证事故发生后，能够在最短的时间内按照预先安排的应急方案有效、有序处置事故，防止事态的进一步恶化。风险评估的作用是对危险源进行风险评估，并建立本实验室重大危险源安全风险分布档案和数据库后，根据风险评估的结果，实现对不同危险源的分级分类管控和动态化、智能化管理。全过程管理制度是指各高校对实验室所储存、使用的危化品、病原微生物、辐射源等危险源，应当对采购、运输、存储、使用、处置等全流程实施全周期管理。采购和运输必须选择具备相应资质的单位和渠道，存储要有专门存储场所并严格控制数量，使用时须由专人负责发放、回收和详细记录，实验后产生的废弃物要统一收储并依法依规科学处置。全过程管理制度的作用是使重大危险源时刻处于可控制的范围，在各个环节阻断重大危险源风险传导路径。

第四，强化落实有关部门的监督管理责任。根据《安全生产法》的有关规定，有关部门应当在以下方面落实对实验室安全的监督管理职责：

一是加强实验室安全监督检查，包括加强对新增实验室的安全审查、验收；对已有实验室中涉及安全的设施、项目定期抽查；对实验室的重大危险源进行动态监督管理；对实验室安全责任落实有关制度进行审查等；在监督检查过程中发现实验室的科研活动中存在重大隐患的，应决定立即停止开展有关活动，停止使用相关实验设备设施，及时消除事故隐患等。负有实验室安全监督管理职责的有关部门，还应当结合实际情况制定监督检查计划，定期将监督检查中发现的辖区内实验室中重大危险源相关信息汇总，并上报到同级人民政府等。

二是注重对实验室安全事故的信息公开。水利科研单位人员密集，一旦发生实验室安全事故，往往会引发社会关注。为了正向引导社会舆论和社会心理、对周围人员形成有效风险提示、保障公众的知情权，在实验室安全事故发生后，有关部门应当及时、准确发布事故相关信息。

第七章 隐患排查治理体系建设

安全生产事关人民群众的生命财产安全和社会和谐稳定，水利安全生产更关乎水利改革发展大局。事故隐患排查治理是安全生产稳定运行的重中之重，党的十九大报告中强调"树立安全发展理念，弘扬生命至上、安全第一的思想，健全公共安全体系，完善安全生产责任制，坚决遏制重特大安全事故，提升防灾减灾救灾能力"。如何切实消除事故隐患，前提就是要开展好安全生产事故隐患排查和治理。只有规范地开展隐患排查、高效地推进隐患治理，才能保障安全生产隐患排查治理工作落地生根，取得实实在在的效果。

常言道"预则立，不预则废"，安全工作就是要时时讲、处处讲，就是要把安全工作放到高于一切、重于一切、先于一切、压倒一切的位置。这就要求我们把事故隐患排查治理作为水利安全生产工作的重要位置，将安全生产的重点放在事故预防体系上，实现源头治理、关口前移、超前防范、抓根本、管长远，从而建立长期有效的安全生产体系。隐患排查体系的建立并落实是杜绝生产经营单位发生安全事故的根源，通过全员参与，深入开展各类隐患风险的排查，更好地识别风险源，分级排查各种安全隐患，有效避免安全事故的发生。隐患排查体系的建立并落实可以促进水利工程生产良好有序发展，持续全面有效的控制安全风险，提升生产经营单位风险分级管控能力，进一步落实排查责任，提高生产经营单位员工隐患排查水平，通过对存在较高安全隐患风险的关键点进行评价并制定相应的整改措施来降低安全生产事故发生的概率，进一步保证生产经营单位的财产和员工的人身安全不受损害。

第一节 基 本 概 念

一、隐患排查基本概念

（一）事故隐患

生产经营单位违反安全生产法律、法规、规章、标准、规程和管理制度的规定，或者因其他因素在生产经营活动中存在可能导致生产安全事故发生的人的不安全行为、物的危险状态、管理上的缺陷和环境的不安全状况。事故隐患可分为一般事故隐患和重大事故隐患。

（二）一般事故隐患

危害和整改难度较小，不需要停产停业，发现后能够立即整改排除的隐患。

（三）重大事故隐患

危害和整改难度较大，无法立即整改排除，需要全部或者局部停产停业，并经过一定时间整改治理方能排除的隐患，或者因外部因素影响致使生产经营单位自身难以排除的隐患。

(四) 隐患排查

生产经营单位组织安全生产管理人员、工程技术人员、岗位员工以及其他相关人员依据国家法律法规、标准和企业管理制度，采取一定的方式和方法，对照风险分级管控措施的有效落实情况，对本单位的事故隐患进行排查、登记，建立事故隐患信息档案工作的过程。隐患排查一般可按照表7-1和表7-2进行排查。

表7-1　　　　　　　　　　　　常见的物的不安全状态

序号	内容
1	防护、保险、信号等装置缺乏或有缺陷（如：起重机械的限速、限位、限重失灵等）
2	设备、设施、工具附件有缺陷（如：起重千斤绳达报废标准未报废处理等）
3	个人防护用品、用具缺少或有缺陷（如：安全带磨损、腐蚀严重未及时更换等）
4	生产（施工）场地环境不良（如：作业场所光线不良、狭小、通道不畅等）

表7-2　　　　　　　　　　　　常见的人的不安全行为

序号	内容
1	操作错误、忽视安全、忽视警告（如：违反操作规程、规定和劳动纪律）
2	造成安全装置失效（如：拆除了安全装置，因调整的错误造成安全装置失效等）
3	使用不安全设备（如：使用不牢固的设施，使用无安全装置的设备）
4	手代替工具操作（如：不用夹具固定，手持工件进行加工）
5	物体（指成品、半成品、材料、工具、生产用品等）存放不当
6	冒险进入危险场所
7	攀、坐不安全装置，如平台防护栏、汽车挡板等
8	在起吊物下作业、停留
9	机器运转时加油、修理、检查、调整、焊接、清扫等
10	有分散注意力的行为（如：高危作业时接听手机等）
11	在必须使用个人防护用品的作业或场合中，未正确使用
12	不安全装束（如：穿拖鞋进入施工现场，戴手套操纵带有旋转零部件的设备）
13	对易燃易爆危险品处理错误

(五) 隐患治理

消除或控制隐患的活动或过程。包括对排查出的事故隐患按照职责分工明确整改责任，制定整改计划、落实整改资金、实施监控治理和复查验收的全过程。

(六) 隐患信息

是隐患名称、位置、状态描述、可能导致后果及其严重程度、治理目标、治理措施、职责划分和治理期限等信息的总称。

二、隐患排查治理体系研究现状

《安全生产法》第四十一条规定，生产经营单位应当建立健全并落实生产安全事故隐患排查治理制度，采取技术、管理措施，及时发现并消除事故隐患。事故隐患排查治理情况应当如实记录，并通过职工大会或者职工代表大会、信息公示栏等方式向从业人员通报。其中，重大事故隐患排查治理情况应当及时向负有安全生产监督管理职责的部门和职工大会或者职工代表大会报告。县级以上地方各级人民政府负有安全生产监督管理职责的部门应当将重大事故隐患纳入相关信息系统，建立健全重大事故隐患治理督办制度，督促生产经营单位消除重大事故隐患。

在国际上没有"隐患"这一词，一般都是将安全隐患与危险源统称为"危险源"，因此国外是对危险源进行研究分析，进行定性定量的评价时也是针对危险源的风险进行评价。风险评价起源于保险业，商家根据需要为客户承担的风险大小不同，收取不同的费用，界定风险大小的过程就称为风险评价。我国的危险源辨识是从20世纪90年代初才开始得到重视发展，引入时主要是用于航空行业，后逐渐应用于建筑和煤矿行业等。随着科技的发展，我国政府和生产经营单位都认识到构建完善的安全隐患排查治理过程和手段的重要性。尤其是在双重预防机制开始推行之后，许多生产经营单位都开始建立起隐患排查治理分级系统，致力于实现风险关口的前移，将事故控制在隐患阶段。事故隐患是指可能导致事故发生的物的危险状态、人的不安全行为及管理上存在的缺陷和环境的不安全状况，因此隐患排查治理最重要的就是防止物的危险状态、人的不安全行为以及管理上的缺陷和环境的不安全状况。

通过对国内外相关行业大量的风险管理经验进行分析可以看出，及时地辨识出危险源，并对其进行风险分级，逐步形成完善的安全风险分级管控清单，再在此基础上针对事故隐患开展排查治理工作，就能提前识别安全事故发生的潜在根本因素。通过及时的各种管控措施，控制事故的发生，实现事故导向到风险导向的转变，从而达到遏制事故发生的目的。

隐患排查治理的基础就是安全风险分级管控。对安全风险分级管控工作进行强化，是为了解决"认不清、想不到"的问题，从源头上控制、降低相关安全风险，进而降低事故后果的严重性和发生的可能性。

隐患排查治理的深入推进是安全风险分级管控工作能够做好的基础。由于安全风险本身的复杂性，其风险管控措施制定后并不能一劳永逸，需要不断地调整、改进、提高，而管控措施的改进就需要隐患排查治理的开展来帮助发现其措施的实效情况，以实现动态调整的目的，进而降低事故发生的可能性，提高风险管理水平。

第二节　依据及充分性必要性

一、依据

（一）法律法规

(1)《中华人民共和国安全生产法》（主席令第88号）。

(2)《山东省安全生产条例》（2021年12月3日山东省第十三届人民代表大会常务委员会第三十二次会议修订）。

（二）规章

(1)《安全生产事故隐患排查治理暂行规定》（国家安监总局令第16号）。

(2)《山东省生产安全事故隐患排查治理办法》(山东省政府令 347 号)。
(三) 规范性文件
(1)《水利工程生产安全重大事故隐患判定标准(试行)》的通知(水安监〔2017〕344 号)。
(2)《山东省安全生产风险分级管控和隐患排查治理双重预防体系执法检查指南》的通知(鲁应急发〔2019〕57 号)。
(四) 标准规范
(1) SL 721—2015《水利水电工程施工安全管理导则》。
(2) DB37/T 2883—2016《生产安全事故隐患排查治理体系通则》。
(3) DB37/T 3513—2019《水利工程运行管理单位生产安全事故隐患排查治理体系细则》。
(4) DB37/T 4260—2020《灌区工程运行管理单位生产安全事故隐患排查治理体系实施指南》。
(5) DB37/T 4262—2020《河道工程运行管理单位生产安全事故隐患排查治理体系实施指南》。
(6) DB37/T 4264—2020《水库工程运行管理单位生产安全事故隐患排查治理体系实施指南》。
(7) DB37/T 4266—2020《引调水工程运行管理单位生产安全事故隐患排查治理体系实施指南》。
(8) SL 17—2014《疏浚与吹填工程技术规范》。

二、充分性及必要性

(一) 安全生产隐患排查体系的重要作用

近年来,随着经济的快速发展,我国水利事业呈现蓬勃发展的良好态势,但随之而来是日益突出的生产安全问题。在国家和政府颁布的管理规定和大力支持下,水利安全监督机构不断健全,安全生产管理责任不断明确,安全生产管理制度和标准体系不断完善,生产经营单位安全管理水平不断提高,逐步建立健全了事故隐患排查治理体系。但在隐患排查治理方面还存在一些不容忽视的问题:隐患排查体系建立并不完善,以至于难以落到实处,存在着安全管理人员缺位或缺失、安全生产责任制落实不到位、隐患排查不够深入和流于形式等问题。隐藏的潜在安全隐患并没有消失,依然要引起警惕。

事故源于隐患,安全生产隐患排查治理是确保安全生产的有效手段之一。深入推进隐患排查治理工作体系建设,将隐患消灭在事故萌芽状态,是保证安全生产的治本之策。构建事故隐患排查治理体系,体现了"安全第一、预防为主、综合治理"的安全生产方针,可以有力地遏制重特大事故,降低事故总量,对于维持安全生产状况稳定有十分重要的作用。建立健全安全隐患排查治理体系,贯彻落实了以人为本的科学发展观,充分体现了"安全第一、预防为主、综合治理"的方针,是安全生产工作理念、监管机制、监管手段和方法的创新与发展,把隐患排查治理和安全生产工作逐步纳入了科学化、制度化、规范化的轨道,它既能保证生产经营单位的安全生产、实现经济的稳定发展,也能保证人民的生命财产安全,消除不安定因素,维护地方长治久安。对于生产经营单位来讲,开展隐患

第七章　隐患排查治理体系建设

排查治理，是控制、降低风险的有效手段，能够有效防止和减少重特大事故，有利于塑造生产经营单位安全生产形象建设、文化建设，保障职工群众生命财产安全和减少生产经营单位财产损失。

安全隐患排查体系可以有效地防范安全风险于未然，增强抵御危险事故的能力，降低安全事故出现的概率，可以解决在安全生产事故防控方面"三不到"即"想不到""管不到""治不到"的重要工作问题，更是遏制事故发生、使生产经营单位安全水平持续提升的根本要求。为了水利生产工作的顺利进行，必须重视安全生产，有效、全面、规范地开展隐患排查治理工作，促使安全生产工作的推进。

（二）安全生产隐患排查体系建设的现实意义

1. 中共中央高度重视

2007年5月12日，国务院办公厅向各省、自治区、直辖市人民政府，国务院各部委、各直属机构发布《国务院办公厅关于在重点行业和领域开展安全生产隐患排查治理专项行动的通知》（国办发明电〔2007〕16号），要求在重点行业和领域开展安全生产隐患排查治理专项行动。

2007年12月28日，国家安全生产监督管理总局局长办公会议审议通过并发布《生产安全事故隐患排查治理暂行规定》（安全监管总局令第16号），明确生产经营单位生产安全事故隐患排查治理和安全生产监督管理部门、煤矿安全监察机构（以下统称安全监管监察部门）实施监管监察，适用该规定。

2008年2月16日，国务院办公厅向各省、自治区、直辖市人民政府，国务院各部委、各直属机构发布《国务院办公厅关于进一步开展安全生产隐患排查治理工作的通知》（国办发明电〔2008〕15号）。其要求进一步开展隐患排查治理工作，地方各级人民政府要切实加强对安全生产隐患排查治理工作的组织领导，各地区、各部门、各单位要建立和落实隐患排查治理责任制，特别要全面落实地方各级政府行政首长和企业法定代表人负责制，健全工作机制，确定牵头部门，明确职责分工，周密部署，精心组织，全力抓好此项工作。

2010年7月19日，国务院向各省、自治区、直辖市人民政府，国务院各部委、各直属机构发布《国务院关于进一步加强企业安全生产工作的通知》（国发〔2010〕23号），要求进一步加强安全生产工作，全面提高生产经营单位安全生产水平，强调生产经营单位要经常性开展安全隐患排查，并切实做到整改措施、责任、资金、时限和预案"五到位"。建立以安全生产专业人员为主导的隐患整改效果评价制度，确保整改到位。对隐患整改不力造成事故的，要依法追究生产经营单位和相关负责人的责任。对停产整改逾期未完成的不得复产。

2011年10月26—27日，全国安全隐患排查治理现场会在北京市顺义区召开，标志着我国的隐患排查治理全面开展。国家安全监管总局党组书记、局长骆琳出席会议并讲话，强调要认真贯彻落实党中央、国务院关于加强安全生产工作的一系列重大决策部署和指示精神。谈话强调在深入贯彻落实科学发展观，坚持以人为本、安全发展的理念的基础上，深入推广北京市顺义区等地建立隐患排查治理体系、有效防范事故的先进经验和做法。探索创新政府和部门安全监管机制，强化和落实生产经营单位安全生产主体责任，更好地把握隐患治理、事故防范的主动权，打好安全隐患排查治理攻坚战，有效防范和坚决遏制重特大事故发生，切实保障人民群众生命财产安全，为经济发展与社会和谐稳定创造良好的安全生产环境。

2011年12月2日，国务院向各省、自治区、直辖市人民政府，国务院各部委、各直属机构发布《国务院关于坚持科学发展安全发展促进安全生产形势持续稳定好转的意见》（国发〔2011〕40号）。其要求深入贯彻落实科学发展观，实现安全发展，促进全国安全生产形势持续稳定好转，并在文件中指出，要加强安全生产风险监控管理。充分运用科技和信息手段，建立健全安全生产隐患排查治理体系，强化监测监控、预报预警，及时发现和消除安全隐患。生产经营单位要定期进行安全风险评估分析，重大隐患要及时报安全监管监察和行业主管部门备案。各级政府要对重大隐患实行挂牌督办，确保监控、整改、防范等措施落实到位。各地区要建立重大危险源管理档案，实施动态全程监控。

2013年11月12日，中国共产党第十八届中央委员会第三次全体会议通过《中共中央关于全面深化改革若干重大问题的决定》，指出要深化安全生产管理体制改革，建立隐患排查治理体系和安全预防控制体系，遏制重特大安全事故。

2014年3月，《建立完善安全生产隐患排查治理体系改革专题》确定为国家安全生产监督管理总局的6项改革专题之一。

2016年1月6日，习近平总书记在中央政治局常委会上就安全生产工作提出要求："必须坚决遏制重特大事故频发势头，对易发重特大事故的行业领域采取安全风险分级管控、隐患排查治理双重预防性工作机制，推动安全生产关口前移。"2016年12月，《中共中央国务院关于推进安全生产领域改革发展的意见》中提出"构建风险分级管控和隐患排查治理双重预防工作机制，严防风险演变、隐患升级导致生产安全事故发生"。国务院安委会办公室2016年4月印发《标本兼治遏制重特大事故工作指南》（安委办〔2016〕3号）提出"到2018年，构建形成点、线、面有机结合、无缝对接的安全风险分级管控和隐患排查治理双重预防性工作体系"。《关于实施遏制重特大事故工作指南构建双重预防机制的意见》（安委办〔2016〕11号）提出"尽快建立健全安全风险分级管控和隐患排查治理的工作制度和规范"。水利部《贯彻落实〈中共中央国务院关于推进安全生产领域改革发展的意见〉实施办法》（水安监〔2017〕261号）提出了"重点围绕各类水利工程建设与运行的安全技术、安全防护、安全设备设施、安全生产条件、职业危害预防治理、危险源辨识、隐患判定、应急管理等方面，分专业制定和完善相应的安全生产标准规范"的具体要求。

2020年4月，国务院安委会印发了《全国安全生产专项整治三年行动计划》，明确了2个专题实施方案、9个专项整治实施方案，要求健全完善生产经营单位安全隐患排查治理机制，加强安全隐患排查，严格落实治理措施。要求生产经营单位建立健全以风险辨识管控为基础的隐患排查治理制度，制定符合生产经营单位实际的隐患排查治理清单，完善隐患排查、治理、记录、通报、报告等重点环节的程序、方法和标准，明确和细化隐患排查的事项、内容和频次，并将责任逐一分解落实，推动全员参与自主排查隐患，尤其要强化对存在重大风险的场所、环节、部位的隐患排查。生产经营单位要按照国家有关规定，通过与政府部门互联互通的隐患排查治理信息系统等方式,及时向负有安全生产监督管理职责的部门和生产经营单位职代会"双报告"风险管控和隐患排查治理情况。生产经营单位要按照有关行业重大事故隐患判定标准,加强对重大事故隐患治理,并向负有监管职责的部门报告;制定并实施严格的隐患治理方案,做到责任、措施、资金、时限和预案"五到位",实现闭环管理。2020年底前,生产经营单位建立起完善的隐患排查治理制度;2021年底前,各地区和各类生产经营单位要建立完善隐患排查治理"一张网"信息化管理系统,做到自查自改自报,实现动态分析、全过程记录管理和评价,防止漏管失控;2022年底前,生产经营单位隐患排查治理全面走向制度化、规范化轨道。

2. 山东省委、省政府相继出台相关文件

2016年12月7日,山东省地方标准DB37/T 2883—2016《生产安全事故隐患排查治理体系通则》发布,自2017年1月8日实施。

2016年7月11日,山东省政府办公厅发布《关于印发山东省标本兼治遏制重特大事故工作指导方案的通知》(鲁政办发〔2016〕32号),提出"到2018年,构建形成点、线、面有机结合的安全风险分级管控和隐患排查治理双重预防工作体系"的工作目标。

2016年3月21日,山东省政府办公厅发布《关于建立完善风险管控和隐患排查治理双重预防机制的通知》(鲁政办字〔2016〕36号),提出"结合全省正在开展的安全生产隐患大排查、快整治、严执法集中行动,进一步建立完善风险管控和隐患排查治理双重预防机制"的要求和"实现标准化、信息化的风险管控和隐患排查治理双重预防,从根本上防范事故发生,构建安全生产长效机制"的总体目标。

2016年4月5日,山东省政府安全生产委员会办公室发布了《加快推进安全生产安全风险分级管控与隐患排查治理两个体系建设工作方案》(鲁安发〔2016〕16号),提出力争用三年时间,全省各行业生产经营单位建立起较为完善、有效运行的风险分级管控和隐患排查治理体系。并实现信息化管控,全省构建形成点、线、面有机结合,省、市、县、乡镇无缝隙对接,实现标准化、信息化的风险分级管控和隐患排查治理双重预防体系。

自2017年开始,山东省委、省政府分别将安全风险分级管控和隐患排查治理体系机制建设纳入省委常委会年度工作要点和政府工作报告。

2017年1月18日,山东省第十二届人民代表大会常务委员会第二十五次会议通过《山东省安全生产条例》(鲁人常〔2017〕168号),2021年12月3日山东省第十三届人民代表大会常务委员会第三十二次会议修订。其中第三十二条规定,生产经营单位应当建立健全生产安全事故隐患排查治理制度,对事故隐患进行排查并及时采取措施予以消除;事故隐患排除前和排除过程中无法保证安全的,应当从危险区域内撤出人员,疏散周边可能危及的其他人员,并设置警戒标志。生产经营单位应当将事故隐患排查治理情况向从业人员通报。对排查出的重大事故隐患,生产经营单位应当按照规定立即报告,并采取有效的安全防范和监控措施,制定和落实治理方案。治理方案、结果等情况应当及时向负有安全生产监督管理职责的部门和职工大会或者职工代表大会报告。

2018年1月24日,山东省人民政府令第311号《山东省生产经营单位安全生产主体责任规定》,第二十七条规定,生产经营单位应当建立健全安全生产隐患排查治理体系,定期组织安全检查,开展事故隐患自查自纠。

2022年2月15日,山东省人民政府第145次常务会议通过《山东省生产安全事故隐患排查治理办法》(山东省人民政府令第347号),将隐患排查治理纳入生产经营单位全员安全生产责任制,规定了隐患排查的工作制度,明确了隐患治理措施和安全防范措施,建立了重大事故隐患报告制度,明确了有关部门的隐患处置措施,强化了法律责任。

3. 水利部相关文件

2017年7月31日,水利部发布《贯彻落实〈中共中央 国务院关于推进安全生产领域改革发展的意见〉实施办法》(水安监〔2017〕261号),提出了"重点围绕各类水利工程建设与运行的安全技术、安全防护、安全设备设施、安全生产条件、职业危害预防治理、危险源辨识、隐患判定、应急管理等方面,分专业制定和完善相应的安全生产标准规范"的具体要求。

2017年10月27日,为规范水利工程生产安全事故隐患(以下简称"事故隐患")排查治理工作,有效防范生产安全事故,水利部制定《水利工程生产安全重大事故隐患判定标准(试行)》(水安监〔2017〕344号)。

2017年11月27日,《水利部关于进一步加强水利生产安全事故隐患排查治理工作的意见》(水安监〔2017〕409号)指出,建立健全事故隐患排查治理制度,严格落实水利生产经营单位主体责任,加大事故隐患排查治理力度,全面排查和及时治理事故隐患,强化水行政主管部门监督管理职责,加强检查督导和整改督办,确保水利行业生产安全。

2018年12月7日,为科学辨识与评价水利水电工程施工危险源及其风险等级,有效防范施工生产安全事故,水利部制定《水利水电工程施工危险源辨识与风险评价导则(试行)》(办监督函〔2018〕1693号)。

2019年12月30日,为科学辨识与评价水利水电工程运行危险源及其风险等级,有效防范生产安全事故,水利部制定《水利水电工程(水库、水闸)运行危险源辨识与风险评价导则》(办监督函〔2019〕1486号)。

4. 省水利厅相关工作

2019年3月21日,山东省水利厅制定的山东省地方标准DB37/T 3513—2019《水利工程运行管理单位生产安全事故隐患排查治理体系细则》发布,2019年4月21日实施。

2019年4月25日,山东省水利厅召开水利安全生产工作会议,明确要健全双重预防体系建设,推动水利安全生产关口前移。

2019年6月21日,山东省水利厅通过定向委托方式,委托山东省水科院研究制定山东省水利双重预防体系评估办法与验收标准,组织专家对水利双重预防体系建设标杆单位进行验收评估,并向山东省水利厅出具体验收评估意见。

2019年6月26日,山东省水利厅召开水利安全生产主体责任落实暨双重预防体系建设工作推进会议,王祖利副厅长出席会议并讲话,厅机关有关处室、厅直属有关单位、标杆单位负责同志及职能处(科)室负责同志参加会议。会议安排部署了重点工作内容、方法步骤,细化了责任、分工,讲解了双重预防体系的规范、要求,为确保当前及今后一段时期内工作取得实效提供了保证。

第七章　隐患排查治理体系建设

为加快推进山东省水利工程运行管理单位双重预防体系建设工作，2019年7月，山东省水利厅召集4类8家水利标杆单位召开双重预防体系建设研讨会。会议采取集中授课、技术交流的方式，对全省水利标杆单位双重预防体系建设进展情况进行了阶段性梳理总结，对下一步工作进行了部署安排，并形成了会议纪要。

2019年12月30日，为加强水利安全生产标准化动态管理，促进水利生产经营单位不断改进和提高安全生产管理水平，山东省水利厅研究制定了《山东省水利安全生产标准化动态管理办法（试行）》，对安全生产风险分级管控体系与生产安全事故隐患排查治理体系建设开展情况提出具体要求。

2021年7月，山东省水利厅发布《山东省水利安全生产"十四五"规划》（鲁政字〔2021〕157号），在主要任务中要求，强化风险分级管控体系建设。水利生产、经营等各项工作必须以安全为前提，实行重大安全风险"一票否决"。水利生产经营单位严格落实安全风险管控主体责任，依据标准建立风险分级管控制度，加强安全风险评价和管控。对排查确认的风险点，逐一明确管控层级和管控责任、管控措施。对重大危险源进行定期检查、评估、监控并制定应急预案，重大危险源及有关安全措施、应急措施报当地安全生产监督管理部门和水行政主管部门备案。各级水行政主管部门要以在建重点工程和病险工程等为重点，确定重点防控单位，实施分类分级监管。

为进一步推进安全风险分级管控体系建设，指导、促进水利工程建设项目、运行管理单位全面完成风险点的排查、确认、管控、风险公告警示等相关工作，并将安全风险分级管控融合到全员安全生产责任制中，融合到生产经营全过程、全要素中，全面提升安全生产水平，山东省水利厅、山东省水利科学研究院编制了DB37/T 3513—2019《水利工程运行管理单位生产安全事故隐患排查治理体系细则》、DB37/T 4260—2020《灌区工程运行管理单位生产安全事故隐患排查治理体系实施指南》、DB37/T 4262—2020《河道工程运行管理单位生产安全事故隐患排查治理体系实施指南》、DB37/T 4264—2020《水库工程运行管理单位生产安全事故隐患排查治理体系实施指南》、DB37/T 4266—2020《引调水工程运行管理单位生产安全事故隐患排查治理体系实施指南》。

生产安全事故隐患排查治理体系细则和实施指南旨在强化水利工程生产经营单位落实安全生产风险分级管控的主体责任，督促其建立健全生产安全事故隐患排查治理长效机制，规范其生产安全事故隐患排查治理行为，推进事故预防工作的科学化、标准化、信息化管理，实现其安全生产风险自辨自控，降低安全生产风险，防止和减少生产安全事故，保障人民群众生命财产安全。近年来，有关推进生产安全事故隐患排查治理体系建设的政策性文件越来越多，由此可以看出，生产安全事故隐患排查治理体系目前已经在我国得到了大力推行。

2021年9月，山东省水利厅下发《山东省水利厅关于推进水利安全生产"五体系"建设的通知》（鲁水监督函字〔2021〕101号），要求持续健全完善隐患排查治理体系。全省水利生产经营单位要全面建成隐患排查治理责任明确、制度完善、整改实效的隐患排查治理体系。山东省水利厅制定厅属单位安全生产隐患排查治理体系推进工作方案，推动厅属各单位隐患排查治理体系的建设、运行和持续改进，厅直属单位于12月底前全部完成。市县水行政主管部门对照各自职责范围，按照2023年底前全部完成的要求相应制定推进工作方案，并在省厅部署的基础上,细化工作措施。水利工程运行管理单位按照 DB37/T 3513—2019《水利工程运行管理单位生产安全事故隐患排查治理体系细则》及实施指南开展隐患排查治理体系建设工作。参与水利工程建设的施工单位根据 DB37/T 3014—2017《建筑施工企业生产安全事故隐患排查治理体系细则》及实施指南开展隐患排查治理体系建设工作。水文、勘察设计、监理、检测、水利科研等其他水利生产经营单位按照山东省 DB37/T 2883—2016《生产安全事故隐患排查治理体系通则》开展隐患排查治理体系建设工作。

第三节　隐患排查治理体系创建

目前,山东省水利生产经营单位的安全生产尚处在强制执法时期,水利生产经营单位自我管理自我约束的安全意识淡薄,规则意识不强,隐患排查治理工作还需要政府推动、严格监管。同时,隐患排查治理体系又为政府实施监管提供了科学化的手段,解决了怎么管、管什么、谁来管的问题。

生产经营单位应当定期组织安全生产管理人员、工程技术人员和其他相关人员排查本单位的事故隐患。对排查出的事故隐患,应当按照事故隐患的等级进行登记,建立事故隐患信息档案,并按照职责分工实施监控治理。隐患排查治理是隐患排查与隐患治理两项工作的合并简称,两项工作都有相对规范的标准流程,如图 7-1 所示。

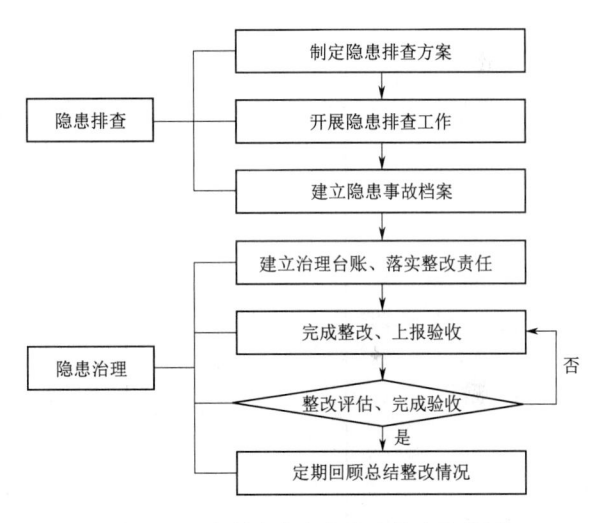

图 7-1　水利安全生产隐患排查流程图

一、隐患排查治理内容

(一) 隐患排查工作主要内容

(1) 制定隐患排查计划或方案。

(2) 按计划或方案组织开展隐患排查工作。

(3) 对隐患排查结果进行汇总并登记后,进入隐患治理流程。发现重大事故隐患,还需上报当地安全生产监督管理部门,并按《安全生产事故隐患排查治理暂行规定》(国家安监总局令第 16 号) 中的重大事故隐患治理流程治理。

(二) 隐患治理工作主要内容

(1) 建立隐患治理台账,落实隐患的整改责任人、整改完成时间、整改措施和临时防范措施、整改资金、验收标准及验收人。

(2) 整改责任人按照整改措施完成整改(如需临时防范措施,还应在整改期间落实临时防范措施)并上报验收人。

(3) 验收人按验收标准对隐患整改情况进行评估,评估合格则说明同意隐患闭环,评估不合格则说明要重新进行整改。

（4）每季度及每年要对生产经营单位隐患排查治理情况进行统计分析。分析可以从以下几个方面入手，例如可以分析不同类型隐患占比，也可以按不同月度季度等不同周期对比分析等，除此之外建议关注两个方面：一是同一类型的隐患是否存在反复发生情况，要深入剖析原因，分析是否存在制度、机制缺陷以及之前治理措施的有效性，以便持续改进；二是同一区域发现隐患的数量是否存在持续增长的情况，持续增长的区域要重点分析区域内相关管理人员安全责任落实情况或者其他原因。

（三）需要创建隐患排查治理体系的单位

水利生产经营单位，包括水文监测、勘察设计、监理、检测、水利科研、施工单位，以及水利工程运行管理单位等。

二、基本要求

隐患排查治理体系创建程序包括几个方面，见图7-2。首先是明确基本要求，接着开展隐患分级与分类，进一步开展隐患排查，整个过程中都需要监督管理的保障。

```
水利安全生产隐患排查体系创建
├─ 基本要求
│   ├─ 组织有力、制度保障
│   ├─ 全员参与、重在治理
│   ├─ 系统规范、融合深化
│   └─ 激励约束、重在落实
├─ 隐患分级
│   ├─ 一般事故隐患
│   └─ 重大事故隐患
├─ 隐患分类
│   ├─ 基础管理类事故隐患
│   └─ 生产现场类事故隐患
├─ 工作程序
│   ├─ 编制排查项目清单
│   ├─ 确定排查项目
│   ├─ 组织实施
│   ├─ 隐患治理
│   └─ 持续改进
└─ 监督管理
    └─ 各级水行政主管部门加强监督管理
```

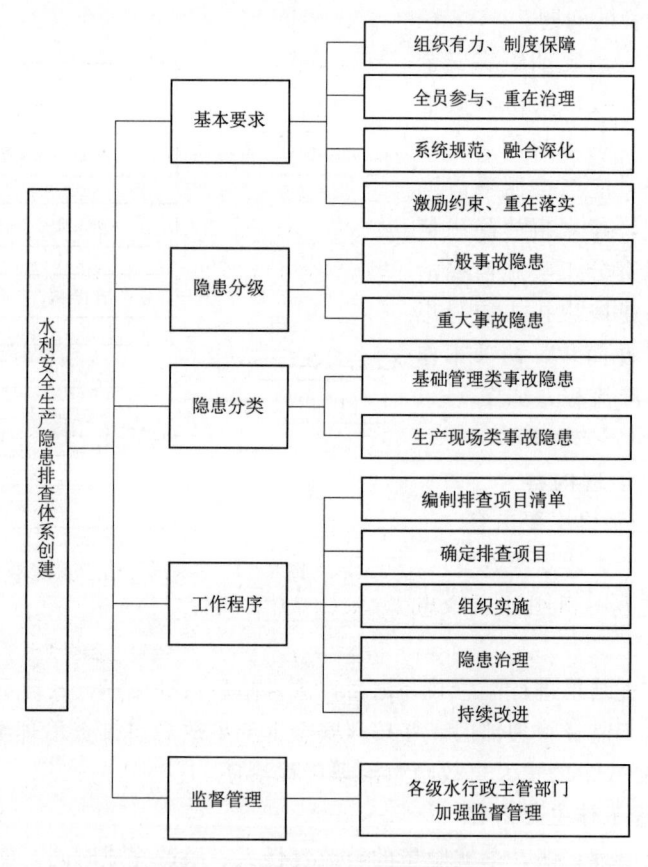

图7-2 隐患排查治理体系创建

（一）组织有力、制度保障

水利生产经营单位应根据实际建立由主要负责人或分管负责人牵头的组织领导机构，建立能够保障隐患排查治理体系全过程有效运行的管理制度。

水利生产经营单位应根据实际建立由主要负责人或分管负责人牵头的组织领导机构，

应按照"谁主管、谁负责"和"全员、全过程、全方位、全天候"的隐患排查原则，明确责任主体，建立能够保障隐患排查治理体系全过程有效运行的管理制度，实现本单位隐患的闭环管理和持续改进。

水利生产经营单位应建立明确的隐患排查体制机制，主要包括以下内容：

（1）单位主要负责人对本单位事故隐患排查治理工作全面负责。水利生产经营单位应逐级建立并落实从主要负责人到每个从业人员的隐患排查治理和监控责任制。

（2）明确水利生产经营单位隐患排查、登记管理、治理、上报等的管理机构或专、兼职工作人员及其职责。

（3）建立健全隐患排查、登记建档、隐患治理、隐患上报及隐患治理专项资金使用等各项制度。

（二）全员参与、重在治理

从水利生产经营单位基层操作人员到最高管理层，都应当参与隐患排查治理；单位应当根据隐患级别，确定相应的治理责任单位和人员。重大事故隐患由单位级负责组织整改，一般事故隐患由隐患所在部门负责组织整改；隐患排查治理应当以确保隐患得到治理为工作目标。

（三）系统规范、融合深化

水利生产经营单位应在安全标准化等安全管理体系的基础上，进一步改进隐患排查治理制度，形成一体化的安全管理体系，使隐患排查治理与管理体系中的其他管理要素有机结合，使隐患排查治理贯彻于生产经营活动全过程，成为单位各层级、各岗位日常工作重要的组成部分，与单位各层级、各岗位日常工作充分融合，实现长效机制。

（四）激励约束、重在落实

水利生产经营单位应建立隐患排查治理目标责任考核机制，形成激励先进、约束落后的鲜明导向。应鼓励从业人员进行本岗位的隐患排查，对能排查出隐患并能及时治理、避免事故发生的，进行正向奖励。单位应在各级安全生产责任制中明确，每一个岗位都有排查隐患、落实治理措施的责任，同时应配套制定相应的奖惩制度，做到奖罚分明。

三、基本任务

（一）建立机构

单位应逐级成立隐患排查治理体系工作组织机构，组织机构包括领导小组和工作小组，推进落实各项工作职责、任务目标。从单位基层操作人员到最高管理层，都应当参与隐患排查治理。

单位隐患排查领导小组应由单位主要负责人任组长，成员应包括分管安全领导、分管生产经营领导、技术负责人，以及工程管理、调度运行、安全质量、材料设备、人力、财务等职能部门负责人、各生产部门负责人。日常办事机构宜设置在单位安全生产管理部门。

（二）明确责任

1. 主要负责人职责

主要负责人是单位隐患排查治理工作第一责任人，全面负责单位生产安全事故隐患排查治理体系的建设，负责保证隐患治理的资源投入，审批重大隐患治理方案，及时掌握重大隐患治理情况，并明确责任分工，对事故隐患排查治理实施过程进行督查、考核等，确保隐患排查治理体系有效运行。

2. 其他负责人职责

其他负责人负责按照一岗双责的要求对职责范围内的隐患排查治理的组织协调工作，负责对隐患排查、治理整改、控制措施和持续改进的组织管理，及时向主要负责人报告重大隐患治理情况，并对事故隐患排查治理实施过程进行监督检查。

3. 安全监督管理部门职责

安全监督管理部门是单位安全隐患排查治理工作的对口监督管理部门，负责对单位范围内隐患排查治理工作实行全过程监督管理。安全监督管理部门主要负责起草体系建设工作方案和体系文件，组织开展单位生产安全事故隐患排查、汇总等工作，评估重大事故隐患，下达需要协调处理的隐患整改计划，对各部门隐患排查治理情况进行监督检查，并提出考核意见，汇总审核报送隐患排查治理信息表。

4. 各职能部门职责

各职能部门是所辖工作范围内隐患排查的主体责任部门，是职责范围内的隐患排查治理工作的分工负责部门，组织开展隐患排查治理活动，对隐患排查治理中发现的事故隐患及时进行治理，并对自行管理的事故隐患进行整改、验证等工作。

5. 班组、岗位职责

班组、岗位人员应熟练掌握本班组、岗位的排查隐患的标准，熟悉本班组、岗位作业有关风险的管控及应急措施，发现隐患应立即上报，并协助整改，若不能及时整改，则采取临时措施避免事故发生。

（三）组织培训

单位应将隐患排查治理的培训纳入年度安全培训计划，分层次、分阶段组织员工进行培训，使其掌握本单位隐患排查清单、隐患排查的要求、隐患治理、隐患治理验收，并保留培训记录。在隐患排查治理体系建设初期，单位应组织全员开展隐患排查治理体系建设培训，培训内容包括建设方案、流程、方法、要求等。

（四）全员参与

水利工程运行管理单位应当加强对隐患排查治理情况的监督考核，保证全员参与事故隐患排查治理活动，确保隐患排查治理覆盖各区域、场所、岗位、各项作业和管理活动。应将隐患排查治理的培训纳入安全培训计划，按照单位、部门和班组分层次、分阶段组织员工进行培训，并保留培训记录。

（五）融合深化

水利工程运行管理单位应将事故隐患的排查治理与风险分级管控、安全生产标准化等工作相结合，形成一体化的安全管理体系，使隐患排查治理贯穿于生产经营活动全过程，成为单位各层级、各岗位日常工作的重要组成部分。

（六）运行考核

单位应建立健全风险隐患排查考核奖惩制度，明确考核奖惩的标准、频次、方式方法等，并将考核结果与员工工资薪酬、评优等挂钩。

四、隐患分级与分类

(一) 分级

根据隐患整改、治理和排除的难度及其可能导致事故后果和影响范围，分为一般事故隐患和重大事故隐患。危害和整改程度较小，发现后能够立即整改排除的隐患为一般事故隐患；危害和整改程度较大，无法立即整改排除，需要全部或者局部停产停业，并经过一定时间整改治理方能排除的隐患，或者因外部因素影响致使生产经营单位自身难以排除的隐患，为重大事故隐患。

(二) 重大事故隐患类别

1. 水利工程建设项目中的重大事故隐患

水利工程建设项目以下情况可直接判定为重大事故隐患：

（1）项目法人和施工生产经营单位未按规定设置安全生产管理机构或未按规定配备专职安全生产管理人员；施工生产经营单位主要负责人、项目负责人和专职安全生产管理人员未按规定持有效的安全生产考核合格证书；特种（设备）作业人员未持有效证件上岗作业。

（2）无施工组织设计施工；危险性较大的单项工程无专项施工方案；超过一定规模的危险性较大单项工程的专项施工方案未按规定组织专家论证、审查擅自施工；未按批准的专项施工方案组织实施；需要验收的危险性较大的单项工程未经验收合格转入后续工程施工。

（3）施工工厂区、施工（建设）管理及生活区、危险化学品仓库布置在洪水、雪崩、滑坡、泥石流、塌方及危石等危险区域。

（4）宿舍、办公用房、厨房操作间、易燃易爆危险品库等消防重点部位安全距离不符合要求且未采取有效防护措施；宿舍、办公用房、厨房操作间、易燃易爆危险品库等建筑构件的燃烧性能等级未达到 A 级；宿舍、办公用房采用金属夹芯板材时，其芯材的燃烧性能等级未达到 A 级。

（5）围堰不符合规范和设计要求；围堰位移及渗流量超过设计要求，且无有效管控措施。

（6）施工现场专用的电源中性点直接接地的低压配电系统未采用 TN-S 接零保护系统；发电机组电源未与其他电源互相闭锁，并列运行；外电线路的安全距离不符合规范要求且未按规定采取防护措施。

（7）达到或超过一定规模的作业脚手架和支撑脚手架的立杆基础承载力不符合专项施工方案的要求，且已有明显沉降；立杆采用搭接（作业脚手架顶步距除外）；未按专项施工方案设置连墙件。

（8）爬模、滑模和翻模施工脱模或混凝土承重模板拆除时，混凝土强度未达到规定值。

（9）起重机械未按规定经有相应资质的检验检测机构检验合格后投入使用；起重机械未配备荷载、变幅等指示装置和荷载、力矩、高度、行程等限位、限制及连锁装置；同一作业区两台及以上起重设备运行未制定防碰撞方案，且存在碰撞可能；隧洞竖（斜）井或沉井、人工挖孔桩井载人（货）提升机械未设置安全装置或安全装置不灵敏。

（10）大中型水利水电工程金属结构施工采用临时钢梁、龙门架、天锚起吊闸门、钢管前，未对其结构和吊点进行设计计算、履行审批审查验收手续，未进行相应的负荷试验；闸门、钢管上的吊耳板、焊缝未经检查检测和强度验算投入使用。

（11）断层、裂隙、破碎带等不良地质构造的高边坡，未按设计要求及时采取支护措施或未经验收合格即进行下一梯段施工；深基坑土方开挖放坡坡度不满足其稳定性要求且未采取加固措施。

（12）遇到下列九种情况之一，未按有关规定及时进行地质预报并采取措施：

1）隧洞出现围岩不断掉块，洞室内灰尘突然增多，喷层表面开裂，支撑变形或连续发出声响。

2）围岩沿结构面或顺裂隙错位、裂缝加宽、位移速率加大。

3）出现片帮、岩爆或严重鼓胀变形。

4）出现涌水、涌水量增大、涌水突然变浑浊、涌沙。

5）干燥岩质洞段突然出现地下水流，渗水点位置突然变化，破碎带水流活动加剧，土质洞段含水量明显增大或土的形状明显软化。

6）洞温突然发生变化，洞内突然出现冷空气对流。

7）钻孔时，钻进速度突然加快且钻孔回水消失，经常发生卡钻。

8）岩石隧洞掘进机或盾构机发生卡机或掘进参数、掘进载荷、掘进速度发生急剧的异常变化。

9）突然出现刺激性气味；断层及破碎带、缓倾角节理密集带、岩溶发育、地下水丰富及膨胀岩体地段和高地应力区等不良地质条件洞段开挖，未根据地质预报针对其性质和特殊的地质问题，制定专项保证安全施工的工程措施；隧洞Ⅳ类、Ⅴ类围岩开挖后，支护未紧跟掌子面。

（13）洞室施工过程中，未对洞内有毒有害气体进行检测、监测；有毒有害气体达到或超过规定标准时未采取有效措施。

（14）蜗壳、机坑里衬安装时，搭设的施工平台（组装）未经检查验收即投入使用；在机坑中进行电焊、气割作业（如水机室、定子组装、上下机架组装）时，未设置隔离防护平台或铺设防火布，现场未配备消防器材。

（15）未按规定设置必要的安全作业区或警戒区；水上作业施工船舶施工安全工作条件不符合船舶使用说明书和设备状况，未停止施工；挖泥船的实际工作条件大于 SL 17—2014《疏浚与吹填工程技术规范》表 7-3 中所列数值，未停止施工。

表 7-3　　　　　　　　挖泥船对自然影响的适应情况表

船舶类型		风级		浪高 /m	纵向流速 /(m/s)	雾（雪）（级）
		内河	沿海			
绞吸式	>500m³/h	6	5	0.6	1.6	2
	200~500m³/h	5	4	0.4	1.5	2
	<200m³/h	5	不适合	0.4	1.2	2
链斗式	750m³/h	6	6	1.0	2.5	2
	<750m³/h	5	不适合	0.8	1.8	2

续表

船舶类型		风级		浪高 /m	纵向流速 /(m/s)	雾（雪）（级）
		内河	沿海			
铲斗式	斗容>4m³	6	5	0.6	2.0	2
	斗容≤4m³	6	5	0.6	1.5	2
抓斗式	斗容>4m³	6	5	0.6～1.0	2.0	2
	斗容≤4m³	5	5	0.4～0.8	1.5	2
拖轮拖带泥驳	>294kW	6	5～6	0.8	1.5	3
	≤294kW	6	不适合	0.8	1.3	3

（16）有度汛要求的建设项目未按规定制定度汛方案和超标准洪水应急预案；工程进度不满足度汛要求时未制定和采取相应措施；位于自然地面或河水位以下的隧洞进出口未按施工期防洪标准设置围堰或预留岩坎。

（17）氨压机车间控制盘柜与氨压机未分开隔离布置；未设置、配备固定式氨气报警仪和便携式氨气检测仪；未设置应急疏散通道并明确标识。

（18）排架、井架、施工电梯、大坝廊道、隧洞等出入口和上部有施工作业的通道，未按规定设置防护棚。

（19）混凝土（水泥土、水泥稳定土）拌和机、TBM及盾构设备刀盘检维修时未切断电源或开关箱未上锁且无人监管。

2. 水利工程运行管理中的重大事故隐患

（1）违反国家、行业、地方标准中强制性条文的。

（2）符合《水利工程生产安全重大事故隐患清单指南（2021年版）》中判定标准的。

（3）具有溃堤（坝）、中毒、爆炸、火灾、坍塌等危险的场所或设施，可能伤害人员在10人及以上的，不能立刻排除整改的。

（4）涉及重大危险源、重要设施设备且难以立即整改的。

（5）设区的市级以上负有安全监管职责部门认定的。

（三）分类

事故隐患分为生产现场类事故隐患和基础管理类事故隐患。

1. 生产现场类事故隐患

生产现场类事故隐患包括以下方面存在的问题或缺陷：

（1）设备设施。

（2）场所环境。

（3）从业人员操作行为。

（4）消防及应急设施。

（5）供配电设施。

（6）职业卫生防护设施。

（7）辅助动力系统。

（8）现场其他方面。

2. 基础管理类事故隐患

基础管理类事故隐患包括以下方面存在的问题或缺陷：

(1) 生产经营单位资质证照。

(2) 安全生产管理机构及人员。

(3) 安全生产责任制。

(4) 安全生产管理制度。

(5) 教育培训。

(6) 安全生产管理档案。

(7) 安全生产投入。

(8) 应急管理。

(9) 职业卫生基础管理。

(10) 相关方安全管理。

(11) 基础管理其他方面。

五、工作程序和内容

(一) 编制排查项目清单

1. 基本要素

单位事故隐患排查清单应至少包含排查项目、排查内容与排查标准、排查方法、排查周期、组织级别及责任单位等要素。

水利生产经营单位应依据确定的各类风险的全部控制措施和基础安全管理要求，编制包含全部应该排查的项目清单。事故隐患排查项目清单包括生产现场类事故隐患排查清单和基础管理类事故隐患排查清单。

(1) 生产现场类事故隐患排查清单。应以各类风险点为基本单元，依据风险分级管控体系中各风险点的控制措施和标准、规程要求，编制该排查单元的排查清单。至少应包括：

1) 与风险点对应的设备设施和作业名称。

2) 排查内容。

3) 排查标准。

4) 排查方法。

(2) 基础管理类事故隐患排查清单。应依据基础管理相关内容要求，逐项编制排查清单。至少应包括：

1) 基础管理名称。

2) 排查内容。

3) 排查标准。

4) 排查方法。

(3) 基础管理类隐患排查清单依据。基础管理类隐患排查清单应依据有关法律、法规、技术标准、规程要求进行编制。可以按照安全生产责任制、施工组织设计及专项施工方案、安全技术交底、安全检查、安全教育、应急救援、分包单位安全管理、持证上岗、生产安全事故处理、安全标志；生产经营单位资质、安全生产许可证等证照；工程承包合同、劳动合同；工程项目安全报备、施工许可证等依据对隐患排查清单进行编制。

上述清单依据内容具体可分为：

(1) 安全生产责任制：

1) 工程项目部应建立以项目经理为第一责任人的各级管理人员安全生产责任制。

2) 安全生产责任制应经责任人签字确认。

3) 工程项目部应有各工种安全技术操作规程。

4) 工程项目部应按规定配备专职安全员。

5) 对实行经济承包的工程项目，承包合同中应有安全生产考核指标。

6) 工程项目部应制定安全生产资金保障制度。

7) 按安全生产资金保障制度，应编制安全资金使用计划，并应按计划实施。

8) 工程项目部应制定以伤亡事故控制、现场安全达标、文明施工为主要内容的安全生产管理目标。

9) 按安全生产管理目标和项目管理人员的安全生产责任制，应进行安全生产责任目标分解。

10) 应建立对安全生产责任制和责任目标的考核制度。

11) 按考核制度，应对项目管理人员定期进行考核。

(2) 施工组织设计及专项施工方案：

1) 工程项目部在施工前应编制施工组织设计，施工组织设计应针对工程特点、施工工艺制定安全技术措施。

2) 危险性较大的分部分项工程应按规定编制安全专项施工方案，专项施工方案应有针对性，并按有关规定进行设计计算。

3) 超过一定规模危险性较大的分部分项工程，施工单位应组织专家对专项施工方案进行论证。

4) 施工组织设计、安全专项施工方案，应由有关部门审核，施工单位技术负责人、监理单位项目总监批准。

5) 工程项目部应按施工组织设计、专项施工方案组织实施。

(3) 安全技术交底：

1) 施工负责人在分派生产任务时，应对相关管理人员、施工作业人员进行书面安全技术交底。

2) 安全技术交底应按施工工序、施工部位、施工栋号分部分项进行。

3) 安全技术交底应结合施工作业场所状况、特点、工序，对危险因素、施工方案、规范标准、操作规程和应急措施进行交底。

4) 安全技术交底应由交底人、被交底人、专职安全员进行签字确认。

(4) 安全检查：

1) 工程项目部应建立安全检查制度。

2) 安全检查应由项目负责人组织，专职安全员及相关专业人员参加，定期进行并填写检查记录。

3) 对检查中发现的事故隐患应下达隐患整改通知单，定人、定时间、定措施进行整改。重大事故隐患整改后，应由相关部门组织复查。

(5) 安全教育：

1) 工程项目部应建立安全教育培训制度。

2) 当施工人员入场时，工程项目部应组织进行以国家安全法律法规、生产经营单位安全制度、施工现场安全管理规定及各工种安全技术操作规程为主要内容的三级安全教育培训和考核。

3) 当施工人员变换工种或采用新技术、新工艺、新设备、新材料施工时，应进行安全教育培训。

4) 施工管理人员、专职安全员每年度应进行安全教育培训和考核。

(6) 应急救援：

1) 工程项目部应针对工程特点，进行重大危险源的辨识。应制定防触电、防坍塌、防高处坠落、防起重及机械伤害、防火灾、防物体打击等主要内容的专项应急救援预案，并对施工现场易发生重大安全事故的部位、环节进行监控。

2) 施工现场应建立应急救援组织，培训、配备应急救援人员，定期组织员工进行应急救援演练。

3) 按应急救援预案要求，应配备应急救援器材和设备。

(7) 分包单位安全管理：

1) 总包单位应对承揽分包工程的分包单位进行资质、安全生产许可证和相关人员安全生产资格的审查。

2) 当总包单位与分包单位签订分包合同时，应签订安全生产协议书，明确双方的安全责任。

3) 分包单位应按规定建立安全机构，配备专职安全员。

(8) 持证上岗：

1) 从事建筑施工的项目经理、专职安全员和特种作业人员，必须经行业主管部门培训考核合格，取得相应资格证书，方可上岗作业。

2) 项目经理、专职安全员和特种作业人员应持证上岗。

(9) 生产安全事故处理：

1) 当施工现场发生生产安全事故时，施工单位应按规定及时报告。

2) 施工单位应按规定对生产安全事故进行调查分析，制定防范措施。

3) 应依法为施工作业人员办理保险。

(10) 安全标志：

1) 施工现场入口处及主要施工区域、危险部位应设置相应的安全警示标志牌。

2) 施工现场应绘制安全标志布置图。

3) 应根据工程部位和现场设施的变化，调整安全标志牌设置。

4) 施工现场应设置重大危险源公示牌。

(二) 确定排查项目

实施事故隐患排查前，应根据排查类型、人员数量、时间安排和季节特点，在排查项目清单中选择确定具有针对性的具体排查项目，作为事故隐患排查的内容。事故隐患排查可分为生产现场类事故隐患排查或基础管理类事故隐患排查，两类事故隐患排查可同时进行。

（三）组织实施

1. 排查类型

排查类型主要包括日常隐患排查、综合性隐患排查、专业性隐患排查、重要活动及节假日前隐患排查、专项或季节性隐患排查、专家诊断性检查和生产经营单位各级负责人履职检查等。

日常隐患排查指班组、岗位员工的交接班检查和班中巡回检查，以及基层单位领导和工艺、设备、电气、安全等专业技术人员的经常性检查。本单位各岗位应严格履行日常检查制度，特别应对重大危险源的危险点进行重点检查和巡查。

综合性隐患排查是以落实安全基础管理和危险化学品管理等为重点，各专业共同参与的全面检查。

专业性隐患排查主要是对区域位置及总图布置、工艺、设备、电气、消防和公用工程等系统分别进行的专业检查。各专业隐患排查应建立一个隐患排查小组，制定排查标准，明确负责人，排查小组人员应有相应的专业知识和生产经验，熟悉有关标准和规范。

重要活动及节假日前隐患排查主要是指节前对安全、保卫、消防、生产准备、备用设备、应急预案等进行的检查，特别是应对节日期间从业职工、检维修队伍值班安排和原辅料、备品备件、应急预案落实情况进行重点检查。

季节性隐患排查是根据各季节特点开展的专项隐患检查，主要包括：春季以防雷、防静电、防解冻为重点；夏季以防雷暴、防暑降温、防台风、防洪度汛为重点；秋季以防雷暴、防火、防冻保温为重点；冬季以防火、防爆、防冻防凝、防滑为重点。

2. 排查要求

事故隐患排查应做到全面覆盖、责任到人，定期排查与日常管理相结合，专业排查与综合排查相结合，一般排查与重点排查相结合。隐患排查的方式可与本单位相关部门、各专业的常规工作、专项检查工作和监督检查活动相结合，可选择一种隐患排查方式或几种隐患排查方式结合进行。

（1）当发生以下情形之一，水利生产经营单位应及时组织进行相关专业的事故隐患排查：

1）适应性新法律法规、标准规范颁布实施或原有适应性法律法规、标准规范重新修订后颁布实施。

2）组织机构发生大的调整。

3）操作条件或工艺改变。

4）外部环境发生重大变化。

5）发生事故或对事故、事件有新的认识。

6）气候条件发生大的变化或预期会发生重大自然灾害。

（2）安全基础管理隐患排查重点：

1）安全生产管理机构、安全生产责任制和安全管理制度建立健全情况。

2）单位依照国家相关规定提取与使用安全生产费用以及参加工伤保险的情况。

3) 安全培训与教育情况，主要包括：单位主要负责人、安全管理人员的培训及持证上岗。

(3) 特种作业人员的培训及持证上岗；其他从业人员的教育培训。

1) 生产经营单位开展风险评价与隐患管理的情况，主要包括：法律、法规和标准的识别和获取；定期和及时对作业活动和生产设施进行风险评价；风险评价结果的落实、宣传及培训；生产经营单位隐患项目的治理、建档与上报。

2) 事故管理、变更管理及承包商的管理。

3) 危险作业和检修维修的管理情况，主要包括：从业人员劳动防护用品和器具的配置、佩戴与使用；危险性作业活动作业前的危险有害因素识别与控制；动火作业、进入受限空间作业、破土作业、临时用电作业、高处作业、断路作业、吊装作业、设备检修作业和抽堵盲板作业等危险性作业的作业许可管理。

4) 危险化学品事故的应急管理，主要包括：各级应急组织及其相关的职责建立；应急救援物资和生产经营单位应急救援队伍的配备；应急救援预案制定、培训、演练与评估、发布及备案等管理情况。

(4) 区域位置和总图布置隐患排查重点：

1) 危险化学品生产装置和重大危险源储存设施与相关规范规定的重要场所的安全距离。

2) 可能造成水域环境污染的危险化学品危险源的防范情况：邻近江河、湖、海岸布置的危险化学品装置和罐区，泄漏的危险化学品液体和受污染的消防水直接进入水域的隐患；泄漏的可燃液体和受污染的消防水流入区域排洪沟或水域的隐患。

3) 单位周边或作业过程中存在的易由自然灾害引发事故灾难的危险点排查、防范和治理情况：破坏性地震；洪汛灾害（江河洪水、渍涝灾害、山洪灾害、风暴潮灾害）；气象灾害（强热带风暴、飓风、暴雨、冰雪、海啸、海冰等）；由于地震、洪汛、气象灾害而引发的其他灾害。

4) 单位内部重要设施的平面布置以及安全距离，主要包括：控制室、变配电所、化验室、办公室、机柜间以及人员密集区或场所；消防站及消防泵房；危险化学品储存设施等；其他重要设施及场所。

5) 其他总图布置情况，主要包括：建构筑物的安全通道；厂区道路、消防道路、安全疏散通道和应急通道等重要道路（通道）的设计、建设与维护；安全警示标志的设置情况；其他与总图相关的安全隐患。

(5) 工艺隐患排查重点：

1) 工艺的安全管理，主要包括：工艺安全信息的管理；工艺风险分析制度的建立和定期执行；操作规程的编制、审查、使用与控制；工艺安全培训程序、内容、频次及记录的管理。

2) 工艺技术及工艺装置的安全控制，主要包括：装置可能引起火灾、爆炸等严重事故的部位是否设置超温、超压等检测仪表、声和/或光报警、泄压设施和安全联锁装置等设施；针对温度、压力、流量等工艺参数的安全操作范围，设计合理的安全预警系统以及安全预警措施的完好性；其他工艺方面的隐患。

3) 现场工艺安全状况。

(6) 设备隐患排查重点：

1) 设备管理制度与管理体系的建立与执行情况，主要包括：按国家相关法规制定修订本单位的设备管理制度；有健全的设备管理体系，设备管理人员按要求配备；建立健全安全设施管理制度及台账。

2) 设备现场的安全运行状况，主要包括：大型机组、泵站等关键设备装置的联锁自保护及安全附件的设置、投用与完好状况；大型机组关键设备特级维护是否到位，备用设备是否处于完好备用状态；转动机器的润滑状况；设备状态监测和故障诊断情况；设备的腐蚀防护状况，包括重点装置设备腐蚀的状况，设备腐蚀部位，工艺防腐措施，材料防腐措施等。

3) 特种设备、压力容器及压力管道的现场管理，主要包括：特种设备（包括压力容器、压力管道）的管理制度及台账；特种设备注册登记及定期检测检验情况；特种设备安全附件的管理维护。

(7) 电气系统隐患排查重点：

1) 电气系统的安全管理，主要包括：电气特种作业人员资格管理；电气安全相关管理制度、规程的制定及执行情况。

2) 供配电系统、电气设备及电气安全设施的设置，主要包括：用电设备的电力负荷等级与供电系统的匹配性；消防泵、关键装置、关键机组等以及负荷中的特别重要负荷的供电；重要场所事故应急照明；电缆、变配电相关设施的防火防爆；爆炸危险区域内的防爆电气设备选型及安装；建构筑物、工艺装置、作业场所等的防雷防静电。

3) 电气设施、供配电线路及临时用电的现场安全状况。

(8) 仪表系统隐患排查重点：

1) 仪表的综合管理，主要包括：仪表相关管理制度建立和执行情况；仪表系统的档案资料、台账管理；仪表调试、维护、检测、变更等记录；安全仪表系统的投用、摘除及变更管理等。

2) 系统配置，主要包括：基本过程控制系统和安全仪表系统的设置是否满足安全稳定生产需要；现场检测仪表和执行元件的选型、安装情况；仪表供电、供气、接地与防护情况；可燃气体和有毒气体检测报警器的选型、布点及安装；安装在爆炸危险环境仪表是否满足要求等。

3) 现场各类仪表完好有效，检验维护及现场标识情况，主要包括：仪表及控制系统的运行状况是否稳定可靠，是否满足安全生产需求。是否按规定对仪表进行定期检定或校准；现场仪表位号标识是否清晰等。

(9) 消防系统隐患排查重点：

1) 建设项目消防设施验收情况；生产经营单位消防安全机构、人员设置与制度的制定，消防人员培训、消防应急预案及相关制度的执行情况；消防系统运行检测情况。

2) 消防设施与器材的设置情况，主要包括：移动灭火设备，如消防站、消防车、消防人员、移动式消防设备、通信等；消防水系统与泡沫系统，如消防水源、消防泵、泡沫液储罐、消防给水管道、消防管网的分区阀门、消火栓、泡沫栓，消防水炮、泡沫炮、固定式消防水喷淋等；油罐区、液化烃罐区、危险化学品罐区、装置区等设置的固定式和半固定式灭火系统；甲、乙类装置、罐区、控制室、配电室等重要场所的火灾报警系统；生产区、工艺装置区、建构筑物的灭火器材配置；其他消防器材。

3）固定式与移动式消防设施、器材和消防道路的现场状况。

3. 组织级别

水利生产经营单位应根据自身组织架构确定不同的排查组织级别和频次。如排查组织级别一般包括公司级、部门级、车间级、班组级。

（1）水利工程建设单位单位应根据自身组织架构确定不同的排查组织级别，至少应包括生产经营单位、项目部、施工班组（包括专业分包、劳务分包单位）、作业人员四个级别。

1）日常隐患排查的组织级别为施工班组级、作业人员。
2）综合性隐患排查的组织级别为生产经营单位、项目部。
3）专业性隐患排查的组织级别为生产经营单位，按照专业类别划分。
4）季节性隐患排查的组织级别为生产经营单位、项目部。
5）重大活动及节假日前隐患排查的组织级别为生产经营单位、项目部。
6）事故类比隐患排查的组织级别为生产经营单位级。
7）复工前隐患排查的组织级别为项目部、施工班组。

（2）水利工程运行管理单位应根据自身组织架构确定不同的排查组织级别，应包括单位、部门、班组和岗位四个级别。常用的隐患排查组织级别如下：

1）日常隐患排查的组织级别为部门、班组、岗位。
2）定期隐患排查的组织级别为单位、部门。
3）特别隐患排查的组织级别为单位、部门。
4）综合性隐患排查的组织级别为单位、部门。
5）专项性隐患排查的组织级别为单位、部门。
6）季节性隐患排查的组织级别为单位、部门。
7）重大活动及节假日前隐患排查的组织级别为单位。
8）事故类比隐患排查的组织级别为单位、部门。
9）专业诊断性检查（安全鉴定）的组织级别为单位。

4. 排查周期

（1）水利工程建设单位应根据法律、法规要求，结合企业自身组织架构、管理特点，确定日常、综合、专项、季节、事故类比、复工等隐患排查类型的周期。隐患排查周期可根据安全形势的变化、上级主管部门的要求等情况，增加隐患排查的频次。

1）日常隐患排查周期根据风险分级管控相关内容和各企业实际情况确定。
2）综合性隐患排查应由企业级至少每季度组织一次；项目部至少每周组织一次。
3）专项隐患排查应由专业技术人员或相关部门至少每半年组织一次。
4）季节性隐患排查应根据季节性特点及本单位的生产实际，至少每季度开展一次。
5）重大活动及节假日前隐患排查应在重大活动及节假日前进行一次隐患排查。
6）事故类比隐患排查应在同类企业或项目发生伤亡及险情等事故后，及时进行事故类比隐患排查。

7) 复工前隐患排查应在停工工程准备复工前进行一次隐患排查。

（2）水利工程运行管理单位应根据相关要求，结合自身组织架构、管理特点，确定各隐患排查类型的周期，可根据上级主管部门的要求等情况，增加隐患排查的频次。常用隐患排查频次如下：

1) 日常隐患排查根据相关规程、管理制度及各单位实际情况确定。

2) 定期隐患排查，每年汛前、汛中、汛后，用水期前后，冰冻期前后。

3) 特别隐患排查，当发生特大洪水、暴雨、台风、地震、工程非常运用和发生重大事故等情况时。

4) 综合性隐患排查，单位应每季度组织一次。

5) 专项隐患排查，应每月开展一次。

6) 重大活动及节假日期间隐患排查，重大活动及节假日期间开展。

7) 事故类比隐患排查，应在同类单位或项目发生伤亡及险情等事故后。

8) 专业诊断性检查（安全鉴定），应根据法律、法规及行业有关规定或工程实际需要开展。

注：各单位可根据实际情况将不同排查类型结合进行。

5. 治理建议

水利生产经营单位可结合自身的生产经营实际情况和风险可接受标准，从事故隐患的危害大小、整改难易程度等方面明确量化分级标准。应建立隐患评估、治理及关闭机制，按照"排查—评估—报告—治理（控制）—验收—关闭"的流程形成闭环管理。对排查出的各级隐患，应做到"五定"（定整改方案、定资金来源、定项目负责人、定整改期限、定控制措施），并将整改落实情况纳入日常管理进行监督，并及时协调在隐患整改中存在的资金、技术、物资采购、施工等各方面问题。

按照事故隐患排查治理要求，各相关层级的部门和单位对照事故隐患排查清单进行事故隐患排查，填写事故隐患排查记录。事故隐患一经确定，隐患所在部门应立即采取控制措施，防止事故发生，同时根据排查出的事故隐患类别，提出治理建议，编制治理方案。

（四）隐患治理

1. 隐患治理要求

隐患治理实行分级治理、分类实施的原则。如施工单位主要包括：岗位纠正、班组治理、车间治理、部门治理、公司治理等。

事故隐患治理应做到方法科学、资金到位、治理及时有效、责任到人、按时完成。能立即整改的事故隐患必须立即整改，无法立即整改的事故隐患，治理前要研究制定防范措施，落实监控责任，防止事故隐患发展为事故。

隐患排除前或者排除过程中无法保证安全的，应当从危险区域内撤出作业人员，并疏散可能危及的其他人员，设置警戒标志，暂时停产停业或者停止使用；对暂时难以停产或者停止使用的相关生产储存装置、设施、设备，应当加强维护和保养，提出充分的风险控制措施，并落实相应的责任人和整改完成时间。

对于因自然灾害可能引发事故灾难的隐患，生产经营单位应当按照有关法律、法规、规章、标准、规程的要求进行排查治理，采取可靠的预防措施，制定应急预案。在接到有关自然灾害预报时，应当及时发出预警通知；发生自然灾害可能危及生产经营单位和人员安全的情况时，应当采取停止作业、撤离人员、加强监测等安全措施，并及时向当地人民政府及其有关部门报告。

2. 隐患治理流程

隐患治理流程包括：通报隐患信息、下发事故隐患整改通知、实施事故隐患治理、治理情况反馈、验收等环节。

事故隐患排查结束后，将事故隐患名称、存在位置、不符合状况、事故隐患等级、治理期限及治理措施要求等信息向从业人员进行通报。事故隐患排查组织部门应制发事故隐患整改通知书，应对事故隐患整改责任单位、措施建议、完成期限等提出要求。事故隐患存在单位在实施事故隐患治理前，应当对事故隐患存在的原因进行分析，并制定可靠的治理措施。事故隐患整改通知制发部门应当对事故隐患整改效果组织验收。隐患治理流程见图 7-3。

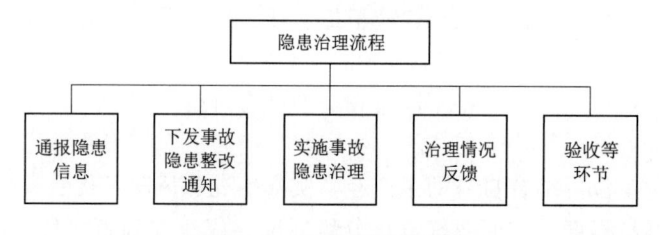

图 7-3 隐患治理流程图

（1）水利工程建设单位隐患治理流程：

1）隐患排查结束后，将隐患名称、存在位置、不符合状况、隐患等级、治理期限及治理措施要求等信息向从业人员进行通报。

2）生产经营单位、项目部在隐患排查中发现隐患，应制发隐患整改通知书，对隐患整改责任、措施建议、完成期限等提出要求。

3）隐患存在单位在实施隐患治理前，应当对隐患存在的原因进行分析，制定可靠的治理措施并落实。

4）隐患存在单位在隐患治理结束后，应向隐患排查部门提交隐患整改报告。

5）隐患排查部门在接到隐患整改报告后，应对隐患整改效果组织验收。

（2）水利工程运行管理单位隐患治理流程：

1）在隐患排查中发现隐患，应向隐患存在单位下发隐患整改通知书，隐患排查部门和隐患存在单位的负责人应在隐患整改通知书上签字确认。

2）隐患排查结束后，应将隐患名称、存在位置、隐患状况、隐患等级、治理期限及治理措施等信息向从业人员及时进行通报。

3）隐患存在单位在接到隐患整改通知书后，应立即组织相关人员针对隐患进行原因分析，制定可行的隐患治理措施或方案，并组织人员进行治理。

4）隐患存在单位在隐患治理结束后，应向隐患排查部门提交书面的隐患整改报告，隐患整改报告应根据隐患整改通知单的内容，逐条将隐患整改情况进行回复。

5）隐患排查部门在隐患整改后，应组织相关人员对隐患整改效果进行验收，并在隐患整改报告上对复查情况进行记录确认。

6）重大隐患应将隐患信息、治理方案、进展情况及治理结果按相关规定及时上报上级水行政主管部门。

3. 一般事故隐患治理

对于一般事故隐患，根据隐患治理的分级，由水利生产经营单位各级（如公司、车间、部门、班组等）负责人或者有关人员负责组织整改，整改情况要安排专人进行确认，并留存整改情况记录资料，一般应包含：

(1) 针对排查出的每项事故隐患，明确治理责任单位和主要责任人。

(2) 经排查评估后，提出初步整改或处置建议。

(3) 依据事故隐患治理难易程度或严重程度，确定事故隐患治理期限，做好记录，并严格按要求予以落实彻底整改。

(4) 安全隐患整改结束后，责任人上交隐患整改检查验收申请，责任部门负责人组织专业技术人员、安全生产管理人员和有关人员，对隐患整改情况进行检查验收，做好检查验收记录。

4. 重大事故隐患治理

经判定或评估属于重大事故隐患的，水利生产经营单位应当及时组织评估，并编制事故隐患评估报告书。评估报告书应当包括事故隐患的类别、影响范围和风险程度以及对事故隐患的监控措施、治理方式、治理期限的建议等内容。

水利生产经营单位应根据评估报告书制定重大事故隐患治理方案。重大事故隐患治理方案应当包括下列主要内容：

(1) 事故隐患的现状及其产生原因。

(2) 事故隐患的危害程度和整改难易程度分析。

(3) 治理的目标和任务。

(4) 采取的方法和措施。

(5) 经费和物资的落实。

(6) 负责治理的机构和人员。

(7) 治理的时限和要求。

(8) 防止整改期间发生事故以及隐患进一步发展的安全措施和应急预案。

5. 隐患治理验收

事故隐患治理完成后，应根据事故隐患级别组织相关人员对治理情况进行验收，实现闭环管理。重大事故隐患治理工作结束后，水利生产经营单位应当组织对治理情况进行复查评估。对政府督办的重大事故隐患，按有关规定执行。

(1) 水利工程建设单位隐患治理验收：

1）事故隐患整改完毕后，应向隐患整改通知单签发部门提交隐患整改报告，隐患整改报告应包括隐患整改的责任人、采取的主要措施、整改效果和完成时间，必要时应附以影像资料。

2）隐患整改通知单签发部门应在接到隐患整改报告后，及时安排人员对其整改效果复查。隐患整改完成后，应根据隐患级别组织相关人员对整改情况进行验收，实现闭环管理。

3）生产经营单位、项目部应及时建立隐患排查治理台账。

4）重大隐患治理工作结束后，生产经营单位应当组织对治理情况进行复查评估。对政府督办的重大隐患，按有关规定执行。

（2）水利工程运行管理单位隐患治理验收：

事故隐患整改完毕后，应向隐患整改通知单签发部门提交隐患整改报告，隐患整改报告应包括隐患整改的责任人、采取的主要措施、整改效果和完成时间以及相关整改影像资料。隐患整改通知单签发部门应在接到隐患整改报告后，及时安排人员对其整改效果复查。隐患整改完成后，应根据隐患级别组织相关人员对整改情况进行验收，实现闭环管理。单位、部门应及时建立隐患排查治理台账。

一般事故隐患和重大事故隐患治理验收程序如下：

一般事故隐患整改完成后，单位安全管理人员进行一般事故隐患整改效果验证，并将验证整改情况记录在《事故隐患排查治理台账》。单位应在重大事故隐患整改完成后，组织相关部门负责人、专家、技术人员等进行验收，验收合格后进行签字确认，并将整改情况记录在《重大事故隐患排查治理台账》。对政府督办的重大隐患，按有关规定执行。上级水行政主管部门挂牌督办并责令停建停用治理的重大事故隐患，评估报告经上级水行政主管部门审查同意方可销号。

6. 隐患排查周期

水利生产经营单位应根据法律、法规要求，结合生产经营单位生产工艺特点，确定综合、专业、专项、季节、日常等事故隐患排查类型的周期。

7. 文件管理

（1）水利生产经营单位在事故隐患排查治理体系策划、实施及持续改进过程中，应完整保存体现事故隐患排查全过程的记录资料，并分类建档管理。至少应包括：

1）事故隐患排查治理制度。

2）事故隐患排查治理台账。

3）事故隐患排查项目清单等内容的文件成果。

重大事故隐患排查、评估记录，事故隐患整改复查验收记录等，应单独建档管理。

（2）事故隐患治理方案、整改完成情况、验收报告等应及时归入事故隐患档案。隐患档案应包括以下信息：隐患问题、隐患内容、隐患编号、隐患所在单位、专业分类、归属职能部门、评估等级、整改期限、治理方案、整改完成情况、验收报告等。事故隐患排查、治理过程中形成的传真、会议纪要、正式文件等也应归入事故隐患档案。

（3）水利生产经营单位应当定期通过"隐患排查治理信息系统"向属地水行政主管部门上报隐患统计汇总情况；同时报送书面隐患统计汇总表。

（4）生产经营单位和工程项目部应建立事故隐患排查治理信息档案，如实记录事故隐患排查治理情况，并按规定进行公示和告知。档案资料至少应包括：

1）隐患排查治理制度。

2）事故隐患排查治理台账。

3）隐患排查治理公示。

4）隐患整改通知单、隐患整改报告。

5）重大事故隐患治理方案。

6）整改完成、验收销号等情况。

8. 事故隐患排查的效果

通过事故隐患排查治理体系的建设，水利生产经营单位应至少在以下方面有所改进：

（1）风险控制措施全面持续有效。

（2）风险管控能力得到加强和提升。

（3）事故隐患排查治理制度进一步完善。

（4）各级事故隐患排查责任得到进一步落实。

（5）员工事故隐患排查水平进一步提高。

（6）对事故隐患频率较高的风险重新进行评价、分级，并制定完善控制措施。

（7）生产安全事故明显减少。

（8）职业健康管理水平进一步提升。

（五）持续改进

1. 评审

水利生产经营单位应适时和定期对事故隐患排查治理体系运行情况进行评审，以确保其持续适宜性、充分性和有效性。评审应包括体系改进的可能性和对体系进行修改的需求。评审每年应不少于一次，当发生更新时应及时组织评审。应保存评审记录。

2. 更新

水利生产经营单位应主动根据以下情况对事故隐患排查治理体系的影响，及时更新事故隐患排查治理的范围、事故隐患等级和类别、事故隐患信息等内容，主要包括：

（1）法律法规及标准规程变化或更新。

（2）政府规范性文件提出新要求。

（3）水利生产经营单位组织机构及安全管理机制发生变化。

（4）水利生产经营单位生产工艺发生变化、设备设施增减、使用原辅材料变化等。

（5）水利生产经营单位自身提出更高要求。

（6）事故事件、紧急情况或应急预案演练结果反馈的需求。

（7）其他情形出现应当进行评审。

3. 沟通

水利生产经营单位应建立不同职能和层级间的内部沟通和用于与相关方的外部沟通机制，及时有效传递事故隐患信息，提高事故隐患排查治理的效果和效率。

水利生产经营单位应主动识别内部各级人员事故隐患排查治理相关培训需求，并纳入水利生产经营单位培训计划，组织相关培训。水利生产经营单位应不断增强从业人员的安全意识和能力，使其熟悉、掌握事故隐患排查的方法，消除各类事故隐患，有效控制岗位风险，减少和杜绝生产安全事故发生，保证安全生产。

六、监督管理

山东省各级水行政主管部门在各自职责范围内对生产经营单位排查治理事故隐患工作

依法实施监督管理。任何单位和个人发现事故隐患，均有权向水行政主管部门报告。水行政主管部门接到事故隐患报告后，应当按照职责分工立即组织核实并予以查处；发现所报告事故隐患应当由其他有关部门处理的，应当立即移送有关部门并记录备查。

各级水行政主管部门具有下列监督管理职责：

（1）指导、监督生产经营单位按照有关法律、法规、规章、标准和规程的要求，建立健全事故隐患排查治理等各项制度。

（2）建立事故隐患排查治理监督检查制度，定期组织对生产经营单位事故隐患排查治理情况开展监督检查；加强对重点单位的事故隐患排查治理情况的监督检查。对检查过程中发现的重大事故隐患，应当下达整改指令书，并建立信息管理台账。必要时，报告同级人民政府并对重大事故隐患实行挂牌督办。

（3）配合有关部门做好对生产经营单位事故隐患排查治理情况开展的监督检查，依法查处事故隐患排查治理的非法和违法行为及其责任者。

（4）发现属于其他有关部门职责范围内的重大事故隐患的，应该及时将有关资料移送有管辖权的有关部门，并记录备查。

（5）已经取得安全生产许可证的生产经营单位，在其被挂牌督办的重大事故隐患治理结束前，水行政主管部门应当加强监督检查。必要时，可以提请原许可证颁发机关依法暂扣其安全生产许可证。

（6）会同有关部门把重大事故隐患整改纳入重点行业领域的安全专项整治中加以治理，落实相应责任。

（7）对挂牌督办并采取全部或者局部停产停业治理的重大事故隐患，水行政主管部门收到生产经营单位恢复生产的申请报告后，应当在 10 日内进行现场审查。审查合格的，对事故隐患进行核销，同意恢复生产经营；审查不合格的，依法责令改正或者下达停产整改指令。对整改无望或者生产经营单位拒不执行整改指令的，依法实施行政处罚；不具备安全生产条件的，依法提请县级以上人民政府按照国务院规定的权限予以关闭。

（8）每季将本行政区域重大事故隐患的排查治理情况和统计分析表逐级报至省级水行政主管部门备案。

第四节　实践中的具体应用

一、典型案例分析
（一）事故经过

2016 年 11 月 28 日，湖北 AA 水利水电建设有限责任公司（承包人、乙方）与垫江县 BB 水利投资公司（发包人、甲方）签订《水利水电工程标准施工合同》约定，经招投标，AA 水利公司系垫江县 CC 水库工程输水部分宝顶山隧洞施工工程的中标人，由 AA 水利公司承建该工程。承包人项目经理为李某，技术负责人为汪某，安全负责人为胡某。其中《重庆市水利工程建设安全生产合同》分合同约定，工程内容为宝顶山隧洞工程施工开挖、衬砌、洞内金属结构设备及安装，工程主要危险源为施工用电、爆破、坍塌、有毒气体，承包人应按发电人的指示，配置监测气体浓度所必需的仪器仪表以及报警信号系统。2018年9月5日8时20分许，AA水利公司承建的××山隧洞工程出口段在施工过程中发生一起瓦斯爆炸事故，造成2人死亡2人受伤。

2019年1月29日，垫江县应急管理局代调查组向垫江县人民政府请示对《垫江县"9·5"一般瓦斯爆炸事故调查报告》予以审定。垫江县人民政府于2019年2月2日作出垫江府〔2019〕17号《关于垫江县"9·5"一般瓦斯爆炸事故调查报告的批复》。2019年4月2日，垫江县应急管理局对AA水利公司做出（垫）应急罚〔2019〕1—1号《行政处罚决定书（单位）》，载明：2018年9月5日8时20分许，垫江县CC水库宝顶山隧洞工程在建设施工过程中发生一起瓦斯爆炸事故，造成2人死亡2人受伤。现查明，AA水利公司是该工程的施工单位，存在以下行为：一是未严格执行《安全专项方案》中"每月至少一次对洞内空气进行取样分析"的规定；二是施工现场安全管理人员不具备相应资格且事发时缺位；三是事发当天隧洞内气体未经监测，气体浓度超标仍然作业；四是事故隐患整改不到位。

垫江县应急管理局认为，AA水利公司的上述行为违反了《安全生产法》（2014年版）第四十一条（现第四十四条）、第三十八条第一款（现第四十一条第二款）之规定，对本次事故负有责任，遂依据《安全生产法》（2014年版）第一百零九条（现第一百一十四条）之规定，决定对AA水利公司处以罚款人民币30万元的行政处罚。AA水利公司不服，向法院提起行政诉讼。

（二）裁判要旨

一审法院认为：在本案中，现有的证据能够证明2018年9月5日8时20分许，AA水利公司承建的宝顶山隧洞工程出口段在施工过程中发生一起瓦斯爆炸并造成2死2伤的事故。该起事故经事故调查组调查，分析了事故的直接原因与间接原因。

直接原因是：①K4+825～K4+960段地层有少量煤线、裂隙瓦斯突涌点，瓦斯浓度值达到爆炸范围；②扒渣机动力电机不具备防爆性能，电机启动产生的电火花有条件引发瓦斯爆炸。

间接原因是：①AA水利公司主体责任落实不到位，如《安全方案》执行有差距，未执行"每月至少一次对洞内空气进行取样分析"的规定、施工现场安全管理人员不具备相应资格且事发前缺位、洞内气体浓度超标仍然作业、事故隐患整改不到位等；②重庆市××咨询公司监理不到位；③BB公司业主责任落实不到位；④垫江县水务局监督管理不到位等多个方面。

后又经垫江县人民政府作出批复，同意了事故调查组的调查报告。由此，垫江县应急管理局认定AA水利公司存在未严格执行《安全方案》中"每月至少一次对洞内空气进行取样分析"的规定、施工现场安全管理人员不具备相应资格且事发时缺位、事发当天隧洞内气体未经监测、气体浓度超标仍然作业、事故隐患整改不到位的违法行为，属认定事实清楚。

二审法院认为：在本案中，垫江县应急管理局提供调查组调查取得的证据，证实造成本案事故发生的间接原因之一，是施工单位AA水利公司的主体责任落实不到位。这些证据能够证明AA水利公司未严格执行《安全方案》中"每月至少一次对洞内空气进行取样分析"的规定、施工现场安全管理人员不具备相应资格且事发时缺位、事发当天隧洞内气

第七章 隐患排查治理体系建设

体未经监测、气体浓度超标仍然作业、事故隐患整改不到位的违法事实。其行为违反了《安全生产法》(2014年版)第三十八条第一款（现第四十一条第二款）"生产经营单位应当建立健全生产安全事故隐患排查治理制度,采取技术、管理措施,及时发现并消除事故隐患。事故隐患排查治理情况应当如实记录,并向从业人员通报"的规定、第四十一条（现第四十四条）"生产经营单位应当教育和督促从业人员严格执行本单位的安全生产规章制度和安全操作规程;并向从业人员如实告知作业场所和工作岗位存在的危险因素、防范措施以及事故应急措施"的规定,对事故负有责任。因此,垫江县应急管理局依据调查报告的批复对事故责任单位立案审查,通过听证程序,采信调查组调查取得的证据,认定AA水利公司的事故责任,并依照《安全生产法》(2014年版)第一百零九条（现第一百一十四条）规定作出的案涉行政处罚决定,有事实根据和法律依据,且适用法律正确,程序合法,本院予以支持。

（三）案例分析

上述案例涉及的一个核心问题是：生产经营单位如何落实生产安全事故隐患排查治理制度？在这个案例中,主要的争议焦点是：生产经营单位在建立和落实事故隐患治理排查制度过程中因自身过错或疏忽大意,导致最终无法实际执行事故隐患排查治理制度,并造成生产安全事故时,能否以此来主张自己不承担安全生产责任,上述争议的解决有赖于对生产安全事故隐患排查治理的法律要求,以及安全生产中行政处罚的归责原则有一个准确的理解和把握。

1. 生产安全事故隐患排查治理的法定要求

生产安全事故隐患,指生产经营单位违反安全生产法律、法规、规章、标准、规程和安全生产管理制度的规定,或者因其他因素在生产经营活动中存在可能导致事故发生的物的危险状态、人的不安全行为和管理上的缺陷。事故隐患是导致事故发生的主要根源之一。2013年11月,《中共中央关于全面深化改革若干重大问题的决定》明确提出："深化安全生产管理体制改革,建立隐患排查治理体系和安全预防控制体系,遏制重特大安全事故。"在此背景下,《安全生产法》于2014年修正时专门增加了有关事故隐患排查治理的规定,2021年的修正进一步完善了相关规定。《安全生产法》第四十一条规定："生产经营单位应当建立健全并落实生产安全事故隐患排查治理制度,采取技术、管理措施,及时发现并消除事故隐患。事故隐患排查治理情况应当如实记录,并通过职工大会或者职工代表大会、信息公示栏等方式向从业人员通报。其中,重大事故隐患排查治理情况应当及时向负有安全生产监督管理职责的部门和职工大会或者职工代表大会报告。"据此规定,生产经营单位在落实事故隐患排查治理的法定要求时,需要从以下四个方面着手：

第一,生产经营单位应当建立并落实生产安全事故隐患排查治理制度。对生产经营单位而言,事故隐患排查治理工作涉及每个部门和每个人,只有每个部门和每个人都做好本部门或者个人的事故隐患排查治理工作,生产经营单位的安全生产工作才能真正做好。《安全生产事故隐患排查治理暂行规定》第八条规定："生产经营单位是事故隐患、治理和防控的责任主体。生产经营单位应当建立健全事故隐患排查治理和建档监控等制度,还级建立并落实从主要负责人到每个从业人员的隐患排查治理和监控责任制。"在安全生产实践中,一些生产经营单位虽然形式上建立了事故隐患排查治理制度,但却并未真正执行,导致生产安全事故时有发生。对此,《安全生产法》将"建立健全生产安全事故隐患排查治理制度"修改为"建立健全并落实生产安全故隐患排查治理制度",要求生产经营单位通过整改责任人、整改措施、整改资金、整改时限和应急预案等举措实际落实事故隐患排查治理制度。在本案例中,AA水利公司虽然建立了事故隐患排查治理制度,也制定了所谓的《安全方案》,但却并未严格落实"每月至少一次对洞内空气进行取样分析"等隐患排查措施,最终导致生产安全事故的发生,被县应急管理局给予了行政处罚。

第二,生产经营单位应当采取技术、管理措施,及时发现并消除事故隐患。法律要求生产经营单位建立健全并落实事故隐患排查治理制度的根本目的是要消除事故隐患,对此,《安全生产法》要求生产经营单位"采取技术、管理措施,及时发现并消除事故隐患"。对于如何理解这里的"技术、管理措施",根据《安全生产事故隐患排查治理暂行规定》的规定,生产经营单位应当保证事故隐患排查治理所需的资金,建立资金使用专项制度。生产经营单位应当定期组织安全生产管理人员、工程技术人员和其他相关人员排查本单位的事故隐患。生产经营单位应当建立事故隐患报告和举报奖励制度,鼓励、发动职工发现和排除事故隐患,鼓励社会公众举报。对发现、排除和举报事故隐患的有功人员,应当给予物质奖励和表彰。

第三,事故隐患排查治理情况应当如实记录。事故隐患排查治理记录是事故隐患排查治理工作和历史情况的记录,可以为事故隐患排查治理工作提供备查的依据。事故隐患排查治理记录有助于解决四个问题:一是什么情形属于事故隐患问题;二是谁来发现事故隐患问题;三是谁来治理事故隐患问题;四是事故隐患治理的结果如何。在当前的事故隐患排查治理工作中,对于是否属于事故隐患以及事故隐患的治理效果,在很大程度上是由生产经营单位的工作人员、负有安全生产监督管理职责的部门的监督检查在人员凭借自身的经验予以判断的,具有较大的随意性,以致有一些生产经营单位的同一事故隐患出现屡查屡犯、屡改无效的现象。对此,《安全生产法》明确要求"事故隐患排查治理情况应当如实记录";《安全生产事故隐患排查治理暂行规定》第十条也规定"对排在出的事故隐患,应当按照事故隐患的等级进行登记,建立事故隐患信息档案,并按照职责分工实施监控治理"。

第四,事故隐患排查治理情况应当向从业人员、安全生产监督管理部门通报。从业人员有获得安全生产保障的权利,他们既是生产经营活动的实践者,也是生产安全事故的受害者,因此,事故隐患排查治理情况对他们而言最为重要。为了保障从业人员的安全生产知情权,让从业人员充分参与到安全生产监督中,督促生产经营单位严格落实事故隐患排查治理,生产经营单位有必要通过各种方式向从业人员通报事故隐患排查治理情况。例如,《矿山安全法》第二十一条规定:"矿长应当定期向职工代表大会或者职工大会报告安全生产工作,发挥职工代表大会的监督作用。"有鉴于此,《安全生产法》将"并向从业人员通报"修改为"并通过职工大会或者职工代表大会、信息公示栏等方式向从业人员通报"。

由于重大事故隐患的风险较高,稍有不慎就有可能酿成重大生产安全事故,因此,《安全生产法》规定"重大事故隐患排查治理情况应当及时向负有安全生产监督管理职责的部门和职工大会或者职工代表大会报告"。《安全生产事故隐患排查治理暂行规定》第十四条规定:"生产经营单位应当每季、每年对本单位事故隐患排查治理情况进行统计分析,并分别于下一季度 15 日前和下一年 1 月 31 日前向安全监管监察部门和有关部门报送书面统计分析表。统计分析表应当由生产经营单位主要负责人签字。对于重大事故隐患,生产经营单位除依照前款规定报送外,应当及时向安全监管监察部门和有关部门报告。"重大事故隐患报告内容应当包括:

(1) 隐患的现状及其产生原因。

(2) 隐患的危害程度和整改难易程度分析。

(3) 隐患的治理方案。

对于事故隐患排查治理,《安全生产法》除了要求生产经营单位履行一系列义务和责任外,还专门规定了重大事故隐患督办制度,《安全生产法》第四十一条规定:"县级以上地方各级人民政府负有安全生产监督管理职责的部门应当将重大事故隐患纳入相关信息系统,建立健全重大事故隐患治理督办制度,督促生产经营单位消除重大事故隐患。"关于具体的督办方式,《安全生产事故隐患排查治理暂行规定》第十八条规定:"地方人民政府或者安全监管监察部门及有关部门挂牌督办并责令全部或者局部停产停业治理的重大事故隐患,治理工作结束后,有条件的生产经营单位应当组织本单位的技术人员和专家对重大事故隐患的治理情况进行评估;其他生产经营单位应当委托具备相应资质的安全评价机构对重大事故隐患的治理情况进行评估。经治理后符合安全生产条件的,生产经营单位应当向安全监管监察部门和有关部门提出恢复生产的书面申请,经安全监管监察部门和有关部门审查同意后,方可恢复生产经营。申请报告应当包括治理方案的内容、项目和安全评价机构出具的评价报告等。"

如果生产经营单位违反有关规定,将承担相应的法律责任。《安全生产法》第一百零一条规定,生产经营单位未建立事故隐患排查治理制度,或者重大事故隐患排查治理情况未按照规定报告的,责令限期改正,处 10 万元以下的罚款;逾期未改正的,责令停产停业整顿,并处 10 万元以上 20 万元以下的罚款,对其直接负责的主管人员和其他直接责任人员处 2 万元以上 5 万元以下的罚款;构成犯罪的,依照刑法有关规定追究刑事责任。第九十七条规定,生产经营单位未将事故隐患排查治理情况如实记录或者未向从业人员通报的,责令限期改正,处 10 万元以下的罚款;逾期未改正的,责令停产停业整顿,并处 10 万元以上 20 万元以下的罚款,对其直接负责的主管人员和其他直接责任人员处 2 万元以上 5 万元以下的罚款。

2. 违反生产安全事故隐患排查治理的归责原则

生产经营单位违反生产安全事故隐患排查治理的归责原则,深受行政处罚归责原则一般原理的影响。在行政法理论中,一般情况,行政机关对私人违反行政管理秩序的行为予以处罚,应当具备以下三个条件:一是私人的行为违反行政法上的义务,符合行政处罚的法定要件,具有违法性;二是私人行为欠缺阻却违法事由(如正当防卫、紧急避险等);三是私人行为应当受到行政处罚,欠缺阻却责任事由(如责任能力、期待可能性等)。其中,第一个要件中是否包括行为人的主观过错成为是否采取责任主义或责任原则的重要标志。第二个在理论与实务中,行政处罚是否应当考虑当事人的主观状态一直存有争议。2021 年修订的《行政处罚法》第三十三条增加了"主观过错"条款,如何准确理解和适用该条款,成为安全生产监督管理部门面临的一个重要问题。

3. 《行政处罚法》中的"主观过错"条款

《行政处罚法》第三十三条规定："当事人有证据足以证明没有主观过错的，不予行政处罚。法律、行政法规另有规定的，从其规定。"这对行政处罚理论与实践均产生了新的影响。有学者认为，这意味着我国承认应受行政处罚的行为必须具备主观过错要件；另有学者则认为，仅是增加了一个行政处罚的特别免责条款。因此，如何在执法实践中准确适用这一条款，成为各个领域行政执法部门关注的重点问题。

对于《行政处罚法》第三十三条的"主观过错"条款可以做如下理解：第一，当事人需要主动收集自身没有过错的证据。当事人主观上是否存在过错，这一举证责任在于当事人，不是行政机关。当事人只有在行政程序中主动收集其自身没有过错的证据并提供给行政机关，才有可能免于行政处罚；第二，收集的证据应当达到足以证明自己没有过错的程度，"足以证明"是指当事人提供的证据完全可以达到证明自己没有过错的程度；第三，法律、行政法规另有规定的，从其规定。这里是指法律、行政法规如果明确规定当事人承担行政处罚责任并不以其主观上是否存在过错为前提的，就不适用本条的规定。

4. 如何在安全生产行政处罚中适用"主观过错"条款

马怀德教授认为，从构成要件上说，行政处罚不应当过多强调主观要件。一方面，基于行政处罚在秩序维护等方面的特点，大部分行政处罚均以客观违法行为作为核心要件，无论行政相对人有无主观过错，只要客观上违反了行政法律规范，都应该给予行政处罚；另一方面，由于相对人的主观方面需要更多的证据加以证明，而在搜集证据过程中，如果要求行政执法机关举证证明行为人存在主观过错，有故意或者过失，这会加重行政执法机关的负担。结合《行政处罚法》的具体规定，从安全生产执法实践来看，建议从以下三个方面来理解和适用《行政处罚法》第三十三条规定的"主观过错"：

第一，"主观过错"并非安全生产行政处罚的构成要件。《行政处罚法》第二条规定："行政处罚是指行政机关依法对违反行政管理秩序的公民、法人或者其他组织，以减损权益或者增加义务的方式予以惩戒的行为。"根据该条规定，只要行政相对人实施了违反行政管理秩序的行为，原则上即应给予行政处罚，而不应当要求安全生产执法主体证明相对人具有主观过错。换言之，行政相对人主观上是否具有过错并非安全生产行政处罚成立的要件之一。事实上，从行政相对人违反了某种行政管理秩序、违反行政法律规范的客观结果看，可以推定其主观上有故意或者过失。也即行政法律规范一般性地设定了当事人的权利义务，对于行政法规范的违反即可认定是违反了客观注意义务。

第二，行政相对人负有证明自身没有主观过错的责任，并且其提交的证据应当达到足以证明自身没有过错的程度。在安全生产执法过程中，生产经营单位应当在执法程序中主动收集其主观上没有过错的证据，并提交给安全生产监督管理部门，才有可能阻却行政处罚，并且其提交的证明材料应当符合证据的基本属性，即合法性、客观性和关联性。

第三，根据《行政处罚法》第三十三条，即法律、行政法规另有规定除外，这意味着，如果法律和行政法规明确规定某类具体的安全生产违法行为不要求考虑主观过错的，则不适用《行政处罚法》第三十三条的"主观过错"条款。

综上所述，尽管《行政处罚法》新增了"主观过错"条款，但并未因此改变其"客观归责"的立场，这一条款只是作为法定不予处罚情形而存在，这一观点通过《行政处罚法》的起草说明也可以得到印证。需要注意的是,这并不意味着安全生产行政处罚应当采取完全的、绝对的客观归责主义,对不具备可谴责性的行为也要进行处罚。

5. 对本案的分析

在本案中,AA水利公司提出"《安全方案》中对危险源有'瓦斯爆炸、瓦斯突出''对洞内空气成分每月至少取样分析一次'的表述系误写,是编制人员不够专业,将本属于地勘、设计单位的义务且是在铁路、公路隧道或瓦斯隧道条件下的预防瓦斯安全措施编入非瓦斯隧洞工程的安全防范方案。"其按非瓦斯隧洞施工安全方案使用合格的便携式气体检测报警仪进行气体检测,没有违反法律法规和专业规范的规定。结合《安全生产法》《行政处罚法》的有关规定以及本案的证据材料,AA水利公司的主张并不成立,具体分析如下:

第一,AA水利公司的营业执照显示,该公司系具有水利水电工程、建筑工程、地质灾害处理工程等施工资质的生产经营单位,在隧洞工程建设中应当具有相应的安全生产制度和从业经验。在宝顶山隧洞施工中,按照《安全生产法》的规定,AA水利公司负有教育和督促从业人员严格执行安全生产规则制度和安全操作规程的义务。《安全方案》系大禹水利公司针对宝顶山隧洞工程制定的安全施工制度和安全操作规程,AA水利公司应当严格执行。若大禹水利公司在施工前或施工中,发现《安全方案》存在难以执行的安全事项(如预防瓦斯安全措施),可提出研究再行调整,最终目的应是保证安全生产制度的落实,确保施工安全。而事实上,在《安全方案》修改稿经专家组论证时,专家组即提出了"报告编制重点仍不突出、主次不明显,对施工放线、施工工艺等介绍较多,针对危险源进行的施工安全保障措施应进行详细介绍"的意见和建议,但AA水利公司事后并未做相应调整。因此,即便如AA水利公司所称编制人员不专业,错误地在《安全方案》中将"对隧洞内空气成分每月至少取样分析一次"以及危险源有"瓦斯爆炸、瓦斯突出"编入,也在客观上反映出AA水利公司在制定安全生产规章制度和安全操作规程时,存在严重疏忽。

第二,根据《水利工程建设安全生产管理规定》第二十条、第二十五条第一款的规定,施工单位应当按照国家有关规定配备专职安全生产管理人员,施工现场必须有专职安全生产管理人员,专职安全生产管理人员应当经水行政主管部门对其安全生产知识和管理能力考核合格。而AA水利公司的施工现场安全管理人员罗某,虽具备建筑安全员资格但未经水行政主管部门考核合格,也并非专职安全管理人员。事故调查组询问笔录显示,现场施工人员夏某证实,"进洞前没有管理人员在,也没有人进洞内进行气体检测";陈某、汪某、夏某证实,"工作期间每天都是在工人进洞工作后或出洞后,罗某再进洞内使用气体检测仪检测。"本案事故原因之一是瓦斯浓度值达到爆炸范围,施工人员在作业时发生瓦斯爆炸事故,显然存在"气体浓度超标仍然作业"的情形。

第三,《安全生产法》第四十一条规定:"生产经营单位应当建立健全生产安全事故隐患排查治理制度,采取技术、管理措施,及时发现并消除事故隐患。事故隐患排查治理情况应当如实记录,并向从业人员通报。"AA水利公司开挖某隧洞前,勘测设计院已在施工图中提示"施工单位应加强施工期间洞内瓦斯检测"。工程开挖后,勘测设计院也在2018年5月、6月的地质简报中建议"对发现的不明气体物质进行鉴定,对浓度实时监测预报,加强通风,确保安全前提下,方可进行下一循环施工",实为安全预警。各参建单位均应对此建议予以高度重视,认真研究安全防范措施。特别是施工单位 AA 水利公司,应当按照《安全生产法》的规定,采取技术、管理措施及时发现并消除事故隐患,在确保安全的前提下才可进行施工。

总而言之,从《安全生产法》第四十一条、第一百一十四条的具体内容来看,这些条款并未明确规定构成此类违法行为生产经营单位的主观过错,这意味着即使该案可以适用《行政处罚法》,但《行政处罚法》第三十三条也不适用于该案。因此,AA 水利公司以主观上不具有故意来抗辩,并不能成立。退一步讲,即使从贯彻"过罚相当原则"的角度,或者将《行政处罚法》第三十三条适用于该案,AA 水利公司的抗辩也不能成立。相反,其客观上实施的行为反而证明其主观上存在过错,违反了法律规定的客观注意义务,应当受到行政处罚。

二、典型案例分析

(一) 事故经过

2016 年 11 月 19 日,H 市 T 水文监测单位在试验过程中,发生惰性气体外泄致人窒息事故,造成 3 人死亡、2 人受伤。事故调查组认定:这起事故是 T 水文监测单位在不具备安全生产条件下,擅自组织人员进行冒险试验生产而造成的一起较大生产安全责任事故。

事故发生后,H 市水利局副局长艾某、安全生产监督管理站站长魏某等 4 人被区人民检察院以玩忽职守罪起诉。检察院指控:上述 4 人在任职期间,未按照相关法律、法规规定及其工作职责,对辖区内 T 水文监测单位进行认真、全面的安全生产监督检查工作,对 T 水文监测单位采用不成熟的技术、擅自组织职工冒险进行试验失察,安全生产监督检查不到位,对"打非治违"职责履行不到位,未能发现 T 水文监测单位在不具备安全生产条件下擅自组织人员冒险试验,致使惰性气体外泄,造成生产安全责任事故。

(二) 裁判要旨

庭审中,被告人的辩护律师指出:安全生产监督检查人员并无"发现隐患"的法定职责;事发单位并不属于安全生产重点单位,并不在执法计划内,但安全生产监督管理部门仍在计划外安排检查两次,查出 31 项问题并督促整改,尽职尽责。《安全生产法》规定,生产经营单位应及时发现并消除事故隐患;负有安全生产监督管理职责的部门的监督检查人员在监督检查中发现重大事故隐患,不依法及时处理的、构成犯罪的,依照刑法有关规定追究刑事责任。本案公诉机关后来以证据发生变化为由,撤回了起诉,人民法院裁定准予撤诉。

(三) 案例分析

本案的核心焦点,是安全生产执法人员是否要承担"未发现事故隐患"的法律责任,这主要涉及生产经营单位与政府监管部门在发现和消除事故隐患方面的责任边界问题。对此,需要明确界定生产经营单位主体责任和政府监管责任。

1. 生产经营单位的安全生产主体责任

生产经营单位对安全生产承担的主体责任,在本质上可以理解为其从事生产经营活动的一种成本。从事生产经营活动可以期望带来一定收益,但这种收益伴随着各种成本,公共安全风险就是成本之一。基于职责权利相匹配、收益和风险对等的原则,因生产经营活动所产生的公共安全风险必须分配给生产经营者自己来承担。基于这种风险所产生的责任,就是生产经营单位的安全生产主体责任。

这种责任包括以下五个层次:第一,识别和防控生产经营活动中的安全风险,避免这些风险转化为隐患和事故;第二,在这些风险已经转化为隐患的情况下,治理并消除这些隐患;第三,在这些风险和隐患已经转化为事故的情况下,处置这些事故,并对受到事故威胁的人员、财产和环境进行救援;第四,如果对事故的处置和救援超出了自身能力,则对于他人(包括政府)实施的处置和救援支付费用;第五,对事故给他人造成的损失予以赔偿。在本案中,T水文监测单位作为主要的生产经营单位,根据《安全生产法》的有关规定,结合相关法律、法规、规章和政策文件等,其应落实而未落实的安全生产主体责任主要包括以下4个方面:

(1) 生产经营单位应当具备安全生产条件。《安全生产法》第二十条规定:"生产经营单位应当具备本法和有关法律、行政法规和国家标准或者行业标准规定的安全生产条件;不具备安全生产条件的,不得从事生产经营活动。"在安全生产实践中,许多生产安全事故发生的根本原因,就在于生产经营单位在未达到法定的安全生产条件下从事生产经营活动,最终引发生产安全事故,导致重大人员伤亡和财产损失。

(2) 生产经营单位应当建立全员安全生产责任制。《安全生产法》第二十二条规定:"生产经营单位的全员安全生产责任制应当明确各岗位的责任人员、责任范围和考核标准等内容。生产经营单位应当建立相应的机制,加强对全员安全生产责任制落实情况的监督考核,保证全员安全生产责任制的落实。"《安全生产法》(2021年修正)将"安全生产责任制"修改为"全员安全生产责任制",主要是由于安全生产关系到生产经营单位的全员、全层次、作业全过程,只靠安全生产管理机构或者安全生产管理人员是不够的,必须是生产经营单位的党、政、工、团一齐抓,各职能部门在自己业务范围内分头抓,层层建立起安全生产岗位责任制、风险管控与隐患排查治理、教育培训、安全生产检查等保证体系。

(3) 生产经营单位应当进行安全生产教育和培训。《安全生产法》专门对安全生产教育和培训进行了规定,主要体现在以下六个方面:一是《安全生产法》将从业人员安全生产教育和培训设定为生产经营单位的一项法定义务,《安全生产法》第二十八条明确了从业人员安全生产教育和培训的法定要求,包括安全生产操作技能的教育和培训、安全技术知识教育和培训等,此外,《安全生产法》(2021年修正)第二十八条还要求生产经营单位建立安全生产教育和培训档案;二是《安全生产法》(2021年修正)第二十八条规定了生产经营单位对劳务派遣人员的安全生产教育和培训要求;三是《安全生产法》第二十八条规定了生产经营单位对接收实习学生的安全生产教育和培训要求;四是《安全生产法》第二十九条规定了生产经营单位采用新工艺、新技术、新材料或使用新设备对从业人员进行专门的安全生产教育和培训要求;五是《安全生产法》第三十条规定了生产经营单位对特种作业人员的安全生产培训要求;六是《安全生产法》第四十四条规定了生产经营单位对从业人员的心理疏导和精神慰藉,这是本次《安全生产法》修改的新增条款,意味着关注从业人员的心理健康,已经正式成为生产经营单位一项新的法定义务。

（4）生产经营单位应当建立健全并落实生产安全事故隐患排查治理制度。《安全生产法》第四十一条规定："生产经营单位应当建立健全并落实生产安全事故隐患排查治理制度，采取技术、管理措施，及时发现并消除事故隐患。事故隐患排查治理情况应当如实记录，并通过职工大会或者职工代表大会、信息公示栏等方式向从业人员通报。其中，重大事故隐患排查治理情况应当及时向负有安全生产监督管理职责的部门和职工大会或者职工代表大会报告。"

事故隐患是导致生产安全事故发生的主要根源之一，对生产经营单位而言，事故隐患排查治理工作涉及每个部门和每个人，只有每个部门和每个人都做好本部门或者个人的事故隐患排查治理工作，生产经营单位的安全生产工作才能真正做好。在安全生产实践中，一些生产经营单位虽然形式上建立了事故隐患排查治理制度，但却并未真正执行，导致生产安全事故时有发生。对此，《安全生产法》将"建立健全生产安全事故隐患排查治理制度"修改为"建立健全并落实生产安全事故隐患排查治理制度"，要求生产经营单位通过整改责任人、整改措施、整改资金、整改时限和应急预案等举措实际落实事故隐患排查治理制度。

2. 政府的安全生产监管职责

政府的安全生产监管职责，在根本上来源于国家对公民人身和财产的安全保障义务，包括五个层次：

一是制度保障，表现为政府首先要建立健全安全生产监督管理的各项制度，为各种主体的安全生产合规提供依据和准则，这些制度的表现形式包括法律、法规、规章、规范性文件，也包括各种技术性标准。

二是安全准入，就是政府要对各个层面的安全生产风险进行评估，通过设立各层面的安全准入门槛，将不可接受的安全生产风险予以筛除。

三是日常巡查，政府应当对生产经营单位在安全生产方面的合规情况进行日常性巡查，也就是通常所讲的执法检查，这种巡查在方式、范围、频率上虽然不可能是全天候、全覆盖的，在发现违法行为的效果上也远远不是万无一失的，但应该达到一般人认为可靠和负责任的程度。

四是警报处理，政府获得存在安全生产违法行为或者隐患的"警报信息"之后，应当及时、有效地对"警报"所提示的情况进行处理。这里的所谓"警报"，可能来自日常监测巡查的发现，也可能来自举报。

五是危机化解，在生产安全事故发生之后，政府出于保障公共安全的基本职责，有义务帮助生产经营单位实施应急处置和救援，如果处置和救援超过了生产经营单位自身的能力，政府还应该主导事故的应急处置和救援工作。但如果事后经过调查确认生产经营单位对事故负有责任的，应当由该生产经营单位承担事故应急处置和救援所付出的成本。政府的应急处置和救援职责，所体现的就是其监督管理责任；而生产经营单位对事故应急处置和救援成本的负担，所体现的就是其主体责任。

3. 企业主体责任与政府监管职责的划分

以上探讨了本案事故涉及的生产经营单位的主体职责、政府安全生产监督管理部门的监督管理职责。对于本案的焦点问题——事故隐患排查治理责任，通过上述分析可知，生产经营单位是事故隐患排查、治理和防控的责任主体,"及时发现并消除事故隐患"是企业的主要职责。

而在政府安全生产监督管理部门及其监督检查人员的法律责任方面,《安全生产法》第六十五条的规定没有将"及时发现并消除事故隐患"作为应急管理部门和其他负有安全生产监督管理职责部门及其监督检查人员的主要职责,而是规定了对"检查中发现的事故隐患"依法作出处理决定的监督管理职责。相应地,《安全生产法》第九十条规定,负有安全生产监督管理职责的部门的工作人员,有"在监督检查中发现重大事故隐患,不依法及时处理"行为的,给予降级或者撤职的处分;构成犯罪的,依照刑法有关规定追究刑事责任。

据此,结合本案案情,T水文监测单位未依法履行《安全生产法》规定的企业安全生产主体责任,采用未经论证、首次使用的不成熟技术,擅自组织职工冒险进行试验,对试验过程中曾发现的事故隐患未组织整改到位,是这起较大生产安全责任事故的直接和主要责任者。

而对本案负有安全生产监督管理职责的工作人员,在任职期间行使了安全生产监督检查职权,在检查中查出31项问题并督促企业进行整改,履行了法定职责,不存在玩忽职守的问题,因为根据《安全生产法》规定,安全生产监督检查人员只有出现发现重大事故隐患且不依法及时处理的,才有可能被追究刑事责任。

在本案中,检察机关以4名安全生产监督检查人员未能发现T水文监测单位存在的事故隐患,致使发生较大生产安全责任事故为由,并以"玩忽职守罪"起诉,法律依据不足,最终检察机关也选择撤回了对4名被告人的起诉。

4. 对本案的分析

本案启示,划分生产经营单位主体责任与政府监管责任边界的前提,是要理顺各自的职责,特别是在双方职责出现重叠和交叉的领域。法律有明确规定的,要严格按照法律规定追究责任;法律没有规定或者规定得比较模糊的,则应当从两种责任的不同性质出发,明确企业主体责任的产生是基于其从事生产经营活动的公共安全风险成本考量,而政府监管责任来源于国家对公民人身和财产的安全保障义务。政府安全生产监督管理部门的一切权力都应来自法律所赋予的职责,既不能过分插手企业自主的安全生产管理,也不能将法定的监督管理职责推给企业的主体责任。安全生产监督检查人员只有切实做到"尽职尽责",才能不怕"追责"。

第八章 标准化体系建设

第一节 基 本 概 念

一、标准

《辞海》将"标准"解释为：衡量事物的准则；本身合于准则，可供同类事物比较核对的事物。《中华人民共和国标准化法条文解释》认为"标准"的含义是，对重复性事物或概念所作的统一规定。标准是以科学技术和实践经验的综合成果为基础，经有关方面协商一致，由主管机关批准，以特定形式发布，作为共同遵守的准则和依据。也就是，标准是由一个公认的机构制定和批准的文件，它对活动或活动的结果规定了规则、导则或特殊值，供共同和反复使用，以实现在预定领域内最佳秩序的结果。

标准的定义包含以下几个方面的含义：

（1）标准的本质属性是一种"统一规定"。这种统一规定是作为有关各方"共同遵守的准则和依据"。根据《中华人民共和国标准化法》（以下简称《标准化法》）规定，我国标准分为强制性标准和推荐性标准两类。强制性标准必须严格执行，做到全国统一；推荐性标准国家鼓励生产经营单位自愿采用。但推荐性标准如经协商，并计入经济合同或生产经营单位向用户作出明示担保，有关各方则必须执行，做到统一。

（2）标准制定的对象是重复性事物和概念。这里讲的"重复性"是指同一事物或概念反复出现的性质。例如，批量生产的产品在生产过程中的重复投入、重复加工、重复检验等；同一类技术管理活动中反复出现同一概念的术语、符号、代号等被反复利用等。例如，我国陕西省咸阳市出土的秦始皇兵马俑，四川省广汉市发现的三星堆，从出土的青铜面具、人像、玉环等文物来看，选材、加工、制造等各个环节，不仅反复地、大量地出现，而且已具备技术上相当的一致性，这种统一的一致性要求其实就是标准。标准对象就是重复性概念和重复性事物。标准的本质反映的是需求的扩大和统一。单一的产品或者单一的需求不需要标准，对同一需求的重复和无限延伸才需要标准，即只有当事物或概念具有重复出现的特性并处于相对稳定时才有制定标准的必要，使标准作为今后实践的依据，以最大限度地减少不必要的重复劳动，又能扩大"标准"重复利用范围。

（3）标准产生的客观基础是"科学、技术和实践经验的综合成果"。说明标准既是科学技术成果，又是实践经验的总结，并且这些成果和经验都是建立在分析、比较、综合和验证基础上，加以规范化，只有这样制定出来的标准才能具有科学性。

（4）制定标准过程要"经有关方面协商一致"，就是制定标准要发扬技术民主，与有关方面协商一致，做到"三稿定标"，即征求意见稿—送审稿—报批稿。如制定产品标准不仅要有生产部门参加，还应当有用户、科研、检验等部门参加共同讨论研究、"协商一致",这样制定出来的标准才具有权威性、科学性和适用性。

(5)标准文件有其自己一套特定格式和制定颁布的程序,包括标准的编写、印刷、幅面格式和编号、发布的统一。既可保证标准的质量,又便于资料管理,体现了标准文件的严肃性。所以,标准必须"由主管机构批准,以特定形式发布"。标准从制定到批准发布的一整套工作程序和审批制度,是使标准本身具有法规特性的表现。

二、标准化

标准化指在经济、技术、科学及管理等社会实践中,对重复性事物和概念通过制定、实施标准,以获得最佳秩序和社会效益的过程。简单地说,标准化是为了在一定范围内获得最佳秩序,对现实问题或潜在问题制定共同使用和重复使用的条款的活动,即标准化是一项活动的过程。

(一)含义

标准化是人类在长期生产实践过程中逐渐摸索和创立起来的一门科学,也是一门重要的应用技术。标准和标准化从一开始就来源于人们改造自然的社会实践,且一直服务于这种实践,并不断发展和完善。这一定义的含义如下:

(1)标准化是一项活动过程,这个过程是由三个关联的环节组成,即制定、发布和实施标准。标准化三个环节的过程已作为标准化工作的任务列入《标准化法》的条文中。《标准化法》第三条规定:"标准化工作的任务是制定标准、组织实施标准和对标准的实施进行监督。"这是对标准化定义内涵的全面而清晰的概括。

(2)这个活动过程在深度上是一个永无止境的循环上升过程,即制定标准、实施标准,在实施中随着科学技术进步对原标准适时进行总结、修订、再实施。每循环一周,上升到一个新的水平,充实新的内容,产生新的效果。

(3)这个活动过程在广度上是一个不断扩展的过程。如过去只制定产品标准、技术标准,现在又要制定管理标准、工作标准;过去标准化工作主要在工农业生产领域,现在已扩展到安全、卫生、环境保护、交通运输、行政管理、信息代码等领域。标准化正随着社会科学技术进步而不断地扩展和深化。

(4)标准化的目的是"获得最佳秩序和社会效益"。最佳秩序和社会效益可以体现多方面,如在生产技术管理和各项管理工作中,按照 GB/T 19000—2016《质量管理体系基础和术语》建立质量保证体系,可以保证和提高产品质量,保护消费者和社会公共利益;简化设计,完善工艺,提高生产效率;扩大通用化程度,方便使用维修;消除贸易壁垒,扩大国际贸易和交流等。

(二)基本特征

标准化的基本特性主要包括以下几个方面。

1. 经济性

标准化的目的是"为了求得最佳的全面的经济效果、最佳的秩序和社会效益"。谋求取得最佳的经济效果,是考虑标准化活动的主要出发点。标准化的经济效果应该是"全面"的而不是"局部""片面"的(如只考虑某一个方面的经济效果,或某一个部门、某一个生产经营单位的经济效益)。在考虑标准化效果时,经济效果是主要的。在某些情况下,如国防的标准化、环境保护的标准化、交通运输的标准化、安全卫生的标准化,应该主要考虑最佳的秩序和其他社会效益。

2. 民主性

标准化活动是"为了所有有关方面的利益"在"所有有关方面的协作下"进行的"有秩序的特定活动",这些都体现了标准化活动的民主性。各方面的不同的利益是客观存在的,为了更好地协调各方面的利益,必须进行协商与互相协作,这是标准化工作的基本要求。"一言堂"、少数人作决定都不可能制定出好的标准,而且标准制定出来以后也难以贯彻执行。

3. 科学性

"标准化以科学、技术与实验的综合成果为根据。它不仅奠定了当前的基础,而且还决定了将来的发展,它始终和发展的步伐保持一致",说明标准化活动是以生产实践和科学实验的经验总结为基础的。总结来自实践,又反过来指导实践,标准化既奠定了当前生产活动的基础,还必将促进未来的发展,说明标准化活动具有严格的科学性和规律性。

4. 法规性

标准要求对一定的事或物(标准化对象)作出明确的统一的规定,不允许有任何含糊不清的解释。标准不仅有"质"的规定,还要有"量"的规定,不仅对内容要有规定,有时对其形式和生效范围也要作出规定。没有明确的规定,就不称其为标准。

制定标准是为了贯彻实施标准,各有关方面必须共同遵守,严格执行。因此,标准要由一定的权威机关审查批准。在我国,标准分为应强制执行的强制性标准和自愿执行的推荐性标准。实际上,即使所谓自愿执行的标准也并不是在任何情况下都"完全自愿"的,而是在一定程度上被强制执行,不过其强制的程度和强制的方式有所不同而已。有的用法律条文来规定,有的用经济合同来规定,有的采取监督检验,有的实施标志制度。强制的方式虽然不一,但其目的都是为了促进标准的贯彻执行。

三、标准化的历史发展

我国古人很早就出现了标准化的理念。儒家倡导礼乐文化,强调的就是天地万物的秩序,反映的是标准化的意识;孟子曰"不以规矩,无以成方圆",即是古代标准化的经典表述,并将标准化理念延伸到了社会人伦领域;《史记》记载大禹治水"左准绳、右规矩",都体现了标准规范一致的属性;秦始皇统一度量衡,并实现"车同轨、书同文、行同伦",是历史上以标准化手段治理国家的范例。

标准化在我国历史上广泛运用于生产和技术领域。《考工记》记载了战国时期官营手工业各工种规范和制造工艺,广义讲就是一部标准文本集;宋代《营造法式》详细规范了建筑技术要求,在保障建筑物质量安全等方面起到了重要作用;隋代产生的雕版印刷术、宋代毕昇发明的活字印刷术,乃至产生并繁盛于唐代的格律诗都是标准化活动的结晶;明代《天工开物》是世界上第一部关于农业和手工业生产的综合性著作,是我国古代标准化经验的集大成者;李时珍整理汇编的《本草纲目》是关于药物分类法、药物特性、制备方法和方剂的标准化文献;《清代匠作则例》是手工业技术规范的汇编。

四、安全生产标准化体系

标准是准则,标准化是过程。安全生产标准是在生产工作领域,为改善劳动条件,规范生产作业行为,保护劳动者免受各种伤害,保障劳动者人身安全健康,实现安全生产的准则和依据。标准体系是在一定范围内的标准根据内在联系而组成的有机整体,是一种由标准组成的系统。

本书所称水利安全生产标准化体系是"水利安全生产'五体系'"实施的载体,是水利行业从生产实际出发,建立健全安全管理制度和安全操作规程,规范安全生产行为,并指导实时监控实施情况落实和不断改进的体系,使水利生产的各环节符合有关安全生产法律法规和标准规范的要求,有效保障水利行业的生产安全。

五、标准化的近现代发展情况

1798年,美国E.惠特尼(1765—1825年)提出零部件互换性建议,应用生产,开始了最初的标准化。1850—1900年,蒸汽动力的采用和轮船、铁路运输的发展,促使西方国家商业竞争加剧,要求产品规格、质量和性能统一化,标准化工作也有了相应发展。

1898年,美国成立了第一个行业性的标准化组织——美国试验和材料学会(ASTM)。1901年,英国成立了世界第一个国家标准团体——"英国标准学会"(BSI)。1906年,成立了世界最早的国际性标准团体——"国际电工委员会"。1947年,成立了目前世界最大的国际标准化机构——"国际标准化组织"。

目前,ISO、IEC和ITU是世界上最大、最有权威的三个国际标准化专门机构。ISO即国际标准化组织,负责制定综合类的国际标准;IEC即国际电工委员会,负责专门制定电工方面的国际标准;ITU即国际电信联盟,负责制定电信方面的国际标准。

1947年,国际标准化组织(ISO)成立时,我国是创始国之一。1957年,我国参加了国际电工委员会(IEC);1972年,国际电信联盟(ITU)恢复了我国的合法权利和席位。目前,中国国家标准化管理委员会(SAC)代表我国在ISO和IEC两个国际标准化组织中开展工作,信息产业部代表我国参加ITU。

中国国家标准化管理委员会是经国务院授权,统一管理全国标准化工作的机构。国务院各行业主管部委和有关直属机构,分设标准化管理部门,主管相应的标准化工作。已经改革成为行业协会、联合会的原行业主管部门有的也设立了标准化机构,受国家标准化管理委员会委托主管本行业标准化工作。

各省、直辖市、自治区一级的质量技术监督局设有标准化处,地市一级设有标准化科,分别承担省、市两级的标准化管理工作。此外,中央和地方还分别设有标准化技术机构和标准化协会组织。在研究、制定的工作中,还有由专家组成的国家和行业标准化技术委员会。目前,全国性的专业标准化技术委员会有300多家,分技术委员会有500多家,各类标准化从业人员达10万人。

从事安全生产方面的标准化组织有全国安全生产标准化技术委员会、全国个体防护装备标准化技术委员会、全国机械安全标准技术委员会等多家。还有一些标准化技术委员会虽不是专门从事制定安全生产标准的组织,但也制定少量的安全生产方面的标准,如全国煤炭标准化技术委员会等。除此之外,一些行业的标准化技术委员会,如煤炭工业煤矿专用设备标准化技术委员会等也制定少量的安全生产标准。国家安全生产标准化技术委员会于2006年成立,是在对原多个标准化组织进行改革的基础上,适应安全生产工作的需要,由国家安全生产监督管理总局管理的标准化组织,目前设有煤矿安全、非煤矿山安全、化学品安全、烟花爆竹安全、粉尘防爆、涂装作业、防尘防毒等七个分技术委员会,共有

193名委员和1名顾问，专门从事安全生产标准的制修订工作。

1988年12月29日，第七届全国人民代表大会常务委员会第五次会议通过《中华人民共和国标准化法》（主席令第11号），自1989年4月1日起施行。2017年11月4日，中华人民共和国第十二届全国人民代表大会常务委员会第三十次会议修订通过《中华人民共和国标准化法》（主席令第78号），自2018年1月1日起施行。

1990年4月6日，发布《中华人民共和国标准化法实施条例》（国务院令第53号），自发布之日起施行。

2004年11月1日，国家安全生产监督管理总局发布《安全生产行业标准管理规定》（国家安全生产监督管理局〈国家煤矿安全监察局〉令第14号），规范安全生产标准的制定和修订程序而制定的法规，自2004年12月1日起施行，2019年9月27日废止。

2006年6月27日，全国安全生产标准化技术委员会成立大会暨第一次工作会议在北京召开。全国安全生产标准化技术委员会（以下简称"安标委"）的成立，标志着我国安全生产标准化专家队伍初步建立，安全标准工作开始步入正常发展的轨道。

GB/T 33000—2016《企业安全生产标准化基本规范》是2017年4月1日实施的一项中华人民共和国国家标准，归口于全国安全生产标准化技术委员会。GB/T 33000—2016《企业安全生产标准化基本规范》规定了生产经营单位安全生产标准化管理体系建立、保持与评定的原则和一般要求，以及目标职责、制度化管理、教育培训、现场管理、安全风险管控及隐患排查治理、应急管理、事故管理和持续改进8个体系的核心技术要求。该标准适用于工矿商贸企业开展安全生产标准化建设工作，有关行业制修订安全生产标准化标准、评定标准，以及对标准化工作的咨询、服务、评审、科研、管理和规划等。其他企业和生产经营单位等可参照执行。

2022年2月15日，国家标准化管理委员会发布《国家标准化管理委员会关于印发〈2022年国家标准化工作重点〉的通知》（国标委发〔2022〕8号），文中提到强化水资源、水利水电工程、水库生态流量、国家水网、智慧水利等标准制修订。

2022年7月7日，国家标准技术司发布《关于印发贯彻实施〈国家标准化发展纲要〉行动计划的通知》（国市监标技发〔2022〕64号），文中包含了加强团体标准规范引导、提升生产经营单位标准化能力、促进地方标准化创新发展、强化标准实施与监督等。

第二节 依据及充分性必要性

一、依据

（一）法律法规

(1)《中华人民共和国标准化法》（主席令第78号）。

(2)《中华人民共和国安全生产法》（主席令第88号）。

(3)《山东省安全生产条例》（鲁人常〔2021〕185号）。

（二）规章

(1)《国家标准化管理委员会规范性文件管理规定》。

(2)《水利工程建设安全生产管理规定》（水利部令第26号）。

第八章　标准化体系建设

(三) 规范性文件

(1)《水利部办公厅关于加快推进水利安全生产标准化建设工作的通知》(办安监〔2016〕28号)。

(2)《水利部关于印发加快推进新时代水利现代化的指导意见的通知》(水规计〔2018〕39号)。

(3)《水利部安全生产标准化评审有关事项的通知》(水监督函〔2018〕206号)。

(4)《水利部关于水利安全生产标准化达标动态管理的实施意见》(水监督〔2021〕143号)。

(5)《水利工程管理单位安全生产标准化评审标准》(办安监〔2018〕52号)。

(6)《水利工程项目法人安全生产标准化评审标准》(办安监〔2018〕52号)。

(7)《水利水电施工企业安全生产标准化评审标准》(办安监〔2018〕52号)。

(四) 标准规范

(1) GB/T 33000—2016《企业安全生产标准化基本规范》。

(2) SL/T 789—2019《水利安全生产标准化通用规范》。

(3) T/CWEC 17—2020《水利水电勘测设计单位安全生产标准化评审规程》。

(4) T/CWEC 18—2020《水利工程建设监理单位安全生产标准化评审规程》。

(5) T/CWEC 19—2020《水文监测单位安全生产标准化评审规程》。

(6) T/CWEC 20—2020《水利后勤保障单位安全生产标准化评审规程》。

二、充分性及必要性

(一) 安全生产标准化体系的内容

安全生产标准化是结合了我国国情，为理清生产经营单位安全管理工作，提高管理效率，借鉴国内外管理方式而探索并创立的一套生产经营单位安全生产管理体系。

GB/T 20000.1—2014《标准化工作指南　第1部分：标准化和相关活动的通用术语》解释为：为了在既定范围内获得最佳秩序，促进共同效益，对现实问题或潜在问题确立共同使用和重复使用的条款以及编制、发布和应用文件的活动。

安全生产标准化工作，其本质是整合了现行安全生产法律法规和其他要求，按策划、实施和不断改进，动态循环建立起的现代安全管理模式。安全生产标准化管理是一个专业化的过程，生产经营单位必须按照国家的总体部署和具体指导来推进。国务院对安全生产标准化建设明确提出总体部署，制定并发布了安全技术规程和检测标准，生产经营单位可以严格执行安全生产检测标准，并在生产过程中进行实际操作。

安全生产标准化管理首先要成立安全管理的机构，与此同时还要有与之配套的人员组建，制定规章制度和操作规程，防止安全事故的发生。它主要由生产经营单位在通过对安全管理流程实行标准化管理的基础上，制定符合相关法律法规的国家标准化安全管理体系。

(二) 安全生产标准化体系的重要作用

标准化体系是水利安全生产"五体系"实施的载体，是水利行业从生产实际出发，建立健全安全管理制度和安全操作规程，规范安全生产行为，并指导实时监控实施情况落实和不断改进的体系，使生产经营的各环节符合有关安全生产法律法规和标准规范的要求，有效指导生产，从而保障水利行业的时时安全状态。标准化体系建设要贯穿到各个体系建设中,针对行业的安全标准化,正式将适合于该行业的管理、设备、运行等的安全要求的具体化,它体现在国家对这一行业的安全要求,是这一行业的安全准入条件,也是这一行业本质安全的标准。

1. 安全生产标准化体系建设是全面贯彻我国安全生产法律法规、落实生产经营单位主体责任的基本手段

国家有关安全生产法律法规明确要求,严格生产经营单位安全管理,全面开展安全达标。《安全生产法》对生产经营单位在遵守法律法规、加强管理、健全责任制和完善安全生产条件等方面做出了明确规定,同时还明确了生产经营单位主要负责人、安全管理人员和其他从业人员的安全生产责任。生产经营单位是安全生产的责任主体,也是安全生产标准化体系建设的主体,要通过加强生产经营单位每个岗位和环节的安全生产标准化体系建设,不断提高安全管理水平,促进生产经营单位安全生产主体责任落实到位。安全生产标准化工作要求生产经营单位将安全生产责任从生产经营单位的法定代表人开始,逐一落实到每个基层单位、每个从业人员、每个操作岗位,强调安全生产工作的规范化和标准化,建立起自我约束机制,主动遵守各项安全生产法律、法规、规章、标准,从而真正落实生产经营单位作为安全生产的主体责任,保证安全生产。

各行业安全生产标准化考评标准,从管理要素到设备设施要求、现场条件等,均体现了法律法规、标准规程的具体要求。以管理标准化、操作标准化、现场标准化为核心,制定符合自身特点的各岗位、工种的安全生产规章制度和操作规程,形成安全管理有章可循、有据可依、照章办事的良好局面,规范和提高从业人员的安全操作技能。通过建立健全生产经营单位主要负责人、管理人员、从业人员的安全生产责任制,将安全生产责任从生产经营单位法人落实到每个从业人员、操作岗位,强调了全员参与的重要意义。进行全员、全过程、全方位的梳理工作,全面细致地查找各种事故隐患和问题,以及与考评标准规定不符合的地方,制定切实可行的整改计划,落实各项整改措施,从而将安全生产的主体责任落实到位,促使生产经营单位安全生产状况持续好转。

2. 安全生产标准化体系建设是体现先进安全管理思想、提升生产经营单位安全管理水平的重要方法

安全生产标准化是在传统的质量标准化基础上,根据我国有关法律法规的要求、生产经营单位生产工艺特点和中国人文社会特性,借鉴国外现代先进安全管理思想,强化风险管理,注重过程控制,做到持续改进,比传统的质量标准化具有更先进的理念和方法,比国外引进的职业安全健康管理体系有更具体的实际内容,形成了一套系统的、规范的、科学的安全管理体系,是现代安全管理思想和科学方法的中国化,有利于促进生产经营单位安全文化建设,促进安全管理水平不断提升。

3. 安全生产标准化体系建设是改善设备设施状况、提高生产经营单位本质安全水平的有效途径

安全生产标准化要求生产经营单位各个工作部门、生产岗位、作业环节的安全管理、规章制度和各种设备设施、作业环境,必须符合法律法规、标准规程等要求,是一项系统、全面、基础和长期的工作,克服了工作的随意性、临时性和阶段性,做到用法规抓安全,用制度保安全,实现生产经营单位安全生产工作规范化、科学化。开展安全生产标准

第八章 标准化体系建设

化活动重在基础、重在基层、重在落实、重在治本。各行业的考核标准在危害分析、风险评估的基础上,对现场设备设施提出了具体的条件,促使生产经营单位淘汰落后生产技术、设备,特别是危及安全的落后技术、工艺和装备,从根本上解决生产经营单位安全生产的根本素质问题,提高生产经营单位的安全技术水平和生产力的整体发展水平,提高本质安全水平和保障能力,如浙江省在采石场考核标准中,将中深孔爆破等作为基本条件,极大改善了采石场的安全条件,伤亡事故大幅度下降。

4. 安全生产标准化体系建设是预防控制风险、降低事故发生的有效办法

开展安全生产标准化工作,就是要求生产经营单位加强安全生产基础工作,建立严密、完整、有序的安全管理体系和规章制度,完善安全生产技术规范,使安全生产工作经常化、规范化、标准化。开展安全生产标准化体系建设,能够进一步规范从业人员的安全行为,提高生产经营单位的机械化和信息化水平,促进现场各类隐患的排查治理,推进安全生产长效机制建设,有效防范和坚决遏制事故发生,促进安全生产状况持续稳定好转。安全生产标准化是以隐患排查治理为基础,强调任何事故都是可以预防的理念,将传统的事后处理转变为事前预防。要求生产经营单位建立健全岗位标准,严格执行岗位标准,杜绝违章指挥、违章作业和违反劳动纪律现象,切实保障广大人民群众生命和财产安全。

通过创建安全生产标准化,对危险有害因素进行系统的识别、评估,制定相应的防范措施,使隐患排查工作制度化、规范化和常态化,切实改变运动式的工作方法,对危险源做到可防可控,提高了生产经营单位的安全管理水平,提升了设备设施的本质安全程度,尤其是通过作业标准化,杜绝违章指挥和违章作业现象,控制了事故多发的关键因素,全面降低事故风险,将事故消灭在萌芽状态,减少一般事故,进而扭转重特大事故频繁发生的被动局面。

深入开展安全生产标准化体系建设,能进一步规范从业人员的安全行为、强化安全意识,做到安全科学管理和安全规范操作,促进安全防御机制建设,有效防范和坚决遏制事故发生,促进全国安全生产状况持续稳定好转。安全生产标准化要求生产经营单位自上而下全员参与,根据不同的管理层级,不同的部门在该体系中均负有体系运行管理的职责,但各自均应负责与各自生产职责相关的部分。从理论上来讲,各司其职就可以使该体系顺利运行,通过安全生产标准化的现场管理和体系管理,使生产经营单位的安全工作更加清晰,方向更加明确。

5. 安全生产标准化体系建设是建立约束机制、树立生产经营单位良好形象的重要措施

安全生产标准化强调过程控制和系统管理,将贯彻国家有关法律法规、标准规程的行为过程及结果定量化或定性化,使安全生产工作处于可控状态,并通过绩效考核、内部评审等方式、方法和手段的结合,形成了有效的安全生产激励约束机制。通过安全生产标准化,生产经营单位管理上升到一个新的水平,减少伤亡事故,提高生产经营单位竞争力,促进了生产经营单位发展,加上相关的配套政策措施及宣传手段,以及全社会关于安全发展的共识和社会各界对安全生产标准化的认同,将为达标生产经营单位树立良好的社会形象,赢得声誉,赢得社会尊重。

生产经营单位的竞争力除了依托其经济实力和技术能力外,还应具有强烈的社会责任感,树立对职工安全和健康负责的良好社会形象。优秀的生产经营单在市场中的竞争不仅

是资本和技术的竞争,也是品质和形象的竞争。因此,开展安全生产标准化将逐渐成为新时代生产经营单位的普遍需求。通过开展安全生产标准化,一方面可以改善作业条件,增强劳动者身心健康,提高劳动效率;另一方面可以有效地预防和控制了工伤事故及职业危险、有害因素,对生产经营单位的经济效益和生产发展具有长期的积极效应。

6. 安全标准化体系建设是落实安全生产的必要路径

国家有关安全生产法律法规和规范明确要求,要严格生产经营单位安全生产管理,如何进行安全管理,可以通过安全标准化体系的创建将安全生产管理落到实处。生产经营单位通过制定安全标准,大幅度提高了生产经营单位自身的管理水平,改善了科研生产环境,提高了员工安全意识,保障科研生产过程总行为的规范,有效防止了安全事故的发生,推动了生产经营单位的安全快速发展。因此,在生产经营单位的实际科研生产过程中,应按照安全标准化要求,不断强调科研生产过程中安全的重要性,使生产经营单位在生产过程中形成一种规范化、标准化的管理模式,加快生产经营单位的发展速度。生产经营单位建立安全生产标准化体系,有助于生产经营单位安全管理的有效落实,如生产经营单位的基层管理、基本的安全生产管理、现场安全管理、日常安全巡视工作等,同时还对生产经营单位的部门、班组、员工等各级按照安全标准化开展科研生产活动起到了很好的监督作用。此外,全面规范生产经营单位科研生产活动的安全标准,确保生产经营单位的安全生产标准与国家、上级机关相关的安全标准相互统一,可以促进生产经营单位在安全管理方面实现信息化、标准化、规范化的管理模式,进而有效地促进安全生产目标的实现,为生产经营单位的快速发展打下坚实的基础。

7. 安全生产标准化体系建设是规范市场准入的必要条件

安全生产标准化是保障生产经营单位安全生产的重要技术规范,是市场准入的必要条件。特别是高危行业要想进入市场,立足社会,必须进行安全标准化建设。党的十八大以来中国共产党安全生产理念从"牢固树立安全发展理念",发展为"生命至上、安全第一理念",逐步提升到"人民至上、生命至上理念",严守安全底线、严格依法监管、保障人民权益、生命安全至上已成为全社会共识。党的二十大大报告指出:"坚持安全第一、预防为主,建立大安全大应急框架,完善公共安全体系,推动公共安全治理模式向事前预防转型。推进安全生产风险专项整治,加强重点行业、重点领域安全监管。提高防灾减灾救灾和重大突发公共事件处置保障能力,加强国家区域应急力量建设。"发展不能以破坏资源、污染环境为代价,更不能以牺牲人的生命和健康为代价。与资源、环保一样,安全是市场准入的必要条件,标准是严格市场准入的尺度和手段。国家标准、行业标准所规定的安全生产条件,就是市场准入必须具备的资格,是必须严格把住的关口,是不可降低的门槛。降低安全生产标准,难免要付出血的代价。安全生产标准化体系建设是规范安全中介服务的依据。

(三) 安全生产标准化体系建设的现实意义

1. 中共中央高度重视

2004年,国务院下发了《关于进一步加强安全生产工作的决定》(国发〔2004〕2号),提出需要全国所有工矿、商贸等行业开展安全质量标准化活动,同时这也是我国实现依法治国的必然要求。同年,原国家安监总局印发了《关于开展安全质量标准化活动的指导意见》,将安全标准化活动全面铺开,并要求煤矿、非煤矿山、危化品、交通运输、

第八章　标准化体系建设

建筑施工等重点行业在2007年要达到国家规定的安全质量标准。随后，在2006年6月27日，全国安全生产标准化技术委员会成立大会暨第一次工作会议在京召开。

2000—2010年，国家开展了大量的运动式治理和运动式问责，在此过程中无论是安全管理的软件和硬件都得到了提升，安全质量标准化活动就成了安全整治工作发展到一定阶段的必然要求和必然产物，同时安全质量标准化得到了国家层面的推动。2010年，发布GB/T 33000—2016《企业安全生产标准化基本规范》，这标志着我国所有工矿商贸企业正式拉开了安全标准化创建工作的序幕，安全标准化走到了独立阶段。另外，《国务院关于进一步加强企业安全生产工作的通知》（国发〔2010〕23号）中也能了解到，让生产经营单位能够实现岗位、专业、生产经营单位三方面达标，是安全生产标准化体系建设的重要规定，并且要求对没有在规定时间内完成达标工作的生产经营单位，对其进行暂扣生产许可证及安全生产许可证的措施，同时对生产经营单位进行责令停产整顿。对于整改预期未达标的生产经营单位，也需要地方政府依法予以关闭。

2011年5月6日，国务院安委会下发了《国务院安委会关于深入开展企业安全生产标准化体系建设的指导意见》（安委〔2011〕4号），要求全面推进生产经营单位安全生产标准化体系建设，进一步规范生产经营单位安全生产行为，改善安全生产条件，强化安全基础管理，有效防范和坚决遏制重特大事故发生。

2011年5月16日，国务院安委会下发了《关于深入开展全国冶金等工贸企业安全生产标准化体系建设的实施意见》（安委办〔2011〕18号），提出工贸企业全面开展安全生产标准化体系建设工作，实现企业安全管理标准化、作业现场标准化和操作过程标准化。2013年底前，规模以上工贸企业实现安全达标，2015年底前，所有工贸企业实现安全达标。

2011年6月7日，国家安全监管总局下发《关于印发全国冶金等工贸企业安全生产标准化考评办法的通知》（安监总管四〔2011〕84号），制定了考评发证、考评机构管理及考评员管理等实施办法，进一步规范工贸行业企业安全生产标准化体系建设工作。

2011年8月2日，国家安全监管总局下发《关于印发冶金等工贸企业安全生产标准化基本规范评分细则的通知》（安监总管四〔2011〕128号），发布《冶金等工贸企业安全生产标准化基本规范评分细则》，进一步规范了冶金等工贸企业的安全生产。

2013年1月29日，国家安全监管总局等部门下发《关于全面推进全国工贸行业企业安全生产标准化体系建设的意见》（安监总管四〔2013〕8号），提出要进一步建立健全工贸行业企业安全生产标准化体系建设政策法规体系，加强企业安全生产规范化管理，推进全员、全方位、全过程安全管理。力求通过努力，实现企业安全管理标准化、作业现场标准化和操作过程标准化，2015年底前所有工贸行业企业实现安全生产标准化达标，企业安全生产基础得到明显强化。

2014年6月3日，国家安全监管总局印发《企业安全生产标准化评审工作管理办法（试行）》（安监总办〔2014〕49号），该办法自印发之日起施行。国家安全监管总局印发的《非煤矿山安全生产标准化评审工作管理办法》（安监总管一〔2011〕190号）、《危险化学品从业单位安全生产标准化评审工作管理办法》（安监总管三〔2011〕145号）、《国家安全监管总局关于全面开展烟花爆竹企业安全生产标准化工作的通知》（安监总管三

〔2011〕151号）和《全国冶金等工贸企业安全生产标准化考评办法》（安监总管四〔2011〕84号）同时废止。

2014年7月31日，住房和城乡建设部印发《建筑施工安全生产标准化考评暂行办法》（建质〔2014〕111号），进一步加强建筑施工安全生产管理，落实生产经营单位安全生产主体责任，规范建筑施工安全生产标准化考评工作。

2014年，十二届人大通过了对《安全生产法》的修改，将"推进安全生产标准化体系建设，提高安全生产水平"写进了《安全生产法》，又是一大里程碑事件，安全生产标准化有了合法性基础。2016年发布GB/T 33000—2016，自2017年4月1日起实施，安全标准化的重要性进一步提升，意味着越来越多的生产经营单位要围绕目标职责、制度化管理、安全风险管控及隐患排查治理、持续改进等8个核心体系要素开展安全标准化工作。

2021年9月1日，修订后实施的《安全生产法》在总则部分明确生产经营单位应当推进安全生产标准化工作，提高本质安全生产水平。

2. 山东省委、省政府相继出台相关文件

2011年8月8日，为规范山东省企业安全生产标准化评审工作，根据《国务院安委会关于深入开展企业安全生产标准化体系建设的指导意见》（安委〔2011〕4号）和山东省人民政府安委会《关于印发山东省深入开展企业安全生产标准化体系建设实施方案的通知》（鲁安发〔2011〕13号）等文件和规定精神，结合山东省实际，山东省安全生产监督管理局制定了《山东省企业安全生产标准化评审工作管理办法（试行）》（鲁安监发〔2011〕124号）。

2013年10月10日，山东省安全生产监督管理局发布《关于开展石油天然气企业安全生产标准化体系建设工作的通知》（鲁安监发〔2013〕77号）。

2017年1月18日，山东省第十二届人民代表大会常务委员会第二十五次会议通过《山东省安全生产条例》，2021年12月3日山东省第十三届人民代表大会常务委员会第三十二次会议修订。

2022年4月18日，山东省人民政府发布《关于实施〈企业安全生产标准化体系建设定级办法〉的通知》（鲁应急发〔2022〕5号）。

3. 水利部相继出台相关文件

根据国务院工作精神和安排，水利部结合行业特点，也将水利工程安全标准化建设作为首要工作。

2011年7月11日，水利部印发《水利行业深入开展安全生产标准化体系建设实施方案》（水安监〔2011〕346号），从顶层设计上规划、部署开展安全生产标准化体系建设，提出了目标任务，制定了推进措施。

2013年4月17日，《水利安全生产标准化评审管理暂行办法》（水安监〔2013〕189号）以水利部文印发，规定施工企业、水利工程管理单位、项目法人安全生产标准化评审标准。同年水利部要求凡符合《办法》规定条件的水利生产经营单位（施工企业、水利工程管理单位、项目法人），均应按规定开展安全生产标准化评审申报工作。

2013年7月16日，《水利安全生产标准化评审管理暂行办法实施细则》（办安监

〔2013〕168号）印发。

2013年9月30日，《农村水电站安全生产标准化达标评级实施办法（暂行）》（水电〔2013〕379号）以水利部文印发执行。

2014年，水利部委托中国水利企业协会首次举办水利安全生产标准化评审培训班。

2015年，水利部公示了第一批水利安全生产标准化一级单位名单。2019年，水利部为进一步规范和完善农村水电站安全生产标准化评审工作，提升农村水电安全生产管理水平，根据GB/T 33000—2016《企业安全生产标准化基本规范》等有关规定，组织对2013年制定的《农村水电站安全生产标准化评审标准（暂行）》（水电〔2013〕379号）进行了修订，印发《农村水电站安全生产标准化评审标准》（办水电〔2019〕16号）。

2022年，水利部首次组织开展水利水电勘测设计、水文监测、监理与后勤保障单位的安全生产标准化评审工作。

4. 山东省水利厅积极部署推进

2019年12月30日，山东省水利厅发布《山东省水利厅关于印发〈山东省水利安全生产标准化动态管理办法（试行）〉的通知》（鲁水规字〔2019〕9号），为加强水利安全生产标准化动态管理，促进水利生产经营单位不断改进和提高安全生产管理水平，省水利厅研究制定了《山东省水利安全生产标准化动态管理办法（试行）》（鲁水规字〔2019〕9号），自2020年2月1日施行，有效期至2022年1月31日。

2020年1月2日，山东省水利厅发布《关于印发〈山东省水利安全生产标准化动态管理办法（试行）〉的通知》，为加强水利安全生产标准化动态管理，促进水利生产经营单位不断改进和提高安全生产管理水平，根据有关规定，制定《山东省水利安全生产标准化动态管理办法（试行）》。

2022年8月5日，发布《山东省水利厅关于印发〈山东省水利安全生产标准化动态管理办法〉的通知》（鲁水规字〔2022〕5号），该办法自2022年10月1日起施行，有效期至2027年9月30日。至此，山东省水利行业安全生产标准化制度体系得以完整建立，并不断健全完善。

第三节　安全生产标准化体系建设

水利安全生产标准化体系建设应遵循必要的程序，通常包括：梳理工作和职责、成立组织机构、初始状态评审、制定实施方案、动员培训、完善制度体系、运行与改进、单位自评、评审申请和机构评审，在建设程序的各个环节中，教育培训工作应贯穿始终。

一、梳理工作和职责

生产经营单位皆具备基本生产职能，而安全与这些生产职能密切相关。根据安全管理工作全员参与的要求，生产经营单位的安全生产标准化职责应按照生产经营单位各部门或人员的生产职责进行分配，全方位进行。

二、成立组织机构

根据《安全生产法》的规定，生产经营单位须根据规模组织成立安全管理领导组织机构。成立安全管理组织机构不仅是法律的要求，同时也是工作执行的先决条件。生产经营单位应配有与规模相对应的安全组织机构，来全面负责生产经营单位安全生产标准化的工作。根据生产经营单位主要负责人也是安全的第一负责人的要求，安全管理组织机构是以生产经营单位主要负责人为中心，包含安全生产监督管理委员会、安全管理小组、专职或兼职安全生产管理人员等元素的管理组织。

为保证安全生产标准化的顺利推进，生产经营单位在创建初期应成立安全生产标准化体系建设组织机构，包括领导小组、执行机构、工作职责等内容，作为启动标准化建设的标志。

领导小组统筹负责单位安全生产标准化的组织领导和策划，其主要职责包括明确目标和要求、布置工作任务、审批安全标准化建设方案、协调解决重大问题、保障资源投入。领导小组一般由单位主要负责人担任组长，所有相关的职能部门（项目法人单位还应包括各参建单位）的主要负责人作为成员。

领导小组应下设执行机构，具体负责指导、监督、检查安全生产标准化体系建设工作，主要职责是制定和实施安全标准化方案，负责安全生产标准化体系建设过程中的具体工作。执行机构由单位负责人、相关职能部门工作人员组成，同时可根据工作需要成立工作小组分工协作。管理层级较多的水利生产经营单位，可逐级建立安全生产标准化体系建设组织机构，负责本级安全生产标准化体系建设具体工作。

三、初始状态评审

初始状态评审又称为先期调查，是水利生产经营单位在进行安全生产标准化体系建设前，对自身安全生产管理现状进行的一次全面系统的调查，以获得组织机构与职责、业务流程、安全管理等现状的全面、准确信息，并对照评审标准进行评价。初始状态评审目的是系统全面地了解水利生产经营单位安全生产现状，为有效开展安全生产标准化体系建设工作进行准备，是安全生产标准化体系建设工作策划的基础，也是有针对性地实施整改工作的重要依据。

（一）初始状态评审内容

初始状态评审主要包括以下内容：

(1) 现有安全生产机构、职责、管理制度、操作规程的评价。

(2) 适用的法律、法规、标准及其他要求的获取、转化及执行的评价。

(3) 调查、识别安全生产工作现状，审查所有现行安全管理、生产活动与程序，评价其有效性，评价安全生产工作与法律、法规和标准的符合程度。

(4) 管理活动、生产过程中涉及的危险、有害因素的识别、评价和控制的评价。

(5) 过去事件、事故和违章的处置，事件、事故调查以及纠正、预防措施制定和实施的评价。

(6) 收集相关方的看法和要求。

(7) 分析评价安全生产标准化体系建设工作的差距。

（二）初始状态评审过程

初始状态评审通过现场调查、问询、查阅文件资料等方式方法，获取有关安全生产状况的信息，提出安全生产标准化体系建设工作目标和优先解决事项。

初始状态评审通常分为4个阶段。

1. 评审准备阶段

(1) 成立评审小组。评审小组由本单位安全生产管理人员组成,亦可联合外部咨询人员组成。小组成员应具备必要的专业知识和安全生产法律法规知识,具有较强的分析评估能力。评审小组人员应经过适当培训,了解初始状态评审工作目的、要求和自身的职责。

(2) 制定计划。

1) 初始状态评审计划应根据水利生产经营单位的类型、规模、覆盖范围,并考虑安全生产标准化体系建设工作时间进程而制定。

2) 初始状态评审计划应经单位领导审核后下发,要求各部门准备好相关文件资料,并配合开展评审。

3) 初始状态评审计划可由安全管理部门制定,亦可由安全生产标准化体系建设领导机构办公室制定,内容通常包括评审目的、范围、依据、方法和时间安排。

(3) 评审前收集信息,收集的信息包括以下内容。

1) 安全生产法律、法规及我国已经加入的国际公约。

2) 安全生产方面的部门规章、政策性文件。

3) 安全生产标准。

4) 上级主管单位安全生产相关文件。

5) 安全生产规章制度、安全操作规程、安全施工措施、应急预案、台账、记录表式等。

2. 现场调查阶段

(1) 问询、交谈。到各部门、基层单位及项目部调研访谈,了解有关安全生产情况。

(2) 评审小组复查认定。部门、基层单位、项目部负责人一起对安全生产情况进行初评,评审小组进行复查认定。

3. 分析评价阶段

根据获取的信息,对照评审标准进行分析,找出差距。

(1) 评审小组汇总调查记录。

(2) 评审小组组织评审。

4. 编制初始状态评审报告

评审小组编制形成初始状态评审报告,基本内容通常包括以下几项。

(1) 水利生产经营单位基本概况。

(2) 评审的目的、范围、时间、人员分工。

(3) 评审的程序、方法、过程。

(4) 水利生产经营单位现行安全生产管理状况。

(5) 法律、法规的遵守情况。

(6) 以往事故分析。

(7) 急需解决的优先项。

(8) 对安全生产标准化体系建设工作的建议。

四、制定实施方案

实施方案是生产经营单位开展安全生产标准化体系建设的纲领性文件,在实施方案的指导下可以有条不紊地开展各项工作。方案应制定安全生产标准化体系建设目标，明确组织机构、分解落实安全生产标准化体系建设职责及责任人、工作内容、时间进度计划等，可包括以下内容：

(1) 指导思想。
(2) 工作目标。
(3) 组织机构和职责。
(4) 工作内容。
(5) 工作步骤。
(6) 工作要求及分工。

组织实施方案的关键点在于确定目标和任务分解，水利生产经营单位应充分了解、熟悉水利安全生产标准化体系的要求，结合单位实际情况，寻求逐步改进，逐步提高安全生产管理水平。

五、动员培训

通过多种形式的动员、培训，教育培训对象一般包括生产经营单位的主要负责人、安全生产标准化领导小组成员、各部门主要工作人员、技术人员、班组长以上人员及专职（兼职）安全生产标准化体系建设工作人员、基层员工等，有条件的单位应全员参加培训。动员培训对象及其关注点和注意事项见表8-1。

表8-1　　　　　　　　　动员培训对象及其关注点和注意事项

序号	培训对象	关注点及注意事项
1	安全生产标准化体系建设领导小组，工作小组成员	水利行业安全生产标准化体系建设实施方案、水利安全生产标准化评审管理暂行办法、实施细则、评审标准的系统性培训，掌握评审方法和要求；或者单位高层及管理层采取自学的方式学习相关方案
2	各部门管理人员、技术人员、班组长以上人员及专职（兼职）安全生产标准化建设工作人员	集中进行相关方案的系统性的培训，理解分配要素的主要内容、用途和实施，明确安全标准化赋予本部门（负责人）的职责
3	基层员工	应进行相关方案的系统培训，理解安全标准化的意义，明确安全标准化赋予员工的职责，基本掌握本岗位（作业）危险，有害因素辨识和安全检查表（其他检查方案均可）的应用
4	各部门管理人员、标准化建设工作人员及班组长	在安全活动月或每周安全活动日期间进行组员的安全标准化宣传与培训
5	各部门管理人员、标准化建设工作人员及班组长进行培训效果评价，举行全员培训考试并形成效果评价报告	

六、创建体系文件

根据相关规范规定，可以将安全生产标准化体系文件分为制度、责任制、操作规程、计划、总结、检测检验资料、台账以及记录等文件。其中，制度、操作规程是整个体系中具有强制力的标准依据。因此，体系文件创建必须先发布安全管理制度、编制操作规程。

建立安全管理制度是开展安全生产标准化工作的重要基础，是保证生产经营单位安全高效运行的重要手段。生产经营单位应根据安全生产管理工作的实际需要，识别对本单位切实可行的安全生产法律法规和规范,包括安全生产法律、行政法规、部门规章、规范性文件、标准规范等。

生产经营单位在建立安全管理制度体系时要识别对本单位切实可行的安全生产法律法规和规范,对现有制度体系进行梳理,找出问题和不足,从而根据工作内容、工作性质及危险程度,依据法律、法规和相关要求,编制各项规章制度、操作规程等。单位制定的制度包含安全生产目标管理制度、安全生产例会制度、安全生产责任制、安全生产承诺制度、安全生产目标激励约束机制、安全生产投入保障制度、安全生产和职业病危害防治理念和行为准则、工伤保险管理制度等。

生产经营单位在建立安全管理制度体系过程中应满足以下几个要点:

一是覆盖齐全,所建立的安全管理制度体系应覆盖安全生产管理的各个阶段、各个环节,为每一项安全管理工作提供制度保障。要用系统工程的思想建立安全管理制度体系,把安全管理工作层层分解,纳入生产流程,分解落实到每个岗位,落实到每一项工作中,成为一个动态的有机体。

二是体系合规,在制定安全管理制度体系过程中,应全面梳理本单位生产经营过程中涉及、适用的安全生产法律法规和其他要求,并转化为本单位的规章制度,制度中不能出现违背法律法规和其他要求的内容。

三是符合实际,制度本身要逻辑严谨、权责清晰、符合生产经营单位实际,制度间应相互衔接、形成闭环、构成体系,避免出现职责不清、程序不明、相互矛盾、无法有效实施运行等问题。

七、运行与改进

安全生产标准化是一个管理体系,一种管理方式,创建安全生产标准化体系的目的是利用该体系清晰的工作思路来管理生产经营单位生产安全。

根据国家法律法规的要求,为了检验安全生产标准化体系的创建效果,标准化体系各项工作完成后,即进入运行与改进阶段。要求生产经营单位在此体系下试运行12个月,生产经营单位应根据编制的制度体系按部就班地开展工作,在实施运行过程中,针对发现的问题加以完善改进,逐步建立符合要求的标准化管理体系,根据体系的规定及时整改存在的隐患,并保存完整的记录。

(一)运行准备

1. 文件发布及宣传

编制(修订)好文件后,应以正式文件发布实施,明确实施时间和实施要求。

在文件发布后,应进行全体人员的运行要求培训,分别说明实施运行的要求、特点和难点,强化全体员工的安全意识和对安全生产标准化文件的重视。

2. 安全生产标准化文件的分发和更换

(1)水利生产经营单位安全生产标准化文件主要有两部分:一是安全生产管理文件,二是安全生产工作过程文件。两部分文件同时运行实施,应将这些新文件和标准及时下发到各部门、各单位、各岗位,对已不适用的旧文件进行更换。为此应做到:保证有关部门、项目组持有本部门应执行的安全生产标准化文件。如果文件是通过局域网发送的,各有关部门或项目组都应在本部门的网页能查出应执行的各类文件。如果用纸质文本,应列出本部门执行文件的清单。

(2) 全体员工应持有本岗位的责任制及相关操作规程等文件。

(3) 保证持有者得到的文件是现行有效的，过期作废文件应及时处理。

3. 安全生产标准化文件的培训

(1) 当安全生产标准化文件发布后，各部门、各单位应当对本单位发布的安全生产标准化文件进行宣讲培训。

(2) 必要时应向文件的执行人员进行安全技术交底，使相关部门和人员都了解文件的作用和意义，掌握其内容与要求。

(3) 有些文件在实施前还需要做好技术贮备和设备、物资等条件准备，如涉及与信息管理系统程序不一致的，则需要在实施前对相应的信息系统进行升级改造。

(二) 运行实施

1. 文件的实施

安全生产标准化文件发布后，进入运行实施阶段。运行实施就是水利生产经营单位在生产经营过程中严格贯彻执行纳入安全生产标准化文件中的法律法规、部门规章、政策性文件、安全标准及上级文件和水利生产经营单位自行制定的安全生产目标、安全生产责任制、规章制度、操作规程、专项作业方案、安全技术措施及应急预案等文件，及时发现问题，找出问题的根源，采取改进和纠正措施，并在执行过程中注意认真做好监控和记录，以验证各项文件的适宜性、充分性和有效性，并以监控和记录为依据，对文件进行改进。

实施运行期间，各级单位应不断进行自查和抽查，查遗补缺，完善工作，最大程度地保证与评审标准的一致性，实施时应做到：

(1) 法律法规、部门规章、政策性文件及强制性标准必须执行。

(2) 水利生产经营单位采用的国家、行业推荐性标准必须执行。

(3) 企业标准、制度、操作规程、专项作业方案、安全技术措施必须执行。

(4) 按要求建立规范的记录并保存记录。

(5) 对实施中发现的问题要及时纠正，采取纠正措施，对可能发生的问题应采取预防措施。

从目前情况看，采取预防措施和纠正措施是运行实施中的薄弱环节，应当引起水利生产经营单位重视。如果不采取预防措施和纠正措施，安全生产管理工作就难以持续改进。

2. 监督检查

监督检查是指对安全生产标准化文件贯彻执行情况进行监督、检查和处理活动。水利生产经营单位要加强对运行实施情况的监督检查。

(1) 建立监督检查制度。要保证监督检查能经常的、有序地进行，就要建立监督检查制度。这个制度一般可在安全生产标准化绩效评定制度中加以规划，即结合本企业实际情况将监督检查的要求、内容、方式、处理和对评价、改进等内容作出具体规定，使监督检查工作制度化、常态化。

(2) 监督检查的方式。

1) 监督检查要明确组织形式，规定检查方法，必要时还要规定检查时间和频次，检查必须有记录。

2) 监督检查一般结合月、季度、半年、年度计划的完成情况进行。也可实施专项监督检查。监督检查结果应与考核奖惩挂钩。

3) 自我评价也是监督检查的一种重要方式，同时又是安全生产标准化体系建设的一项本职工作。

（三）改进

安全生产永远在路上，只有起点没有终点，需要不断持续改进与巩固提升才能保持良好的安全生产状况。树立正确的安全发展理念是保证"长治久安"的重要前提和基础。要巩固标准化的成果，必须建立长效的工作机制，不断地进行改进。

八、单位自评

经过一段时间的安全生产标准化运行后，水利生产经营单位应开展自评工作，一方面对运行以来安全生产的改进情况作出评价，对不足之处持续改进；另一方面也为申请外部评审提供决策支持。

（一）自评概述

自评是水利生产经营单位判定安全生产活动和有关过程是否符合计划安排，以及这些安排是否得到有效实施，并系统地验证水利生产经营单位实施安全生产方针、目标和安全生产标准化文件的过程。

水利生产经营单位每年至少进行一次安全生产标准化自评，提出进一步完善的计划和措施。自评前，要对自评人员进行自评相关知识和技能的培训。

（二）自评准备

1. 组建评审组

安全生产标准化自评首先组建评审组，评审人员要从事过所评审的安全、技术工作，熟悉生产过程、活动、安全要求、过程中存在的典型危险源、风险控制措施以及行业的特殊规定等。

2. 制定自评计划

在自评阶段前，首先编制并下发自评计划，要求相关部门做好准备。

3. 写检查表

评审前，评审人员在组长组织下根据评审计划进行准备，编写检查表；评审组长在进入现场评审前安排评审组的内部会议。

（三）自评实施

进入现场评审前，举行首次会议。首次会议的内容包括评审目的、评审内容、评审流程和步骤、评审人员名单和工作安排。

评审主要是搜集证据的过程，方式以抽样为主。抽样应针对评审项目或问题，确定所有可用的信息源，并从中选择适当的信息源；针对所选择的信息源，明确样本总量；从中抽取评审样本，在抽取样本时应考虑样本要有一定数量，样本要有代表性、典型性，并能抓住关键问题；不同性质的重要活动、场所、职能不能进行抽样。

评审采用面谈、现场观察、查阅文件等方式查验与评审目的、范围、准则有关的信息，包括与职能、活动和过程间接有关的信息，并及时记录在评审记录表中。

（四）编写自评报告

自评报告基本内容应包括：

（1）水利生产经营单位概况。包括单位概况（含安全管理状况）、主要设施设备简况。

（2）水利生产经营单位安全生产管理及绩效。

（3）基本条件的符合情况。

（4）自主评定工作开展情况。包括自评组织、评审依据、评审范围、评审方法和评审程序等。

（5）安全生产标准化自评打分表。按评审标准规定格式完成的打分表。

（6）发现的主要问题、整改计划和措施、整改完成情况。

（7）自主评定结果。

自评报告应全面、概括地反映标准化创建的前期准备、创建过程、自主评定工作开展情况和自评结果等内容，用语规范、表述简洁，并单独成册。自评报告中应提供标准化创建各阶段和自评过程中形成的文件、原始记录材料和图片资料。自评报告内容应客观、真实。

九、评审申请

根据自评结果，向相应的水行政主管部门提出等级的达标评审申请。水利部负责一级达标评审管理，山东省水利厅负责二级达标评审管理，各地市水利（务）局负责三级达标评审管理。目前，各级安全生产标准化评审程序一般包括提交申请、资料审查、视频答辩、现场核查、审定、公示公告等环节。

达标申请材料包括申请表、自评报告、支撑性材料和承诺书等。申请安全生产标准化一级的和部属水利生产经营单位，应根据隶属关系由流域管理机构、省级水行政主管部门或其授权单位审核同意后推荐，中央企业须由集团公司总部审核推荐。申请安全生产标准化二级的和厅属水利生产经营单位，应根据隶属关系由市级水行政主管部门或其授权单位审核同意后推荐。

支撑性材料包括以下内容：

（1）申请单位合法身份证明，如营业执照（事业单位法人证书、项目法人组建文件等）。

（2）企业资质证书复印件（水利水电施工企业）。

（3）安全生产标准化等级证书复印件（达标升级单位）。

（4）安全生产许可证复印件（水利水电施工企业）。

（5）安全生产责任保险投保证明材料（水利水电施工企业）。

（6）水库大坝、水闸注册登记证复印件（水利工程管理单位）。

（7）大坝、水闸、泵站安全鉴定（评价）报告复印件（水利工程管理单位）。

（8）安全生产标准化管理体系文件。

1）安全生产管理制度汇编。

2）安全操作规程汇编。

3）应急预案汇编。

（9）安全生产标准化体系实施运行证明材料。

1）安全生产标准化建设工作实施方案。

2）安全生产总目标和年度目标。

3）已签订的每个层级安全生产责任书1套（水利水电工程施工企业还应提供项目部签订的每个层级安全生产责任书1套）。

4）安全管理机构设立证明文件和安全管理人员任命文件（水利水电工程施工企业有多个项目部的，还应提供2个项目部的任命文件）。

5）评审期内安全生产委员会（安全生产领导小组）的安全专题会议纪要。

6）安全生产费用投入计划和年度使用情况总结报告。

7）年度安全教育培训计划及完成情况说明。

8）水利水电工程施工企业提供主要负责人、项目负责人和专职安全生产管理人员安全生产考核合格证统计表，水利工程项目法人和水利工程管理单位提供主要负责人和专职安全管理人员安全教育培训证明材料。

9）评审期内综合安全检查、专项安全检查有关记录资料各2套，另外提供防洪度汛专项检查1套，并提交针对检查中发现问题的完整整改记录。

10）主要或关键设备设施法定检测情况统计表，如特种设备、大型设备设施、启闭机设备、安全检测和监测设备等（包括自有和租赁）。

11）评审期内生产安全事故应急演练完整记录材料3套，另外提供防洪度汛应急演练记录材料1套。

12）2个超过一定规模的危险性较大的单项工程专项施工方案和相关审查、论证记录材料（水利水电施工企业）。

13）危险源辨识与风险评价报告（水利工程项目法人和水利水电施工企业，其中水利水电施工企业应提供3个投资规模较大的在建水利工程项目的《危险源辨识与风险评价报告》）。

14）水利水电建设工程安全生产条件和设施综合分析报告（水利工程项目法人）。

15）危险源辨识汇总表（水利工程管理单位）。

16）水利工程管理与保护范围划界确权相关证明材料（水利工程管理单位）。

17）体现文明施工、规范化作业的施工现场照片10张（水利工程项目法人和水利水电施工企业）。

18）体现规范化管理的水利工程管理照片10张（水利工程管理单位）。

19）对于不符合延期换证条件的达标单位重新申报时，应提供延期换证条件不符合项的整改落实情况报告。

20）其他补充材料。

第四节　实践中的具体应用

一、典型案例——水利工程管理单位安全生产标准化创建方案

根据《水利部办公厅关于印发水利安全生产标准化评审标准的通知》（办安监督〔2018〕52号）等的有关规定，依据《水利工程管理单位安全生产标准化评审标准》（以下简称《评审标准》),成立专班人员,对本单位及各部门的安全生产管理现状进行调研、分析,按照《评审标准》中8个一级项目,28个二级项目,126个三级项目逐条对照,查找本单位安全生产规章制度及执行安全管理制度中存在的薄弱环节,从规章制度入手,完善安全生产规章制度体系,修编或制定符合安全生产法律法规、标准规范和安全生产实际运行情况的安全生产规章制度,通过全面落实规章制度,提升本单位安全生产管理水平,达到创建安全生产标准化一级达标单位的目的,制定创建方案和工作实施计划。

(一)指导思想

本单位根据《中华人民共和国安全生产法》《水利部关于贯彻落实〈中共中央、国务院关于推进安全生产领域改革发展的意见〉实施办法》(水安监〔2017〕261号)中提出"建立健全自我约束、持续改进的内生机制,推进水利安全生产标准化建设"等文件精神和以"安全第一、预防为主、综合治理"的安全生产方针为指导,落实"本单位全面推进安全生产标准化工作进程",按照《企业安全生产标准化基本规范》和《评审标准》等文件要求,开展创建水利安全生产标准化一级达标单位工作。

(二)工作目标

通过开展创建安全生产标准化一级达标单位工作,进一步完善本单位安全生产管理机制,规范本单位安全管理各项行为,全面落实本单位安全生产责任制度,提高本单位职工安全生产意识,提升本单位安全生产管理水平,力争在年底前完成创建达标工作。

(三)创建工作计划

1. 前期调研、准备阶段

通过采用查阅本单位、各中心、各管理站安全管理基础资料,结合现场检查发现的问题与实际需求,同各层级职工进行座谈、交流,按照《评审标准》内容要求,查找各单位与《评审标准》各条款安全生产标准化一级的差距,找出安全生产规章制度、安全操作规程、应急预案、安全生产岗位职责等安全生产管理文件体系需要修订或完善的内容,形成"建章立制"的标准化系统。

2. 成立创建水利安全生产标准化一级达标单位领导小组

为保证创建工作的顺利进行,及时解决创建工作中的各项决策性问题,适时提供资金、人力、物资保证,经本单位研究决定,成立创建安全安全生产标准化一级达标单位领导小组,本单位主要负责人为组长,其他分管领导为副组长,各部室负责人和各分中心主任为领导小组成员。

为加强对创建工作的指导和检查力度,按照计划节点时间,完成创建阶段性工作任务,成立创建工作办公室。

3. 全体职工参与的动员和培训阶段

为保证全员参与、全员了解本单位开展的创建工作,提高全体职工对创建安全生产标准化一级达标单位工作的认知程度及建设过程的实施效果,本单位组织召开创建安全生产标准化一级达标单位动员会,依据《评审标准》8个要素模块对全体职工进行培训,对照《评审标准》逐条逐项详细学习安全生产标准化具体的工作内容。通过全员、全过程开展安全生产标准化一级达标单位的创建工作,尤其是本单位领导班子成员、各部室负责人带

第八章　标准化体系建设

头参与创建工作，充分调动本部室人员参与创建工作的积极性，实现创建目标，满足《评审标准》的内容。

本单位安全管理部门负责将《评审标准》打印发放到各部室，按要求自行组织全员职工进行在学习，通过培训和交流提高各级人员对《评审标准》评价条款内容要求的理解，提高各级人员开展创建工作的基本能力。

4. 管理制度、应急预案、操作规程策划阶段

本单位安全生产标准化创建办公室，依据《评审标准》的要求，建立、完善安全生产规章制度、应急预案、操作规程管理文件体系，整理编制安全生产管理制度清单，文件编制小组依据清单内容和安全生产法律法规、标准规范的要求，修订本单位安全生产管理规章制度，形成报审稿。本单位安全生产标准化创建办公室按照归口部门，组织开展会审工作，管理文件编制小组根据会审意见进行修改，形成制度报批稿，报本单位召开安全生产委员会会议进行审议，通过后以正式文件发布实施。在此期间编制小组对安全操作规程、安全生产职责、应急预案等进行修编。

5. 安全生产管理制度文件发放及培训

安全生产管理制度经安全生产委员会会议通过后，以正式文件发布。创建办公室将制度和其他安全生产管理文件发放到单位负责人、分管领导、各部门。各单位及时对原制度进行撤换，将制度电子版发放到科室及管理站等人员。在制度正式实施前，各单位组织人员对新的制度进行培训和学习，各级人员根据本岗位工作职责对适用的制度进行自觉学习，提高创建工作能力，确保创建工作有序开展奠定基础。

6. 创建实施过程、验证管理制度阶段

制度运行实施：各单位在得至新的安全生产规章制度后，组织实施运行，按照安全生产规章制度开展安全生产管理工作。

在制度运行 1 个月后，创建办公室组织了一次安全生产规章制度执行情况检查、评估和指导工作，检查制度运行实施过程中，各单位实际运行情况，查验管理制度在运行过程中的适宜性、可操作性。对发现的问题及时进行纠正和指导，创建办公室人员对整改情况进行验证。并向创建领导小组递交验证报告。

创建办公室对本单位安全生产规章制度执行情况安排每 3 个月进行一次检查、评估，及时对制度运行中发现的问题进行了纠正和指导，保证安全生产规章制度提至顺畅运行和有效实施，使创建安全生产标准化一级单位工作全面、系统和有效地进行。

7. 自评与申请阶段

在满足《评审标准》8 个要素内容后，本单位制定自评工作方案、成立自评领导小组，按照《评审标准》8 个一级项目、28 个二级项目和 126 个三级项目，在本单位全面开展自查自评工作，报省水利厅批准后，上报水利部。

8. 持续改进、创新安全生产标准化工作

按照安全生产标准化 PDCA 循环闭环管理要求，持续改进安全生产标准化建设工作，明确安全生产标准化建设工作只有起点，没有终点，持续按照制度要求开展安全生产管理工作。使本单位安全生产管理工作标准化，职工作业行为规范化，设备、设施本质安全化、工作现场定置化。

（四）保障措施

安全生产标准化建设工作需要全体干部职工的共同努力，才能顺利实施。各单位、各部门负责人要充分发挥模范带头作用，引导全体职工积极参与。本着安全生产人人负责的原则，对安全生产标准化建设工作进行分工，将工作责任分到本单位各层级，各部门要将创建工作落实到具体人员，实现全员、全过程开展创建工作。要把安全生产标准化建设工作纳入日常管理工作中，保证按期并高质量地完成达标建设工作任务。

1. 提高认识，加强领导，统一部署

创建安全生产标准化一级达标单位是强化安全生产的一项基础性、长期性的工作，是本单位现阶段安全生产管理工作中的重要工作，是贯彻安全生产法律法规、落实安全生产主体责任、夯实安全生产基础、强化源头管理的一项有效措施，也是实现安全生产长效机制的根本途径。各部门负责人要切实负起责来，把加快推进安全生产标准化建设作为安全生产的基础性工作和重要环节来抓，确保创建工作深入有效开展，推进安全生产管理整体水平上台阶。

2. 明确分工，合理安排，整体推进

安全生产标准化创建工作在领导小组的统一领导下，各部室和各分中心、管理站要明确任务分工，落实责任，按照实施方案和工作计划，明确工作目标，加大宣传力度，采取有力措施，确保安全生产标准化活动顺利开展。充分认识开展标准化工作的重要意义，按照《评审标准》扎扎实实地把安全生产标准化建设落到实处，扎实有序推进安全生产标准化建设工作。

3. 夯实作业行为，规范作业程序，落实基础工作

按照国家法律法规、规范标准，采取抓住重点、全面推进的方法，有计划、有步骤地对照《评审标准》实施，并做到"两个结合"：一是把开展安全生产标准化活动与深入贯彻《安全生产法》等法律法规和标准规范结合起来，通过开展安全生产标准化活动，健全安全生产各项规章制度标准，将本单位安全生产行为纳入制度化、规范化、标准化管理轨道；二是把开展安全生产标准化活动与深化安全生产专项整治、安全风险管控和隐患排查治理"双体系机制"工作结合起来，把规范安全生产行为和创建安全生产标准化作为深化专项整治和"双体系机制"的重要内容，通过全面开展安全生产标准化建设达标活动，使分中心的安全生产工作真正步入标准化、规范化管理轨道，切实从源头上把好安全关。

4. 加强职工沟通，及时交流经验，提升安全生产能力

开展安全生产标准化一级达标创建工作，是本单位现阶段一项重要工作，各部门要加强沟通，多方面交流创建经验，在创建过程中遇到问题要及时请示领导小组，并将活动开展情况及时上报。要加强交流学习，对于好的做法及先进的管理经验要及时推广、借鉴，促进安全生产标准化建设工作有序推进。

二、典型案例——××电站高处坠落事故

（一）事故经过

××电站副厂房支模工作由主管生产的副厂长楚某某于10月19日安排给厂房二队进行施工，因施工材料问题，副厂房支模工作尚未完工。楚某某11月13日从口前学习返回工地后，发现支模工作还没有完成，就要求厂房二队两天内必须完成，并要求厂房二队队长孙某到现场看看还有什么问题。11月17日上午10时30分，孙某到1号机上游副厂房检查支模工作，看到大面积模板都已支完，同时发现1号机压力钢管伸缩节模板有6根拉

筋不太合理，需要调整，就对施工员王某某、班长贺某某说："头两天我就跟你们说了，到现在还没有改，要抓紧点。"说完就离开了现场。

上午 11 时 15 分左右，施工员王某某按队长要求直接安排朱某某、关某某二人在模板内侧用风钻打锚筋孔，金某某在模板外侧用木钻打拉筋孔。12 时 15 分左右，朱、关二人完成任务返到副厂房 590.67m 高程楼板平台，发现金某某已经将孔钻完，正在平台上站着，关某某对金某某说："你不用帮忙吗？"金某某说："不用，我一会儿就完事，你们先走吧。"关、朱二人随后乘送饭车返回营地。12 时 30 分左右，金某某解下安全带，脱下人造革外衣连同作业工具放置在平台上，重新返回工作位置，摘下手套，开始插拔拉筋螺杆，在拉拔第三根螺杆时因用力过猛，失手闪身坠落，从 586.51m 高程坠落到压力管道底板，坠落高度 9.51m，造成颅骨骨折、腰椎骨骨折，当即死亡。

（二）事故原因

（1）直接原因：金某某从事木工作业多年，在拉筋孔钻完之后，返到副厂房楼板平台解下安全带，脱下外衣继续进行作业，造成失手坠落。

（2）间接原因：

1）1 号机压力钢管伸缩节部位支模作业三面临空，属二级高处作业，没有设置安全防护设施。

2）钻拉筋孔仅安排一人作业，缺乏必要的工作配合与监护，劳动组织不合理。

3）领导存在重生产轻安全的倾向，对职工安全教育不够，致使职工安全意识淡薄，思想麻痹。

（三）案例分析

1. 存在问题

（1）全员安全生产责任制落实不到位。职责分配不到位，员工职责不明确，劳动组织不合理，无安全监护人员。

（2）教育培训不到位。单位领导、员工安全意识薄弱，导致员工高空作业未系安全带，缺乏有效的监管措施。

（3）安全生产标准化体系文件不完善，制度、责任制、操作规程等文件不完善。未规定作业时，需要必要的配合和安全监护；安全生产考核奖惩制度不完善，导致员工对违章作业有恃无恐。

2. 预防措施

（1）全面开展安全生产标准化。通过安全生产标准化创建，梳理存在的安全管理漏洞和缺陷，加强对各级领导安全法规和安全管理规章制度教育，严格安全技术管理，完善安全制度体系，提高本质安全水平。

（2）严格落实各项安全制度。认真执行高处作业管理制度，高处作业必备的安全防护设施必须齐全有效，否则不允许作业，同时严格落实安全旁站、监护、工作票等各项安全保障措施。

（3）加大作业现场安全监管力度。严格纠正违章作业，按有关制度规定，该罚则罚，该停则停，提高安全监管力度，切实保障安全运行。同时开展全员教育培训和应急演练，提升安全防护意识和应急处置能力。

第九章 应急管理体系建设

第一节 基 本 概 念

一、突发事件的概念与基本特征

(一) 突发事件的概念

根据《中华人民共和国突发事件应对法》（以下简称《突发事件应对法》），突发事件是指突然发生，造成或者可能造成严重社会危害，需要采取应急处置措施予以应对的自然灾害、事故灾难、公共卫生事件和社会安全事件。

(二) 突发事件的基本特征

突发事件具有多重特征，一般情况，突发事件的危害性、紧迫性和不确定性是公认的突发事件的三个基本特征。突发事件的基本特征见图 9-1。

```
                   ┌── 危害性：对突发事件所造成的价值损失的客观描述
突发事件的基本特征 ├── 紧迫性：对突发事件应急处置的迫切要求
                   └── 不确定性：对突发事件相关信息特征的描述
```

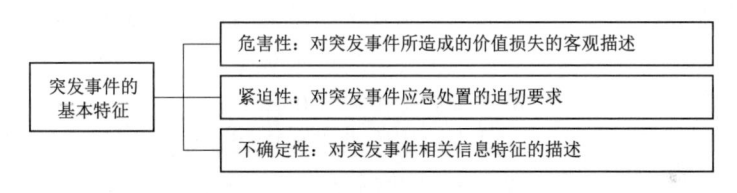

图 9-1 突发事件的基本特征

1. 危害性

突发事件的危害性是对突发事件所造成的价值损失的客观描述。突发事件对人类及其生存环境的价值损害是多方面的，主要涵盖人身危害、经济危害、声誉危害、环境危害四个方面。就各种危害的来源看，有的危害是突发事件爆发后必然出现的，有的危害是由于突发事件处置不当造成的。

2. 紧迫性

突发事件的紧迫性是指对其应急处置的迫切要求。由于突发事件危害性的存在，再加上突发事件自身的各种发展演化可能，突发事件处置往往具有极大的紧迫性。紧迫性往往体现在对事态的控制要及时、对人民生命财产保护要及时、对基础设施的恢复要及时、对形势发展的反应要及时等。

3. 不确定性

突发事件的不确定性是对突发事件相关信息特征的描述。有效的突发事件决策与处置有赖于准确的信息，但是相关的信息可能是不确定的，事件发展的前景可能是不确定的，也有可能处置主体本身就造成了情况的不确定。例如，灾害的发展方向是不确定的，灾害发生后可能发生的次生、衍生灾害是未知的，灾害处置过程中会出现哪些新情况是未知的，抢险救灾会带来哪些结果也不是精确可知的。

二、突发事件的分类、分级与分期

（一）突发事件的分类

《突发事件应对法》中，突发事件主要分为自然灾害、事故灾难、公共卫生事件和社会安全事件。

1. 自然灾害

自然灾害是指给人类生存生活带来危害或损害的自然现象，由于自然异常变化造成的人员伤亡、财产损失、社会失稳、环境破坏等一系列事件。其本质特征是由自然因素直接导致的。自然灾害主要包括水旱灾害、气象灾害、地震灾害、地质灾害、海洋灾害、森林草原火灾、生物灾害等。

自然灾害主要特征有三个：一是不可抗力，自然灾害从本质上来讲是人与自然矛盾的一种表现形式，人的能动性对自然灾害的抗拒力有限，只能在一定范围内一定程度上减少灾害损失；二是破坏程度大，自然灾害往往具有颠覆性，造成生命和财产的巨大损失；三是造成的后果与经济社会发展有关，通常情况下经济欠发达的国家和地区，人员伤亡的程度严重，经济发达的国家和地区，财产损失的程度严重。

2. 事故灾难

事故灾难是具有灾难性后果的事故，是在人们生产、生活过程中发生的，直接由人的生产、生活所引发的，违反人们意志的，迫使生产生活活动暂时或永久停止，并造成人员伤亡、财产损失、生态环境破坏的意外事件。事故灾难主要包括各类生产安全事故、交通运输事故、设施和设备事故、环境污染和生态破坏事件等。

事故灾难主要有三个特征：一是事故灾难发生环境较复杂，多发生在不同生产生活区域，由于事故本身所处的环境复杂，对施救的方法、技术、装备和物资的需求也不尽相同，加之事故灾难环境中诱发次生、衍生灾害的因素较多，大大增加了次生、衍生灾害发生的概率；二是事故灾难的救援难度较大，事故灾难的现场往往人员密集，伤员多、伤情重、环境复杂，救援设施设备简陋，疏散空间有限，现场初期救援力量不足，技能缺乏，导致救援难度大，救援效果差；三是事故灾难的救援专业性要求高，事故灾难往往对救援提出多学科、多领域的专业要求，救援人员需要配备专业设备，具备专业知识和专业技能。

3. 公共卫生事件

公共卫生事件是指已经发生或者可能发生的、对公众健康造成或者可能造成重大损害、损失的事件。公共卫生事件主要包括传染病疫情、群体性不明原因疾病、食品安全和职业危害、动物疫情，以及其他严重影响公众健康和生命安全的事件。我国常见的公共卫生事件有食品安全类和传染性疾病类。

公共卫生事件主要有三个特征。

一是爆发性强，控制难度大。公共卫生事件在发生初期一般具有较强的隐蔽性，其危害往往容易被忽视，遏制事态的有利时机很难把握。传染性疾病具有辐射性爆发和几何性扩散的特点，食品安全事件具有集中性爆发和群体性危害的特点，公共卫生事件在一定范围内显现时，已经形成爆发态势，受时间、地域、手段等因素的制约，其控制难度很大。

二是影响面广，应对周期长。随着经济一体化进程的加快，公共卫生事件有着从局部向全球蔓延的趋势。无论流行性疾病的传播，还是有毒有害食品的扩散，都是从一地一国向多地多国蔓延，影响面十分广泛。

三是诱因复杂，不确定性强。公共卫生事件发生的诱因复杂，生活习惯和生产方式的改变，特别是人类干预自然、挑战自我的探索活动，都可能引发不同类别的公共卫生事件，从而加大了新型公共卫生事件发生的概率。

4. 社会安全事件

社会安全事件是指因人民内部矛盾而引发、影响社会稳定、带来社会危害的突发事件。社会安全事件主要包括恐怖袭击事件、重大刑事案件、金融安全事件、规模较大的群体性事件、民族宗教突发群体事件以及其他社会影响严重的突发性社会安全事件。

社会安全事件主要有三个特征。

一是人为谋划，影响恶劣。社会安全事件的发生往往经历谋划或策划的过程且存在矛盾积聚性的状况。社会安全事件的发生轻则危害公民的生命和财产安全，重则妨碍公共秩序，危害公共安全，有的甚至会威胁到较大区域内的经济发展和社会稳定。

二是缓慢积聚，急剧爆发，带有复杂的社会矛盾因素。社会安全事件往往是由人民内部矛盾长期积聚且无法通过正常渠道疏导而引起的。这些矛盾的积聚有时还掺杂着民族、历史传统等复杂因素，若经过长时间的积聚，甚至会相互交织，一旦爆发，往往具有急剧爆发的特点。

三是处置不当极易导致恶性次生、衍生灾害。社会安全事件的诱发因素较多，既有人民内部矛盾，又有治安类事件，还包括自然灾害、事故灾难、公共卫生事件引发的动乱、暴乱等因素。

除此之外，突发事件还可以按以下分类：

（1）按照成因，分为自然性突发事件、社会性突发事件。
（2）按照危害性，分为轻度、中度、重度危害突发事件。
（3）按照可预测性，分为可预测的、不可预测的突发事件。
（4）按照可防可控性，分为可防可控的、不可防不可控的突发事件。
（5）按照影响范围，分为地方性、区域性或国家性、世界性或国际性突发事件。

（二）突发事件的分级

根据《突发事件应对法》，按照社会危害程度、影响范围等因素，自然灾害、事故灾难、公共卫生事件分为特别重大、重大、较大和一般四级，具体分级标准由国务院和国务院确定的部门制定。

《国家突发公共事件总体应急预案》《国家安全生产事故灾难应急预案》《国家地震应急预案》等对特别重大、重大突发事件分级作了详细的规定，并同时明确较大和一般突发事件的分级标准由国务院主管部门确定。

对突发事件进行分级，目的是落实应急管理的责任和提高应急管理的效能。

（三）突发事件的分期

突发事件通常遵循一个特定的生命周期，有发生、发展、减缓和结束的阶段，需要采取不同的应急措施。根据可能造成危害和威胁、实际危害已经发生、危害减弱和恢复，可将突发事件总体上划分为预警期、爆发期、缓解期和善后期4个阶段。

应急管理的目的是通过提高对突发事件发生的预见能力，事件发生后的处置能力，以及善后恢复阶段的重建能力，及时有效化解危急状态，尽快恢复正常的生活秩序。

三、应急管理的概念与基本特征

（一）应急管理的概念

应急管理是指政府及其他公共机构在突发事件的事前预防、事发应对、事中处置和善后恢复过程中，通过建立必要的应对机制，采取一系列必要措施，应用科学、技术、规划与管理等手段，保障公众生命、健康和财产安全，促进社会和谐健康发展的有关活动。

（二）应急管理的基本特征

应急管理具有鲜明的公共性、以突发事件应对为中心、宏微观兼备等三个主要特征，见图9-2。

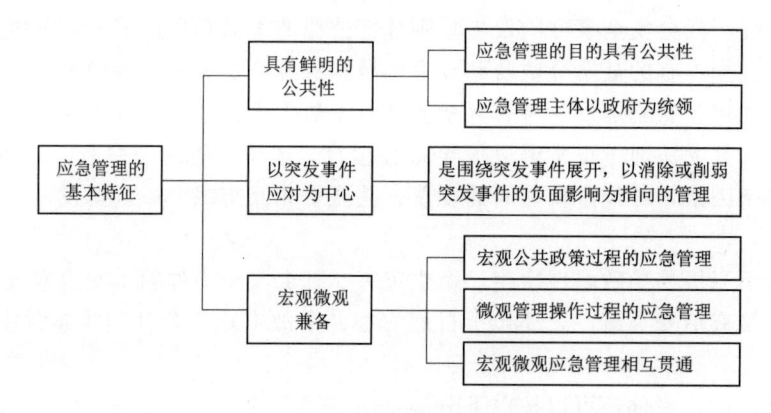

图9-2 应急管理的基本特征

1. 具有鲜明的公共性

应急管理不仅包括政府的应急管理，还包括生产经营单位和其他社会组织的应急管理。总体而言，应急管理具有鲜明的公共性。

（1）应急管理的目的具有公共性。突发事件是发生在公共领域的事件，威胁全社会或局部的利益，可能给全体或部分公众的生命健康和财产安全造成损失。因此，突发事件影响到的是公共利益，而应急管理的目的就是要最大限度地避免和减少突发事件给公众造成的生命健康和财产损失，维护公共利益，维护公共安全。

（2）应急管理主体以政府为统领。应急管理主要是针对公共突发事件的应急管理，公权力机构对应急管理依法负有重要责任。国家和各级政府通过法律法规和各种公共管理工具为一国、一地区的应急管理工作设定体系框架。政府既是应急管理活动的主要执行者，也是主要监督者。

2. 以突发事件应对为中心

一般管理领域大多以实现一定的目标为中心开展管理活动，这些目标或者聚焦于维持某系统的运作，或者聚焦于开展新的活动、创造新的价值。只有应急管理是围绕突发事件展开，以消除或削弱突发事件的负面影响为指向的管理。应急管理往往被称为突发事件应急管理，这一称谓体现了应急管理以突发事件应对为中心的管理特点。

3. 宏观微观兼备

由于应急管理的公共性，应急管理过程表现为一种宏观的公共政策过程；由于其以突发事件为中心的属性，应急管理过程也表现为一种特殊的微观管理操作过程。

（1）作为宏观公共政策过程的应急管理。公共政策是公共权力机关所选择和制定的旨在解决公共问题、达成公共目标、实现公共利益的方案，其作用是规范和指导有关机构、团体或个人的行动，其表达形式包括法律法规、行政规定或命令、国家领导人口头或书面的指示、政府规划等。因此，从广义上讲，各种政府应急管理规范都是应急管理公共政策的产物。

（2）作为微观管理操作过程的应急管理。在对具体突发事件应对的微观管理层面，应急管理包括事前、事中、事后各个环节。本书中所阐述的应急管理过程的各个环节可以视为微观应急管理的各个环节。

（3）宏观微观应急管理相互贯通。应急管理的宏观微观两个层面不是截然分开的。宏观应急管理政策的执行过程需要落实到每一具体的应急管理执行机构的微观应急管理实践中；微观层面的应急管理需要宏观层面的应急管理来规范和指引。

第二节　依据及充分性必要性

一、依据

（一）法律法规

（1）《中华人民共和国安全生产法》（主席令第 88 号）。

（2）《中华人民共和国突发事件应对法》（主席令第 69 号）。

（3）《生产安全事故应急条例》（国务院令第 708 号）。

（4）《山东省安全生产条例》（鲁人常〔2021〕185 号）。

（二）规章

（1）《生产安全事故应急预案管理办法》（应急管理部令第 2 号）。

（2）《山东省生产安全事故应急办法》（山东省人民政府令第 341 号）。

（三）规范性文件

（1）《山东省人民政府安全生产委员会办公室关于进一步加强应急预案和应急演练工作的通知》（鲁安办发〔2022〕2 号）。

（2）《山东省水利厅关于推进水利安全生产"五体系"建设的通知》（鲁水监督函字〔2021〕101 号）。

（四）标准规范

（1）GB/T 29639—2020《生产经营单位生产安全事故应急预案编制导则》。

（2）AQ/T 9007—2019《生产安全事故应急演练基本规范》。

二、充分性及必要性

（一）应急管理体系的重要作用

应急管理体系是国家层面处理紧急事务或突发事件的行政职能及其载体系统，是政府

第九章 应急管理体系建设

应急管理的职能与机构之和。做好应急管理工作是实现经济社会又好又快发展的必然要求，是构建社会主义和谐社会、保障人民生命财产安全的必然要求。

随着现阶段社会和经济高度发展，公共安全和应急管理工作面临的形势更加严峻复杂，各种事故灾害的高效解决也依托于良好的应急管理工作。在全面的事故灾害应急管理工作支持作用下，即便发生事故灾害，相关人员也能在第一时间采取行动进行应急处理。由此，对应急管理工作的完善与总结是十分必要的，这就要求相关单位从应急管理问题处理入手，引导相关人员有序进行管理工作的执行与落实。

1. 加强应急管理工作是以人为本、执政为民的重要体现

人民政府的根本宗旨就是为人民服务。保障人民群众的利益不受侵害、不受损失，是各级政府义不容辞的责任。突发公共事件发生的概率较小，但一旦发生，造成的损失和影响都是难以估量的。建立完善应急管理体系，防止和避免给人民群众生命财产造成重大损失，是各级政府管理和服务社会的重要职能。

2. 加强应急管理工作是构建社会主义和谐社会的重要保障

加强应急管理工作，及时化解各种矛盾和危机，有利于保持社会秩序稳定，为构建和谐社会创造稳定的社会环境。现在，社会利益关系错综复杂，自然灾害频繁出现，重大疫情等公共卫生事件时有发生，安全生产隐患较大，资源能源紧缺，环保压力也在加大。这就需要按照构建社会主义和谐社会的要求，重视加强应急管理工作，积极预防和有效化解水利安全生产中面临的新情况新问题，为实现经济社会更好更快地发展，提供安全、稳定、和谐的环境。

3. 加强应急管理工作是全面履行政府职能的重要内容

目前，应急管理仍然是政府工作中一个薄弱环节。加强应急管理工作建设是各级各部门的一项紧迫任务，应切实增加公共安全意识，全面履行公共管理和服务职能，采取强有力措施，推进突发公共事件应急机制、体制建设，努力提高应对公共危机的能力。

（二）构建应急管理体系的现实意义

1. 中共中央高度重视

2006年1月8日，国务院颁布《国家突发公共事件总体应急预案》，明确提出了应对各类突发公共事件的六条工作原则：以人为本，减少危害；居安思危，预防为主；统一领导，分级负责；依法规范，加强管理；快速反应，协同应对；依靠科技，提高素质。

2019年7月11日，应急部以部令第2号公布《应急管理部关于修改〈生产安全事故应急预案管理办法〉的决定》，自2019年9月1日施行。

2021年12月30日，国务院印发《"十四五"国家应急体系规划》（国发〔2021〕36号），以全面贯彻落实习近平总书记关于应急管理工作的一系列重要指示和党中央、国务院决策部署，扎实做好安全生产、防灾减灾救灾等工作，积极推进应急管理体系和能力现代化。

2022年10月24日，应急管理部党委书记、部长王祥喜主持召开部党委会和部务会，会议强调，要全面深入领会党中央对新时代应急管理工作作出的决策部署，深入贯彻落实总体国家安全观，坚决扛起防范化解重大安全风险的政治责任，紧紧围绕完善国家应急管理体系、推动公共安全治理模式向事前预防转型、推进安全生产风险专项整治、提高防灾

减灾救灾和重大突发公共事件处置保障能力等重点任务，加强专题研究，明确具体工作思路、目标和措施，找准具体抓手，提高公共安全治理水平，更好满足人民群众日益增长的安全需要，不断开创应急管理事业发展新局面。

2. 山东省委、省政府相继出台相关文件

2019年12月9日，为进一步强化企业安全生产主体责任落实，山东省面向各市应急管理局、中级人民法院、人民检察院、公安局、省有关部门、单位发布了《关于强化企业安全生产主体责任落实的意见》（鲁应急发〔2019〕75号），有效期至2024年12月8日。

2021年4月1日，山东省人民政府于2020年12月29日通过了《山东省生产安全事故应急办法》（省政府令第341号），并于2021年4月1日起施行。明确了政府及生产经营单位的职责，规定了生产经营单位负责人接报后的7项应急救援措施。

2021年9月18日，山东省人民政府印发了《山东省突发事件总体应急预案》（鲁政发〔2021〕14号），认真贯彻落实省委、省政府有关部署和"综合＋行业"的工作要求，着力理顺应急管理责任，并结合机构改革后的部门职责分工，优化各级突发事件指挥协调机制，明确各方职责，压实设区的市、县（市、区）政府属地管理责任，强化各有关部门的行业领域突发事件防范应对责任。

2022年3月16日，山东省人民政府办公厅印发《山东省突发地质灾害应急预案》（鲁政办字〔2022〕22号），基于应急管理工作的新要求，本次修订的预案，着重对预防预警机制、信息报送流程、应急响应启动条件、启动程序、响应措施作出了具体明确规定，更有利于自然资源部门的预防预警和应急管理部门的应急处置工作。着重对山东省地质灾害应急救援指挥部各工作组职责和部门职责进行了调整。以提高山东省突发地质灾害应急反应能力，规范应急救援行为，确保突发地质灾害应急救援迅速、高效、有序进行。

3. 水利部相关文件

2014年1月16日，为切实做好水利安全生产应急管理工作，不断提高事故应急处置能力，根据中央领导同志近期关于安全生产工作的一系列指示批示和国务院安委会《通知》精神，结合水利行业实际，提出进一步加强水利安全生产应急管理工作，提高事故应急处置能力，水利部印发《关于进一步加强水利安全生产应急管理提高生产安全事故应急处置能力的通知》（水安监〔2014〕19号）。

2018年12月27日，为贯彻落实党中央、国务院关于安全生产工作的决策部署和《安全生产法》要求，构建安全风险分级管控和隐患排查治理双重预防机制，进一步规范和强化水利行业安全风险分级管控工作，依据中共中央、国务院《关于推进安全生产领域改革发展的意见》（中发〔2016〕32号）、《国务院安委会办公室关于印发标本兼治遏制重特大事故工作指南的通知》（安委办〔2016〕3号）和《国务院安委会办公室关于实施遏制重特大事故工作指南构建双重预防机制的意见》（安委办〔2016〕11号）等，水利部印发《水利部关于开展水利安全风险分级管控的指导意见》（水监督〔2018〕323号）。

2019年4月5日，水利部印发《水利部关于进一步加强黄土高原地区淤地坝工程安全运用管理的意见》（水保〔2019〕109号），提出要切实加强工程安全运用应急管理，确保人民生命安全是淤地坝工程安全管理必须坚守的底线。各地应认真落实淤地坝工程防汛预案和应急避险措施，建立顺畅的应急响应机制，确保工程安全运用。

第九章 应急管理体系建设

2020年4月24日，水利部印发《水利部办公厅关于进一步加强堤防水闸安全度汛工作的通知》（办运管函〔2020〕250号），要求大力强化工程运行应急管理，各级水行政主管部门要督促堤防、水闸管理单位，严格落实值班值守和汛期24小时值班制度，发现隐患、险情、事故等情况，按规定及时报告，及时处置。各工程管理单位要进一步完善防汛抢险、安全管理等应急预案，根据工程运行管理中可能出现的险情，有针对性地开展应急培训和演练。防汛抢险应急预案涉及下游群众和保护对象安全的，要做好与当地政府有关应急预案的衔接，明确预警方式和群众转移路线。遇有暴雨洪水和不利运行工况时，要加密巡查检查频次，及时采取有效的应急处置措施，确保工程运行安全。

2021年12月21日，水利部印发《水利部生产安全事故应急预案》（水监督〔2021〕391号），要求部机关各司局、部直属各单位编制完善生产安全事故应急预案或应急工作方案，以进一步规范水利部生产安全事故应急管理，提高防范和应对生产安全事故的能力。

2021年12月29日，水利部印发《水利部关于印发水利安全生产监督管理办法（试行）的通知》（水监督〔2021〕412号），就水利生产安全事故应急管理提出了明确要求。

2022年4月16日，水利部印发《水利部水旱灾害防御应急响应工作规程》（水防〔2022〕171号），适用于全国范围内江河洪水灾害、台风暴潮灾害、山洪灾害、干旱灾害、咸潮以及水库垮坝、堤防决口、水闸倒塌等次生衍生灾害的预防和应急处置。

2022年9月27日，为深入贯彻习近平总书记关于安全生产重要指示精神和党中央、国务院决策部署，认真落实全国安全生产电视电话会议精神，狠抓安全防范责任措施落实，坚决防范遏制水利生产安全事故发生，为党的二十大胜利召开营造良好氛围，水利部印发《水利部办公厅关于做好近期水利行业防风险保稳定工作的通知》（水明发〔2022〕138号）。要求全力做好安全应急保障工作。各地区各单位要继续加强水旱灾害风险研判和预警预报，强化工程巡查和值班值守，抓好防秋汛、防台风、防中小河流洪水和山洪灾害等重点工作，防范自然灾害引发生产安全事故。要统筹做好农村供水保障、病险水库除险加固、水利工程运行管理等各项水安全保障工作。要加强应急管理，制定完善应急预案，健全预警信息发布、部门联动响应、应急处置等机制，做好技术、队伍、料物、设备等准备，开展应急预案演练，做到险情早发现、早报告、早处置。要严肃工作纪律，严格执行领导干部带班、关键岗位24小时值班和事故信息报告制度，时刻保持通信联络和信息渠道畅通，坚决防止事故迟报、漏报、瞒报。

4. 山东省水利厅相关工作

2018年11月29日，山东省水利厅召开生产安全事故应急预案专家评审会，评审《山东省水利厅生产安全事故应急预案（试行）》（以下简称《预案》）。水利部、淮河水利委员会、省安全生产应急指挥中心、济南市城乡水务局等单位的代表和特邀专家参加了会议。

会议成立了专家组，经认真讨论，专家组一致认为，《预案》与山东省人民政府及水利部应急预案相互衔接，同水利厅其他专项应急预案形成体系，符合有关法律、规章、标准和规范性文件要求，各项要素齐全；危险源辨识与风险分析评价切合单位应急管理的工作实际，与生产安全事故应急处置能力相适应；组织体系、应急响应程序、处置方案和保障措施等符合实际,信息报送符合要求;具有较强针对性、适用性和可操作性。

2021年10月3日,山东省水利厅向各市水利(水务)局印发通知,对当前严峻防汛形势进行再部署再落实,要求全省各级水利系统要进一步做好洪水防御和强降雨防范,切实保障人民群众生命安全。

2021年底,山东省水利厅主要依据《中共中央 国务院关于推进安全生产领域改革发展的意见》有关规定和《中华人民共和国安全生产法》《山东省安全生产条例》《山东省生产安全事故应急办法》《山东省生产安全事故报告和调查处理办法》等,制定印发山东省水利厅关于印发《山东省水利安全生产监督管理办法(试行)》。《办法》共41条,共分总则、水利生产经营单位安全生产管理、水利安全生产监督管理、水利生产安全事故报告与处置、附则5个章节,对适用范围、工作原则、各级职责、重点工作内容等作出明确规定,为切实加强水利安全生产监督管理工作提供了制度保障。本办法自2022年10月1日施行,有效期至2024年9月30日。

2022年8月5日,为加强全省水利行业安全生产监督管理,防范和遏制水利生产安全事故,根据《中共中央 国务院关于推进安全生产领域改革发展的意见》有关规定和《中华人民共和国安全生产法》《山东省安全生产条例》《山东省生产安全事故应急办法》《山东省生产安全事故报告和调查处理办法》等有关法律法规,制定《山东省水利安全生产监督管理办法(试行)》,本办法自2022年10月1日起施行,有效期至2024年9月30日。

第三节 应急管理体系建设

一、应急管理工作内容与流程

(一)"一案三制"

应急管理主要工作可以概括为"一案三制"。

"一案"是指制定修订应急预案,根据发生和可能发生的突发事件,事先研究制定的应对计划和方案。应急预案包括各级政府总体预案、专项预案和部门预案,以及基层单位的预案和大型活动的单项预案;生产安全事故应急预案主要包括综合应急预案、专项应急预案和现场处置方案。

"三制"是指应急工作的管理体制、运行机制和法制。

建立健全和完善应急管理体制。主要建立健全集中统一、坚强有力的组织指挥机构,发挥我们国家的政治优势和组织优势,形成强大的社会动员体系。建立健全以事发地党委、政府为主,有关部门和相关地区协调配合的领导责任制,建立健全应急处置的专业队伍、专家队伍,必须充分发挥军队、武警和预备役民兵的重要作用。

建立健全和完善应急运行机制。主要是建立健全监测预警机制、信息报告机制、应急决策和协调机制、分级负责和响应机制、公众的沟通与动员机制、资源的配置与征用机制、奖惩机制和城乡社区管理机制等。

建立健全和完善应急法制。主要是加强应急管理的法制化建设,把整个应急管理工作建设纳入法制和制度的轨道,按照有关的法律法规来建立健全预案,依法行政,依法实施应急处置工作,要把法治精神贯穿于应急管理工作的全过程。

第九章　应急管理体系建设

（二）主要流程

在应急管理领域，不同国家对应急管理过程有不同的表述。我国《突发事件应对法》规定，突发事件应对包括预防与应急准备、监测与预警、应急处置与救援、事后恢复与重建四个方面，这也通常被理解为应急管理的四个阶段。在美国，通常的提法是灾害减除、准备、响应、恢复四个环节。

在本节中，综合国内外有关方面的表述，将应急管理过程分为预防与监测、应急准备、应急响应和恢复重建四个环节。其中，预防与监测是贯穿于应急管理各个主要环节中的工作，而应急准备、应急响应、恢复重建三个环节基本是对应突发事件应对的事前、事中、事后管理，是具有前后接续性质的工作。

1. 预防与监测

（1）预防。预防是指为了消除突发事件出现的机会和减轻突发事件的危害所做的各种预防性工作。有的突发事件是可以预防的，有的则是无法避免的。对于无法避免的突发事件，可以采取措施减轻其危害后果。最为普遍的做法就是做好风险管理工作，及早预测可能面临的风险及危害后果，从而制定和采取相应的预防措施。

依据《突发事件应对法》，我国县级人民政府应当对本行政区域内容易引发自然灾害、事故灾难和公共卫生事件的危险源、危险区域进行调查、登记、风险评估，定期进行检查、监控，并责令有关单位采取安全防范措施。省级和设区的市级人民政府应当对本行政区域内容易引发特别重大、重大突发事件的危险源、危险区域进行调查、登记、风险评估，组织进行检查、监控，并责令有关单位采取安全防范措施。县级以上地方各级人民政府按照该法规定登记的危险源、危险区域，应当按照国家规定及时向社会公布。

（2）监测。监测是指在突发事件发生前后，利用各种仪器、设备和人工等对自然灾害、事故灾难、公共卫生事件与社会安全事件的危险要素及其先兆进行持续不断的监视与测量，收集相关数据与信息，分析与评估突发事件发生的可能性及其可能造成的严重后果，并及时向有关部门汇报监测情况，以便发布预警信息。

因此，监测有以下六层含义：一是监测的时间涉及突发事件的事前、事中和事后全过程；二是监测的目的是为决策者提供决策参考，及时发布预警信息；三是监测的手段包括技术与人工两种方式；四是监测的对象是各类突发事件的危险要素及其先兆；五是监测的过程主要是对收集到的数据与信息进行研究判断，上报评估结果；六是监测的特征是实时的、动态的。

2. 应急准备

应急准备是指为了应对潜在突发事件所做的各种准备工作，主要包括应急体系建设规划与实施、应急预案管理，以及一系列应急保障准备。在应急体系建设规划的统领下，主要的应急准备工作包括应急预案管理、培养应急管理者、开展公众应急教育、开展综合应急保障几个方面。

（1）应急预案管理。衡量突发事件应对能力的一个重要标准是应急预案制定和管理的水平。应急预案是区别现代应急管理与经验性应急管理的重要标志。制定应急预案的目的是增强应急决策科学性，明确各处置主体责任，提高处置效率。预案制定工作要通过调查和分析，针对突发事件的性质、特点和可能造成的社会危害，制定一系列的操作流程，内容一般包括五个方面：组织体系与职责、预防与预警机制、应急响应机制、应急保障机制、恢复与重建措施。要加强应急预案演练与宣传，增强操作人员应急意识和应急技能，通过演练和实战检验预案的可行性，为下次应对工作做好准备。

（2）培养应急管理者。当今世界突发事件频繁发生，对各国政府履行应急管理职能提出了更高的要求，应急管理人力资源准备必须跟进。要造就一批具有战略眼光，具有科学决策能力、较强组织协调能力、良好沟通能力的应急管理领导者，培养一批执行能力很强的应急管理工作人员。通过培训，提高他们的应急素质，使其能够迅速聚集资源，有条不紊地开展突发事件应对处置工作。

（3）开展公众应急教育。对公众开展应急科普宣教和培训也是应急准备的重要方面，目的在于增强公众应急意识和应急能力。公众应急教育的主阵地在学校和社区。

（4）开展综合应急保障。综合应急保障或者应急保障包括应急队伍、应急资金、应急物资与场所、应急信息通信体系等方面的保障工作。各级人民政府和全社会要不断加大对应急保障的投入，促使应急保障能力不断提高。

3. 应急响应

（1）预警与预警响应。预警是指根据监测得出的分析结果，在自然灾害、事故灾难和公共卫生突发事件等可能发生或者发生之前，消息获知者将风险信息及时告知潜在的受影响者，使其做好相应的避险准备。预警的时间跨度长短不一，时间短的预警仅有十几秒钟，例如地震预警；时间长的预警可以长达几天、几周甚至几年以上，例如水污染、臭氧层破坏等环境类突发事件预警。

预警具体有以下五层含义：一是预警发布时间是在突发事件还没发生，或者已经发生但是尚未到来之前；二是预警主体是提前获知突发事件即将或可能来临的组织或个人，通常各级政府是法定的预警发布者；三是预警对象是潜在的受影响者，包括当地居民、应急管理机构、媒体、救援人员、志愿者等；四是预警内容是有关可能发生，或者已经发生但是尚未到来的突发事件的风险信息及行动建议；五是预警目的是警告潜在的受影响者，并通过提供行动建议，促使其采取合理的避险措施。

宣布进入预警期后，各级政府往往根据即将发生的突发事件的特点和可能造成的危害，采取必要的预警响应措施。这些措施包括：启动应急响应程序；及时收集、报告有关信息，定时向社会发布与公众有关的突发事件预测信息和分析评估结果，及时向社会发布可能受到突发事件危害的警告；必要时，责令应急救援队伍、负有特定职责的人员进入待命状态，调集应急救援所需物资、设备、工具，准备应急设施和避难场所，加强对重点单位、重要部位和重要基础设施的安全保卫，维护社会治安秩序，确保交通、通信、供水、排水、供电、供气、供热等公共设施的安全和正常运行，转移、疏散或者撤离易受突发事件危害的人员并予以妥善安置，转移重要财产，关闭或者限制使用易受突发事件危害的场所等。

发布突发事件警报的政府应当根据事态的发展，按照有关规定适时调整预警级别并重新发布。有事实证明不可能发生突发事件或者危险已经解除的，发布警报的政府应当立即宣布解除警报，终止预警期，并解除已经采取的有关措施。

（2）应急处置与救援。应急处置是指突发事件发生后，履行统一领导职责或者组织处置突发事件的行为主体（通常是某一级政府），组织有关部门、调动应急救援队伍和社会力量，依照有关法律、法规、规章的规定采取应急处置措施的过程。

应急处置属于应急响应的重要内容，人们经常将应急响应与应急处置相提并论，但两者是有区别的。从时间来看，应急处置是在突发事件发生后采取的行动，应急响应则不一定发生在突发事件发生之后。如预警台风即将来临时，公众疏散到避难场所，就属于应急响应的内容。从活动内容看，应急响应不仅包括应急处置，还包括突发事件预警之后、发生之前的预警响应活动，以及信息公开、危机沟通等多方面的活动。从组织主体来看，应急响应主体可以是政府、专业力量、公众、志愿者等，而应急处置工作主要是由行政机关主导的。

应急救援是有关行为主体组织应急救援队伍和工作人员营救受害人员、疏散、撤离、安置受到威胁的人员，控制危险源，标明危险区域，封锁危险场所，并采取其他防止危害扩大的必要措施等工作。因此，应急处置是突发事件发生后的总体性应急响应行动，而应急救援是应急处置中的技术性操作行动。

应急处置与救援通常可以分为如下三个阶段：

1）重点响应期：这一时期是基层紧急投入拯救生命、各个层面紧急动员起来的紧急期。在一定程度上，这一时期也是无序期。到该期末，各个层级的应急指挥体系大多较为完整地建立起来，不少地方在该期末都召开第一次指挥部会议。

2）全面响应期：这一时期属于黄金救援期，既是各项抢险救灾工作全面展开的时期，也是人员搜救、基础设施抢险任务异常繁重的时期。

3）深度响应期：这一时期是各项工作秩序基本形成，把受灾群众安置、次生灾害防治作为重点工作的时期。该阶段对各项工作的系统性和工作质量要求高，因此成为深度响应期。

（3）应急结束。应急结束是指应急处置工作结束，或者相关危险因素消除后，现场应急指挥机构撤销的工作环节。通常情况，政府要宣布应急结束并启动恢复重建工作。

4. 恢复重建

突发事件的威胁和危害得到基本控制和消除后，应当及时组织开展事后恢复工作，以减轻突发事件造成的损失和影响，尽快恢复生产、生活和社会秩序，妥善解决处置突发事件过程中引发的矛盾和纠纷，并在条件允许时，对基础设施等乘势进行重建。

人们对突发事件应对中的"恢复"与"重建"有不同的界定，广义的恢复包括重建。广义的恢复不但是对被破坏事物的修补和复原，更重要的是实施经济、政治、社会和环境等一系列措施，重建政府运转和服务功能，为受影响的人们提供长期的关爱和治疗，是一个复杂的过程和系统工程。广义的恢复是社会发展过程的一部分和不可缺少的重要环节。

另外，与恢复和重建密切相关的还有"后期处置""善后处理"或者"善后处置"等概念。本部分将恢复重建作为突发事件应急处置之后的一个"事后"阶段来对待，其主要工作包括评估总结、恢复、重建三个环节。应急管理过程见图9-3。

（1）评估总结。评估是指突发事件应急处置工作结束后，应当立即组织对突发事件造成的损失进行评估。总结是指应当及时查明突发事件的发生原因和经过，总结突发事件应急处置工作的经验教训，制定改进措施。

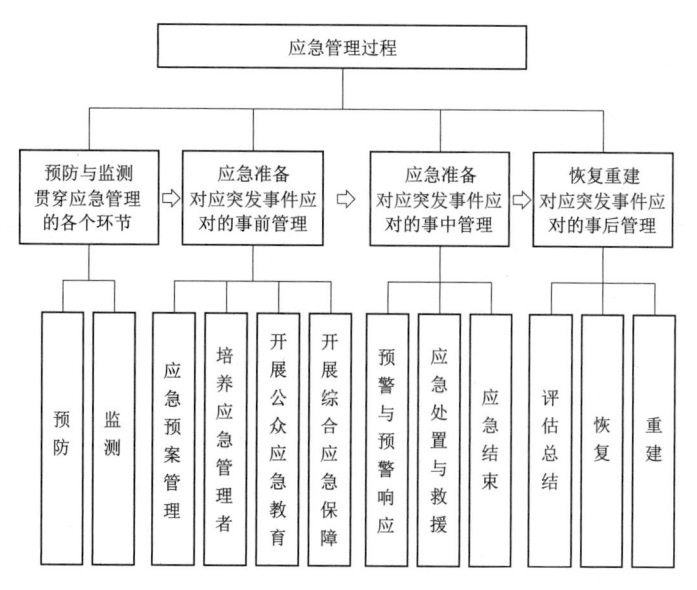

图 9-3 应急管理过程

在这个环节中,如果涉及组织或者个人的责任问题,则可能会有责任追究环节。责任追究是指组织或者个人违反有关规定,导致突发事件发生或者危害扩大,给他人人身、财产造成损害的,应当依法承担法律责任,或者依规承担相应责任。除了追究责任,还需要对有功人员或者组织进行表彰奖励。

(2) 恢复。恢复主要是使遭受突发事件破坏的设施与受影响的个人和组织回到突发事件发生前的状态。因此,在绝大多数情况下,突发事件的恢复是在应急处置结束后,应对主体为恢复正常的社会秩序和运行状态所采取的一切措施的总和,是突发事件应对的最后一个阶段,使遭受突发事件影响者恢复到正常状态。它大多开始于突发事件的稳定,结束于正常状态的回归。有的恢复是有计划的,有的由于时间紧迫是临时性的,尤其是最初时期的恢复,往往没有足够的时间来制定计划。

(3) 重建。重建,简而言之,就是事后的再次建设。由于各类突发事件的性质不同,存在有的突发事件"有恢复无重建"的现象。例如,在一些相对小的事故灾难中,事情结束了也就意味着基本恢复到正常状态了。一般情况,重建是在较大的、非常显著的或者毁灭性破坏的基础上才有的。重建是在全面规划之后全方位开展的经济与社会体系的重新建设,既包括物质层面的重建,又包括社会层面和心理精神层面的重建。

二、应急预案管理

根据《突发事件应急预案管理办法》(国办发〔2013〕101号),应急预案是指各级人民政府及其部门、基层组织、企事业单位、社会团体等为依法、迅速、科学、有序应对突发事件,最大程度减少突发事件及其造成的损害而预先制定的工作方案。根据 GB/T 29639—2020《生产经营单位生产安全事故应急预案编制导则》,生产安全事故应急预案是指针对可能发生的事故,为最大程度减少事故损害而预先制定的应急准备工作方案。具体讲,应急预案就是针对具体设备、设施、场所和环境,为降低事故造成的人身、财产与环境损失,就事故发生后的应急救援机构和人员,应急救援的设备、设施、条件和环境,行动的步骤和纲领，控制事故发展的方法和程序等，预先做出科学而有效的计划和安排。

（一）应急预案的分类

1. 按制定主体划分

根据《突发事件应急预案管理办法》（国办发〔2013〕101号）规定，应急预案按照制定主体划分，分为政府及其部门应急预案、单位和基层组织应急预案两大类。

（1）政府及其部门应急预案。政府及其部门应急预案由各级人民政府及其部门制定，包括总体应急预案、专项应急预案、部门应急预案等。

应急预案按照制定主体划分，分为政府及其部门应急预案、单位和基层组织应急预案两大类。政府及其部门应急预案由各级人民政府及其部门制定，包括总体应急预案、专项应急预案、部门应急预案等。

总体应急预案是应急预案体系的总纲，是政府组织应对突发事件的总体制度安排，由县级以上各级人民政府制定。

专项应急预案是政府为应对某一类型或某几种类型突发事件，或者针对重要目标物保护、重大活动保障、应急资源保障等重要专项工作而预先制定的涉及多个部门职责的工作方案，由有关部门牵头制定，报本级人民政府批准后印发实施。

部门应急预案是政府有关部门根据总体应急预案、专项应急预案和部门职责，为应对本部门（行业、领域）突发事件，或者针对重要目标物保护、重大活动保障、应急资源保障等涉及部门工作而预先制定的工作方案，由各级政府有关部门制定。

鼓励相邻、相近的地方人民政府及其有关部门联合制定应对区域性、流域性突发事件的联合应急预案。

1）总体应急预案是应急预案体系的总纲，是政府组织应对突发事件的总体制度安排，由县级以上各级人民政府制定。

2）专项应急预案是政府为应对某一类型或某几种类型突发事件，或者针对重要目标物保护、重大活动保障、应急资源保障等重要专项工作而预先制定的涉及多个部门职责的工作方案，由有关部门牵头制定，报本级人民政府批准后印发实施。

3）部门应急预案是政府有关部门根据总体应急预案、专项应急预案和部门职责，为应对本部门（行业、领域）突发事件，或者针对重要目标物保护、重大活动保障、应急资源保障等涉及部门工作而预先制定的工作方案，由各级政府有关部门制定。

（2）单位和基层组织应急预案。单位和基层组织应急预案由机关、生产经营单位、事业单位、社会团体和居委会、村委会等法人和基层组织制定，侧重明确应急响应责任人、风险隐患监测、信息报告、预警响应、应急处置、人员疏散撤离组织和路线、可调用或可请求援助的应急资源情况及如何实施等，体现自救互救、信息报告和先期处置特点。

2. 按预案功能划分

根据《生产安全事故应急预案管理办法》和 GB/T 29639—2020《生产经营单位生产安全事故应急预案编制导则》，生产经营单位生产安全事故应急预案可分为综合应急预案、专项应急预案和现场处置方案。

综合应急预案是指生产经营单位为应对各种生产安全事故而制定的综合性工作方案，是本单位应对生产安全事故的总体工作程序、措施和应急预案体系的总纲。

专项应急预案是指生产经营单位为应对某一种或者多种类型生产安全事故，或者针对重要生产设施、重大危险源、重大活动防止生产安全事故而制定的专项性工作方案。专项应急预案与综合应急预案中的应急组织机构、应急响应程序相近时，可不编写专项应急预案，相应的应急处置措施并入综合应急预案。

现场处置方案是指生产经营单位根据不同生产安全事故类型，针对具体场所、装置或者设施所制定的应急处置措施。

对于生产安全事故应急管理而言最为重要的是事故现场第一时间的应急处置，因此，现场处置方案在应急预案体系中尤为重要。现场处置方案应具体、简单、针对性强，重点规范事故风险的描述、应急工作职责、应急处置措施和注意事项，体现自救互救、信息报告和先期处置的特点。对于危险性较大的场所、装置或者设施，生产经营单位应当编制现场处置方案。事故风险单一、危险性小的生产经营单位可只编制现场处置方案。

（二）应急预案的内容

根据 GB/T 29639—2020《生产经营单位生产安全事故应急预案编制导则》，生产安全事故应急预案主要内容如下。

1. 综合应急预案

（1）总则：

1）适用范围：说明应急预案适用的范围。

2）响应分级：依据事故危害程度、影响范围和生产经营单位控制事态的能力，对事故应急响应进行分级，明确分级响应的基本原则。响应分级不必照搬事故分级。

（2）应急组织机构及职责。明确应急组织形式及构成单位（部门）的应急处置职责，应急组织机构可设置相应的工作小组，各小组具体构成、职责分工及行动任务应以工作方案的形式作为附件。

（3）应急响应：

1）信息报告。明确应急值守电话、事故信息接收、内部通报程序、方式和责任人，向上级主管部门、上级单位报告事故信息的流程、内容、时限和责任人，以及向本单位以外的有关部门或单位通报事故信息的方法、程序和责任人。

明确响应启动的程序和方式。根据事故性质、严重程度、影响范围和可控性，结合响应分级明确的条件，可由应急领导小组作出响应启动的决策并宣布，或者依据事故信息是否达到响应启动的条件自动启动。

2）预警。明确预警信息发布渠道、方式和内容；明确作出预警启动后应开展的响应准备工作，包括队伍、物资、装备、后勤及通信；明确预警解除的基本条件、要求及责任人。

3）响应启动。确定响应级别，明确响应启动后的程序性工作，包括应急会议召开、信息上报、资源协调、信息公开、后勤及财力保障工作。

4）应急处置。明确事故现场的警戒疏散、人员搜救、医疗救治、现场监测、技术支持、工程抢险及环境保护方面的应急处置措施，并明确人员防护的要求。

5）应急支援。明确当事态无法控制情况下，向外部（救援）力量请求支援的程序及要求、联动程序及要求，以及外部（救援）力量到达后的指挥关系。

6）响应终止。明确响应终止的基本条件、要求和责任人。

7) 后期处置。明确污染物处理、生产秩序恢复、人员安置方面的内容。

（4）应急保障：

1) 通信与信息保障。明确应急保障的相关单位及人员通信联系方式和方法，以及备用方案和保障责任人。

2) 应急队伍保障。明确相关的应急人力资源，包括专家、专兼职应急救援队伍及协议应急救援队伍。

3) 物资装备保障。明确本单位的应急物资和装备的类型、数量、性能、存放位置、运输及使用条件、更新及补充时限、管理责任人及其联系方式，并建立台账。

4) 其他保障。根据应急工作需求而确定的其他相关保障措施，如能源保障、经费保障、交通运输保障、治安保障、技术保障、医疗保障及后勤保障等。

2. 专项应急预案

（1）适用范围。说明专项应急预案适用的范围，以及与综合应急预案的关系。

（2）应急组织机构及职责。明确应急组织形式及构成单位（部门）的应急处置职责。应急组织机构以及各成员单位或人员的具体职责，应急组织机构可以设置相应的应急工作小组，各小组具体构成、职责分工及行动任务建议以工作方案的形式作为附件。

（3）响应启动。明确响应启动后的程序性工作，包括应急会议召开、信息上报、资源协调、信息公开、后勤及财力保障工作。

（4）处置措施。针对可能发生的事故风险、危害程度和影响范围，明确应急处置指导原则，制定相应的应急处置措施。

（5）应急保障。根据应急工作需求明确保障的内容。

3. 现场处置方案

（1）事故风险描述。简述事故风险评估的结果。

（2）应急工作职责。明确应急组织分工和职责。

（3）应急处置。包括但不限于下列内容：

1) 根据可能发生的事故及现场情况，明确事故报警、各项应急措施启动、应急救护人员的引导事故扩大及同生产经营单位应急预案的衔接程序。

2) 针对可能发生的事故，从人员救护工艺操作、事故控制、消防、现场恢复等方面制定明确的应急处置措施。

3) 明确报警负责人以及报警电话及上级管理部门、相关应急救援单位联络方式和联系人员，事故报告基本要求和内容。

（4）注意事项。包括人员防护和自救互救、装备使用、现场安全等方面的内容。

（三）应急预案编制步骤

应急预案编制程序包括成立应急预案编制工作组、资料收集、风险评估、应急资源调查、应急预案编制、桌面推演、应急预案评审和批准实施 8 个步骤。

1. 成立应急预案编制工作组

结合本单位职能和分工，成立以单位有关负责人为组长，单位相关部门人员参加的应急预案编制工作组，明确工作职责和任务分工。制定工作计划，组织开展应急预案编制工作。预案编制工作组中应邀请相关救援队伍以及周边相关部门、单位、生产经营单位或社区代表参加。

2. 资料收集

资料收集是编制应急预案的重要基础工作。应急预案编制工作组应收集下列相关资料：法律法规、部门规章、地方性法规和政府规章、技术标准及规范性文件；周边地质、地形、环境情况及气象、水文、交通资料；本单位功能区划分、建构筑物平面布置等资料；工艺流程、工艺参数、作业条件、设备装置及风险评估资料；本单位历史事故与隐患、国内外同行业事故资料；相关应急预案。

3. 风险评估

开展生产安全事故风险评估，撰写评估报告，其内容包括但不限于：本单位存在的危险有害因素，确定可能发生的生产安全事故类别；分析各种事故类别发生的可能性，危害后果和影响范围；评估确定相应事故类别的风险等级。

4. 应急资源调查

全面调查和客观分析本单位以及周边单位和政府部门可请求援助的应急资源状况，编写应急资源调查报告，其内容包括但不限于：本单位可调用的应急队伍、装备、物资、场址；对生产过程及存在的风险可采取的监测、监控、报警手段；上级单位当地政府及周边单位可提供的应急资源；可协调使用的医疗、消防、专业抢险救援机构及其他社会化应急救援力量。

5. 应急预案编制

应急预案编制应当遵循以人为本、依法依规、符合实际、注重实效的原则，以应急处置为核心。体现自救互救和先期处置的特点，做到职责明确、程序规范、措施科学。尽可能简明化、图表化、流程化。

应急预案编制工作包括但不限于：依据事故风险评估及应急资源调查结果，结合本单位组织管理体系、生产规模及处置特点，合理确立本单位应急预案体系；结合组织管理体系及部门业务职能划分，科学设定本单位应急组织机构及职责分工；依据事故可能的危害程度和区域范围，结合应急处置权限及能力，清晰界定本单位的响应分级标准，制定相应层级的应急处置措施；按照有关规定和要求，确定事故信息报告、响应分级与启动、指挥权移交、警戒疏散方面的内容，落实与相关部门和单位应急预案的衔接。

6. 桌面推演

按照应急预案明确的职责分工和应急响应程序，结合有关经验教训，相关部门及其人员可采取桌面演练的形式，模拟生产安全事故应对过程，逐步分析讨论并形成记录，检验应急预案的可行性，并进一步完善应急预案。

7. 应急预案评审

应急预案编制完成后，生产经营单位应按法律法规有关规定组织评审或论证。

8. 批准实施

通过评审的应急预案，由生产经营单位主要负责人签发实施。

（四）应急预案评审、公布和备案

1. 评审

预案编制工作小组或牵头单位应当将预案送审稿及各有关单位复函和意见采纳情况说

明、编制工作说明等有关材料报送应急预案审批单位。因保密等原因需要发布应急预案简本的，应当将应急预案简本一起报送审批。

应急预案审核内容主要包括预案是否符合有关法律、行政法规，是否与有关应急预案进行了衔接，各方面意见是否一致，主体内容是否完备，责任分工是否合理明确，应急响应级别设计是否合理，应对措施是否具体简明、可行等。必要时，应急预案审批单位可组织有关专家对应急预案进行评审。

矿山、金属冶炼、建筑施工生产经营单位和易燃易爆物品、危险化学品的生产、经营、储存生产经营单位，以及使用危险化学品达到国家规定数量的化工生产经营单位、烟花爆竹生产、批发经营生产经营单位和中型规模以上的其他生产经营单位，应当对本单位编制的应急预案进行评审，并形成书面评审纪要。其他生产经营单位应当对本单位编制的应急预案进行论证。

参加应急预案评审的人员应当包括有关安全生产及应急管理方面的专家。评审人员与所评审应急预案的生产经营单位有利害关系的，应当回避。应急预案的评审或者论证应当注重基本要素的完整性、组织体系的合理性、应急处置程序和措施的针对性、应急保障措施的可行性、应急预案的衔接性等内容。

2. 公布

生产经营单位的应急预案经评审或者论证后，由本单位主要负责人签署公布，并及时发放到本单位有关部门、岗位和相关应急救援队伍。事故风险可能影响周边其他单位、人员的，生产经营单位应当将有关事故风险的性质、影响范围和应急防范措施告知周边的其他单位和人员。

国家总体应急预案报国务院审批，以国务院名义印发；专项应急预案报国务院审批，以国务院办公厅名义印发；部门应急预案由部门有关会议审议决定，以部门名义印发，必要时，可以由国务院办公厅转发。地方各级人民政府总体应急预案应当经本级人民政府常务会议审议，以本级人民政府名义印发；专项应急预案应当经本级人民政府审批，必要时经本级人民政府常务会议或专题会议审议，以本级人民政府办公厅（室）名义印发；部门应急预案应当经部门有关会议审议，以部门名义印发，必要时，可以由本级人民政府办公厅（室）转发。单位和基层组织应急预案须经本单位或基层组织主要负责人或分管负责人签发，审批方式根据实际情况确定。

3. 备案

政府部门应急预案应当在印发后20个工作日内依照下列规定向有关单位备案：

（1）地方人民政府总体应急预案报送上一级人民政府备案。

（2）地方人民政府专项应急预案抄送上一级人民政府有关主管部门备案。

（3）部门应急预案报送本级人民政府备案。

（4）涉及需要与所在地政府联合应急处置的中央单位应急预案，应当向所在地县级人民政府备案。

地方各级应急管理部门的生产安全事故应急预案，应当报同级人民政府备案，并抄送上一级应急管理部门；其他负有安全生产监督管理职责的部门的应急预案，应当抄送同级应急管理部门。

易燃易爆物品、危险化学品等危险物品的生产、经营、储存、运输单位，矿山、金属冶炼、城市轨道交通运营、建筑施工单位，以及宾馆、商场、娱乐场所、旅游景区等人员密集场所经营单位，应当在应急预案公布之日起20个工作日内，按照分级属地原则，向县级以上人民政府应急管理部门和其他负有安全生产监督管理职责的部门进行备案。

上述单位属于央企的，其总部的应急预案报国务院主管的负有安全生产监督管理职责的部门备案，并抄送应急管理部；其所属单位的应急预案报所在地的省、自治区、直辖市或者设区的市级人民政府主管的负有安全生产监督管理职责的部门备案，并抄送同级人民政府应急管理部门。

上述单位不属于央企的，其中非煤矿山、金属冶炼和危险化学品生产、经营、储存、运输生产经营单位，以及使用危险化学品达到国家规定数量的化工生产经营单位、烟花爆竹生产、批发经营生产经营单位的应急预案，按照隶属关系报所在地县级以上地方人民政府应急管理部门备案；前述单位以外的其他生产经营单位应急预案的备案，由省、自治区、直辖市人民政府负有安全生产监督管理职责的部门确定。

（五）应急预案评估与修订

1. 评估

应急预案编制单位应当建立定期评估制度，对预案内容的针对性和实用性进行分析，并对应急预案是否需要修订做出结论，实现应急预案的动态优化和科学规范管理。

（1）评估程序：

1）成立评估组。结合本单位部门职能和分工，成立以单位相关负责人为组长，单位相关部门人员参加的应急预案评估组，明确工作职责和任务分工，制定工作方案。评估组成员人数一般为单数。生产经营单位可以邀请相关专业机构的人员或者有关专家参加应急预案评估，必要时委托安全生产技术服务机构实施。

2）资料收集分析。评估组应确定需评估的应急预案，收集相关资料，明确以下情况：

a. 法律法规、标准、规范性文件及上位预案中的有关规定变化情况。

b. 应急指挥机构和成员单位（部门）及其职责调整情况。

c. 面临的事故风险变化情况。

d. 重要应急资源变化情况。

e. 应急救援力量变化情况。

f. 预案中的其他重要信息变化情况。

g. 应急演练和事故应急处置中发现的问题及其他。

3）评估实施。采用资料分析、现场审核、推演论证、人员访谈的方式，对应急预案进行评估。

a. 资料分析：针对评估目的和评估内容，查阅法律法规、标准规范、应急预案、风险评估方面的相关文件资料，梳理有关规定、要求及证据材料，初步分析应急预案存在的问题。

b. 现场审核：依据资料分析的情况，通过现场实地查看、设备操作检验的方式，准确掌握并验证应急资源、生产运行、工艺设备方面的问题情况。

c. 推演论证：根据需要，采取桌面推演、实战演练的形式，对机构设置、职责分工、响应机制、信息报告方面的问题进行推演验证。

d. 人员访谈：采取抽样访谈或座谈研讨的方式，向有关人员收集信息、了解情况、考核能力、验证问题、沟通交流、听取建议，进一步论证有关问题情况。

4）评估报告编写。应急预案评估结束后，评估组成员沟通交流各自评估情况，对照有关规定及相关标准，汇总评估中发现的问题，并形成一致、公正客观的评估组意见，在此基础上组织撰写评估报告。

（2）评估内容。

1）应急预案管理要求。法律法规、标准、规范性文件及上位预案是否对应急预案作出新规定和要求，主要包括应急组织机构及其职责、应急预案体系、事故风险描述、应急响应及保障措施。

2）应急组织机构与职责。主要包括生产经营单位组织体系是否发生变化；应急处置关键岗位应急职责是否调整；重点部门应急职责与分工是否重新划分；应急组织机构或人员对应急职责是否存在疑义；应急机构设置与职责能否满足实际需要。

3）事故风险。主要包括生产经营单位事故风险分析是否全面客观；风险等级确定是否合理；是否有新增事故风险；事故风险防范和控制措施能否满足实际需要；依据事故风险评估提出的应急资源需求是否科学。

4）应急资源。生产经营单位对于本单位应急资源和合作区域内可请求援助的应急资源调查是否全面、与事故风险评估得出的实际需求是否匹配；现有的应急资源的数量、种类、功能、用途是否发生重大变化。

5）应急预案衔接。生产经营单位编制的各类应急预案之间是否相互衔接，是否与相关人民政府及其部门、应急救援队伍和涉及的其他单位的应急预案相衔接，对信息报告、响应分级、指挥权移交、警戒疏散作出合理规定。

6）实施反馈。在应急演练、应急处置、监督检查、体系审核及投诉举报中，是否发现应急预案存在组织机构、应急响应程序、先期处置及后期处置方面的问题。

7）其他。其他可能对应急预案内容的适用性产生影响的因素。

（3）评估报告主要内容：

1）评估人员情况：评估人员基本信息及分工情况，包括姓名、性别、专业、职务职称及签字；

2）预案评估组织：预案评估工作的组织实施过程和主要工作安排；

3）预案基本情况：应急预案编制单位、编制及实施时间及批准人；

4）预案评估内容：评估应急预案管理要求、组织机构与职责、主要事故风险、应急资源、应急预案衔接及应急响应级别划分方面的变化情况，以及实施反馈中发现的问题；

5）预案适用性分析：依据评估出的变化情况和问题，对应急预案各个要素内容的适用性进行分析，指出存在的不符合项；

6）改进意见和建议：针对评估出的不符合项，提出改进的意见和建议；

7）评估结论：对应急预案作出综合评价及修订结论。

2. 修订

有下列情形之一的，应当及时修订应急预案：

(1) 有关法律、行政法规、规章、标准、上位预案中的有关规定发生变化的。
(2) 应急指挥机构及其职责发生重大调整的。
(3) 面临的风险发生重大变化的。
(4) 重要应急资源发生重大变化的。
(5) 在突发事件实际应对和应急演练中发现问题需要做出重大调整的。
(6) 应急预案编制单位认为应当修订的其他情况。

应急预案修订涉及组织指挥体系与职责、应急处置程序、主要处置措施、突发事件分级标准等重要内容的，修订工作应参照《生产安全事故应急预案管理办法》规定的预案编制、审批、备案、公布程序组织进行。仅涉及其他内容的，修订程序可根据情况适当简化。

三、应急管理培训与应急演练

(一) 应急管理培训

1. 应急管理人员职责

应急管理人员是指为了预防突发事件的发生，监测突发事件，预警突发事件，响应突发事件，处置突发事件，救援突发事件，恢复突发事件所设部门及岗位的工作人员。应急管理人员要职责清楚，操作要熟练，应对突发事件要灵活，处置要正确，就必须通过全面、系统、反复的应急管理培训，并在应急演练、应急竞赛和实战中熟悉技能，积累丰富的经验，不断提高应急救援水平。因此，应急管理培训与应急演练，对于应急管理机构、人员灵活按照应急预案处置突发事件，圆满完成应急救援工作，至关重要。

应急管理人员一般具有以下职责：

(1) 履行应急值守、预案管理、信息汇总和综合协调职能，发挥政府应急管理工作的运转枢纽作用。

(2) 督促检查落实安全隐患的排查及整改，宣传普及预防、抗灾、避险、救援和减灾相关应急知识。

(3) 组织编制、修订应急预案并监督实施，掌握应急物资保障、应急装备、器材配置储存等有关情况。

(4) 督促应急组织机构、队伍建设和应急处置措施的落实，组织指导应急培训和演练。

(5) 联系协调突发事件预防预警、应急处置、事件调查、善后处理、事后评估和信息报送等工作。

(6) 负责接受和办理向政府、上级单位和部门报送的紧急事项，承办政府、上级单位和部门应急管理的专题会议，督促落实有关决定事项。

(7) 负责与有关专家及咨询机构的协调联系。

(8) 完成领导交办的其他工作。

2. 培训对象、内容与方法

(1) 培训对象：

1) 政府及派出机关人员。主要包括政府各级相关领导、政府各级相关部门人员、应急值班人员和社区工作人员。

2）企事业单位人员。主要包括企事业单位各级领导（企业法人、企业实际控制人、企业主管负责人）、安全生产管理人员及消防管理人员、专业应急救援人员、其他人员及临时外来人员和社会救援人员。

3）专职应急队伍。主要包括消防队伍，医疗卫生队伍，矿山、危险化学品、电力、专业工程抢险队伍。

(2) 培训内容：

1）应急管理法制教育主要包括应急管理法律法规、规章制度等。

2）应急管理基础知识教育主要包括应急管理概念、应急管理体系建设、危险因素辨识、重大危险源辨识、应急预案作用、应急预案的构成及编制实施管理。

3）应急管理工作主要包括应急管理检查、应急管理隐患整改、应急管理处置、应急救援工作、应急救援技能。

4）应急管理技能教育主要包括相关危险化学品、电力、工程施工等专业知识，风险分析方法，应急预案编制，应急物资储备与使用管理，应急装备选择、使用与维护，应急预案评审与改进，应急预案管理实施。

(3) 培训方法：

1）书本教育。编制通俗易懂的应急管理知识读本，进行全员发放，提高应急知识普及程度。

2）举办知识讲座。聘请外部专家进行系统的专业知识教育，或者对某一专题进行讲解。

3）内部培训班。组织单位内部具备相当业务水平的应急管理人员从上至下进行分层次的教育培训。

4）事故案例教育。选取近期典型事故案例，结合单位实际情况，进行生动灵活的教育。

5）互联网多媒体教育。利用幻灯片、三维动画模拟、影像资料、在线网络直播等互联网多媒体技术进行教育。

6）模拟演练。对应急预案进行模拟演练，锻炼应急人员的心理素质、应急技能，提高应急救援水平。

7）应急知识比赛或应急技能比武竞赛。开展知识问答比赛和区域间、单位间、部门间技能比武，设置相关奖励机制进行有效宣传。

(二) 应急演练

应急演练是应急管理的重要环节，在应急管理工作中有着十分重要的作用。通过开展应急演练，可以实现评估应急准备状态，发现并及时修改应急预案、执行程序等相关工作的缺陷和不足；评估突发公共事件的应急能力，识别资源需求，澄清相关机构、组织和人员的职责，改善不同机构、组织和人员之间的协调问题；检验应急响应人员对应急预案、执行程序的了解程度和实际操作技能水平，评估应急培训效果，分析培训需求。同时，作为一种应急培训手段，通过调整演练难度，可以进一步提高应急响应人员的业务素质和能力。

1. 应急演练目的

(1) 检验预案。通过开展应急演练，查找应急预案中存在的问题，进而完善应急预案，提高应急预案的针对性、实用性和可操作性。

(2) 完善准备。通过开展应急演练，完善应急管理标准制度，改进应急处置技术，检查应急队伍、物资、装备等方面的准备情况，发现不足及时予以调整补充，做好应急准备工作。

(3) 磨合机制。通过开展应急演练，进一步明确相关单位和人员的应急管理任务分工，理顺工作关系和响应程序，提高协调配合能力。

(4) 锻炼队伍。通过开展应急演练，提高参与演练的单位及人员对应急预案的熟悉程度，增强应急处置能力。

(5) 宣传教育。通过开展应急演练，普及应急知识，提高公众风险防范意识和自救互救等灾害应对能力。

2. 应急演练原则

(1) 符合相关规定，满足实际需要。应急演练工作应符合国家相关法律法规、标准及有关规定，紧密结合应急管理工作实际，明确演练目的，根据资源条件，确定演练方式和规模。

(2) 基于应急预案，注重能力提高。结合单位面临的风险及事故特点，依据应急预案组织开展演练，以提高应急指挥人员的指挥协调能力、应急队伍的实战能力为着眼点，重视对演练效果及组织工作的评估、考核，总结推广好的经验，及时整改存在问题。

(3) 精心组织策划，确保演练安全。围绕演练目的，精心策划演练内容，科学编制演练方案，周密组织演练活动，制定并严格遵守有关安全保障措施，确保参演人员及演练设备设施安全。

(4) 统筹规划设计，厉行勤俭节约。统筹规划应急演练活动，适当开展跨地区、跨部门、跨行业的综合性演练，充分利用现有资源，努力提高应急演练效益。

3. 应急演练类型

应急演练的分类方式有：按照演练内容可以分为综合性演练和单项演练，按照演练形式可以分为实战演练和桌面演练；按照演练目的和作用可以分为检验性演练、示范性演练和研究性演练。

(1) 按演练内容：

1) 综合性演练是指涉及应急预案中多项或全部应急响应功能的演练活动。它注重对多个环节和功能进行检验，特别是对不同单位（部门）之间应急机制和联合应对能力的检验。

2) 单项演练是指只涉及应急预案中特定应急响应功能或现场处置方案中一系列应急响应功能的演练活动。它注重针对一个或少数几个参与单位（岗位）的特定环节和功能进行检验。

(2) 按演练形式：

1) 实战演练是指参演人员利用应急处置涉及的设备和物资，针对事先设置的突发火灾事故情景及其后续的发展情景，通过实际决策、行动和操作，完成真实应急响应的过程，从而检验和提高相关人员的临场组织指挥、队伍调动、应急处置技能和后勤保障等应急能力。实战演练通常要在特定场所完成。

2）桌面演练是指参演人员利用地图、沙盘、流程图、计算机模拟、视频会议等辅助手段，针对事先假定的演练情景，讨论和推演应急决策及现场处置的过程，从而促进相关人员掌握应急预案中所规定的职责和程序，提高指挥决策和协同配合能力。桌面演练通常在室内完成。

（3）按演练目的和作用：

1）检验性演练是指为检验应急预案的可行性、应急准备的充分性、应急机制的协调性及相关人员的应急处置能力而组织的演练。

2）示范性演练是指为向观摩人员展示应急能力或提供示范教学，严格按照应急预案规定开展的表演性演练。

3）研究性演练是指为研究和解决突发火灾事故应急处置的重点、难点问题，试验新方案、新技术、新装备而组织的演练。

不同演练组织形式、内容及目的交叉组合，可以形成多种多样的演练方式。

4. 应急演练基本流程

应急演练实施基本流程包括计划、准备、实施、评估总结和持续改进5个阶段。计划阶段主要进行需求分析，明确应急演练目标任务，编制演练计划文本；准备阶段的主要任务是明确演练组织领导机构和实施机构，编制演练工作方案、演练脚本和评估方案等，进行必要的培训和预演，安排好演练的组织与实施需要的各项保障工作；实施阶段的主要任务是按照演练工作方案和脚本，确保各项演练设备设施完好、演练人员到位，完成各项演练活动，为演练评估总结收集信息；评估总结阶段的主要任务是评估总结演练参与各方在应急准备方面的问题和不足，明确改进的重点，提出改进计划；持续改进阶段的主要任务是按照改进计划，由相关单位实施落实，并对改进效果进行监督检查。

（1）计划阶段。在制定演练计划阶段首先需要确定演练目的、分析演练需求、确定演练任务，最终制定演练计划。

1）需求分析：全面分析和评估应急预案、应急职责、应急处置工作流程和指挥调度程序、应急技能和应急装备、物资的实际情况，提出需通过应急演练解决的内容，有针对性地确定应急演练目标，提出应急演练的初步内容和主要科目。

2）明确演练任务：确定应急演练的事故情景类型、等级、发生地域，演练方式，参演单位，应急演练各阶段主要任务，应急演练实施的拟定日期。

3）制定演练计划：根据需求分析及任务安排，组织人员编制演练计划文本。

（2）准备阶段。演练准备阶段的主要任务是根据演练计划成立演练组织机构，编制演练工作方案、脚本、评估方案等，并根据需要对演练方案进行培训和预演，落实保障措施。

1）成立演练组织机构。综合演练通常应成立演练领导小组，负责演练活动筹备和实施过程中的组织领导工作，审定演练工作方案、演练工作经费、演练评估总结以及其他需要决定的重要事项。演练领导小组下设策划与导调组、宣传组、保障组、评估组。根据演练规模大小，其组织机构可进行调整。

a. 策划与导调组：负责编制演练工作方案、演练脚本、演练安全保障方案，负责演练活动筹备、事故场景布置、演练进程控制和参演人员调度以及与相关单位、工作组的联络和协调；

b. 宣传组：负责编制演练宣传方案，整理演练信息、组织新闻媒体和开展新闻发布；

c. 保障组：负责演练的物资装备、场地、经费、安全保卫及后勤保障；

d. 评估组：负责对演练准备、组织与实施进行全过程、全方位的跟踪评估；演练结束后，及时向演练单位或演练领导小组及其他相关专业组提出评估意见、建议，并撰写演练评估报告。

2）编制文件。主要包括编制演练工作方案、演练脚本、演练评估方案、保障方案、观摩手册、宣传方案等。

演练工作方案内容主要包括目的及要求、事故情景、参与人员及范围、时间与地点、主要任务及职责、筹备工作内容、主要工作步骤、技术支撑及保障条件、评估与总结。

演练一般按照应急预案进行，根据工作方案中设定的事故情景和应急预案中规定的程序开展演练工作。演练单位根据需要确定是否编制脚本。演练脚本主要内容包括模拟事故情景、处置行动与执行人员、指令与对白、步骤及时间安排、视频背景与字幕、演练解说词等。

演练评估方案的主要内容包括：演练信息（目的和目标、情景描述，应急行动与应对措施简介等）、评估内容（各种准备、组织与实施、效果）、评估标准（各环节应达到的目标评判标准）、评估程序（主要步骤及任务分工）、相关附件（所需要用到的相关表格）。

演练保障方案应包括应急演练可能发生的意外情况、应急处置措施及责任部门、应急演练意外情况中止条件与程序。

3）工作保障。根据演练工作需要，做好演练的组织与实施需要相关保障条件。保障条件主要内容包括：

a. 人员保障。按照演练方案和有关要求，确定演练总指挥、策划导调、宣传、保障、评估、参演人员，必要时设置替补人员；

b. 经费保障。明确演练工作经费及承办单位；

c. 物资和器材保障。明确各参演单位所准备的演练物资和器材；

d. 场地保障。根据演练方式和内容，选择合适的演练场地；演练场地应满足演练活动需要，应尽量避免影响生产经营单位和公众正常生产生活；

e. 安全保障。采取必要安全防护措施，确保参演、观摩人员以及生产运行系统安全；

f. 通信保障。采用多种公用或专用通信系统，保证演练通信信息通畅；

g. 其他保障。

4）培训和预演。为使演练相关策划人员及参演人员熟悉演练方案和相关应急预案，明确其在演练过程中的角色和职责，在演练准备过程中，可根据需要对相关人员进行适当培训。

对大型综合性演练，为保证演练活动顺利实施，可在前期培训的基础上，在演练正式实施前，进行一次或多次预演。预演遵循先易后难、先分解后合练、循序渐进的原则。

(3) 实施。实施阶段，首先进行现场检查，确认演练所需的工具、设备、设施、技术资料以及参演人员到位。对应急演练安全设备、设施进行检查确认，确保安全保障方案可行，所有设备、设施完好，电力、通信系统正常。

应急演练正式开始前，应对参演人员进行情况说明，使其了解应急演练规则、场景及主要内容、岗位职责和注意事项。

应急演练总指挥宣布开始应急演练，参演单位及人员按照设定的事故情景，参与应急响应行动，直至完成全部演练工作，演练总指挥可根据演练现场情况，决定是否继续或中止演练活动。

1) 桌面演练实施。在桌面演练过程中，演练执行人员按照应急预案或应急演练方案发出信息指令后，参演单位和人员依据接收到的信息，回答问题或模拟推演的形式，完成应急处置活动。通常按照以下四个环节循环往复进行：

a. 注入信息：执行人员通过多媒体文件、沙盘、消息单等多种形式向参演单位和人员展示应急演练场景，展现生产安全事故发生发展情况。

b. 提出问题：在每个演练场景中，由执行人员在场景展现完毕后根据应急演练方案提出一个或多个问题，或者在场景展现过程中自动呈现应急处置任务，供应急演练参与人员根据各自角色和职责分工展开讨论。

c. 分析决策：根据执行人员提出的问题或所展现的应急决策处置任务及场景信息，参演单位和人员分组开展思考讨论形成处置决策意见。

d. 表达结果：在组内讨论结束后，各组代表按要求提交或口头阐述本组的分析决策结果，或者通过模拟操作与动作展示应急处置活动。

各组决策结果表达结束后，导调人员可对演练情况进行简要讲解，接着注入新的信息。

2) 实战演练实施。按照应急演练工作方案，开始应急演练，有序推进各个场景，开展现场点评，完成各项应急演练活动，妥善处理各类突发情况，宣布结束与意外终止应急演练。实战演练执行主要按照以下步骤进行：

a. 演练策划与导调组对应急演练实施全过程的指挥控制。

b. 演练策划与导调组按照应急演练工作方案和脚本向参演单位和人员发出信息指令，传递相关信息，控制演练进程；信息指令可由人工传递，也可以用对讲机、电话、手机、传真机、网络方式传送，或者通过特定声音、标志与视频呈现。

c. 演练策划与导调组按照应急演练工作方案规定程序，熟练发布控制信息，调度参演单位和人员完成各项应急演练任务；应急演练过程中，执行人员应随时掌握应急演练进展情况，并向领导小组组长报告应急演练中出现的各种问题。

d. 各参演单位和人员，根据导调信息和指令，依据应急演练工作方案规定流程，按照发生真实事件时的应急处置程序，采取相应的应急处置行动。

e. 参演人员按照应急演练方案要求，做出信息反馈。

f. 演练评估组跟踪参演单位和人员的响应情况，进行成绩评定并做好记录。

演练实施过程中，安排专门人员采用文字、照片和音像手段记录演练过程。出现特殊或意外情况，短时间内不能妥善处理或解决时，应急演练总指挥按照事先规定的程序和指令中断应急演练。

完成各项演练内容后，参演人员进行人数清点和讲评，演练总指挥宣布演练结束。

(4) 评估总结：

1) 演练评估。演练评估的目的是发现应急预案、应急组织、应急人员、应急机制、应急保障等方面存在的问题或不足，提出改进意见或建议，并总结演练中好的做法和主要优点等。

演练评估主要依据：有关法律、法规、标准及有关规定和要求；演练活动所涉及的相关应急预案和演练文件；演练单位的相关技术标准、操作规程或管理制度；相关事故应急救援典型案例资料；其他相关材料。

演练评估应成立由应急管理方面专家和相关领域专业技术人员或相关方代表组成的演练评估组，规模较大、演练情景和参演人员较多或实施程序复杂的演练，可设多级评估，并确定总体负责人及各小组负责人。演练评估组负责对演练准备、组织与实施等进行全过程、全方位地跟踪评估。演练结束后，及时向演练单位或演练领导小组及其他相关专业工作组提出评估意见建议，并撰写演练评估报告。

演练评估报告主要内容包括：

a. 演练基本情况：演练的组织及承办单位、演练形式、演练模拟的事故名称、发生的时间和地点、事故过程的情景描述、主要应急行动等。

b. 演练评估过程：演练评估工作的组织实施过程和主要工作安排。

c. 演练情况分析：依据演练评估表格的评估结果，从演练的准备及组织实施情况，参演人员表现等方面具体分析好的做法和存在的问题以及演练目标的实现、演练成本效益分析等。

d. 改进的意见和建议：对演练评估中发现的问题提出整改的意见和建议。

e. 评估结论：对演练组织实施情况的综合评价，并给出优（无差错地完成了所有应急演练内容）、良（达到了预期的演练目标，差错较少）、中（存在明显缺陷，但没有影响实现预期的演练目标）、差（出现了重大错误，演练预期目标受到严重影响，演练被迫中止，造成应急行动延误或资源浪费）等评估结论。

2) 总结。应急演练结束后，演练组织单位应根据演练记录、演练评估报告、应急预案、现场总结材料，对演练进行全面总结，并形成演练书面总结报告。报告可对应急演练准备、策划工作进行简要总结分析。参与单位也可对本单位的演练情况进行总结。演练总结报告的主要内容包括：演练基本概要；演练发现的问题，取得的经验和教训；应急管理工作建议。

应急演练活动结束后，演练组织单位应将应急演练工作方案、应急演练书面评估报告、应急演练总结报告文字资料，以及记录演练实施过程的相关图片、视频、音频资料归档保存。

(5) 持续改进。应急演练结束后，根据演练评估报告中对应急预案的改进建议，按程序对预案进行修订完善。演练组织单位应根据应急演练评估报告、总结报告提出的问题和建议，对应急管理工作（包括应急演练工作）进行持续改进。

演练组织单位应督促相关部门和人员，制定整改计划，明确整改目标，制定整改措施，落实整改资金，并跟踪督查整改情况。

四、应急管理文化

（一）概述

1. 应急管理文化的概念

应急管理文化是指人们在应急实践中形成的应急意识和价值观、应急行为规范以及外化的行为表现等。应急文化对群体中人们的应急行为起着持续的影响甚至决定作用。应急文化所作用的群体可以是一个国家、民族、社区、生产经营单位、单位、班组和家庭等，都可归为不同规模的组织。因此，应急文化是组织文化的组成部分。积极有效的应急文化有利于人们主动防灾减灾、积极备灾救灾，从而减少灾害风险和降低突发事件损失。

要把应急文化提升到事关生命价值、生命质量和生命尊严的高度，在建立科学高效的应急管理体制机制的同时，还应积极构建与应急管理事业发展相适应的应急管理文化，使灾害防治意识固化为公众的价值理念和自觉行为。积极适应新体制、新职能，政府各级组织要常年开展应急管理科普宣传，深入驻地学校、生产经营单位、厂矿、医院、社区、商场和旅游景点，开展应急科普宣传系列活动，普及与人民群众生产生活息息相关的风险防范和防灾减灾知识，引领应急管理文化建设新风尚。

2. 应急管理文化的构成

美国麻省理工学院教授埃德加·沙因是组织文化和组织心理学的开创者。他在20世纪80年代率先提出了"组织文化"的概念。为深入解释什么是组织文化，沙因将其划分为外部事物层、外显价值观层和基本假设层三个层次。其中，基本假设层是组织行为模式的基本观念，外显价值观层是人们自觉遵守的行为规范，而外部事物层是组织行为的外在符号化表现。

参考沙因的组织文化层次，可以得出应急管理文化的层次结构：

（1）应急表观层。指人们可以观察到的应急组织结构和组织过程，应急标识符号，应急预案文本，应急体验场所，应急培训演练设施，应急宣传教育材料，应急宣传、纪念、教育、演练活动，以及突发事件发生后的应急救援和处置行动等，是应急行为的外化表现形式。

（2）应急规范层。指标准化、程序化的应急制度和规范，包括与应急相关的法律法规、标准、体制、机制、战略和目标等，规范和约束着人们的应急行为模式。

（3）应急观念层。指应急的核心价值观及危机意识，如"以人为本""生命至上""预防为主""居安思危"等，决定着人们的应急行为动机。

3. 应急管理文化的作用

（1）导向作用。应急管理文化所提倡、崇尚的价值观和行为准则，通过潜移默化的作用，使组织成员的注意力转向所提倡、崇尚的内容，并采取适宜的行为，使个人目标被引导到群体目标。

（2）凝聚作用。应急管理文化的价值观和行为准则被组织成员认同后，会成为一种黏合剂，从各方面把成员团结起来，消除隔阂、促成合作，形成巨大的向心力和凝聚力。

（3）激励作用。积极的应急管理文化能使组织成员从内心产生一种情绪高昂、奋发进取的效应，并通过发挥人的主动性、创造性、积极性、智慧能力，对人产生激励作用。

（4）约束作用。应急管理文化中的规范及其外化表现，对组织成员的思想和行为具有约束和规范作用。与传统管理理论单纯强调制度的硬约束不同，应急文化虽也有成文的硬制度约束，但更强调的是不成文的软约束。

（二）应急管理文化建设

1. 公众公共安全教育

加强公众公共安全教育，培育安全风险与应急准备意识，形成长期导向的应急核心价值观。加强大中小学公共安全知识教育和技能培养，增强公众安全风险意识，提升其知识技能。大力弘扬中华民族以人为本、居安思危、有备无患等忧患意识和团结奋斗、自强不息、舍己救人等奋发向上的精神。坚持政府主导、开放创新，培育人本意识、契约意识、法治意识和责任意识等现代公民伦理价值观，激发公众对生命的尊重与关爱，奠定应急文化的思想和价值观基础。学校教育和家庭教育作为公共安全教育的两个环节，牵涉千家万户，关系发展改革稳定大局，更关系和谐社会的构建。

2. 应急管理规范建设

健全应急法律法规，优化社会协同应急机制，完善应急标准规范体系，促进应急工作的规范化。完善应急法律体系，明确各类社会主体的应急责任义务和权利，强化公众自防自治、群防群治、自救互救能力，支持引导社会力量规范有序参与应急救援行动，完善突发事件社会协同防范应对体系。完善应急管理标准规范体系，着力加强应急标志标识、风险隐患识别评估、预警信息发布、应急队伍及装备配置、公共场所应急设施设备配置、应急避难场所建设、物资储备、应急通信、应急平台、应急演练等相关标准研制，推动应急管理标准实施应用。

3. 应急管理组织

完善应急管理组织、预案、宣教、培训和演练体系，提高应急工作的社会显示度。着力推进应急管理机构改革发展，加快形成统一指挥、专常兼备、反应灵敏、上下联动和平战结合的应急管理体制。完善风险评估和应急能力评估，指导规范各级各类应急预案评估和制修订工作；充分利用互联网、大数据、智能辅助决策等新技术，加强预案数字化应用和应急决策指挥平台建设。完善应急设施及应急符号，建设应急文化主题公园、防灾体验中心和应急纪念馆等，丰富公众的应急体验。构建分层次、差异化、重实践的全民应急宣传教育体系；组织开展形式多样、节约高效的应急演练活动，发挥其检验预案、完善准备、锻炼队伍、磨合机制和科普宣教作用。

4. 应急管理保障

应急管理保障主要包含以下几方面的内容：

（1）应急管理人力资源保障。包括专职应急管理人员、相关应急专家、专职应急队伍和辅助应急人员、社会应急组织、企事业单位、志愿者队伍、社区、红十字组织、国际组织以及军队与武警等。

（2）应急管理资金保障。包括政府专项应急资金、社会各界捐献资金和商业保险基金。

（3）应急管理物资装备保障。涉及的方面最为广泛，按用途可分为防护救助、交通运输、食品供应、生活用品、医疗卫生、动力照明、通信广播、工具设备以及工程材料等。

（4）应急管理设施保障。包括避难设施、交通设施、医疗设施和专用工程机械等。

（5）应急管理技术保障及专家队伍。包括应急管理专项研究、技术开发、应用建设、技术维护。

（6）应急管理信息保障。包括预警信息、监测信息、事态信息、环境信息、水资源信息和应急管理知识等。

（7）应急管理学科保障。随着应急管理部的成立，各级应急管理部门及政府各级组织对应急管理的专业人才需求非常大，要综合应对目前的应急管理工作，第一要加强现有人员的组织提升培训；第二要鼓励现有大学开设应急管理专业，企事业单位也可以委托高校或者联合有师资力量的高校开展应急管理学科、学院建设；第三要将应急管理培训纳入公务员、专业技术人员继续教育系统中。

第四节 实践中的具体应用

一、生产安全事故风险评估报告

（一）报告编制大纲

生产安全事故风险评估报告编制大纲

1. 危险有害因素辨识

描述生产经营单位危险有害因素辨识的情况（可用列表形式表述）。

2. 事故风险分析

描述生产经营单位事故风险的类型、事故发生的可能性、危害后果和影响范围（可用列表形式表述）。

3. 事故风险评价

描述生产经营单位事故风险的类别及风险等级（可用列表形式表述）。

4. 结论建议

得出生产经营单位应急预案体系建设的计划建议。

（二）应用实例

××公司生产安全事故风险评估报告

一、总则

（一）公司概况

公司名称，公司性质，地理位置，占地面积，生产经营业务范围，主要设备设施，主要场所和建筑物，生产原辅材料及产成品。部门设置情况，人数规模情况。（可辅助表说明）

（二）评估目的

为规范公司风险管理工作，识别和分析安全生产作业中的危害因素，分析可能发生的事故类型和后果，评估事故的危害程度和影响范围，确定风险等级，并制定有效的管控措施，以消除或减少导致事故危害的潜在因素，确保作业活动的安全，并为编制、修订应急预案提供相关资料。

（三）评估依据

GB/T 13861—2022《生产过程危险和有害因素分类与代码》

GB 6441—1986《企业职工伤亡事故分类标准》
GB/T 27921—2011《风险管理　风险评估技术》
GB/T 23694—2013《风险管理　术语》
GB/T 24353—2009《风险管理　原则与实施指南》
DB11/T 1478—2017《生产经营单位安全生产风险评估规范》
DB37/T 2882—2016《安全生产风险分级管控体系通则》

（四）评估原则

（1）坚持客观公正原则。在组织评估和撰写评估报告等各个环节，都从思想和形式上力求做到实事求是，确保评估结果的可信、可用。

（2）坚持发展性原则。评估不是目的，促进应急管理工作的开展和完善才是目的。评估过程中，应始终以发现问题、解决问题为主要目标，建设性地开展工作。

（五）评估内容

风险评估围绕生产经营活动开展，包括公司在生产经营全过程的风险识别、分析和评估。

（六）评估过程

成立风险评估小组，明确分工职责，确定评估方法，收集风险评估相关标准、应急预案、事故案例和调研周边环境、应急资源情况等，识别安全风险并分析、评价，确定风险等级，编制风险评估报告。

（七）评估方法

（1）危险有害因素辨识方法：通过实地踏勘、现场测量、经验分析和查阅历史资料等定性方法，辨识可能存在的各类安全风险，参考 GB/T 13861—2022《生产过程危险和有害因素分类与代码》对生产过程中的各种主要危险和有害因素进行识别，根据 GB 6441—1986《企业职工伤亡事故分类标准》确定风险类型。

（2）风险分析、评价方法：本次采用风险矩阵分析法（LS），根据事故发生的可能性（L）和后果的严重性（S）两个方面，对辨识出的危险有害因素进行分析、评价，确定风险等级。事故发生的可能性分为基本不可能（1）、较不可能（2）、可能（3）、较可能（4）、很可能（5），事故后果的严重性分为微弱（1）、一般（2）、较重（3）、严重（4）、特别严重（5）。

二、危险有害因素辨识

按照危险有害因素辨识相关标准及工作方案，进行危险有害因素辨识，形成《危险有害因素辨识清单》。

三、事故风险分析

（一）事故风险可能性分析

事故发生的可能性分为基本不可能（1）、较不可能（2）、可能（3）、较可能（4）、很可能（5）五个等级，对辨识出的危险有害因素引发事故的可能性进行分析，并分别赋值。

通过前期风险调研情况得知，危险化学品、电气线路、焊接作业、电池充电、油锅油烟、吸烟、燃气等容易引发火灾、爆炸事故，尤其是燃气，在生产车间的使用范围较广，还有动力区域内锅炉房、后勤区域食堂等，可能发生燃气泄漏导致的火灾、爆炸；生产设备上积灰、高温部位也容易引起火灾，生产车间产生的粉尘通过除尘管道输送到除尘房内，如果粉尘中有金属物、火花等也会引发除尘管道、集尘器阴燃，严重者甚至发生爆

第九章 应急管理体系建设

炸；生产现场机械设备较多，设备运行、设备维修、旋转部位等容易导致机械伤害；公司内共配置了压力容器28台套，可能发生物理性爆炸；叉车等使用过程中导致车辆伤害；化学品泄漏、有限空间作业、燃气泄漏等易引发窒息、中毒事故，食材、食物变质导致食物中毒；公司内用电设备、电气线路敷设几乎无处不在，易引发触电事故；生产车间、办公楼均是玻璃幕墙形式，那么玻璃幕墙清洗作业涉及较多，都是业务外包形式进行作业，管理、监护不当可能发生高处坠落；公司共有10部电梯，其中包括货梯、客梯、食梯，定期进行检测和维保，发生电梯困人等事故可能性较小；物体打击、灼烫、淹溺、其他伤害和职业病等事故引发的行为、过程相对较少，可能性也就相对较小。

通过前期事故案例调研，虽未发生过有限空间作业事故，但是××市2017年共发生有限空间事故9起，死亡17人，今年（2020年）以来全国共发生有限空间作业较大事故20起、死亡62人，同比增加7起、16人。从季节性特点看，进入夏季，有限空间内温度升高，发生有限空间作业中毒窒息事故的风险明显增高，今年5月份以来，全国共发生有限空间作业较大事故13起、死亡40人，发生概率相对较大，可能性比较高。

（二）风险后果分析

对识别出的安全风险进行后果分析，风险类型包括火灾、中毒和窒息、其他爆炸、起重伤害、锅炉爆炸、容器爆炸、车辆伤害、机械伤害、触电、高处坠落、物体打击、淹溺、灼烫、其他伤害等。根据风险辨识、风险评估结果，对风险类型的后果严重性采用定性和定量相结合的分析方法（矩阵分析法）。后果严重性分为五个等级，微弱（1）、一般（2）、较重（3）、严重（4）、特别严重（5），对主要事故类型进行汇总、后果分析如下：

1. 火灾

公司火灾主要类型有A类固体物质火灾、B类液体或可熔化的固体物质火灾、C类气体火灾、E类电气火灾、F类烹饪器具内的烹饪物（如动植物油脂）火灾，火势一旦无法扑灭或有效控制，会蔓延至相邻区域，可能造成烧伤、中毒、窒息、拥挤踩踏、建筑坍塌、爆炸、环境污染等次生、衍生事故。火灾类型及后果见表1。

表1　　　　　　　　　　火灾类型及后果

火灾	后果严重性	严重程度	影响范围
配电设备或电气线路短路、过载、接触不良等产生电火花和电弧引燃可燃物；电气过载导致绝缘材料过热起火	较重	人员伤亡、设备故障、建筑坍塌	配电室区域、办公区配电箱及线路周边
酒精等易燃化学品储罐或容器等泄漏挥发遇高温、火源或未采取有效消除静电措施，静电放电起火或发生爆炸后燃烧	较重	人员伤亡、爆炸	化学品存储区域、锅炉房、食堂操作间等
电焊、切割等动火作业未按规定审批、作业前未清理周边易燃物等作业时引燃易燃物，气瓶管路破损或与明火安全距离不足起火，电焊机电气线路短路、漏电等引燃绝缘胶皮或周边易燃物	较重	人员伤亡	维修动火区域
资料类文档、建筑物装饰材料等可燃固体物质，遇到火源可发生火灾事故	较重	人员伤亡、建筑坍塌	库房、档案室等及周边区域、可燃装饰材料

续表

火　　灾	后果严重性	严重程度	影响范围
动火作业时焊接火花进入除尘管道引发火灾	较重	人员伤亡	生产车间
未按规定在吸烟点吸烟或未将烟头熄灭后丢弃等引燃易燃物	较重	人员伤亡	吸烟区域、禁烟区域
烹饪时操作不当、油锅温度过高瞬时起火遇可燃物或油烟管道内壁上的积油引起火灾，食堂燃气管道泄漏遇火源引发火灾	较重	人员伤亡	食堂操作间、油烟管道、燃气调压间
锅炉房燃气管道、阀门泄漏遇火源引发火灾	较重	人员伤亡	锅炉房
叉车等充电时产生氢气遇高温、火源发生爆炸后燃烧	较重	人员伤亡、爆炸	充电区及周边

2. 爆炸

公司爆炸主要类型有物理性爆炸和化学性爆炸，可能导致人员伤亡、设备损坏、环境污染、建筑坍塌等危险。爆炸类型及后果见表2。

表2　　　　　　　　　　　　爆炸类型及后果

	爆　　炸	后果严重性	严重程度	影响范围
物理性爆炸	气瓶超过使用期限、气瓶靠近热源内部压力升高等导致气瓶发生爆炸	较重	人员伤亡、设备损坏	气瓶储存和使用现场及周边
	安全阀、压力表等未进行检验，失去安全承压作用	较重	人员伤亡、设备损坏、建筑坍塌	空压站、锅炉房、气瓶储存和使用现场、压力管道经过区域
	与压力容器相连接的管道、阀门等焊接处容易发生应力集中而造成开裂、爆炸等	较重	人员伤亡、设备损坏	锅炉房、气瓶储存和使用现场、压力管道经过区域
	锅炉严重缺水、超压、爆管等处理不及时或处理不当造成锅炉爆炸	较重	人员伤亡、建筑坍塌	锅炉房
	因腐蚀或其他机械性损伤，造成空气或其他介质压力储罐、压力管道等局部壁厚减薄，强度降低	较重	人员伤亡、设备损坏	压力管道经过区域
化学性爆炸	食堂、锅炉等使用的天然气、乙炔气瓶等发生泄漏，泄漏的易燃气体与空气混合物达到爆炸极限遇火源发生爆炸	较重	人员伤亡、设备损坏、建筑坍塌	食堂、锅炉房、电气焊维修现场及周边
	动火作业时焊接火花进入除尘管道引发火灾、爆炸	较重	人员伤亡	生产车间
	酒精等易燃易爆品发生泄漏，挥发气体与空气混合物达到爆炸极限遇火源发生爆炸	较重	人员伤亡、设备损坏、建筑坍塌	专用库房、酒精间及其他存储区域及周边
	有限空间作业场所有可燃气体，作业前未通风、未检测，引发爆炸	较重	人员伤亡、设备损坏	有限空间作业场所
	叉车等蓄电池充电时释放氢气，当氢气与空气混合物达到爆炸极限，遇火源发生爆炸	较重	人员伤亡、设备损坏、建筑坍塌	叉车等充电区及周边

第九章　应急管理体系建设

3. 特种设备事故

公司特种设备事故类型有电梯伤害事故、起重伤害事故、灼烫事故、火灾、爆炸。特种设备事故类型及后果见表3。

表3　　　　　　　　　　特种设备事故类型及后果

特种设备事故	后果严重性	严重程度	影响范围
电梯运行时，当突发停电、上行超速保护装置制动装置意外动作、曳引机制动器失效、门区剪切等可能造成电梯轿厢困人、人员受伤、人员死亡等事故的发生	较重	人员伤亡	乘梯人员、电梯维保人员
锅炉或压力管道损坏，锅炉或压力管道爆炸时热水或蒸气等瞬间释放出来，人员接触热水、蒸汽可能导致灼烫事故	一般	人员伤亡	锅炉房

4. 车辆伤害

公司车辆伤害主要为在公司内行驶的物流车辆、办公车辆、叉车等造成的车辆伤害。车辆伤害类型及后果见表4。

表4　　　　　　　　　　车辆伤害类型及后果

车辆伤害	后果严重性	严重程度	影响范围
车辆超长超宽、超载、超速行驶，刹车、灯光、喇叭、反射镜等装置缺陷	一般	人员伤亡、车辆损坏	装卸现场、运输路线及周边
供应商运送货物时，对公司内道路不熟悉碰撞路灯杆，运输路线不当造成车辆碰撞或人员碰	一般	人员伤亡、车辆损坏、物资损坏	装卸现场、运输路线及周边
叉车提升重物动作过快，超速驾驶，突然刹车碰撞障碍物，在已有重物时使用前铲，在车辆重载时下斜坡横穿斜坡或斜坡上转弯、卸载，在不合适的路面或支撑条件下运行等，都有可能发生翻车	一般	人员伤亡、车辆损坏、物资损坏	装卸现场、运输路线及周边
司机疲劳驾驶、叉车行驶中违章带人，车齿上站人等造成挤伤、损伤等事故	一般	人员伤亡、车辆损坏	装卸现场、运输路线及周边
由于起动、制动器、操作机构等故障，运输中突然抛锚，造成货物抛、滚、压伤人员	一般	人员伤亡、车辆损坏、物资损坏	运输路线及周边

5. 中毒和窒息

公司中毒窒息主要为天然气大量泄漏吸入中毒，食物中毒，火灾、爆炸时烟雾窒息、火灾灭火系统使用的二氧化碳、七氟丙烷气体导致窒息，充电时产生有毒有害气体等。中毒和窒息类型及后果见表5。

表 5　　　　　　　　　　　中毒和窒息类型及后果

中毒、窒息	后果严重性	严重程度	影响范围
火灾、爆炸时产生大量有害烟雾，如疏散逃生时未采取有效防护措施，吸入有害烟雾可能中毒、窒息	较重	人员伤亡健康损害	火灾、爆炸现场及烟雾经过区域
食材过期、餐具消毒不合格或餐饮场所、食品及水质不满足餐饮卫生要求，可能导致群体性食物中毒事故发生	较重	人员伤亡健康损害	食堂
食堂、锅炉房等使用天然气泄漏，人员大量吸入中毒	较重	人员伤亡健康损害	食堂操作间、锅炉房
计算机房、档案室等场所火灾灭火系统使用介质为七氟丙烷气体，其启动后如人员未撤出可能导致缺氧窒息	较重	人员伤亡健康损害	计算机房、档案室等
充电间充电时间过长产生大量有毒气体	较重	人员伤亡健康损害	充电场所

6. 机械伤害

主要发生在生产车间生产设备设施，可能导致压伤、挤伤、刺穿、划伤等伤害，严重时可导致死亡。机械伤害类型及后果见表6。

表 6　　　　　　　　　　　机械伤害类型及后果

机 械 伤 害	后果严重性	严重程度	影响范围
机械旋转、传动部位等危险部位安全防护装置故障、失效或违章拆除，作业时接触危险部位受伤	一般	人员伤亡	设备操作、维修人员
未按规定佩戴相应安全防护用品，接触设备加工部件、设备尖锐部位等造成伤害	一般	人员伤亡	设备操作、维修人员
手在上下设备与工具之间工作时，因设备移位而发生意外动作	一般	人员伤亡	设备操作、维修人员
设备夹具、刀具等固定不牢固，作业时飞溅导致伤害	一般	人员伤亡	设备操作、维修人员、周边人员
设备检修、检查作业时未断电、未执行挂锁要求，设备意外启动导致肢体受伤	一般	人员伤亡	设备维修人员
多人排故、维修时，动作配合不协调而发生事故	一般	人员伤亡	设备操作、维修人员

7. 触电事故

主要发生在变配电室及生产车间内配电间等各类电气设施使用现场、维修场所，可能导致电击和电伤。触电事故类型及后果见表7。

表 7　　　　　　　　　　　触电事故类型及后果

触 电 事 故	后果严重性	严重程度	影响范围
维修或使用机械设备时，设备电机、电器绝缘损坏、失效、高压漏电、放电、设备接地失效、电气短路等使机械设备带电引发触电伤害；维修电气设备时未按规定断电、挂牌、佩戴防护用品接触带电部位造成触电伤害	一般	人员伤亡	电气设备操作、维护人员

续表

触电事故	后果严重性	严重程度	影响范围
手持式电动工具和移动式电气设备电源线损坏产生漏电,电气设备在恶劣环境下工作,电机烧毁,外壳带电等,人员接触带电部位造成触电伤害	一般	人员伤亡	电气设备操作、维护人员
变配电室内路线、配电设备、检修等安全距离不够,保护接地、接零不当,运行操作或检修、维护时未按规定佩戴防护用品或用具,倒闸操作无监护人,绝缘防护具未按规定定期检验等违规行为造成触电事故	一般	人员伤亡	变配电站值班人员、维护人员
办公场所违章私接电源、电源线未穿管防护、电源线机械性损伤、未接入PE线、漏电保护装置缺失或失效、电气漏电、开关箱无屏护、使用淘汰用电设备等,人员接触带电部位造成触电	一般	人员伤亡	办公场所用电设备、插座、电气线路使用人员

8. 高处坠落事故

主要发生在登高维修、外墙清洗、高处作业平台等场所,人员高处坠落可能导致摔伤、压伤,严重时可能导致死亡。高处坠落事故类型及后果见表8。

表8　　　　　　　高处坠落事故类型及后果

高处坠落事故	后果严重性	严重程度	影响范围
在登高作业、维修、保养设施过程中,未按规定采取防护措施、登高设施放置不平稳、升降车或高处作业平台防护栏损坏,可能导致高处坠落造成人员伤亡	一般	摔伤、压伤,严重时可能导致死亡	高处作业人员及周边人员
未按规定办理审批手续或不具备高处作业人员擅自从事高处作业、防护用品缺陷,可能导致高处坠落造成人员伤亡	一般	摔伤、压伤,严重时可能导致死亡	高处作业人员及周边人员
作业人员搭建、拆除脚手架不符合要求导致高处坠落,脚手架上作业未按照规定采取防护措施	一般	摔伤、压伤,严重时可能导致死亡	高处作业人员及周边人员

9. 有限空间事故

有限空间事故类型及后果主要发生在储罐、锅炉炉膛、自来水箱、油烟管道、隔油池、消防地下水池、雨水井、污水井、阀门井、流量计井、弱电井、化粪池、电缆沟,污水处理站溶气罐、气浮池、调节池、接触氧化池、水解池、中间池、沉淀池、中转池、污泥池、中水池等有限空间作业场所,因防护措施不足或管理不到位可能导致中毒和窒息。有限空间事故类型及后果见表9。

表9　　　　　　　有限空间事故类型及后果

有限空间事故	后果严重性	严重程度	影响范围
1. 进入地下作业、密闭容器等场所吸入硫化氢、一氧化碳中毒或缺氧窒息; 2. 有限空间作业场所含氧量较低,如作业前未进行充分通风、气体检测等措施,或作业时防护措施不足等易造成窒息	较重	1. 硫化氢具有毒害性,人员吸入后出现流泪、眼痛、眼内异物感、畏光、视物模糊、流涕、咽喉部灼热感、咳嗽、胸闷、头痛、头晕、乏力、意识模糊等; 2. 一氧化碳极易与血红蛋白结合形成碳氧血红蛋白,使血红蛋白丧失携氧的能力,造成组织缺氧。出现头痛、头晕、耳鸣、心悸、恶心、呕吐、无力等症状,严重时可造成人员死亡	1. 锅炉房锅炉炉膛; 2. 消防水箱、消防地下水池; 3. 油烟管道、隔油池; 4. 异味处理水箱、自来水箱; 5. 雨水井、污水井、阀门井、流量计井、污水检查井、弱电井、化粪池; 6. 污水处理站溶气罐、气浮池、调节池、接触氧化池、水解池、中间池、沉淀池、中转池、污泥池、中水池等

10. 危险化学品

公司化学品储存、使用场所主要是专用库房、化学品暂存间、试剂室、实验室及化学品使用场所，因环境条件、防护措施不足或管理不到位可能导致中毒、环境污染。危险化学品事故类型后果见表10。

表10　　　　　　　　　　　　　　危险化学品事故类型及后果

中毒和窒息事故	后果严重性	严重程度	影响范围
1. 一氧化碳等泄漏，人员大量吸入中毒； 2. 化学品泄漏，人员接触及吸入引发中毒	一般	吸入有毒蒸汽或皮肤接触有毒品可能出现头痛、头晕、恶心、呕吐、步态不稳、视物不清现象，严重时可能引起中枢性高热等症状	1. 试剂室、实验室； 2. 化学试剂暂存间； 3. 专用库房

11. 物体打击

主要发生在生产现场作业和维修活动中使用气动设施、电动工具，有高处作业活动的场所，高处有原材料、产品等掉落可能的场所，可能导致物体打击。物体打击事故及后果见表11。

表11　　　　　　　　　　　　　　物体打击事故类型及后果

物体打击事故	后果严重性	严重程度	影响范围
高处作业平台物体掉落、高处零部件安装不紧固掉落造成物体打击	一般	砸伤，严重时可造成人员死亡	生产现场的设备操作人员、周围人员
吊顶、悬挂式投影仪等不牢掉落，致使人员受到物体打击	一般	砸伤，严重时可造成人员死亡	办公区工作人员
落水管等设施安装不牢固、掉落，可能人员被砸伤	一般	砸伤，严重时可造成人员死亡	生产车间、办公楼外行走人员

四、事故风险评价

公司采用矩阵分析法，在充分考虑风险引发事故的可能性、风险预测的可信度、预测前提以及假设的敏感性、专家意见的分歧、现有防护措施等，通过发生的可能性、后果的严重性两个方面进行分析，在矩阵上予以标明，确定安全风险等级。根据安全风险发生可能性等级和后果严重等级，依据风险矩阵图，确定安全风险等级。风险矩阵示图见表12。

表12　　　　　　　　　　　　　　　风险矩阵图

风险等级		后果严重性等级（S）				
		微弱（1）	一般（2）	较重（3）	严重（4）	特别严重（5）
事故发生可能性（L）	基本不可能（1）	低（Ⅳ）	低（Ⅳ）	低（Ⅳ）	一般（Ⅲ）	一般（Ⅲ）
	较不可能（2）	低（Ⅳ）	低（Ⅳ）	一般（Ⅲ）	一般（Ⅲ）	较高（Ⅱ）
	可能（3）	低（Ⅳ）	一般（Ⅲ）	一般（Ⅲ）	较高（Ⅱ）	高（Ⅰ）
	较可能（4）	一般（Ⅲ）	一般（Ⅲ）	较高（Ⅱ）	较高（Ⅱ）	高（Ⅰ）
	很可能（5）	一般（Ⅲ）	较高（Ⅱ）	较高（Ⅱ）	高（Ⅰ）	高（Ⅰ）

注：生产经营单位职工伤亡事故分类标准Ⅳ表示低风险，Ⅲ表示一般风险，Ⅱ表示较高风险，Ⅰ表示高风险

五、结论建议

(一) 结论

(1) 通过风险评估,掌握了公司安全风险及风险等级,公司涉及火灾、触电、机械伤害、物体打击、高处坠落、中毒和窒息、其他爆炸、锅炉爆炸、容器爆炸、车辆伤害、其他伤害、灼烫、淹溺、冻伤、职业危害、雷击风险类型,共识别717个安全风险,其中低风险共计603个,一般风险共104个,未见较高风险和高风险。数量最多的风险类型前三位分别为触电(158)、机械伤害(107)和火灾(118)占风险总数的53.42%。

其中,一般风险主要包括:火灾(81)、中毒和窒息(16)、其他爆炸(7)、锅炉爆炸(5)、高处坠落(2)、容器爆炸(1)、其他自然灾害(除雷击外的地震、暴雨、暴雪等)、交通事故(驾驶公务车辆)。

(2) 一般风险以火灾居多,占总数的71.5%,主要集中区域为生产车间、锅炉房、高架库、配电间、食堂等处,另外化学品存放区域也多有分布,例如:专用库房、实验室、试剂室、化学品暂存间等;办公区域存在中风险火灾地点有UPS及计算机房、消防控制室等重点部位。评估过程中主要影响火灾风险最终评估结论的因素如下:

1) 发生火灾引起的设备、设施的损坏、维修、更换,进而造成停产以及直接经济损失所产生的严重性。

2) 危化品发生火灾,所带来的经济损失、环境污染以及政府关注度等。

3) 一旦发生火灾,可能造成人员伤亡的数量。

此次评估中将有限空间作业可能引发的中毒和窒息被列入一般风险,主要依据其造成人员死亡的快速性、盲目施救群死群伤特性以及地方政府部门对有限空间事故的高度重视等因素进行判定。发生地点包括:隔油池、化粪池、井道、烟道、各类水箱、储罐、污水处理站等处。

高处坠落一般风险分别为高架库高处作业以及外墙清洗高处作业两类,作业面距掉落基准面均超过9m,一旦发生高处坠落事故人员死亡率极高。

一般风险涉及其他爆炸主要为粉尘爆炸及燃气爆炸,涉及部位为除尘房及锅炉房、食堂等使用燃气的场所。

(3) 从此次风险评估结果看,未出现"很可能"和"基本不可能"情况,主要为"较不可能"以及"较可能"情况,见图3。

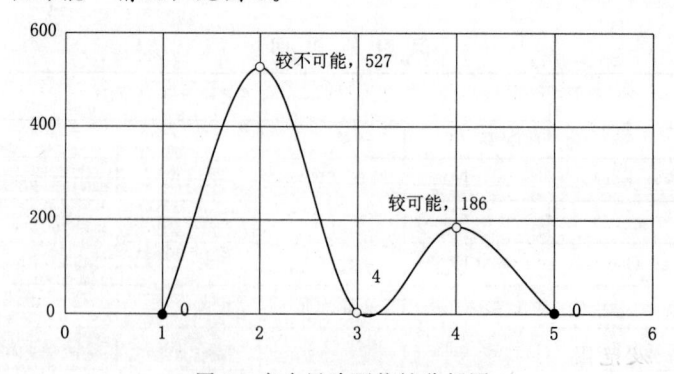

图3 安全风险可能性分析图

由于近10年来，公司所涉及的可能发生的各类事故伤害类型在当地均可以查询到类似事故报道，故评估结论不可以判定为"基本不可能"情况；结合公司对各类伤害类型的管控措施及对事故的承受能力，在评估过程中，未发现"很可能"情况。

（4）根据风险评估的结果，为下一步编制应急预案提供了相关基础资料，风险评估工作小组根据评估资料策划应急预案的编制。

（二）措施与建议：

（1）根据本次评估结果，公司各部门应坚持"预防为主"的原则，收集、汇总生产安全方面的信息，并通过分析数据寻找安全工作中的薄弱环节，制定有效的管控措施，预防生产安全事故发生。

（2）各部门应加强对一般风险的监控，并对其控制措施的实施进行监督、检查，确保风险可控，逐步降低风险等级，以达到减少事故隐患或事故的目的。

（3）各部门应根据法规修订、生产工艺、材料变化等及时更新风险评估信息，并传达至相关岗位，确保相关岗位熟悉本岗位风险，会采取措施控制风险。

（4）加强对人员的安全责任教育，使其熟悉管理制度和安全规程，掌握控制事故发生的方法、相应的急救措施和各种具体管理要求等。

（5）建立健全信息反馈系统，各级领导和安全管理部门要定期召开安全例会，定期检查岗位监控防范和应急救援工作情况，分析可能出现的新情况、新问题，积极采取有效措施，加以改进。

二、生产安全事故应急资源调查报告

（一）报告编制大纲

生产安全事故应急资源调查报告编制大纲

1. 单位内部应急资源

按照应急资源的分类，分别描述相关应急资源的基本现状、功能完善程度、受可能发生的事故的影响程度（可用列表形式表述）。

2. 单位外部应急资源

描述本单位能够调查或掌握可用于参与事故处置的外部应急资源情况（可用列表形式表述）。

3. 应急资源差距分析

依据风险评估结果得出本单位的应急资源需求，与本单位现有内外部应急资源对比，提出本单位内外部应急资源补充建议。

（二）应用实例

××公司生产安全事故应急资源调查报告

一、总则

（一）调查对象及范围

本调查报告的对象及范围为：

（1）××××公司各部门、各场所。
（2）××××公司发生事故时可能向公司提供应急救援的政府单位及其他周边单位。

（二）调查目的

（1）通过对公司生产安全事故应急资源调查，了解公司应急资源现状，评估公司应急救援能力，分析公司发生事故时应急救援情况，改善应急资源的不足。

（2）通过对公司事故应急资源调查，建立健全公司应急预案和管理制度，完善公司应急物质装备，预防公司突发事故的发生。

（3）通过对公司事故应急资源调查，使公司了解周边社会应急资源，加强与社会应急资源的沟通、协作，防止事故扩大。

（4）为公司经营管理提供经济救援管理方面的指导和参考，促进公司应急管理工作稳步进行。

（三）调查依据

（1）《中华人民共和国安全生产法》。
（2）《中华人民共和国突发事件应对法》。
（3）《生产安全事故应急条例》。
（4）《生产安全事故应急预案管理办法》。
（5）GB/T 29639—2020《生产经营单位生产安全事故应急预案编制导则》。
（6）DB11/T 1580—2018《生产经营单位安全生产应急资源调查规范》。
（7）GB 30077—2013《危险化学品单位应急救援物资配备要求》。
（8）SL 298—2004《防汛物资储备定额编制规程》。
（9）GB/T 38565—2020《应急物资分类及编码》。
（10）GB 50016—2014《建筑设计防火规范》。

（四）调查工作程序

调查工作程序，如图1所示。

（五）生产经营单位基本信息

公司名称，公司性质，地理位置，占地面积，生产经营业务范围，主要设备设施，主要场所和建筑物，生产原辅材料及产成品。部门设置情况，人数规模情况。（可辅助表说明）

公司位于××，南邻××街，北邻××街，西邻××路，东邻××路，辅助周围分布图。

图1　调查工作程序

（六）生产经营单位主要风险状况

本公司经营活动中可能发生的生产安全事故主要涉及火灾、锅炉爆炸、容器爆炸、其他爆炸、车辆伤害、中毒、窒息、灼烫、淹溺、触电、机械伤害、高处坠落、物体打击等风险类型等风险，其主要发生在生产车间、除尘房、高架库、配电室、消防水泵房、有限空间场所、食堂、实验室、化学品暂存间、废弃物暂存间、化学品专用库房、计算机房、外墙清洗、信息机房等方面。

公司在生产经营活动中的主要安全风险评估见《××公司风险评估报告》。

二、单位内部应急资源

（一）应急救援组织及人员配备

（1）公司成立生产安全事故应急领导小组，组长由党委书记、董事长担任，副组长由总经理担任，组员为其他公司领导等。应急领导小组具体负责日常应急管理和事故状态下的协调指挥和应急救援工作，是突发事件应急管理工作的领导机构。

（2）公司设置生产安全事故应急管理工作办公室，办事机构设在公司办公室，办公室主任作为应急办主任，负责协助应急领导小组实施应急处置工作；负责预警信息及预警解除信息的发布；根据现场应急救援处置的需要，向应急工作指挥部上传下达相关应急处置指令和要求；联系集团公司和地方人民政府有关部门等应急管理机构，并负责向其报送、沟通突发事件相关信息；完成应急领导小组交办的其他事项。

（3）公司设置微型消防站，由安全技术部安保人员组成，负责接到事故报警后携带相应的防护设备，立即赶赴现场并实施救援、警戒、疏散。微型消防站定期进行训练，保证应急抢险能力。各应急队伍的具体情况见附件1《公司应急资源调查明细表（应急队伍）》。

（4）公司配备了应急专家库，由各应急预案牵头部门负责组建，专家均为公司内部具有专业技术知识的人员，同时熟悉公司内部基本情况，一旦发生事故可以立即提出有效的救援意见。应急专家的具体分公及联系方式等情况见附件2《应急资源调查明细表（应急专家）》。

（5）公司结合日常生产活动，利用例会、演练和其他交流沟通等多种形式，开展相应的应急处置培训，告知全体员工掌握生产安全事故的预防应急措施，在生产中确保预防措施的落实，在事故中会按应急措施处置。

（二）应急预案编制

（1）公司已编制了综合应急预案、专项应急预案和现场处置方案，并经评审后于××××年××月××日发布实施。预案中对应急救援机构及职责、预防和预警、应急程序、应急物资、培训和演练等进行了明确说明。应急预案清单见表1。

表1　　　　　　　　　　应急预案清单

序号	应急预案名称	应急预案类别	序号	应急预案名称	应急预案类别
1	综合应急预案	综合	7	计算机机房现场处置方案	现场
2	火灾爆炸专项应急预案	专项	8	压力容器和压力管道现场处置方案	现场
3	中毒和窒息专项应急预案	专项	9	实验室现场处置方案	现场
4	锅炉、燃气专项应急预案	现场	10	自然灾害现场处置方案	现场
5	变配电站现场处置方案	现场	11	有限空间现场处置方案	现场
6	库房火灾现场处置方案	现场			

（2）综合应急预案、专项应急预案、现场处置方案的结构和内容还不完全符合 GB/T 29639—2020《生产经营单位生产安全事故应急预案编制导则》的要求。

（3）公司应急预案已按《生产安全事故应急预案管理办法》《山东省生产安全事故应

急办法》的要求向应急管理部门完成应急预案备案工作。

（三）应急救援器材配备和管理

1. 配备

公司根据应急预案及演练的需求配备应急装备及物资，具体应急物资配备情况见《应急资源调查明细表（应急装备）》（见附件3）以及《应急资源调查明细表（应急物资）》（见附件4），应急物资种类、数量、分布符合法规要求。

2. 管理

各类应急物资存放于便于取用的固定场所，现场要求码放整齐，便于取用。

公司内的应急物资由各部门分别储存，指定了现场负责人及管理负责人，定期对应急物资进行检查、维保、更换。

各部门定期对从业人员进行现场应急物资的使用培训，保证员工熟悉应急物资的使用要求和方法。

（四）人员培训及应急救援演练

（1）公司人力资源部制定的安全教育培训计划中包括应急预案相关培训项目，各部门培训计划进行相关展开，包括应急预案、演练、应急处置与逃生自救互救知识等。

（2）主要负责人及安全生产管理人员均经过相关培训，并考核合格。

（3）安全生产月活动时，公司、相关部门根据实际情况适当安排应急预案培训、演练、消防演练比武等多种形式活动，宣传应急知识，提高员工应急处置能力。

（4）新员工上岗前，必须接受三级安全教育培训，培训内容包括应急培训。

（5）安全技术部组织相关部门制定年度应急演练计划，定期组织演练，并保留应急预案演练记录及影像资料，演练完对演练的情况进行评估总结，提出改进性意见，并对意见进行了落实。

三、单位外部应急资源

（一）政府协调应急救援力量

当事故扩大化需要外部力量救援时，可以请求公安部门、消防队、应急管理部门、环保部门、电力部门、医疗部门、卫生部门等进行支持和救护。

（1）公安部门：协助公司进行警戒，封锁相关要道，防止无关人员进入事故现场和污染区。

（2）消防队：发生火灾事故时，进行抢险救援。

（3）应急管理部门：提供应急资源的调配和指挥。

（4）环保部门：提供事故时的实时监测和污染区的处理工作。

（5）电力部门：电力负荷监控、执行电力预案，进行电力抢修。

（6）医疗部门：发生事故时，进行专业的医疗救护，伤员处理。

（7）卫生部门：发生食物中毒事故时，进行食物中毒源检测。

外部各单位及联络方式见附件5《应急资源调查明细表（社会资源）》。

（二）单位互助

公司北侧相邻××单位，已配备专职消防队及应急物资和装备，公司与其签订应急救援协议，紧急情况发生时可对本公司进行应急支援。

四、应急资源差距分析

(一) 应急资源满足性分析

公司设置了应急救援组织,配备了应急救援人员和器材,公司配备的应急资源及依托的社会应急资源能够满足公司应急需要。

(二) 应急资源存在的问题

(1) 公司部分应急物资存在维护不到位的现象,现已整改。

(2) 部分现场人员还不熟悉应急装备的参数要求,如泄漏报警装置的报警级别等,少数员工对灭火器等应急物资的使用仍不熟悉,应通过培训加强。

(三) 完善应急资源的具体措施

经应急资源调查后,发现公司在日常经营活动中应对以下几个方面进行完善:

(1) 应急预案应按照 GB/T 29639—2020《生产经营单位生产安全事故应急预案编制导则》的要求,补充完善应急预案内容,完善应急处置卡,并按应急预案的要求对公司员工进行应急培训。一旦发生事故可立即进入救援状态。

(2) 定期对应急物资、装备进行检查,确保其安全可靠,对员工进行应急物资的使用及维护培训,保证应急物资的良好使用。

(3) 每年定期组织应急预案演练,并对演练情况进行总结、改进。

(4) 加强与外部生产经营单位、政府、消防力量的沟通、协作。

五、附件

附件1　应急资源调查明细表(应急队伍)

附表1　　　　　　　　　应急资源调查明细表(应急队伍)

队伍名称	救援类型	成立时间	地址	总人数	负责人	值班电话	擅长处置事故类型
备注							

注:成立时间一栏请按年-月-日格式填写,如:2016-01-01;救援类型一栏填写:救援、救护、掘进、通风、堵漏、其他等。

调查人员(签字):　　　　　　　　　　　　　　　调查日期:

附件2　应急资源调查明细表(应急专家)

附表2　　　　　　　　　应急资源调查明细表(应急专家)

姓名	性别	年龄	专业	专家类别	工作单位	住址	擅长事故类型	联系方式	
								办公电话	手机
备注									

注:专家类别一栏填写综合类、煤矿类、危化类、烟花爆竹类、非煤矿山类、冶金类、石油开采类、应急通信信息类、其他类。

调查人员(签字):　　　　　　　　　　　　　　　调查日期:

第九章 应急管理体系建设

附件3 应急资源调查明细表(应急装备)

附表3　　　　　　　　　应急资源调查明细表(应急装备)

类型	装备名称	规格型号	数量	来源	完好情况或有效期	主要功能	存放场所	负责人	联系电话
车辆类	消防车	—	1辆	生产经营单位自筹	有效	灭火	安全技术部		
防护类									
监测类									
警戒类									
抢险类									
洗消类									
通信类									
照明类									

调查人员(签字):　　　　　　　　　　　　　　　　　　　　调查日期:

附件4 应急资源调查明细表(应急物资)

附表4　　　　　　　　　应急资源调查明细表(应急物资)

类型	物资名称	规格型号	数量	来源	完好情况或有效期	主要功能	存放场所	负责人	联系电话
医疗救助类									
其他类									
备注									

注:来源一栏填写:政府投资、生产经营单位自筹。

调查人员(签字):　　　　　　　　　　　　　　　　　　　　调查日期:

附件5　应急资源调查明细表（社会资源）

附表5　　　　　　　　　　应急资源调查明细表（社会资源）

类型	名称	地址	联系电话	备注
政府主管部门	所在区应急管理局			
公安报警	××公安分局			
消防部队	××消防支队			
医疗卫生机构	××医院			
避难场所	××公园或广场			应急避难
其他机构	所在区供电公司			
	××燃气公司			燃气隐患、事故报修
	所在区市场监督管理局			
	所在区卫生健康委员会			

注：不涉及相应栏目的可不填，如避难场所没有联系电话。

调查人员（签字）：　　　　　　　　　　　　　　　　　　调查日期：

三、生产安全事故应急预案

（一）综合应急预案

××公司生产安全事故综合应急预案

一、总则

（一）适用范围

本预案适用于下列范围发生生产安全事故或较大涉险事故时××公司（以下简称"公司"）的应对工作：

（1）公司负责的水利工程运行管理及建设管理活动。

（2）公司办公及后勤保障活动。

（二）响应分级

根据生产安全事故级别和发展态势，将公司负责的水利工程运行管理及建设管理活动、办公及后勤保障活动生产安全事故应急响应设定为一级、二级两个等级。

（1）发生重大、特别重大及较大生产安全事故，启动一级应急响应。

（2）发生一般生产安全事故及较大涉险事故，启动二级应急响应。

特别重大事故是指造成30人以上死亡，或者100人以上重伤（包括急性工业中毒，下同），或者直接经济损失1亿元以上的事故；重大事故是指造成10人以上30人以下死亡，或者50人以上100人以下重伤，或者直接经济损失5000万元以上1亿元以下的事故；较大事故是指造成3人以上10人以下死亡，或者10人以上50人以下重伤，或者直接经济损失1000万元以上5000万元以下的事故；一般事故是指造成3人以下死亡，或者10人以下重伤，或者1000万元以下直接经济损失的事故；较大涉险事故是指发生涉险10人以上，或者造成3人以上被困或下落不明，或者需要紧急疏散500人以上，或者危及重要场所和设施（电站、重要水利设施、危化品库、油气田和车站、码头、港口、机场及其他人员密集场所）的事故。（上述所称"以上"含本数，"以下"不含本数）

二、应急组织机构及职责

（一）应急组织机构

公司成立生产安全事故应急组织领导机构（以下简称"应急组织领导机构"），下设生产安全事故应急办公室（以下简称"事故应急办公室"）和生产安全事故应急处置现场工作组（以下简称现场工作组）。事故应急办公室设在公司质量安全监督部。现场工作组一般由组长、副组长以及综合协调工作小组、技术支持工作小组、信息处理工作小组、保障工作小组等组成。

公司成立生产安全事故应急领导机构成员及办公室成员见附件1、附件2。

（二）机构职责

1. 应急组织领导机构主要职责

应急组织领导机构由公司总经理、分管安全的副总经理、分管业务副总经理、各部门主要负责人等组成，主要职责为：

（1）贯彻落实国家、省政府、水利部和省水利厅有关生产安全事故应急处置的法律法规和方针政策。

（2）组织公司生产安全事故综合应急预案的编制、评估和修订完善工作。

（3）启动本预案，明确响应级别，决定终止本预案。

（4）领导、协调和组织事故应急处置，对生产安全事故应急处置重大事项作出决策部署。组建现场工作组，明确组长，根据实际需要成立综合协调、技术支持、信息处理、保障等工作小组。为现场处置提供必要的条件和支撑。

（5）组织或协助政府开展事故调查、影响处理等善后工作及其他工作。

2. 事故应急办公室主要职责

事故应急办公室设在公司质量安全监督部，主要职责为：

（1）负责受理水利生产安全事故信息，根据事故情况及时报告上级领导，提出相应建议。

（2）负责贯彻落实应急组织领导机构各项决策部署，协调事故的应急处置工作。

（3）及时了解和掌握事故现场处置相关进展情况，报告应急组织领导机构。

（4）督促协调各部门开展应急管理日常工作。

（5）承办事故应急处置相关日常工作，组织开展本预案的演练、培训和宣传等工作。

（6）完成应急组织领导机构交办的其他事项。

3. 现场工作组主要职责

现场工作组由应急组织领导机构根据实际情况组建成立，主要职责为：

（1）根据应急组织领导机构安排，及时赶赴现场，对现场事故的发生原因、发展趋势、危害程度和可能产生的影响作出判断，及时制定或协助政府应急指挥部制定救援措施和处置方案。

（2）根据实际情况，对综合协调、技术支持、信息处理、保障等工作小组成员进行补充完善，必要时也可再成立其他工作小组。

（3）根据制定的处置方案，明确各工作小组的职责分工，立即组织开展事故应急处置工作。

（4）及时传达、落实应急组织领导机构的决策部署。

（5）收集、汇总事故现场信息，并及时上报。

（6）对事故调查、影响处理等善后工作以及是否终止本预案等其他工作提出建议。

（7）作出事故应急处置工作总结。

4. 综合协调工作小组主要职责

综合协调工作小组由办公室、人事部、财务部、质量安全监督部等部门组成，主要职责为：

（1）协调各专业工作小组的抢险救援工作。

（2）及时向现场指挥部及有关部门报告事故抢险救援工作进展情况。

（3）组织指导专业技术工作小组为抢险救援等工作提供技术支持和决策建议。

（4）组织事故报告编写工作。

（5）负责组织落实救援人员后勤保障和善后处理工作。

5. 技术支持工作小组主要职责

技术支持工作小组由应急组织领导机构组织相关专家组成，主要职责为：

（1）根据事故场所、内容的相关特点，提出相应的应急救援方案和建议，为事故现场提供有效的工程技术服务和技术储备。

（2）对事故现场各类危险源进行科学的风险评估。

（3）提出应急救援物资器材、装备、人力计划。

（4）提出是否终止本预案的建议。

6. 信息处理工作小组主要职责

信息处理工作小组由办公室、调度运行部等部门组成，主要职责为：

（1）负责应急救援人员、部门、组织和机构进行具体联络，信息收集，各组的协调沟通等工作。

（2）负责有关信息统计工作。

（3）积极同政府相关部门衔接，协助其及时、准确、客观、全面发布事件信息。

7. 保障工作小组主要职责

保障工作小组由办公室、财务部等部门组成，主要职责为：

（1）应急预案启动后，按应急领导小组的部署，有效地组织应急救援反应物资资源到生产作业场所，并及时对事故现场进行增援，同时提供后勤服务。

（2）协调、配合、落实通信、供电和用电。

（3）负责现场应急领导工作组生活保障，负责抢险救灾人员、车辆的调集。

（4）慰问负责有关伤员及家属安抚工作，确保事故发生后受伤人员及家属思想稳定。

三、应急响应

（一）信息报告

1. 信息接报

事故发生后，事故现场有关人员应当立即公司负责人报告，公司负责人接到报告后，应当于 1 小时内报告事故发生地县（市、区）人民政府应急管理部门、水行政主管部门、其他负有安全生产监督管理职责的有关部门及上级单位报告。

情况紧急或者本公司负责人无法联络时，事故现场有关人员可以直接向事故发生地县以上人民政府应急管理部门、水行政主管部门、其他负有安全生产监督管理职责的有关部门和上级单位报告。

公司负责的水利工程运行及建设管理活动、公司办公及后勤保障活动发生特别重大、重大、较大事故，公司接到报告后，力争 15 分钟内快报、30 分钟内书面报告水利厅。

公司负责的水利工程运行及建设管理活动、公司办公及后勤保障活动发生一般生产安全事故、较大涉险事故，公司接到报告后，应在事故发生 1 小时内快报、2 小时内书面报告水利厅。

接到各级政府、水利厅要求核报的信息，公司要迅速核实，及时反馈相关情况。电话反馈初步核实情况时间不超过 20 分钟；对于明确要求报送书面信息的，反馈时间不超过 45 分钟，有关情况可以续报。

除上述报告要求外，各单位还应按照相关法律法规规定将事故信息报告当地政府及其有关部门。情况紧急时，事故现场人员、受理报告的各级单位可以越级上报事故信息。

事故报告后出现新情况的，应按有关规定及时补报相关信息。

公司事故报告受理联系方式：

电话：××××—×××××××××；传真：××××—×××××××××。

××市××县（市、区）事故报告受理联系方式：

电话：××××—×××××××××。

××市事故报告受理联系方式：

电话：××××—×××××××××。

水利厅事故报告受理联系方式：

电话：××××—×××××××××；传真：××××—×××××××××。

事故应急办公室负责受理水利生产安全事故信息。有关部门和单位收到事故报告信息后，应立即告知公司质量安全监督部。

2. 信息处置与研判

判断公司负责的水利工程运行及建设管理活动、办公及后勤保障活动发生特别重大、重大、较大事故生产安全事故时，公司事故应急办公室报告总经理、分管安全生产工作的副总经理和分管相关业务的副总经理；应急组织领导机构立即召开紧急会议，通报事故情况，审定应急响应级别，启动一级响应。响应流程图见附件 3。

判断公司负责的水利工程运行及建设管理活动、办公及后勤保障活动发生一般生产安全事故或较大涉险事故时，事故应急办公室报告总经理、分管安全生产工作的副总经理和分管相关业务的副总经理；应急组织领导机构立即召开紧急会议，通报事故情况，审定应急响应级别，启动二级响应。响应流程图见附件 3。

若未达到响应启动条件，应急组织领导机构应作出预警启动的决策，做好响应准备，实时跟踪事态发展。

响应启动后，事故应急办公室应注意跟踪事态发展，科学分析处置需求，及时调整响应级别，避免响应不足或过度响应。

（二）预警

1. 预警启动

公司接到当地政府有关预警通知后，立即报告上级主管部门，并通知公司内部相应部门做好安全防范措施，有必要时启动相应预案。

预警信息根据管辖范围和实际情况，由公司应急组织领导机构批准后在本单位内部发布，以便于加强应急防范措施，控制事态的发展，保证工程的安全，可采取电话、传真、文件等形式。

相关部门接到有关预警通知后应及时组织开展应急准备工作，应视情况制定预警行动方案，采取相应的安全防范措施，密切监控事故险情发展变化，加强相关重要设施设备检查和工程巡查，发现异常情况要及时进行识别、诊断和评价，采取有效措施控制事态发展，并及时将可能发生的事故报告当地水行政主管部门、当地人民政府及上级单位。

2. 响应准备

预警启动后公司相关各部门应立即开展响应准备工作，包括队伍、物资、装备、后勤、专家及通信等。

3. 预警解除

当险情得到有效控制后，由预警信息发布责任单位宣布解除预警。

（三）响应启动

1. 一级应急响应

（1）派遣现场工作组。应急组织领导机构立即召开紧急会议，组成现场应急工作组，赴事故现场协助配合人民政府、有关主管部门以及事故发生部门开展处置工作。现场应急工作组组长由总经理或主持工作的副总经理担任，组员由质量安全监督部、相关部门负责人以及专家组成。根据需要，现场应急工作组下设综合协调、技术支持、信息处理和保障等小组。

（2）跟踪事态进展。现场应急工作组与当地人民政府、有关主管部门等保持24小时通信畅通，接收、处理、传递事故信息和救援进展情况，定时报告事故态势和处置进展情况。

（3）调配应急资源。根据需要，现场应急工作组协调水利应急专家、专业救援队伍和有关专业物资、器材等支援事故救援工作。

（4）舆情分析。现场应急工作组配合做好事故舆情分析及信息发布工作。

2. 二级应急响应

（1）派遣现场工作组。应急组织领导机构立即召开紧急会议，组成现场应急工作组，赴事故现场协助配合人民政府、有关主管部门以及事故发生部门开展处置工作。现场应急工作组组长由分管业务副总经理或分管安全的副总经理担任，组员由质量安全监督部、相关部门负责人以及专家组成。根据需要，现场应急工作组下设综合协调、技术支持、信息处理和保障等小组。

(2) 跟踪事态进展。现场应急工作组与当地人民政府、有关主管部门等保持24小时通信畅通，接收、处理、传递事故信息和救援进展情况，定时报告事故态势和处置进展情况。

(3) 调配应急资源。根据需要，现场应急工作组协调水利应急专家、专业救援队伍和有关专业物资、器材等支援事故救援工作。

(4) 舆情分析。现场应急工作组配合做好事故舆情分析及信息发布工作。

(四) 应急处置

现场应急工作组应及时传达上级领导指示，迅速了解事故情况和现场处置情况，及时汇报事故处置进展情况。

(五) 应急支援

当事态无法控制情况下，公司根据职责，应向事故属地政府及水行政主管部门请求支援，必要时向省水利厅请求支援。政府事故救援领导小组到达后，现场应急工作组应主动配合做好相关工作，服从政府事故救援领导小组统一指挥，并及时向应急组织领导机构报告应急处置工作进展情况。

(六) 响应终止

根据事故进展情况，现场应急工作组适时提出应急响应终止的建议，报应急组织领导机构批准后，应急响应终止。

四、后期处置

(一) 善后处置

公司负责的水利工程运行管理及建设管理活动、办公及后勤保障活动发生生产安全事故的，公司事故应急办公室会同相关部门做好伤残抚恤、修复重建和生产恢复工作。

(二) 应急处置总结

公司负责的水利运行及工程建设管理活动、办公及后勤保障活动发生生产安全事故的，事故应急办公室会同有关部门对事故基本情况、事故信息接收处理与传递报送、应急处置组织领导、应急预案执行、应急响应措施及实施、信息公开与舆情应对等情况进行梳理分析，总结经验教训，提出相关建议并形成总结报告。

五、应急保障

(一) 信息与通信保障

信息处理工作小组应为应急响应工作提供信息和通信保障。参与应急响应的工作人员在生产安全事故应急响应期间应保持通信畅通。在正常通信设备不能工作时，调度运行部应组织相关部门迅速抢修损坏的通信设施，启用备用应急通信设备，为本预案实施提供通信保障。

(二) 人力资源保障

事故应急办公室会同相关部门加强本系统内生产安全事故应急专家库的建设与管理工作，充分发挥专家的技术支撑作用。加强安全生产专业救援队伍、救援能力建设，做到专业过硬、作风优良、服从指挥、机动灵活。

（三）应急经费保障

公司财务部根据需求安排应急管理经费，用于本系统应对生产安全事故应急救援和现场处置、预案编制修订、应急培训、宣传、演练等工作。

（四）队伍、物资与装备保障

公司根据有关法律、法规规定，在充分依托和发挥现有防汛队伍、物质储备的基础上，组织有关部门和专业救援队伍根据情况配备适量应急机械、设备、器材和物资等，做好生产安全事故应急救援必需保护、防护器具储备工作；建立应急物资与装备管理制度，加强应急物资与装备的日常管理。

六、培训与演练

（一）预案培训

事故应急办公室应将本预案培训纳入安全生产培训工作计划，定期组织应急预案培训工作，开展应急预案、应急知识、自救互救和避险逃生技能的培训活动。

（二）预案演练

本预案应根据规定定期演练，确保相关工作人员了解应急预案内容和生产安全事故避险、自救互救知识，熟悉应急职责、应急处置程序和措施，及时对演练效果进行总结评估，查找、分析预案存在的问题并及时改进。

七、附则

（一）预案管理

本预案由公司质量安全监督部负责解释和管理，并及时进行动态调整修订。

（二）施行日期

本预案自印发之日起施行。

附件1　应急处置领导小组成员联系方式

附表1　　　　　　　　　　应急处置领导小组成员联系方式

姓名	职务	办公电话	手机号码

附件2　应急处置领导小组办公室成员联系方式

附表2　　　　　　　应急处置领导小组办公室成员联系方式

姓名	应急处置领导小组办公室职务	办公电话	手机号码

第九章 应急管理体系建设

附件 3 生产安全事故响应流程图

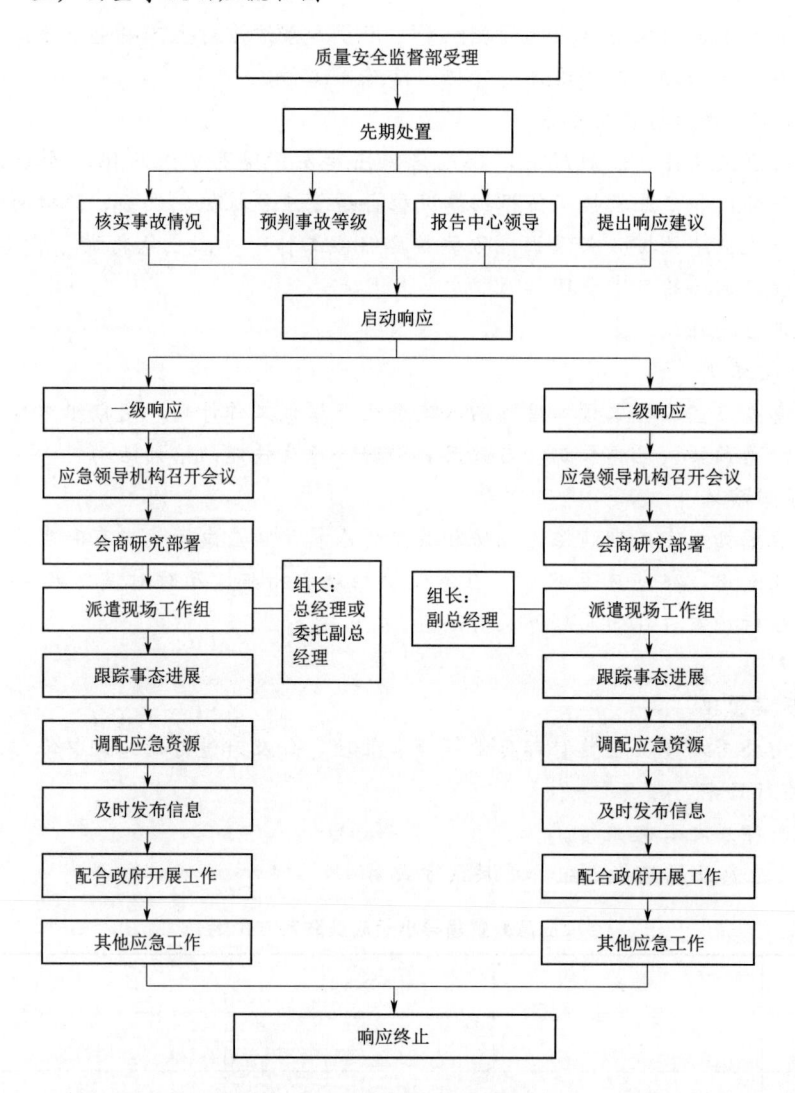

```
质量安全监督部受理
        ↓
      先期处置
    ↓    ↓    ↓    ↓
核实事故情况 预判事故等级 报告中心领导 提出响应建议
        ↓
      启动响应
      ↓      ↓
   一级响应   二级响应
      ↓        ↓
应急领导机构召开会议  应急领导机构召开会议
      ↓        ↓
  会商研究部署   会商研究部署
      ↓        ↓
  派遣现场工作组  派遣现场工作组
  （组长：总经理或 （组长：副总经理）
   委托副总经理）
      ↓        ↓
  跟踪事态进展   跟踪事态进展
      ↓        ↓
  调配应急资源   调配应急资源
      ↓        ↓
  及时发布信息   及时发布信息
      ↓        ↓
 配合政府开展工作  配合政府开展工作
      ↓        ↓
  其他应急工作   其他应急工作
        ↓
      响应终止
```

附图 1 生产安全事故响应流程图

附件 4 技术工作组

附表 3　　　　　　　　　　技术工作组人员信息

姓名	专家类别	单位	职务/职称	手机号码	专业特长	备注

附件5　应急处置各部门联系方式

附表4　　　　　　　　　　应急处置各部门联系方式

部　　门	负　责　人	应　急　电　话
党群工作部		
办公室		
人事部		
财务部		
调度运行部		
规划建设部		
工程管理部		
质量安全监督部		
…		

附件6　应急处置外联应急通讯录

附表5　　　　　　　　　　应急处置外联应急通讯录

单位名称	固定电话	单位名称	固定电话
山东省水利厅	0531—86593627/86593627	山东省交通厅	0531—85693998
山东省公安厅	0531—85125110	国网山东省供电公司	0531—80126666
山东省气象局	0531—85860408	…	

附件7　应急物资装备清单

附表6　　　　　　　　　　应　急　物　资　装　备　清　单

序号	备品名称	单位	数量	存放地点	保管人
1	编织袋	条			
2	铁镐	把			
3	铁锨	把			
4	救生衣	件			
5	雨靴	双			
6	铁丝	kg			
7	便携式工作灯	只			
8	雨衣	件			
9	编织袋	条			
10	救生衣	件			
11	铁锨	把			
…					

（二）专项应急预案

××公司火灾事故专项应急预案

一、适用范围

本预案适用于××公司管理范围内发生火灾事故的应急处置工作。

二、应急组织机构及职责

（一）应急领导小组

××公司成立了生产安全事故应急领导小组，组成人员如下：

组长：×××公司总经理

副组长：×××公司分管安全副总经理

×××公司分管业务副总经理

成员：×××各部门主要负责人

……

应急领导小组职责：

(1) 贯彻落实国家应急管理有关法律法规及相关政策。

(2) 贯彻落实上级单位和地方政府应急管理规章制度及相关文件精神。

(3) 接受相关部门应急指挥机构的领导，并及时汇报应急处理情况，必要时向有关单位发出救援请求。

(4) 研究决定单位应急工作重大决策和部署。

(5) 接到事件报告时，根据各方面提供的信息，研究确定应急响应等级，下达应急预案启动和终止命令。

(6) 直接指挥公司突发事件的应急处置工作。

（二）应急领导小组办公室

生产安全事故应急领导小组办公室设在安全科，组成人员如下：

主任：×××安全科科长

副主任：×××安全科副科长

成员：×××……

应急领导小组办公室职责：

(1) 监督国家、地方及行业有关事故应急救援与处置法律、法规和规定的落实，执行应急领导小组的有关工作安排。

(2) 事件发生时，协助应急领导小组指挥、协调应急救援工作。

(3) 接收并分析处理现场的信息，向应急领导小组提供决策参考意见。

(4) 负责新闻发布和上报材料的起草工作，根据应急领导小组的意见，向政府相关部门报告应急工作情况。

(5) 负责应急预案的归档工作。

（三）应急工作组

生产安全事故应急领导小组下设决策指挥组、应急抢险组、安全保卫组、后勤保障组、事故调查组5个应急工作组。

各小组的组成人员如下。

1. 决策指挥组

组长：×××

副组长：×××

成员：……

职责：指挥、协调各工作组开展应急救援行动，决定事故救援应急处置和疏散撤离等工作。

2. 应急抢险组

组长：×××

副组长：×××

成员：……

职责：根据生产工作场所、内容的相关特点，制定可行的应急处置方案，组织各类抢险救灾工作。

3. 安全保卫组

组长：×××

副组长：×××

成员：……

职责：做好救援工作的安全保卫，防止人为故意阻止或破坏救援行动，保证救援工作不受外部干扰，保护事故现场，对现场有关实物资料进行取样封存。

4. 后勤保障组

组长：×××

副组长：×××

成员：……

职责：有效调配应急响应物资到救援现场，并及时对事故现场进行增援，做好受伤人员医疗救护及伤员家属慰问工作。

5. 事故调查组

组长：×××

副组长：×××

成员：……

职责：查明生产安全事故发生的原因、过程和人员伤亡、经济损失情况，初步确定生产安全事故的性质和责任者，总结事故教训，提出防范和整改措施，并编写生产安全事故调查报告书。

三、响应启动

（一）信息报告

（1）火灾事故发生后，事故现场有关人员应当立即报告部门负责人。部门负责人接到报告后，应当于 15 分钟内向应急领导小组办公室报告。

（2）应急领导小组接到报告后力争 15 分钟内快报、30 分钟内书面报告到××××（上级主管单位），××××（上级主管单位）应急电话：××××—××××××××。如遇特殊情况时可先行越级上报，上报后再按规定进行逐一报告。

（3）事故报告方式：采用电话快报和文字报告相结合的方式。第一时间先行电话快报，随后补报文字报告，并根据事态的发展和处理情况，及时续报。

（4）事故报告主要内容：事故发生单位及工程概况；事故发生时间、地点以及事故现场情况；事故简要经过；事故已造成或可能造成的伤亡人数（包括下落不明、涉险的人

第九章　应急管理体系建设

数）和初步估计的直接经济损失；已经采取的措施以及其他应当报告的情况。

（二）应急响应

1. 响应程序

事故发生后，事发单位（部门）应立即向应急领导小组报告，应急领导小组根据情况启动应急预案，超出本预案响应范围的，应急领导小组要立即报告到××××（上级主管单位）。

（1）应急领导小组的应急响应。应急领导小组接到生产安全事故报告后，根据掌握的事故情况，认为符合本预案启动条件的，下令立即启动本预案；对暂不符合预案启动条件，但应急领导小组认为有必要的，也可下令启动本预案。如应急领导小组确认生产安全事故态势严重，不能得到有效控制，超出公司应急救援能力，符合一般、较大、重大、特别重大事故及较大涉险事故上报范围的，应立即向××××（上级主管单位）进行报告，要求上级单位给予应急救援指示和支援。公司应急救援人员应积极配合、服从上级部门开展的应急救援行动。

（2）各部门应急响应。各部门接到生产安全事故报告后，应立即将事故情况向应急领导小组办公室进行报告。在生产安全事故应急领导小组到达前，各部门应在做好人员防护的前提下，组织有关专业人员对事故进行先期应急处置，同时应迅速组织撤离事故区域附近的无关人员，采取对事故现场加强监控等必要的措施，减少事故损失，防止事故蔓延和扩大。

（3）各应急工作小组的响应。预案一经启动，由应急领导小组办公室采用电话、对讲机等方式通知各应急工作组，迅速组织、调集有关人员和装备，立即赶赴事故现场，事故发生地原有先期处置人员归应急指挥机构统一调度指挥。参与应急救援的各工作组按照预案的规定各司其职，执行现场指挥部的各项命令，以最快的速度进入事故应急救援区域，实施事故应急救援任务。

（4）应急救援程序。应急工作组人员到达事发地后，应迅速整理队伍和装备，立即向领导小组报到。由领导小组按照现场情况和技术人员的有关建议，制定具体现场应急救援方案，并对各应急工作组下达应急救援命令。各应急工作组在接到领导小组命令后，应按照规定穿戴好必要的防护用品，按照方案规定的各自的职责、分工路线和位置进入事故现场进行应急救援。各应急工作组在应急救援过程中要服从命令，听从指挥，注意自身安全，遇到突发情况要迅速上报。

2. 应急处置

（1）先期处置。

当火灾事故发生后，本预案的主要任务是消除火灾、抢救人员和贵重设施为主，使受困、受伤人员和贵重设施得到及时的抢救和撤离。

疏散人员，使受困人员有秩序地撤离火场。

1）寻找人员的方法为：进入室内主动呼喊，观察动静，注意倾听辨别哪里有呼救声喘息声和呻吟声，要注意搜寻出口（如门窗、走廊等处）。在设备场所寻人时，注意机器和设备的附近。

2）救人的方法为：对于神志清醒，但在烟雾中辨不清方向或找不到出口的人员，可指明通道,让其自行脱险,也可直接带领他们撤出;当救人通道被切断时,应当借助消防梯、安全绳等设施将人救出;遇有烟火将人员围困在建筑物内时,应借助消防水枪开辟出救人的通道,并做好掩护,抢救人员也可以用浸湿的衣服、被褥等将被救者和自己的外露部分遮盖起来,防止被火焰灼伤。

(2)应急处置。

1)受到火势威胁的物资应转移;妨碍灭火救人的物资,如妨碍和影响火情侦察、灭火、抢救人员等行动的物资,应予以转移;

2)超过建筑物承重的物资,用水扑救会使建筑物内单位面积上的重力猛增,有引起楼板变形、塌落的危险时,应将物资转移到安全地带;

3)有些物资因体积大、分量重或因数量多、火势迅猛而来不及转移时,可采用阻燃、防火材料遮盖或用水枪冷却等方法进行保护。

(三)资源调配

事故应急救援工作应在统一指挥、统一领导、分级负责、分工协作的原上快速、有序、高效地实施各项应急救援措施。应急领导小组系统全面地收集事故的基本情况,包括事故类别、影响范围、次生事故的危害性、所需应急救援力量和物资、专家支持等信息,及时调配应急资源,指挥各应急救援小组尽快落实各自职责、任务和行动方案。

根据事故严重程度的不同,应急领导小组直接或间接统一调配所有应急资源,应急资源不能满足要求时及时报请上级主管单位应急救援指挥机构请求支援。

(四)应急结束

1. 应急结束条件

当火势得到有效控制并消除后,应急工作结束。

2. 应急响应结束程序

在充分评估危险和应急情况的基础上,经应急领导小组组长批准,由副组长宣布应急结束。

四、处置措施

(一)应急处置基本原则

在火灾事故的应急处理工作中,必须遵循"预防为主、防消结合"的方针,贯彻"集中领导、统一指挥、依靠职工"的原则。

在火灾应急处置过程中,沉着冷静、消于初期、忙而不乱、先人后物,最大限度地减少人员、财产的损失。

(二)后期处置

1. 后期处置、现场恢复的原则和内容

在火灾事故抢险工作结束后,对参与火灾事故救援的人员进行清点,使用的抢险物资与装备安排专人进行清点和回收。

现场恢复时不能再发生次生伤害。

2. 事故(事件)调查

由安全科牵头,成立调查组,按照"四不放过"的原则进行调查,分析原因,采取防范措施。

3. 应急总结、评价、改进

应急结束后，由安全科组织对本次应急工作进行总结评价，提出改进意见。

五、应急保障

(一) 应急队伍

建立应急保障队伍，保障应急工作的有效进行。

(二) 应急物资与装备

本预案应急处置所需的主要物资有灭火设施、通信装备、交通工具、抢险车辆、维修工器具、照明装置、防护装备、救护装备等。

各部门应明确以上物资的数量、性能和位置，保证使用时能快速有效地调用。

(三) 通信与信息

应急成员建立通信信息库，利用通信联络工具或文字通报，及时传达应急处置进展情况，保证预案启动后技术人员及时到位开展工作。

在应急行动中，所有直接参与或者支持应急响应行动的人员都应保障应急通信畅通。

(四) 经费

根据处置事件的需要和有关规定，提供必要的资金保障。

(五) 其他

1. 交通运输保障

后勤保障组负责安排车辆作为接送人或运送与应急有关的物资，确保随调随用。

2. 安全保障

火灾事故的应急救援工作危险性很大，必须对应急人员自身的安全问题进行周密的考虑，防止被火烧伤，气体中毒、窒息，保证应急人员免受火灾事故的伤害。电气设备灭火时还应防止触电。对疏散的紧急情况和决策、预防性疏散准备、疏散区域、疏散距离、疏散路线、疏散运输工具、安全蔽护场所以及回迁等做出细致的规定和准备，应考虑疏散人群的数量、所需要的时间和可利用的时间、环境变化等问题，对已实施疏散的人群，要做好临时安置。

3. 治安保障

由安全保卫组在火灾现场周围建立警戒区域，实施现场通道封闭，维护火灾现场治安秩序，防止与应急救援无关的人员进入火灾事故现场，保障救援队伍、物资运输和人员疏散等通道的畅通。

4. 医疗卫生

事故处理过程中，如果发生人生伤亡事故，使用相应的人身伤亡事故预案。

(三) 现场处置方案

××公司淹溺事故现场处置方案

一、事故风险描述

(一) 淹溺事故类型

由于安全防护措施不到位等，作业人员坠落水中发生淹溺事故，分为在河道、水库等水域或泥浆池中淹溺事故。

（二）触电事故的危害程度

人淹没于水中，因大量的水或泥沙、杂物等经口鼻灌入肺内，造成呼吸道阻塞，引起窒息，缺氧，致人神志不清、昏迷甚至死亡。

（三）事故征兆

人落水后，不会游泳者在水中挣扎；会游泳者因手足抽筋或者浅水而造成头部损伤而不能自救。

二、应急工作职责

（一）应急领导小组

公司成立了生产安全事故应急领导小组，由公司总经理担任领导小组组长，分管安全和业务副总经理担任副总经理，各部门主要负责人为成员。应急领导小组主要职责如下：

(1) 贯彻落实国家应急管理有关法律法规及相关政策。

(2) 贯彻落实上级单位和地方政府应急管理规章制度及相关文件精神。

……

（二）应急领导小组办公室

生产安全事故应急领导小组办公室设在安全科，安全科科长×××任主任，副科长×××任副主任，成员包括×××、……应急领导小组办公室职责如下：

(1) 监督国家、地方及行业有关事故应急救援与处置法律、法规和规定的落实，执行应急领导小组的有关工作安排。

(2) 事件发生时，协助应急领导小组指挥、协调应急救援工作。

……

（三）应急工作组

生产安全事故应急领导小组下设决策指挥组、应急抢险组、安全保卫组、后勤保障组、事故调查组5个应急工作组。

(1) 决策指挥组主要职责：指挥、协调各工作组开展应急救援行动，决定事故救援应急处置和疏散撤离等工作。

(2) 应急抢险组主要职责：根据生产工作场所、内容的相关特点，制定可行的应急处置方案，组织各类抢险救灾工作。

(3) 安全保卫组主要职责：做好救援工作的安全保卫，防止人为故意阻止或破坏救援行动，保证救援工作不受外部干扰，保护事故现场，对现场有关实物资料进行取样封存。

(4) 后勤保障组主要职责：有效调配应急响应物资到救援现场，并及时对事故现场进行增援，做好受伤人员医疗救护及伤员家属慰问工作。

(5) 事故调查组主要职责：查明生产安全事故发生的原因、过程和人员伤亡、经济损失情况，初步确定生产安全事故的性质和责任者，总结事故教训，提出防范和整改措施，并编写生产安全事故调查报告书。

三、应急处置

（一）应急处置程序

(1) 发生淹溺事故后，现场人员应立即组织救援，并及时按照事故报告流程上报。

(2) 应急领导小组接到报告后，立即组织调集应急抢救人员、车辆迅速赶赴现场，按照本处置方案开展现场应急处置工作。

（二）现场应急处置措施

（1）自救：落水后，应保持冷静，切勿大喊大叫，以免水进入呼吸道引起阻塞和剧烈咳呛。应尽量抓住漂浮物如木板等，以助漂浮。双脚踩水，双手不断划水，落水后立即屏气，在挣扎时利用头部露出水面的机会换气，再屏气，如此反复，以等救援。

（2）水上救助：对筋疲力尽的溺水者，抢救人员可从头部接近；对神志清醒的溺水者，抢救人员应从背后接近。用手从背后抱住溺水者的头颈，另一只手抓住溺水者的手臂，游向岸边。

（3）现场有关人员立即向周围人员呼救，现场人员不会游泳时，立即用绳索、竹竿、木板或救生圈等使溺水者握住后拖上岸。

（4）溺水者被抢救上岸后，迅速设法如用手指抠出淹溺者口、鼻中的污泥、杂草或呕吐物，以保证气道畅通。使溺水者吐出吸入的水，立即进行人工呼吸，心跳停止者施行胸外心脏按压。

（5）立即拨打120急救电话，详细说明事故地点、严重程度、联系电话，并做好接应工作。

（三）事件报告流程

（1）事故发生后，事故现场有关人员应当立即报告部门负责人。部门负责人接到报告后，应当于15分钟内向应急领导小组办公室报告。

（2）应急领导小组接到报告后力争15分钟内快报、30分钟内书面报告到×××（上级主管单位），如遇特殊情况时可先行越级上报，上报后再按规定进行逐一报告。

四、注意事项

（1）若未受过专业救人训练或未领会水中救生方法的人，切记不要轻易下水救人。谨记一点，会游泳并不代表会救人。

（2）要防止抢救人员被溺水者死死抱住，而双双发生危险。

（3）在水中发现淹溺者已昏迷，可在拖曳过程中向淹溺者进行口对口吹气，边游边吹，争取抢救时间。

（4）备齐必要的应急救援物资，如车辆、救生衣或救生圈、担架、氧气袋等。

（5）溺水现场的救援结束后，应警戒并收集资料，等待事故调查组进行调查处理。

（四）应急预案管理

1. 评审和论证

（1）基本要求。中型规模以上的水利生产经营单位应当对本单位编制的应急预案进行评审，并形成书面评审纪要。其他水利生产经营单位可以根据自身需要，对本单位编制的应急预案进行论证。

参加应急预案评审的人员应当包括有关安全生产及应急管理方面的专家。评审人员与所评审应急预案的水利生产经营单位有利害关系的，应当回避。

应急预案的评审或者论证应当注重基本要素的完整性、组织体系的合理性、应急处置程序和措施的针对性、应急保障措施的可行性、应急预案的衔接性等内容。

（2）评审方法。应急预案评审采取形式评审和要素评审两种方法。形式评审主要用于应急预案备案时的评审，要素评审用于水利生产经营单位组织的应急预案评审工作。应急预案评审采用符合、基本符合、不符合三种意见进行判定。对于基本符合和不符合的项目，应给出具体修改意见或建议。

1) 形式评审。依据《生产经营单位安全生产事故应急预案编制导则》和有关行业规范，对应急预案的层次结构、内容格式、语言文字、附件项目以及编制程序等内容进行审查，重点审查应急预案的规范性和编制程序。应急预案形式评审的具体内容及要求可参见表 9-1。

表 9-1 应急预案形式评审表

评审项目	评审内容及要求	评审意见
封面	应急预案版本号、应急预案名称、水利生产经营单位名称、发布日期等内容	
批准页	1. 对应急预案实施提出具体要求； 2. 发布单位主要负责人签字或单位盖章	
目录	1. 页码标注准确（预案简单时目录可省略）； 2. 层次清晰，编号和标题编排合理	
正文	1. 文字通顺、语言精练、通俗易懂； 2. 结构层次清晰，内容格式规范； 3. 图表、文字清楚，编排合理（名称、顺序、大小等）； 4. 无错别字，同类文字的字体、字号统一	
附件	1. 附件项目齐全，编排有序合理； 2. 多个附件应标明附件的对应序号； 3. 需要时，附件可以独立装订	
编制过程	1. 成立应急预案编制工作组； 2. 全面分析本单位危险因素，确定可能发生的事故类型及危害程度； 3. 针对危险源和事故危害程度，制定相应的防范措施； 4. 客观评价本单位应急能力，掌握可利用的社会应急资源情况； 5. 制定相关专项预案和现场处置方案，建立应急预案体系； 6. 充分征求相关部门和单位意见，并对意见及采纳情况进行记录； 7. 必要时与相关专业应急救援单位签订应急救援协议； 8. 应急预案经过评审或论证； 9. 重新修订后评审的，一并注明	

2) 要素评审。依据国家有关法律法规、《生产经营单位安全生产事故应急预案编制导则》和有关行业规范，从合法性、完整性、针对性、实用性、科学性、操作性和衔接性等方面对应急预案进行评审。为细化评审，采用列表方式分别对应急预案的要素进行评审。评审时，将应急预案的要素内容与评审表中所列要素的内容进行对照，判断是否符合有关要求，指出存在问题及不足。应急预案要素分为关键要素和一般要素。

关键要素是指应急预案构成要素中必须规范的内容。这些要素涉及水利生产经营单位日常应急管理及应急救援的关键环节，具体包括危险源辨识与风险分析、组织机构及职责、信息报告与处置和应急响应程序与处置技术等要素。关键要素必须符合水利生产经营

第九章 应急管理体系建设

单位实际和有关规定要求。

一般要素是指应急预案构成要素中可简写或省略的内容。这些要素不涉及水利生产经营单位日常应急管理及应急救援的关键环节,具体包括应急预案中的编制目的、编制依据、适用范围、工作原则、单位概况等要素。

应急预案要素评审的具体内容及要求可参见表9-2～表9-5。

表9-2 综合应急预案要素评审表

评审项目		评审内容及要求	评审意见
总则	编制目的	目的明确,简明扼要	
	编制依据	1. 引用的法规标准合法有效; 2. 明确相衔接的上级预案,不得越级引用应急预案	
	应急预案体系*	1. 能够清晰表述本单位及所属单位应急预案组成和衔接关系(推荐使用图表); 2. 能够覆盖本单位及所属单位可能发生的事故类型	
	应急工作原则	1. 符合国家有关规定和要求; 2. 结合本单位应急工作实际	
适用范围*		范围明确,适用的事故类型和响应级别合理	
危险性分析	生产经营单位概况	1. 明确有关设施、装置、设备以及重要目标场所的布局等情况; 2. 需要各方应急力量(包括外部应急力量)事先熟悉的有关基本情况和内容	
	危险源辨识与风险分析*	1. 能够客观分析本单位存在的危险源及危险程度; 2. 能够客观分析可能引发事故的诱因、影响范围及后果	
组织机构及职责*	应急组织体系	1. 能够清晰描述本单位的应急组织体系(推荐使用图表); 2. 明确应急组织成员日常及应急状态下的工作职责	
	指挥机构及职责	1. 清晰表述本单位应急指挥体系; 2. 应急指挥部门职责明确; 3. 各应急救援小组设置合理,应急工作明确	
预防与预警	危险源管理	1. 明确技术性预防和管理措施; 2. 明确相应的应急处置措施	
	预警行动	1. 明确预警信息发布的方式、内容和流程; 2. 预警级别与采取的预警措施科学合理	
	信息报告与处置*	1. 明确本单位24小时应急值守电话; 2. 明确本单位内部信息报告的方式、要求与处置流程; 3. 明确事故信息上报的部门、通信方式和内容时限; 4. 明确向事故相关单位通告、报警的方式和内容; 5. 明确向有关单位发出请求支援的方式和内容; 6. 明确与外界新闻舆论信息沟通的责任人以及具体方式	

续表

评 审 项 目		评审内容及要求	评审意见
应急响应	响应分级*	1. 分级清晰，且与上级应急预案响应分级衔接； 2. 能够体现事故紧急和危害程度； 3. 明确紧急情况下应急响应决策的原则	
	响应程序*	1. 立足于控制事态发展，减少事故损失； 2. 明确救援过程中各专项应急功能的实施程序； 3. 明确扩大应急的基本条件及原则； 4. 能够辅以图表直观表述应急响应程序	
	应急结束	1. 明确应急救援行动结束的条件和相关后续事宜； 2. 明确发布应急终止命令的组织机构和程序； 3. 明确事故应急救援结束后负责工作总结部门	
后期处置		1. 明确事故发生后，污染物处理、生产恢复、善后赔偿等内容； 2. 明确应急处置能力评估及应急预案的修订等要求	
保障措施*		1. 明确相关单位或人员的通信方式，确保应急期间信息通畅； 2. 明确应急装备、设施和器材及其存放位置清单，以及保证其有效性的措施； 3. 明确各类应急资源，包括专业应急救援队伍、兼职应急队伍的组织机构以及联系方式； 4. 明确应急工作经费保障方案	
培训与演练*		1. 明确本单位开展应急管理培训的计划和方式方法； 2. 如果应急预案涉及周边社区和居民，应明确相应的应急宣传教育工作； 3. 明确应急演练的方式、频次、范围、内容、组织、评估、总结等内容	
附则	应急预案备案	1. 明确本预案应报备的有关部门（上级主管部门及地方政府有关部门）和有关抄送单位； 2. 符合国家关于预案备案的相关要求	
	制定与修订	1. 明确负责制定与解释应急预案的部门； 2. 明确应急预案修订的具体条件和时限	

注："*"代表应急预案的关键要素。

表 9-3　　　　　　　　　专项应急预案要素评审表

评 审 项 目	评审内容及要求	评审意见
事故类型和危险程度分析*	1. 能够客观分析本单位存在的危险源及危险程度； 2. 能够客观分析可能引发事故的诱因、影响范围及后果； 3. 能够提出相应的事故预防和应急措施	

续表

评审项目		评审内容及要求	评审意见
组织机构及职责*	应急组织体系	1. 能够清晰描述本单位的应急组织体系（推荐使用图表）； 2. 明确应急组织成员日常及应急状态下的工作职责	
	指挥机构及职责	1. 清晰表述本单位应急指挥体系； 2. 应急指挥部门职责明确； 3. 各应急救援小组设置合理，应急工作明确	
预防与预警	危险源监控	1. 明确危险源的监测监控方式、方法； 2. 明确技术性预防和管理措施； 3. 明确采取的应急处置措施	
	预警行动	1. 明确预警信息发布的方式及流程； 2. 预警级别与采取的预警措施科学合理	
信息报告程序*		1. 明确 24 小时应急值守电话； 2. 明确本单位内部信息报告的方式、要求与处置流程； 3. 明确事故信息上报的部门、通信方式和内容时限； 4. 明确向事故相关单位通告、报警的方式和内容； 5. 明确向有关单位发出请求支援的方式和内容	
应急响应*	响应分级	1. 分级清晰合理，且与上级应急预案响应分级衔接； 2. 能够体现事故紧急和危害程度； 3. 明确紧急情况下应急响应决策的原则	
	响应程序	1. 明确具体的应急响应程序和保障措施； 2. 明确救援过程中各专项应急功能的实施程序； 3. 明确扩大应急的基本条件及原则； 4. 能够辅以图表直观表述应急响应程序	
	处置措施	1. 针对事故种类制定相应的应急处置措施； 2. 符合实际，科学合理； 3. 程序清晰，简单易行	
应急物资与装备保障*		1. 明确对应急救援所需的物资和装备的要求； 2. 应急物资与装备保障符合单位实际，满足应急要求	

注："*"代表应急预案的关键要素。如果专项应急预案作为综合应急预案的附件，综合应急预案已经明确的要素，专项应急预案可省略。

表 9-4　　　　　　　　　　　　现场处置方案要素评审表

评审项目	评审内容及要求	评审意见
事故特征*	1. 明确可能发生事故的类型和危险程度，清晰描述作业现场风险； 2. 明确事故判断的基本征兆及条件	
应急组织及职责*	1. 明确现场应急组织形式及人员； 2. 应急职责与工作职责紧密结合	

续表

评审项目	评审内容及要求	评审意见
应急处置*	1. 明确第一发现者进行事故初步判定的要点及报警时的必要信息； 2. 明确报警、应急措施启动、应急救护人员引导、扩大应急等程序； 3. 针对操作程序、工艺流程、现场处置、事故控制和人员救护等方面制定应急处置措施； 4. 明确报警方式、报告单位、基本内容和有关要求	
注意事项	1. 佩戴个人防护器具方面的注意事项； 2. 使用抢险救援器材方面的注意事项； 3. 有关救援措施实施方面的注意事项； 4. 现场自救与互救方面的注意事项； 5. 现场应急处置能力确认方面的注意事项； 6. 应急救援结束后续处置方面的注意事项； 7. 其他需要特别警示方面的注意事项	

注："*"代表应急预案的关键要素。现场处置方案落实到岗位每个人，可以只保留应急处置。

表 9-5　　　　　　　　　　应急预案附件要素评审表

评审项目	评审内容及要求	评审意见
有关部门、机构或人员的联系方式	1. 列出应急工作需要联系的部门、机构或人员至少两种以上联系方式，并保证准确有效； 2. 列出所有参与应急指挥、协调人员姓名、所在部门、职务和联系电话，并保证准确有效	
重要物资装备名录或清单	1. 以表格形式列出应急装备、设施和器材清单，清单应当包括种类、名称、数量以及存放位置、规格、性能、用途和用法等信息； 2. 定期检查和维护应急装备，保证准确有效	
规范化格式文本	给出信息接报、处理、上报等规范化格式文本，要求规范、清晰、简洁	
关键的路线、标识和图纸	1. 警报系统分布及覆盖范围； 2. 重要防护目标一览表、分布图； 3. 应急救援指挥位置及救援队伍行动路线； 4. 疏散路线、重要地点等标识； 5. 相关平面布置图纸、救援力量分布图等	
相关应急预案名录、协议或备忘录	列出与本应急预案相关的或相衔接的应急预案名称以及与相关应急救援部门签订的应急支援协议或备忘录	

注：附件根据应急工作需要而设置，部分项目可省略。

2. 发布或告知

水利生产经营单位的应急预案经评审或者论证后，由本单位主要负责人签署，向本单位从业人员公布，并及时发放到本单位有关部门、岗位和相关应急救援队伍。

第九章　应急管理体系建设

事故风险可能影响周边其他单位、人员的，水利生产经营单位应当将有关事故风险的性质、影响范围和应急防范措施告知周边的其他单位和人员。

3. 备案

水行政主管部门制定的应急预案应当自公布之日起20个工作日内，报送本级人民政府备案，直接送本级人民政府应急管理部门。

水利施工单位应当自应急预案公布之日起20个工作日内，按照分级属地原则，向县级以上人民政府应急管理部门和水行政主管部门进行备案，并依法向社会公布。

在建水利工程项目法人应组织制定项目生产安全事故应急预案、专项应急预案，并报项目主管部门和安全监督机构备案；项目施工单位应根据项目生产安全事故应急预案，组织制定施工现场生产安全事故应急预案，经监理单位审核，报项目法人备案；实行分包的，由总承包单位统一组织编制事故应急预案。

申报应急预案备案，应当提交下列材料：

（1）应急预案备案申报表（可参见表9-6）。

（2）应急预案评审意见（需要评审的单位提供）。

（3）应急预案电子文档。

（4）风险评估结果和应急资源调查清单。

受理备案登记的部门应当在5个工作日内对应急预案材料进行核对。材料齐全的，应当予以备案并出具应急预案备案登记表（可参见表9-7）；材料不齐全的，不予备案并一次性告知需要补齐的材料。逾期不予备案又不说明理由的，视为已经备案。

表9-6　　　　　　　　　生产安全事故应急预案备案申请表

单位名称			
联系人		联系电话	
传真		电子信箱	
法定代表人		资产总额/万元	
行业类型		从业人数/人	
单位地址		邮政编码	

根据《生产安全事故应急预案管理办法》，现将我单位编制的：

等预案报上，请予备案。

（单位公章）
　　　　年　　月　　日

表9-7　　　　　　　　　　　生产安全事故应急预案备案登记表

备案编号：

单位名称			
单位地址		邮政编码	
法定代表人		经办人	
联系电话		传真	

你单位上报的：

经形式审查符合要求，准予备案。

（盖　章）

_____年___月___日

4．预案评估

应急预案编制单位应当建立定期评估制度。水利施工单位应当每2年至少进行1次应急预案评估，其他水利生产经营单位应当每3年至少进行1次应急预案评估。应急预案评估可参见表9-8。

表9-8　　　　　　　　　　　生产安全事故应急预案评估表

评估要素	评估内容	评估方法	评估结果
1．应急预案管理要求	1．梳理《中华人民共和国突发事件应对法》《中华人民共和国安全生产法》《生产安全事故应急条例》等法律法规中的有关新规定和要求，对照评估应急预案中的不符合项	资料分析	是否有不符合项，列出不符合项
	2．梳理国家标准、行业标准及地方标准中的有关新规定和要求，对照评估应急预案中的不符合项	资料分析	是否有不符合项，列出不符合项
	3．梳理规范性文件中的有关新规定和要求，对照评估应急预案中的不符合项	资料分析	是否有不符合项，列出不符合项
	4．梳理上位预案中的有关新规定和要求，对照评估应急预案中的不符合项	资料分析	是否有不符合项，列出不符合项
2．组织机构与职责	1．查阅生产经营单位机构设置、部门职能调整、应急处置关键岗位职责划分方面的文件资料，初步分析本单位应急预案中应急组织机构设置及职责是否合适、是否需要调整	资料分析	根据文件资料，判断组织机构是否合适，列出不合适部分
	2．抽样访谈，了解掌握生产经营单位本级、基层单位办公室、生产、安全及其他业务部门有关人员对本部门、本岗位的应急工作职责的意见建议	人员访谈	列出相关人员的建议
	3．依据资料分析和抽样访谈的情况，结合应急预案中应急组织机构及职责，召集有关职能部门代表，就重要职能进行推演论证，评估值班值守、调度指挥、应急协调、信息上报、舆论沟通、善后恢复的职责划分是否清晰，关键岗位职责是否明确，应急组织机构设置及职能分配与业务是否匹配	推演论证	职责划分是否清晰，岗位职责是否明确，机构设置及职能分配与业务是否匹配，列出不符合项

续表

评估要素	评估内容	评估方法	评估结果
3. 主要事故风险	1. 查阅生产经营单位风险评估报告，对照生产运行和工艺设备方面有关文件资料，初步分析本单位面临的主要事故风险类型及风险等级划分情况	资料分析	根据相关资料得出的本单位面临的主要事故风险类型及风险等级划分情况
	2. 根据资料分析情况，前往重点基层单位、重点场所、重点部位查看验证	现场审核	现场查看风险情况
	3. 座谈研讨，就资料分析和现场查证的情况，与办公室、生产、安全及相关业务部门以及基层单位人员代表沟通交流，评估本单位事故风险辨识是否准确、类型是否合理、等级确定是否科学、防范和控制措施能否满足实际需要，并结合风险情况提出应急资源需求	人员访谈	事故风险辨识是否准确、类型是否合理、等级确定是否科学、防范和控制措施能否满足实际需要，列出不符合项
4. 应急资源	1. 查阅生产经营单位应急资源调查报告，对照应急资源清单、管理制度及有关文件资料，初步分析本单位及合作区域的应急资源状况	资料分析	根据相关资料得出的本单位及合作区域的应急资源状况
	2. 根据资料分析情况，前往本单位及合作单位的物资储备库、重点场所，查看验证应急资源的实际储备、管理、维护情况，推演验证应急资源运输的路程路线及时长	现场审核、推演论证	应急资源的实际情况与预案情况是否相符，列出不符合项
	3. 座谈研讨，就资料分析和现场查证的情况，结合风险评估得出的应急资源需求，与办公室、生产、安全及相关业务部门以及基层单位人员沟通交流，评估本单位及合作区域内现有的应急资源的数量、种类、功能、用途是否发生重大变化，外部应急资源的协调机制、响应时间能否满足实际需求	人员访谈	应急资源是否发生变化，外部应急资源的协调机制、响应时间能否满足实际需求，列出不符合项
5. 应急预案衔接	1. 查阅上下级单位、有关政府部门、救援队伍及周边单位的相关应急预案，梳理分析在信息报告、响应分级、指挥权移交及警戒疏散工作方面的衔接要求，对照评估应急预案中的不符合项	资料分析	是否有不符合项，列出不符合项
	2. 座谈研讨，就资料分析的情况，与办公室、生产、安全及相关业务部门、基层单位、周边单位人员沟通交流，评估应急预案在内外部上下衔接中的问题	人员访谈	是否有问题，列出预案衔接中的问题
6. 实施反馈	1. 查阅生产经营单位应急演练评估报告、应急处置总结报告、监督检查、体系审核及投诉举报方面的文件资料，初步梳理归纳应急预案存在的问题	资料分析	列出存在的问题
	2. 座谈研讨，就资料分析得出的情况，与办公室、生产、安全及相关业务部门、基层单位人员沟通交流，评估确认应急预案存在的问题	人员访谈	列出座谈中反映的问题
7. 其他	1. 查阅其他有可能影响应急预案适用性因素的文件资料，对照评估应急预案中的不符合项	资料分析	是否有不符合项，列出不符合项
	2. 依据资料分析的情况，采取人员访谈、现场审核、推演论证的方式进一步评估确认有关问题	人员访谈、现场审核、推演论证	列出其他有关问题

生产安全事故应急预案评估报告编制大纲

一、总则

（一）评估对象

（二）评估目的

（三）评估依据

二、应急预案评估内容

（一）应急预案管理要求

（二）组织机构与职责

（三）主要事故风险

（四）应急资源

（五）应急预案衔接

（六）实施反馈

三、应急预案适用性分析

对应急预案各个要素内容的适用性进行分析，指出存在的不符合项。

四、改进意见及建议

针对评估出的不符合项，提出相应的改进意见和建议。

五、评估结论

对应急预案作出综合评价及修订结论。

四、应急演练

（一）演练频次要求

根据《山东省生产安全事故应急办法》，各级水行政主管部门每年至少组织 1 次应急预案演练；水利施工单位每半年至少组织 1 次综合或者专项应急预案演练，每 2 年对所有专项应急预案至少组织 1 次演练，每半年对所有现场处置方案至少组织 1 次演练；其他水利生产经营单位应当每年至少组织 1 次综合或者专项应急预案演练，每 3 年对所有专项应急预案至少组织 1 次演练，每年对所有现场处置方案至少组织 1 次演练。

（二）演练工作方案参照实例

××公司触电事故应急演练工作方案

一、演练目的及要求

为了保障安全生产，保证作业人员在作业过程中的安全与健康，避免或减少因事故和作业过程中发生的人员触电和财产损失，切实保障作业人员生命财产安全。通过对设定事故的应急演练，检验项目部触电事故应急预案的可行性和可操作性，提高应急队伍避险、抢险、救灾实战能力，不断提高项目部应急救援工作总体水平，特举行本次演练。

二、演练事故场景

人身触电事故应急演练。××××年××月××日上午××时，××项目现场一名作业人员在作业时，手触到裸露的用电线路，造成人身触电伤害，倒地昏迷。

三、演练参与人员及范围

公司主要负责人、分管安全生产和业务的负责人、安全生产管理人员和现场作业人员。

四、演练时间和地点

时间：××××年××月××日

地点：××项目现场

五、演练人员分组及职责

1. 演练应急领导小组

总指挥：×××

副总指挥：×××

解说员：×××

2. 演练组

成员：……

负责扮演触电伤者、现场作业人员及现场安全员。

3. 抢险救援组

组长：×××

副组长：×××

成员：……

职责：负责现场应急突击抢险，负责统一调集、指挥现场施救队伍，实施现场应急处置。

4. 后勤保障组

组长：×××

副组长：×××

成员：……

职责：负责应急抢险所需物资、设备、车辆以及食品的供应；负责应急用电、通信、供水的抢修工作；提供应急救援所需的资金。

5. 医疗救护组

组长：×××

副组长：×××

成员：……

职责：负责事发后的急救工作，指导遇险人员开展自救和互救；负责与当地医院联系。

6. 警戒疏散组

组长：×××

副组长：×××

成员：……

职责：负责对现场进行了警戒、维持秩序、疏导交通。

7. 评估总结组

组长：×××

副组长：×××

成员：……

职责：记录演练过程，对演练效果进行评估总结。

六、主要工作步骤

(1) 由副总指挥组织入场引导各抢险队人员到指定地点列队。

(2) 主持人介绍与会领导、嘉宾及各演练组人员。

(3) 总指挥进行演练前动员讲话。

(4) 副总指挥宣布演练开始。

(5) 应急演练活动（按照演练脚本进行）。

(6) 全体人员集合。

(7) 总指挥演练总结讲话。

七、技术支撑与保障条件

为保障演练活动的顺利进行，后勤保障准备的演练物资包括照相机、对讲机、绝缘手套、三级配电箱、车辆、急救箱、扩音喇叭、桌椅、演练横幅、担架等若干，还与当地医院联系，配备救护车一辆。

八、演练过程中需注意事项

(1) 各演练小组根据演练方案要求认真安排部署演练内容，熟悉演练脚本，并准备好所用物资及工具。

(2) 演练过程中所有人员应严肃认真，不得慌乱，应按照演练步骤严格进行。

(3) 对演练过程中存在的突发事件，现场指挥可具体安排处理。

(4) 演练最终形成评估和总结报告，经总指挥审批后作为修改应急预案和规范完善提高应急响应能力的依据。

(5) 拨打120救援电话请求急救中心支援。报告内容：单位名称、地址、受伤程度、受伤人数、联系电话。

九、评估与总结

演练结束后，由评估总结组根据演练情况编写《演练评估报告》和《演练总结报告》。

(三) 演练脚本参照实例

××公司触电事故应急演练脚本

一、应急预案启动

解说员：×××（伤员）在现场作业期间，手触到裸露电线，造成触电受伤，倒地昏迷。

解说员：发生事故后，×××（工友）大声呼救，并找到一根干燥的木棍将电线拨开，×××（安全员）闻讯赶到现场，立即向领导小组报告。×××专职（电工）闻讯，也立即赶来了事故现场，立即切断电源，并第一时间投入到了伤员抢救中。

安全员："立即电话向领导小组报告有人触电啦！"

解说员：安全副经理×××（副总指挥）接电话后立即赶到了现场，简单了解情况后，通过对讲机将事故现场情况报告给了应急救援总指挥×××。总指挥接到通知后立即启动了应急救援预案，并赶赴现场。

副总指挥："总指挥工地现场有人触到裸露的电源线，受伤昏迷，伤势较重。"

总指挥:"副总指挥!立即对伤员进行急救,迅速启动触电事故应急救援预案!我马上往现场赶"

解说员:按照公司《触电事故应急预案》内容,副总指挥通过对讲机向各应急救援小组告知了事故发生情况,并请求救援。

二、现场处置

解说员:各小组陆续到达了现场。

副总指挥:"×××(医疗救护组组长),请立即组织对伤员进行现场急救,保证伤员生命安全。"

解说员:医疗救护组组长,带领人员赶赴了现场,并及时开展了急救。

副总指挥:"×××(抢险救援组组长),请检查周边环境,发现隐患,及时排除。"

旁白:抢险救援组组长带领人员赶赴现场后,立即对事故现场周边环境进行隐患排查,结合实际,制定了救援方案。

副总指挥:"×××(警戒疏散组组长),立即对现场进行警戒,无关人员车辆不得进入,疏导交通,确保救援车辆通行无阻。"

解说员:警戒疏散组成员赶到现场后,对现场进行了警戒、维持秩序、疏导交通。在各个位置拉起了警戒线,并形成一个救援通道。同时,副总指挥安排人员及时联系120急救车辆。

副总指挥:"×××(后勤保障组组长),马上拨打120,去路口接应应急救护车,带领急救车辆进入现场。"

后勤保障组成员:"喂,120吗?××单位××项目现场,有一人发生触电事故,伤员情况不明,地址在×××,联系电话:×××,请马上来救援!"

解说员:经检查发现,伤员心跳呼吸都非常微弱,现场抢险组立即用"人工呼吸法"和"心脏胸外挤压法"对伤员进行了紧急救治。对伤者的伤势进行了检查。(人工呼吸和胸外按压方法:人工呼吸时一手扶住额头,一手向上抬起下颚使伤员呼吸道自然畅通,口与口之间要严密、捏住鼻孔,一次吹气量大约为深吸一口气吹出的气量,吹气结束松开口鼻;胸外按压时要找准部位,一手放在另一手之上,呈半握状态,手臂垂直,频率每分100次左右,按压深度5~6cm。胸外按压与人工呼吸比为30∶2)。此时,我们的救援组成员,对伤者正在进行抢救。

解说员:经过几分钟的心肺复苏抢救,伤员已经恢复了心跳和呼吸,(伤员有咳嗽反应)但心脏随时有骤停的危险,抢救人员保持对伤员的看护,都在焦急等待着应急救护车的到来。

(15分钟后)救护车到来,对伤员实行紧急救助。

副总指挥:总指挥,通过紧急救治伤员暂无生命危险。

总指挥:收到,继续观察伤者情况对伤者进行看护!

解说员:这时后勤保障组带领应急救护车到达现场,众人帮忙将伤员抬上救护车。救护车离开将伤员送往医院。

(四)演练评估

应急演练评估内容根据演练形式的不同而有所区别。

实战演练评估包括准备情况评估和实施情况评估两部分。实战演练准备情况评估可从演练策划与设计、演练文件编制、演练保障3个方面进行，具体评估内容可参见表9-9。

表9-9　　　　　　　　　　　　　实战演练准备情况评估表

评估项目	评 估 内 容
1. 演练策划与设计	（1）目标明确且具有针对性，符合本单位实际
	（2）演练目标简明、合理、具体、可量化和可实现
	（3）演练目标应明确"由谁在什么条件下完成什么任务，依据什么标准，取得什么效果"
	（4）演练目标设置是从提高参演人员的应急能力角度考虑
	（5）设计的演练情景符合演练单位实际情况，且有利于促进实现演练目标和提高参演人员应急能力
	（6）考虑到演练现场及可能对周边社会秩序造成的影响
	（7）演练情景内容包括情景概要、事件后果、背景信息、演化过程等要素，要素较为全面
	（8）演练情景中的各事件之间的演化衔接关系科学、合理，各事件有确定的发生与持续时间
	（9）确定各参演单位和角色在各场景中的期望行动以及期望行动之间的衔接关系
	（10）确定所需注入的信息及其注入形式
2. 演练文件编制	（1）制定了演练工作方案、安全及各类保障方案、宣传方案
	（2）根据演练需要编制了演练脚本或演练观摩手册
	（3）各单项文件中要素齐全、内容合理，符合演练规范要求
	（4）文字通顺、语言精练、通俗易懂
	（5）内容格式规范，各项附件项目齐全、编排顺序合理
	（6）演练工作方案经过评审或报批
	（7）演练保障方案印发到演练的各保障部门
	（8）演练宣传方案考虑到演练前、中、后各环节宣传需要
	（9）编制的观摩手册中各项要素齐全、并有安全告知
3. 演练保障	（1）人员的分工明确，职责清晰，数量满足演练要求
	（2）演练经费充足，保障充分
	（3）器材使用管理科学、规范，满足演练需要
	（4）场地选择符合演练策划情景设置要求，现场条件满足演练要求
	（5）演练活动安全保障条件准备到位并满足要求
	（6）充分考虑演练实施中可能面临的各种风险，制定必要的应急预案或采取有效控制措施
	（7）参演人员能够确保自身安全
	（8）采用多种通信保障措施，有备份通信手段
	（9）对各项演练保障条件进行了检查确认

第九章 应急管理体系建设

实战演练准备情况的评估可从预警与信息报告、紧急动员、事故监测与研判、指挥和协调、事故处置、应急资源管理、应急通信、信息公开、人员保护、警戒与管制、医疗救护、现场控制及恢复和其他13个方面进行，具体评估内容可参见表9-10。

表 9-10　　　　　　　　　　　实战演练实施情况评估表

评估项目	评　估　内　容
1. 预警与信息报告	（1）演练单位能够根据监测监控系统数据变化状况、事故险情紧急程度和发展势态或有关部门提供的预警信息进行预警
	（2）演练单位有明确的预警条件、方式和方法
	（3）对有关部门提供的信息、现场人员发现险情或隐患进行及时预警
	（4）预警方式、方法和预警结果在演练中表现有效
	（5）演练单位内部信息通报系统能够及时投入使用，能够及时向有关部门和人员报告事故信息
	（6）演练中事故信息报告程序规范，符合应急预案要求
	（7）在规定时间内能够完成向上级主管部门和地方人民政府报告事故信息程序，并持续更新
	（8）能够快速向本单位以外的有关部门或单位、周边群众通报事故信息
2. 紧急动员	（1）演练单位能够依据应急预案快速确定事故的严重程度及等级
	（2）演练单位能够根据事故级别，启动相应的应急响应，采用有效的工作程序，警告、通知和动员相应范围内人员
	（3）演练单位能够通过总指挥或总指挥授权人员及时启动应急响应
	（4）演练单位应急响应迅速，动员效果较好
	（5）演练单位能够适应事先不通知突袭抽查式的应急演练
	（6）非工作时间以及至少有一名单位主要领导不在应急岗位的情况下能够完成本单位的紧急动员
3. 事故监测与研判	（1）演练单位在接到事故报告后，能够及时开展事故早期评估，获取事件的准确信息
	（2）演练单位及相关单位能够持续跟踪、监测事故全过程
	（3）事故监测人员能够科学评估其潜在危害性
	（4）能够及时报告事态评估信息
4. 指挥和协调	（1）现场指挥部能够及时成立，并确保其安全高效运转
	（2）指挥人员能够指挥和控制其职责范围内所有的参与单位及部门、救援队伍和救援人员的应急响应行动
	（3）应急指挥人员表现出较强指挥协调能力，能够对救援工作全局有效掌控
	（4）指挥部各位成员能够在较短或规定时间内到位，分工明确并各负其责
	（5）现场指挥部能够及时提出有针对性的事故应急处置措施或制定切实可行的现场处置方案并报总指挥部批准
	（6）指挥部重要岗位有后备人选，并能够根据演练活动的进行合理轮换

续表

评估项目	评 估 内 容
4. 指挥和协调	（7）现场指挥部制定的救援方案科学可行，调集了足够的应急救援资源和装备（包括专业救援人员和相关装备）
	（8）现场指挥部与当地政府或本单位指挥中心信息畅通，并实现信息持续更新和共享
	（9）应急指挥决策程序科学，内容有预见性、科学可行
	（10）指挥部能够对事故现场有效传达指令，进行有效管控
	（11）应急指挥中心能够及时启用，各项功能正常、满足使用
5. 事故处置	（1）参演人员能够按照处置方案规定或在指定的时间内迅速到达现场开展救援
	（2）参演人员能够对事故先期状况作出正确判断，采取的先期处置措施科学、合理，处置结果有效
	（3）现场参演人员职责清晰、分工合理
	（4）应急处置程序正确、规范，处置措施执行到位
	（5）参演人员之间有效联络，沟通顺畅有效，并能够有序配合，协同救援
	（6）事故现场处置过程中，参演人员能够对现场实施持续安全监测或监控
	（7）事故处置过程中采取了措施防止次生或衍生事故发生
	（8）针对事故现场采取必要的安全措施，确保救援人员安全
6. 应急资源管理	（1）根据事态评估结果，能够识别和确定应急行动所需的各类资源，同时根据需要联系资源供应方
	（2）参演人员能够快速、科学使用外部提供的应急资源并投入应急救援行动
	（3）应急设施、设备、器材等数量和性能能够满足现场应急需要
	（4）应急资源的管理和使用规范有序，不存在浪费情况
7. 应急通信	（1）通信网络系统正常运转，通信能力能够满足应急响应的需求
	（2）应急队伍能够建立多途径的通信系统，确保通信畅通
	（3）有专职人员负责通信设备的管理
	（4）应急通信效果良好，演练各方通信顺畅
8. 信息公开	（1）明确事故信息发布部门、发布原则，事故信息能够由现场指挥部及时准确向新闻媒体通报
	（2）指定了专门负责公共关系的人员，主动协调媒体关系
	（3）能够主动就事故情况在内部进行告知，并及时通知相关方（股东/家属/周边居民等）
	（4）能够对事件舆情持续监测和研判，并对涉及的公共信息妥善处置
9. 人员保护	（1）演练单位能够综合考虑各种因素并协调有关方面确保各方人员安全
	（2）应急救援人员配备适当的个体防护装备，或采取了必要自我安全防护措施
	（3）有受到或可能受到事故波及或影响的人员的安全保护方案
	（4）针对事件影响范围内的特殊人群，能够采取适当方式发出警告并采取安全防护措施

续表

评估项目	评 估 内 容
10. 警戒与管制	(1) 关键应急场所的人员进出通道受到有效管制 (2) 合理设置了交通管制点，划定管制区域 (3) 各种警戒与管制标志、标识设置明显，警戒措施完善 (4) 有效控制出入口，清除道路上的障碍物，保证道路畅通
11. 医疗救护	(1) 应急响应人员对受伤害人员采取有效先期急救，急救药品、器材配备有效 (2) 及时与场外医疗救护资源建立联系求得支援，确保伤员及时得到救治 (3) 现场医疗人员能够对伤病人员伤情作出正确诊断，并按照既定的医疗程序对伤病人员进行处置 (4) 现场急救车辆能够及时准确地将伤员送往医院，并带齐伤员有关资料
12. 现场控制及恢复	(1) 针对事故可能造成的人员安全健康与环境、设备与设施方面的潜在危害，以及为降低事故影响而制定的技术对策和措施有效 (2) 事故现场产生的污染物或有毒有害物质能够及时、有效处置，并确保没有造成二次污染或危害 (3) 能够有效安置疏散人员，清点人数，划定安全区域并提供基本生活等后勤保障 (4) 现场保障条件满足事故处置、控制和恢复的基本需要
13. 其他	(1) 演练情景设计合理，满足演练要求 (2) 演练达到了预期目标 (3) 参演的组成机构或人员职责能够与应急预案相符合 (4) 参演人员能够按时就位，正确并熟练使用应急器材 (5) 参演人员能够以认真态度融入整体演练活动中，并及时、有效地完成演练中应承担的角色工作内容 (6) 应急响应的解除程序符合实际并与应急预案中规定的内容相一致 (7) 应急预案得到了充分验证和检验，并发现了不足之处 (8) 参演人员的能力也得到了充分检验和锻炼

桌面演练评估可以从演练策划与准备、演练实施两个方面进行，具体评估内容可参见表 9-11。

表 9-11 桌面演练评估表

评估项目	评 估 内 容
1. 演练策划与准备	(1) 目标明确且具有针对性，符合本单位实际 (2) 演练目标简单、合理、具体、可量化和可实现 (3) 设计的演练情景符合参演人员需要，且有利于促进实现演练目标和提高参与人员应急能力 (4) 演练情景内容包括了情景概要、事件后果、背景信息、演化过程等要素，要素较为全面

续表

评估项目	评估内容
1. 演练策划与准备	（5）演练情景中的各事件之间的演化衔接关系设置科学、合理，各事件有确定的发生与持续时间
	（6）确定了各参演单位和角色在各场景中的期望行动以及期望行动之间的衔接关系
	（7）确定所需注入的信息及其注入形式
	（8）制定了演练工作方案，明确了参演人员的角色和分工
	（9）演练活动保障人员数量和工作能力满足桌面演练需要
	（10）演练现场布置、各种器材、设备等硬件条件满足桌面演练需要
2. 演练实施	（1）演练背景、进程以及参演人员角色分工等解说清晰正确
	（2）根据事态发展，分级响应迅速、准确
	（3）模拟指挥人员能够表现出较强指挥协调能力，演练过程中各项协调工作全局有效掌控
	（4）按照模拟真实发生的事件表述应急处置方法和内容
	（5）通过多媒体文件、沙盘、信息条等多种形式向参演人员展示应急演练场景，满足演练要求
	（6）参演人员能够准确接收并正确理解演练注入的信息
	（7）参演人员根据演练提供的信息和情况能够作出正确的判断和决策
	（8）参演人员能够主动搜集和分析演练中需要的各种信息
	（9）参演人员制定的救援方案科学可行，符合给出实际事故情况处置要求
	（10）参演人员应急过程中的决策程序科学，内容有预见性、科学可行
	（11）参演人员能够依据给出的演练情景快速确定事故的严重程度及等级
	（12）参演人员能够根据事故级别，确定启动的应急响应级别，并能够熟悉应急动员的方法和程序
	（13）参演人员能够熟悉事故信息的接报程序、方法和内容
	（14）参演人员熟悉各自应急职责，并能够较好配合其他小组或人员开展工作
	（15）参与演练各小组负责人能够根据各位成员意见提出本小组的统一决策意见
	（16）参演人员对决策意见的表达思路清晰、内容全面
	（17）参演人员作出的各项决策、行动符合角色身份要求
	（18）参演人员能够与本应急小组人员共享相关应急信息
	（19）应急演练能够全身心地参与到整个演练活动中
	（20）演练的各项预定目标都得以顺利实现

五、应急救援队伍

水利施工单位应当依托本单位从业人员建立专职或者兼职应急救援队伍，并按照有关规定报送县级以上人民政府应急管理部门和水行政主管部门备案。

其他水利生产经营单位可以不建立应急救援队伍，但应当指定兼职的应急救援人员，并与邻近的应急救援队伍签订应急救援协议。

应急救援队伍应当制定应急救援行动方案，定期组织训练，并每月至少开展 1 次救援行动演练。

县级以上人民政府负有安全生产监督管理职责的部门应当定期将本行业、本领域的应急救援队伍建立情况报送本级人民政府，并依法向社会公布。

六、应急管理典型案例分析——某污水处理厂重大死亡事故

(一) 事故概况

(1) 事故发生时间：1998 年 10 月 1 日。

(2) 事故发生地点：A 污水处理站。

(3) 事故类别：硫化氢气体中毒。

(4) 事故等级：重大事故。

(5) 事故伤亡情况：3 人。

(二) 事故经过

1998 年 A 公司技术发展部 9 月 28 日发出节日期间检修工作通知，其中一项任务就是要求污水处理站宋某和周某，再配一名小工于 10 月 1—3 日进行清水池清理，并明确宋某全面负责监护。10 月 1 日上午宋某等三人完成清理汽浮池后，13：00 左右就开始清理清水池。其中一名外来临时杂工徐某头戴防毒面具（滤毒罐）下池清理。约在 13 时 45 分，周某发现徐某没有上来，预感情况不好，当即喊叫"救命"。这时两名租用该集团公司厂房的个体业主施某、邵某闻声赶到现场。周某即下池营救，施某与邵某在洞口接应，在此同时，污水处理站站长宋某赶到，听说周某下池后也没有上来，随即下池营救，并嘱咐施某与邵某在洞口接应。宋某下洞后，邵某跟随下洞，站在下洞的梯子上，上身在洞外，下身在洞口内，当宋某挟起周某约离池底 50cm 高处，叫上面的人接应时，因洞口直径小（0.6m×0.6m），邵某身体较胖，一时下不去，接不到，随即宋某也倒下，邵某闻到一股臭鸡蛋味，意识到可能有毒气。在洞口边的施某拉邵某说："宋某刚下去，又倒下，不好！快起来！"邵某当即起来。随后报警"110"。刚赶到现场的公司保卫科长沈某见状后即报警"119"，请求营救，并吩咐带氧气呼吸器。4～5min 后，消防人员赶到，救出三名中毒人员，急送事故发生地市第二人民医院抢救。结果，抢救无效，于当天 14 时 50 分三人全部死亡。

(三) 直接原因

在清水池内积聚大量超标的硫化氢气体而又未做排放处理的情况下，清理工未采取切实有效的防护用具，贸然进入池内作业，引起硫化氢气体中毒，是事故发生的直接原因。

(四) 间接原因

一是清洗清水池的人员缺乏安全意识，未接收突发事件应对知识培训，对池内散发出来的有害气体危害的严重性认识不足，违反公司制定的清洗清水池的作业计划和操作规程，在未经多次冲水排污，没有确认有无有害气体的情况下，人员就下池清洗，结果造成中毒。

二是职工缺乏救护知识。当第一个人下池后发生异常时，第二个人未采取有效个体防

护措施贸然下池救人。更为突出的是，当两人已倒在池内，并已闻到强烈的臭鸡蛋味时，作为从事多年清理工作的污水处理站站长，没有充足的应急管理意识，竟也未采取有效个体防护措施，跟着盲目下池救人，使事态进一步扩大，造成三人死亡。

三是公司和设备维修工程部领导对清水池中散发出来气体的性质认识不足，不知突发事件发生时其危害的严重性，同时对职工节日加班可能会出现违章作业，贪省求快的情况估计不足，更没有意识到违章清池可能造成的严重后果，放松了教育和现场监督。

四是出事故当天，气温较高（31℃），加速池内硫化氢挥发，加之池子结构不合理（长8.3m，宽2.2m，深2m，且封闭型，上面只留有0.6m×0.6m的洞口和在边上留有的进出口管道），硫化氢气体无法散发，造成大量积聚。

(五) 突发事件处理问题

污水处理站经理针对突发事件的处理环节不清晰明确，不清楚应急管理人员的基本职责，且未对外来临时杂工徐某进行全面的应急管理培训，导致未能及时响应、处置突发事件，造成重大死亡事故。

综上所述，发生这起事故的主要原因是职工违章操作。

(六) 事故的责任和处理建议

1. 直接责任

按照该公司《污水处理站污水处理治理的暂行规定》，周某是负责污水处理的运行操作，是直接进行污水处理的操作工，周某违反操作规程，在未经反复冲洗清水池，让临时安排清理清水池的杂工徐某下池清理，致使徐某中毒死亡，应负直接责任，但他在营救徐某过程中也遭中毒死亡，故不予追究其责任。

2. 主要责任

作为负责污水处理日常工作的污水处理站站长宋某，严重失职。他没有按照公司技术发展部下发的作业计划和操作规程执行，对清洗清水池没有尽到监护的责任，以致造成这起事故，应负主要责任。但他在营救徐某和周某过程中也遭中毒死亡，故不予追究其责任。

3. 领导责任

（1）主持设备维修工程部全面工作的副主任卢某虽然按照清理清水池计划到现场向宋某安排任务，测算工作量，但在具体实施过程中忽视现场安全管理，指导不够，督促检查不力，对这起事故应负直接领导责任。建议对卢某给予行政记过处分。

（2）总经理朱某和分管安全生产工作的副总经理邵某忽视节日加班期间的安全生产工作，对职工安全教育不够，管理不严，对这起事故应负一定的领导责任。建议对朱某和邵某分别给予行政警告处分。

(七) 今后防范措施

（1）要认真吸取深刻教训，切实加强对安全生产工作的领导，健全各项安全规章制度，修改和完善清理清水池安全操作规程。全面落实各级安全生产责任制，加强应急管理普及与培训工作，严格考核。对违章违纪严肃处理，决不手软。

（2）加强对尘毒危害治理。今后凡是有尘毒作业的必须进行检测，达不到国家卫生标准的，要限期整改。

（3）加强对职工安全生产、突发事件应对的教育与培训。重点要突出岗位安全生产培训，使每个职工都能熟悉了解本岗位的职业危害因素和防护技术及救护知识，教育职工正确使用个体防护用品，教育职工遵章守纪。

（4）强化现场监督检查。凡是临时作出的生产、检修计划，必须制定安全措施、强化现场监督，明确负责人和监护人，严格按计划和规程执行。

（5）生产经营单位要有充分的应急管理意识，添置必要的检测仪器，进入管道、密闭容器、地窖等场所作业，首先了解介质的性质和危害，对确有危害的场所要检测、查明真相，加强通风置换，正确选择、戴好个体防护用具，并加强监护。

（6）污水处理系统中的清水池型式要改造，将密闭型改为敞开式。